21 世纪高职高专系列教材

（机械类）

UG 设计与加工

张士军　韩学军　编著

- 提供 12 个典型工作任务
- 设计 13 个实操演练项目
- 总结每项操作技能要点
- 布置 53 个训练作业习题

机械工业出版社

本书以职业院校学生为对象，按照“工作任务导向”的教学模式，由简单到复杂的进程，引导读者学会用 UG 软件开展机械工程设计和数控加工编程设计。

全书分为上、下两篇。上篇为设计部分，包含实体建模设计、三维装配设计和零部件工程图设计。下篇为数控加工编程部分，包含车削加工、平面铣加工、型腔铣加工、固定轴轮廓铣加工和孔系加工的编程设计。

全书所介绍的内容，都是以典型零部件为载体开展教学。共设计了 12 项工作任务，根据任务的要求和背景，引导读者巧妙地应用 UG 软件在完成工作任务的过程中，掌握必要的知识和操作技能。

为方便教学，本书配备电子课件等教学资源。凡选用本书作为教材的教师均可登录机械工业出版社教材服务网www. cmpedu. com 注册后免费下载。如有问题请致信 cmpgaozhi@ sina. com，或致电 010 - 88379375 联系营销人员。

图书在版编目（CIP）数据

UG 设计与加工/张士军，韩学军编著．—北京：机械工业出版社，2009. 9（2022. 1 重印）

21 世纪高职高专系列教材．机械类

ISBN 978 - 7 - 111 - 28185 - 6

Ⅰ. U… Ⅱ. ①张…②韩… Ⅲ. ①数控机床 - 计算机辅助设计 - 应用软件，UG - 高等学校：技术学校 - 教材 ②数控机床 - 加工 - 高等学校：技术学校 - 教材 Ⅳ. TG659

中国版本图书馆 CIP 数据核字（2009）第 158347 号

机械工业出版社（北京市百万庄大街 22 号 邮政编码 100037）

策划编辑：余茂祚 责任编辑：王 丹 赵志鹏 版式设计：霍永明

责任校对：张莉娟 封面设计：马精明 责任印制：单爱军

北京虎彩文化传播有限公司印刷

2022 年 1 月第 1 版・第 8 次印刷

184mm × 260mm ・ 16. 5 印张 ・409 千字

标准书号：ISBN 978 - 7 - 111 - 28185 - 6

定价：45. 00 元

电话服务	网络服务
客服电话：010-88361066	机 工 官 网：www. cmpbook. com
010-88379833	机 工 官 博：weibo. com/cmp1952
010-68326294	金 书 网：www. golden- book. com
封底无防伪标均为盗版	机工教育服务网：www. cmpedu. com

前　言

本书集课堂教学、操作演练、实训指导和自学参考为一体，是高等职业院校机械类专业的适用教材。全书以UG NX4为技术平台，介绍了实体建模设计、装配设计、工程图设计和数控加工编程设计技术。

本书重点放在操作方法的介绍和实践技能的训练上，并以工作情景任务为导向，以典型零件（工件）为载体，展开训练项目，使之更贴近企业的生产实际，更符合职业人才培养的要求。

本书的基本特色是以典型零件的设计与数控加工操作为教学目标，通过对典型零件的实体设计、装配设计、制图设计和加工编程由简单到复杂，逐步地掌握使用UG软件的各项操作技能。全书按课程类别分为上、下两篇，上篇为UG设计，下篇为UG加工。按工作任务导向模式，共设计了12项教学工作任务（典型零件和加工件），13项实操演练项目，每个单元还设置了相应的训练作业，供自学者学习之用。

全书按教学要求划分为8个单元，各单元的具体内容如下：

上篇（UG设计）有3个学习单元。

第1单元（实体建模设计）介绍零件实体建模操作方法和设计技巧。

第2单元（三维装配设计）介绍产品和部件的装配工艺分析和装配操作方法。

第3单元（工程图设计）介绍由实体零件和装配部件生成工程图的设计步骤、操作方法和图样标注技术。

下篇（UG加工）有5个学习单元。

第4单元（车削加工）介绍数控车床和车削加工中心的数控加工编程技术。

第5单元到第8单元（平面铣加工、型腔铣加工、固定轴轮廓铣加工和孔系加工）主要介绍使用数控铣床或数控加工中心的数控加工编程技术。

本书的编写特点是，在每个典型工作任务中都设计了：任务目标、设计分析（工艺分析）、操作步骤、要点归纳和操作演练五个学习环节，使得教学或自学可以循序渐近地进行。书中选用典型零件（工件）作为教学实例，既注重与生产真实工件的贴近，又兼顾了教学内容的有序性和连贯性，由浅入深，将设计技术的理论和实际操作的技能有机地融合到一起。

使用本书的前提是，需要机械制图知识、机械零件设计知识和机械加工基础知识。本书适应于数控技术专业、机械设计与制造专业、模具设计与制造专业、机电一体化专业等相关专业，也适用于相应专业的岗位技能培训、学生实训指导等。

受限于篇幅和编者水平，本书在编写中难免存在缺陷和错误，敬请读者批评指正。

编著者

目　录

上　　篇

UG 设计

● **实体建模设计**

◇ 固定座的设计

◇ 限位轴套的设计

◇ 托脚支架的设计

◇ 艺术茶壶的设计

● **三维装配设计**

◇手动气阀的装配

● **工程图设计**

◇ 限位轴套（零件图）的制图

◇ 夹紧卡爪（装配图）的制图

第 1 单元　实体建模设计

单元要点： 熟悉 UG 建模模块的功能，并运用所提供的操作界面、操作命令和相关支持系统进行产品或零部件的实体造型设计。

项目 1-1　固定座的设计

任务目标：

用建模模块所提供的实体建模命令，完成图 1-1 所示零件“固定座”的实体设计。

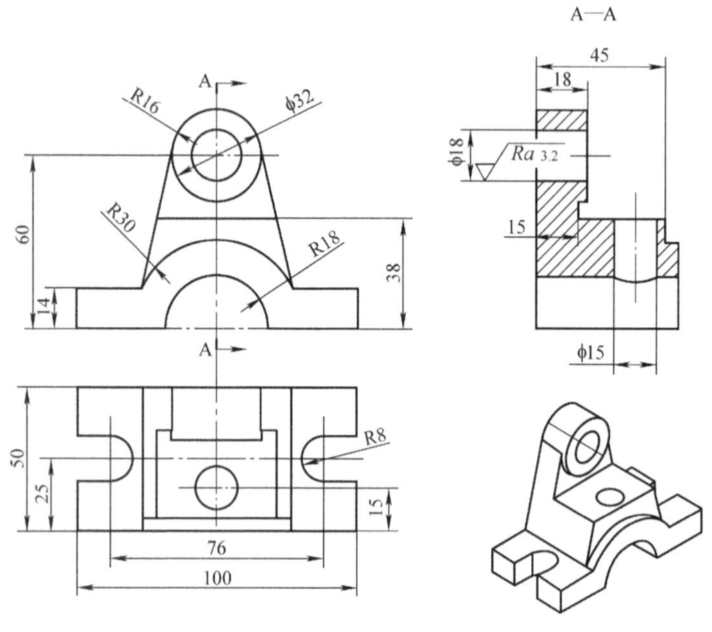

图 1-1　固定座

设计分析：

此零件由开有半圆孔的底板、背板、棱台、圆孔和月门孔构成。在设计过程中要用到绘制草图、直向拉伸、孔操作等命令。在草图绘制中要注意形状的正确性和尺寸的准确性。要注意各形体之间的相互关系，如并、减、相交的组合。

操作步骤：

操作 01. 操作界面

首次进入 UG 界面时，其各功能模块并未调用，处于初始状态。此时，用户可根据需要从左上角的“起始”图标中调入所需的模块，如图 1-2 所示。当下拉菜单展开后，从中选择需要的模块，如本次要使用“建模”模块，直接用鼠标左键单击即可。调用“建模”功能模块后，其展现的界面如图 1-3 所示。

在建模工作界面上，主要有以下项目：

标题栏：显示软件的版本、当前使用的模块名称和文件名等信息。

菜单栏：显示所有的操作命令及对本系统的参数设置。

工具栏：显示常用的命令工具条，使用这些工具条上的各个命令图标可以方便快捷地进行设计工作。

导航器栏：提供了设计对象各级工作进程的树状图，用于对象的修改和编辑。

操作区：用户进行设计操作的显示区域，所有的操作都在这一区域里进行。

提示栏：显示操作进程和操作状态，提示用户如何进行当前的操作。

辅助工具栏：主要有选择过滤类型和图形关键点的捕捉方式两项。

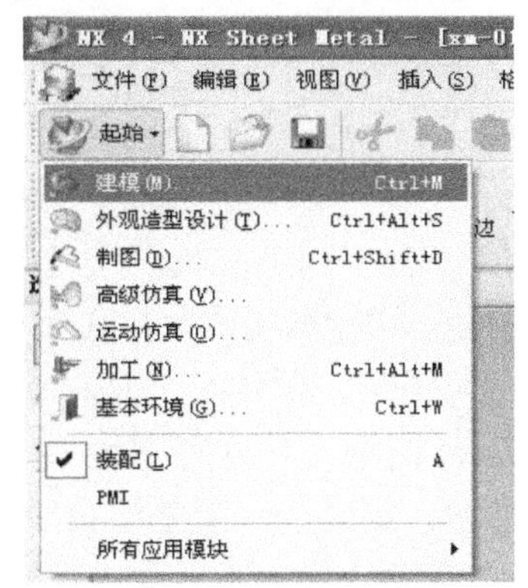

图 1-2　模块下拉菜单

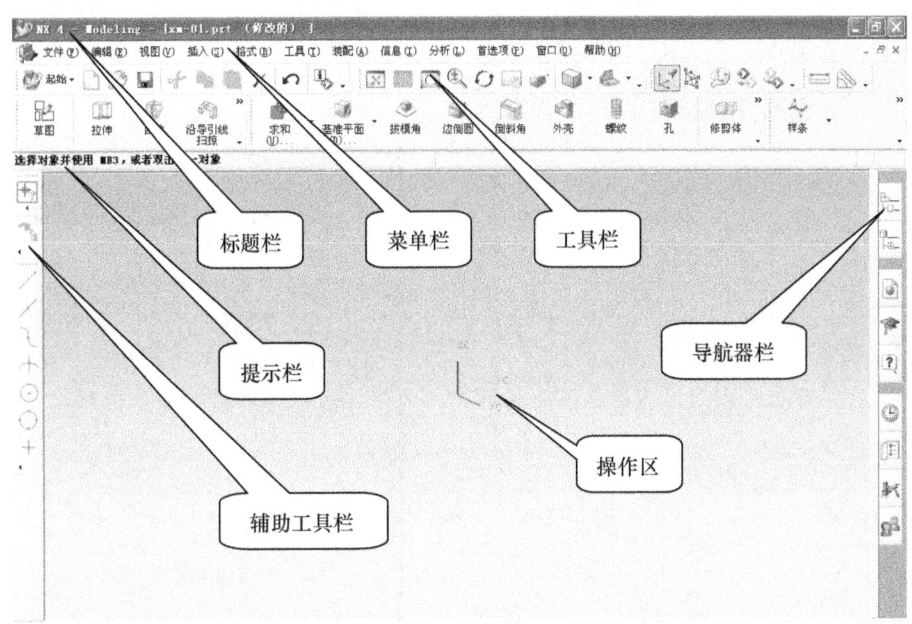

图 1-3　“建模”功能下的工作界面

操作 02. 操作命令

除了所有软件通用的“标准”、“视图”、“格式”等工具条之外，在“建模”功能模块下常用的工具条，主要有成形特征工具条、特征操作工具条和曲线工具条，如图 1-4 所示。在后面的“固定座”设计中会反复地用到它们。

上面所介绍的内容在所有的三维实体造型设计中都会遇到。下面的操作步骤是针对实体——固定座的设计而介绍的。

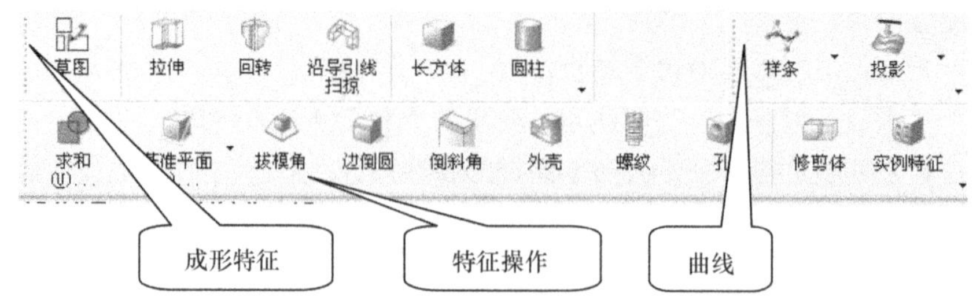

图 1-4 常用建模操作命令

操作 03. 创建带有孔槽的底板

1. “建模”工作界面　进入 UG 初始界面后，单击［新建］图标，弹出一个“新建部件文件”对话框，在文件名栏里，输入一个新文件名 1-1，如图 1-5 所示。然后，单击“OK”按钮，结束这一创建新文件的操作。此时，会进入一个初始界面，它与前面展示的 UG 工作界面不一样，还不是“建模”模块中的工作界面。

提示：在 UG 软件中，每当新创建一个模型文档时都会弹出这样一个对话框，要求用户输入一个文件名。这与其它应用软件有所不同，即需要首先建立一个新文档。

单击界面左上角处的［起始］图标，会弹出如图 1-6 所示的“应用模块菜单”，其中有一项“建模”，选中它并单击，使之进入图 1-3 所示的“建模”工作界面。

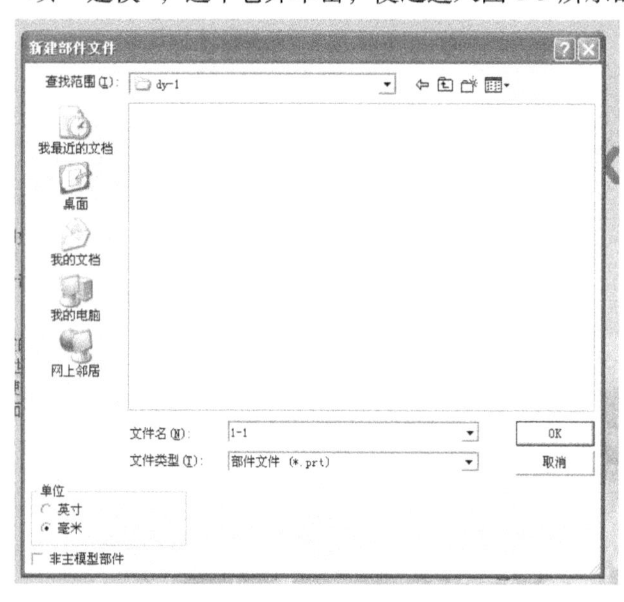

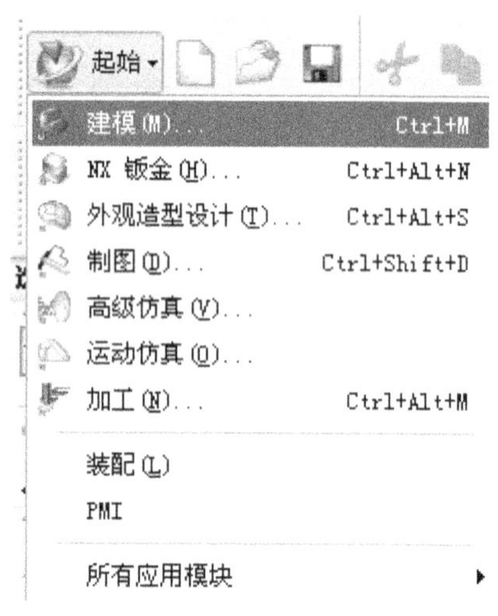

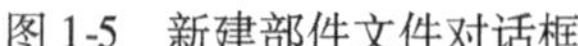

图 1-5 新建部件文件对话框

图 1-6 应用模块菜单

2. 绘制底板草图　单击［草图］命令图标，进入画草图界面，如图 1-7 所示。这个界面的左上角有一个“草图”工具条，通过选择上面的选项来确定在哪个平面上绘制草图，即 XC-YC/XC-ZC/YC-ZC 基准平面或实体平面。其中，默认的是 XC-YC 基准平面。此次，就选该平面来绘制底板的轮廓草图，单击上面的“✓”，进入 XC-YC 平面。

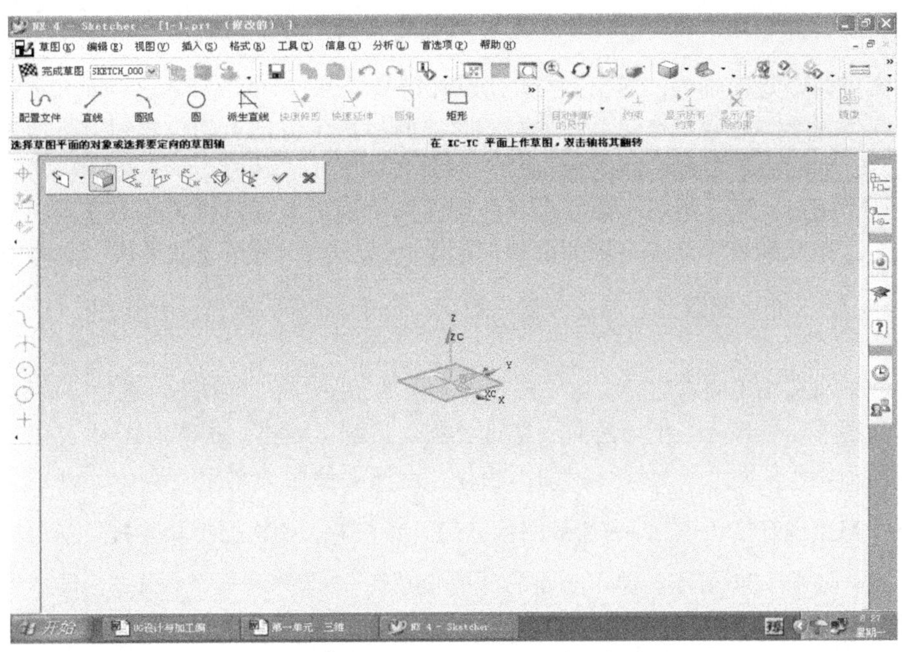

图 1-7　绘制草图工作界面

单击［矩形］命令，在工作区域内画一个矩形，其具体位置和尺寸可先不必考虑，如图1-8所示。单击“草图约束”工具条上的［自动判断的尺寸］命令图标，在画出的矩形上标注尺寸，其结果如图1-9所示。为了减少设计步骤，在此矩形轮廓上将两侧的半孔槽也画出来，并进行位置与尺寸约束。绘制这两个半孔槽，要用到几种草图曲线命令和草图约束命令。

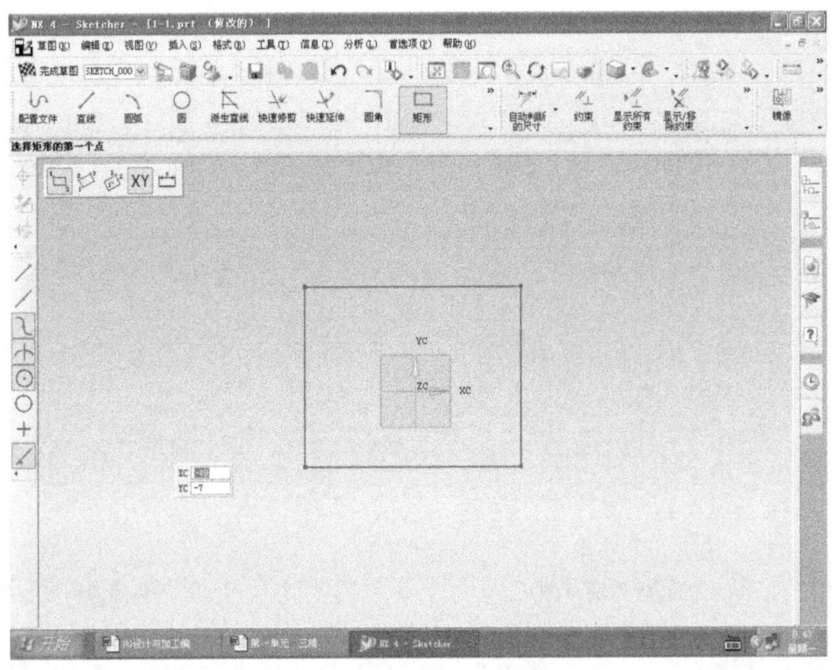

图 1-8　画出一个初步的矩形

首先，用［圆］曲线命令在矩形的左右两侧分别画上两个直径为 16 的圆。用［约束］命令分别选中圆心和 X 轴线，当左上角处出现此符号时，单击它确认，即表示将此圆的圆心约束在 X 轴上，也表示这两个圆是左右对称的。其 Y 方向上的位置约束是通过尺寸标注来实现的，即圆心距 Y 轴的距离为 38。

画好两个圆后，用［矩形］曲线命令分别在两个圆的上下限位置作为起点，画出两个矩形。然后，用［约束］命令分别单击矩形的上边或下边，再单击圆曲线，当左上角处出现此符号（右边的图标）时，单击它确认，即表示将两者进行相切约束（上下两条边都要保持相切）。

画好两个与圆相切的矩形后，用［快速修剪］曲线命令，将多余的曲线剪切掉。注意，修剪完后的图形要求每两个相接的曲线接点处都保持端点相接。从图 1-10 中可以看出，下条直线与半圆相接，而上条直线与半圆不相接。这需要使用［约束］命令，分别选中此处两个端点，当出现符号（右边的图标）时，单击它，使之保持相连接。最后完成的底板轮廓草图，如图 1-11 所示。单击上面的［完成草图］命令，结束绘制草图步骤，返回到三维状态界面，如图 1-12 所示。

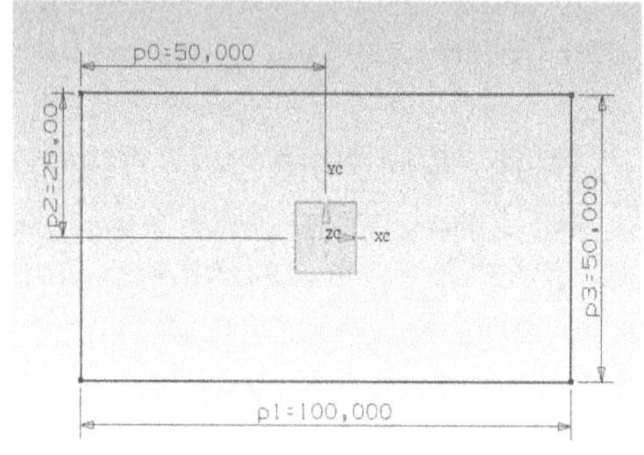

图 1-9　对矩形进行尺寸标注

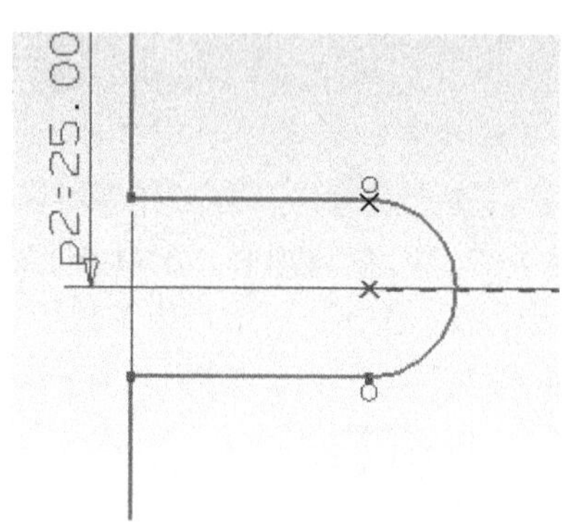

图 1-10　直线与圆的相接情况

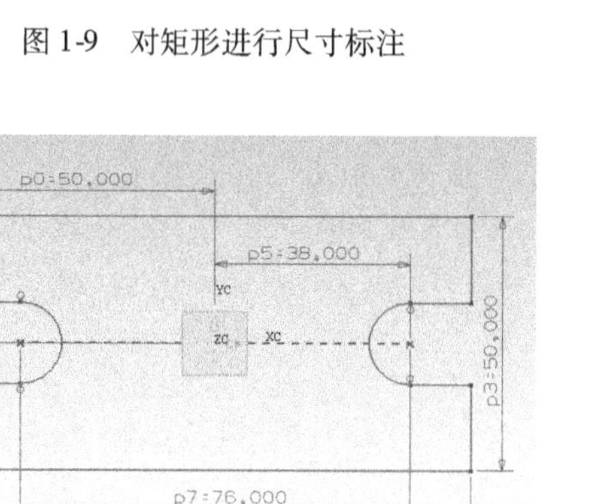

图 1-11　完成后的底板轮廓草图

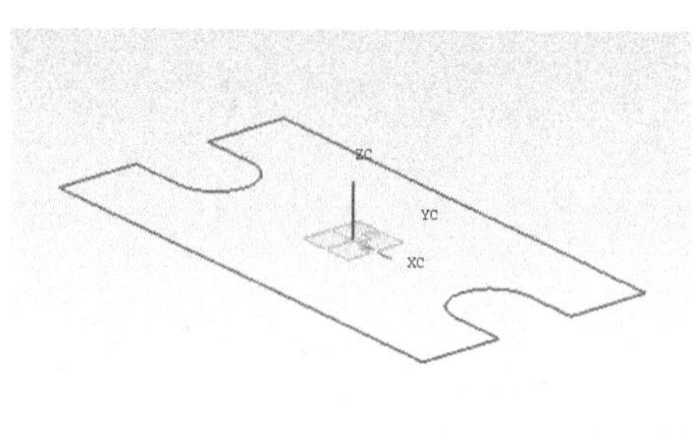

图 1-12　三维状态界面的底板草图

3. 拉伸底板实体　单击“成形特征”工具条上的［拉伸］命令，选中底板草图轮廓，此时，会同时出现“选择意图”和“拉伸”两个对话框，在底板轮廓上也会出现一个框线型实体模型，在拉伸对话框中分别输入起始值 0 和结束值 14，表示从底平面开始拉伸，终止高度到 14 的位置，如图 1-13 所示。完成上面所述的操作后，单击“拉伸”对话框上面的［确定］按钮，结束底板实体拉伸的操作。其完成拉伸后的底板实体，如图 1-14 所示。

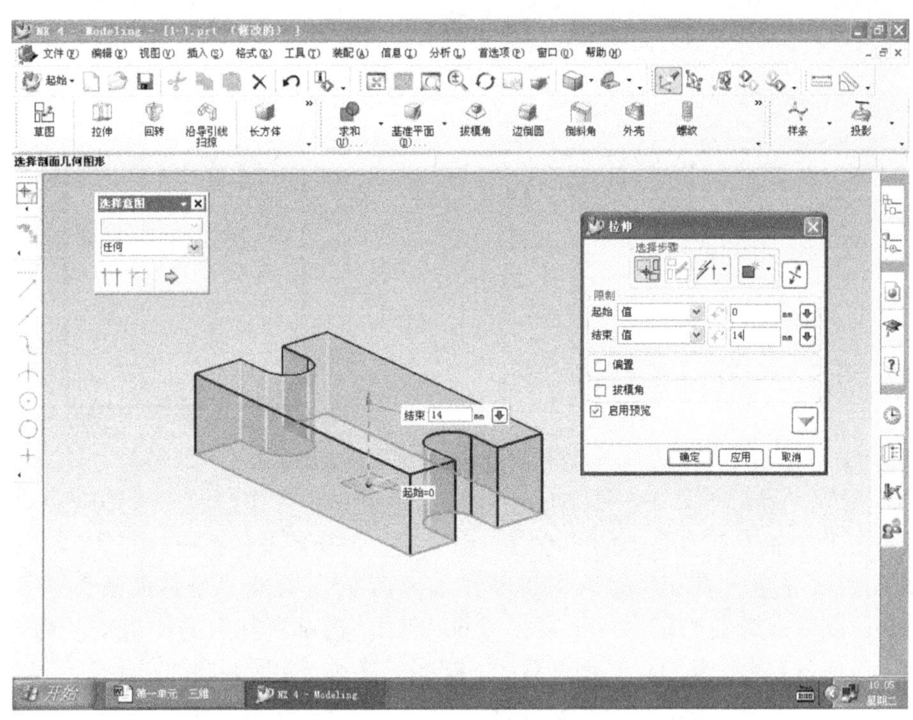

图 1-13 拉伸操作及参数输入

操作 04. 创建半圆柱体

1. 绘制半圆柱体草图 为了拉伸及后面绘制草图的方便，需要另外构建一个坐标系以此产生一个新的基准平面。单击菜单栏上的［插入］-［基准/点］-［基准 CSYS］命令，界面上会弹出一个“基准 CSYS”对话框。选中上面的“原点，X 点，Y 点”这一项，并将左侧“捕捉点”工具条上的［中点］，即╱符号激活。然后将光标移到（此时应将实体模型变换成静态线框形式，以便看到底板草图轮廓）草图轮廓后条直边的中间处，当在光标处也出现一个“中点”符号时，单击左键确定，这样就选定了新坐标系的原点，如图 1-15 所示。再分别选择此条边的右端点和实体上条直边的中点，并用鼠标左键确定，最后，在该对话框上单击［确定］按钮，就生成了一个与原来相平行的新坐标系，如图 1-16 所示。下面要绘制的草图将利用这个坐标系中 XC-ZC 基准平面。

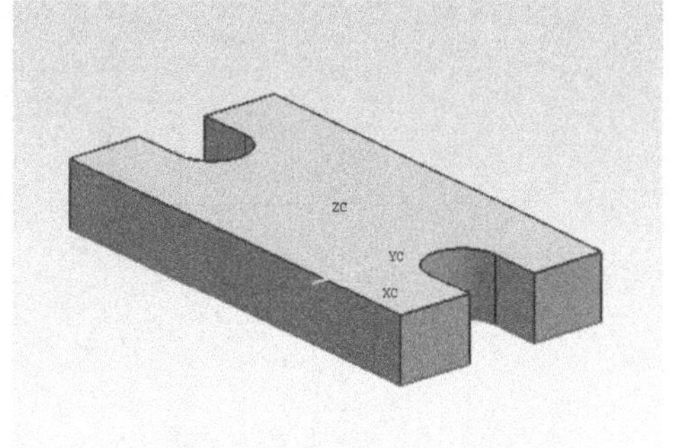

图 1-14 完成拉伸后的底板实体

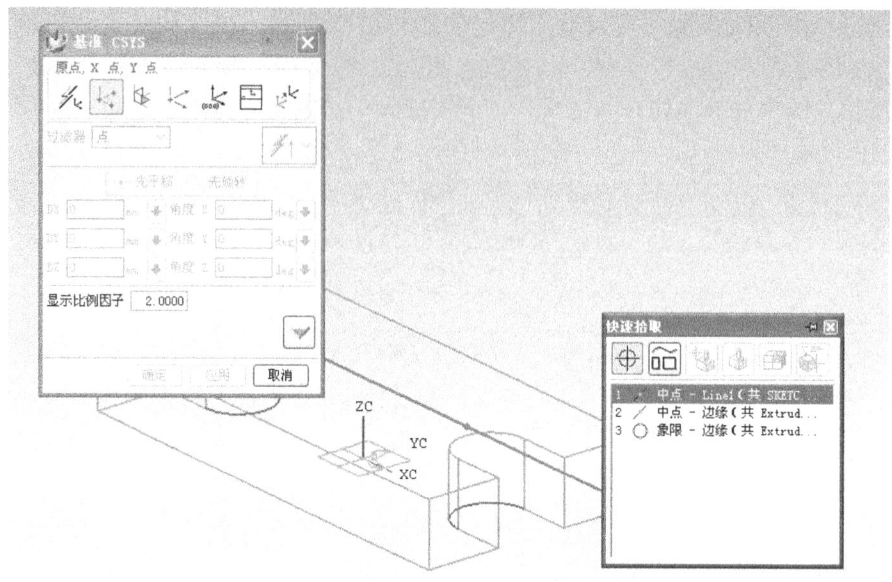

图 1-15　在后直边上选定新坐标系的原点

单击“成形特征”工具条上的［草图］命令后，选择新坐标系中的与 XC-ZC 相平行的平面，并单击［确定］按钮，进入二维草图工作界面。单击“草图曲线”工具条上的［圆］命令，以原点为圆心画出一个直径为 60 的圆。再单击其上的［直线］命令，并将“捕捉点”工具条上的［象限点］图标激活，把光标移到刚才所画圆的左端象限点处，当出现与之一样的象限点符号时，按下鼠标左键，然后，把鼠标移到右象限点处，出现相同符号时，再按下鼠标左键，即完成一条水平贯穿圆的直线。最后，用［快速修剪］命令，将下半个圆的曲线剪切掉，形成一个半圆图形，如图 1-17 所示。完成上面的全部操作后，单击［完成草图］命令，回到三维工作界面。

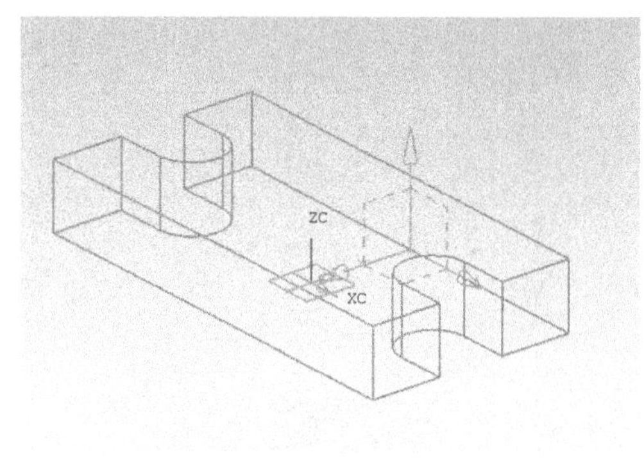

图 1-16　新生成的坐标系

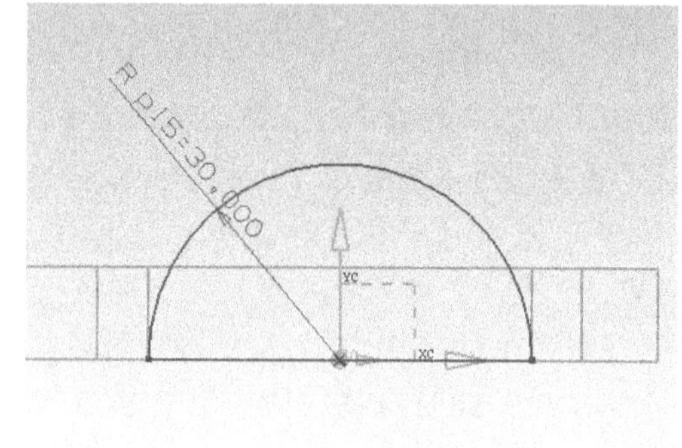

图 1-17　画出的半圆轮廓

2. 拉伸半圆柱体　单击“成形特征”工具条上的［拉伸］命令，用鼠标选中所画出的半圆轮廓，此时，又会弹出“选择意图”和“拉伸”两个对话框，如图 1-13 所示。需要注意是，此次，在输入“起始值 = 0，结束值 = 50”拉伸长度量之后，还需要将上面“选择步骤”栏中的第四项用鼠标左键打开，并将“求和”项选中，即此次拉伸的实体需要与底板实体组合到一起，形成一个实体，如图 1-18 所示。完成上面的操作后，单击［确定］按钮，结束半圆柱体的创建操作，其结果如图 1-19 所示。

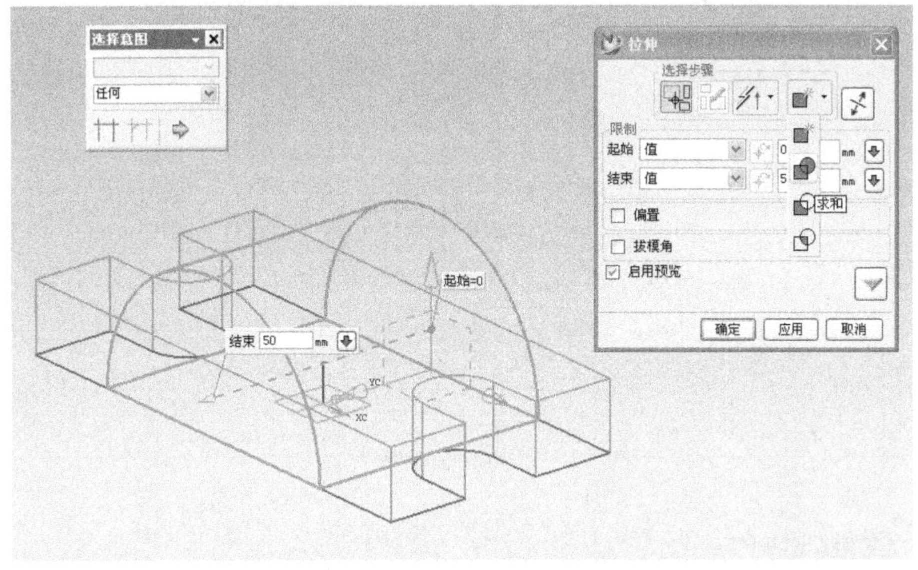

图 1-18　输入“起始值和结束值”并选择“求和”命令

提示：在设计过程中，为了观察图形和实体模型的方便，需要借助“视图”工具条上的各种显示模式命令，经常变换所需的显示形式，如［带边着色］、［静态线框］等。

除了显示形式需要经常变换外，“视图”工具条上还有许多命令要经常用到，如［缩放］、［平移］、［适合窗口］、［旋转］、［各种视角］等，这些命令的使用与其他应用软件的使用一样，这里不再详细介绍，用户可经常调用。

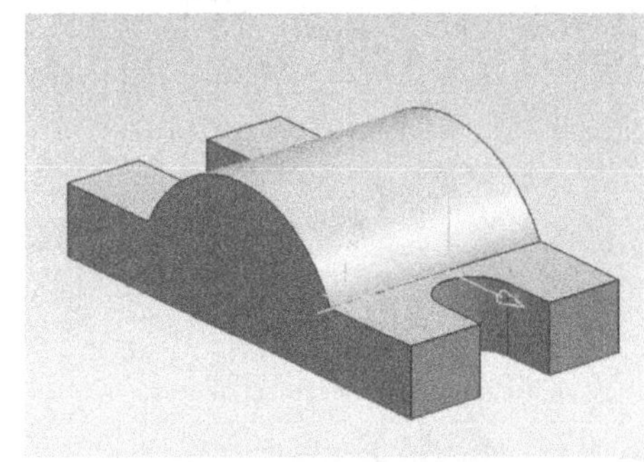

图 1-19　完成的半圆柱实体

操作 05. 创建带圆顶的棱体

1. 绘制轮廓草图　选择新坐标系的 XC-ZC 基准平面作为草图平面，进入二维界面后，仍用［草图］命令画出该实体的外轮廓，画法如前，画好后的草图如图 1-20 所示。完成草图后，仍向前面所述的，单击［完成草图］命令，返回到三维界面。

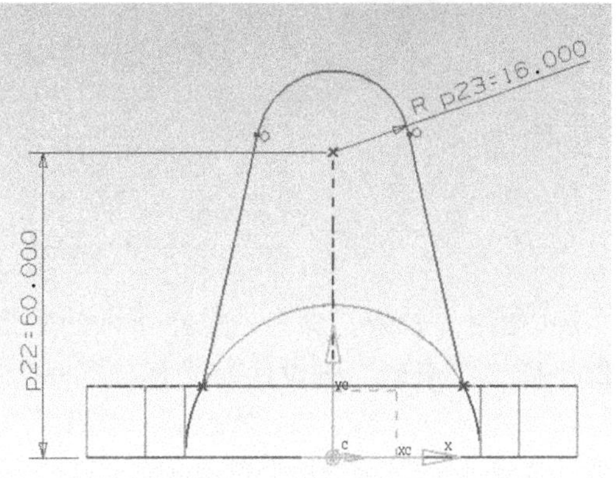

图 1-20　完成的棱体轮廓草图

2. 拉伸圆顶棱体　单击［拉伸］命令，选择刚才所画的轮廓曲线，分别输入：起始值 =0、结束值 =45、方向向外，选中［求和］方式，确定操作无误后，单击对话框上面的［确定］按钮，结束拉伸操作，其过程如图 1-21 所示。拉伸完成后的结果如图 1-22 所示。

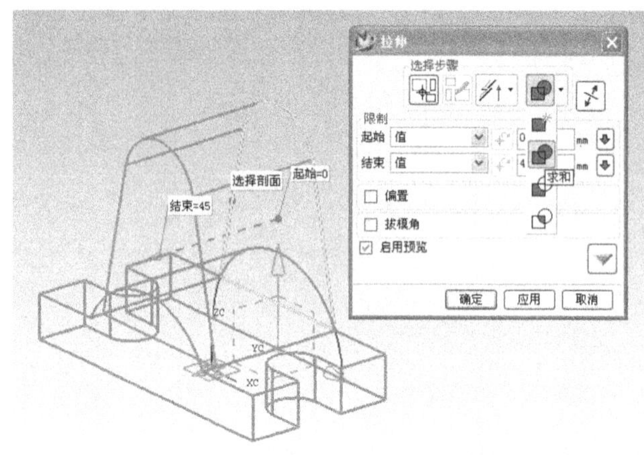

图 1-21　拉伸带圆顶的棱体过程

操作 06. 棱体切台

从项目的工程图上可以看到，在该棱体上有一个平台，需要从刚才构建的模型中切出，以符合实体外形的要求。这个操作很简单，可以在 YC-ZC 基准平面上画出一个矩形框，然后，进行拉伸除料即可。

1）使用［草图］命令，选择 YC-ZC 基准平面，如图 1-23 所示的图形和尺寸画出一个矩形，单击［完成草图］返回到三维界面。

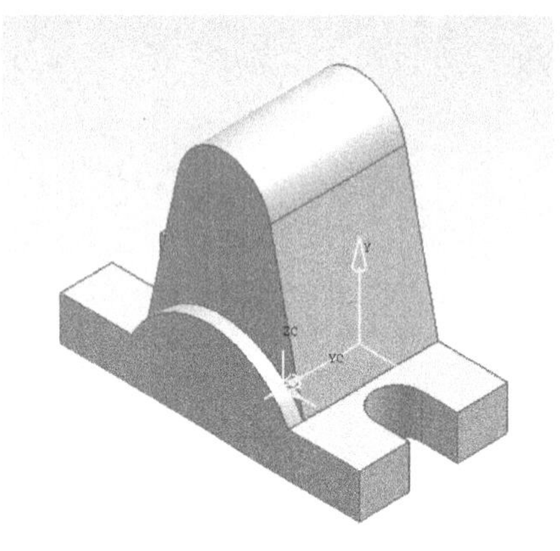

图 1-22　拉伸出的棱体

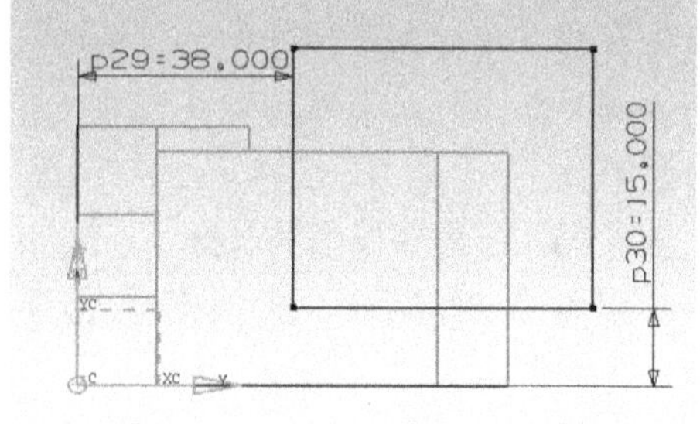

图 1-23　画出矩形并标注尺寸

2）使用［拉伸］命令，选择所画的矩形轮廓，在弹出的“拉伸”对话框上，将“起始值”和“结束值”都设置为“直至下一个”；组合方式设置为“求差”，如图 1-24 所示。如此这样的设定，是因为此次的设计操作，只是将棱体的多余部分去除掉，不必考虑具体的拉伸方向和长度，这样更会简便些。保证上面的操作无误后，单击［确定］按钮，结束除料操作，其结果如图 1-25 所示。

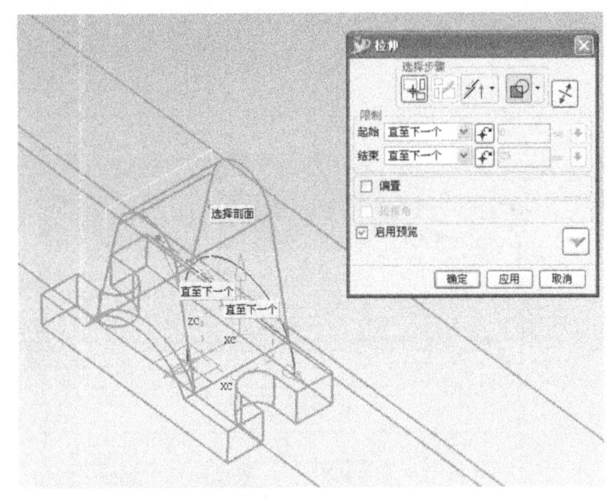

图 1-24 设置矩形轮廓除料的方式和参数

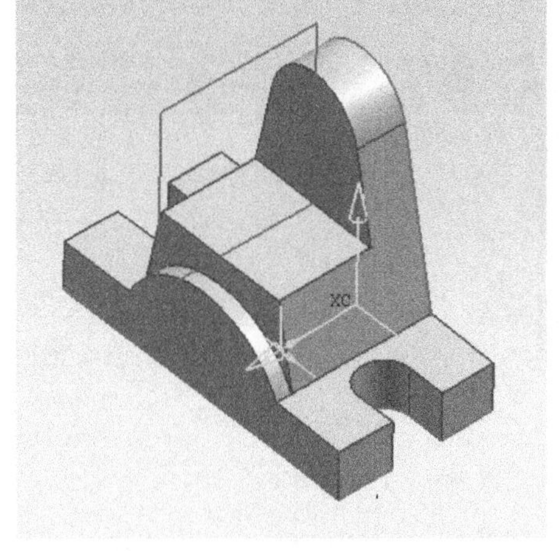

图 1-25 完成除料后的实体

操作 07. 创建小圆柱体（背板凸起处）

此项操作不使用草图和拉伸的方式，而是借助已经存在的实体面和实体特征，运用“特征操作”工具条上的［圆柱］命令直接生成一个小圆柱体，并将它放置到背板圆弧的圆心上。具体操作如下：

单击“特征操作”工具条最右侧的“工具条选项”按钮，会出现一个如图 1-26 所示的图标（上面有一些隐含的操作命令），其上有一个［圆柱］命令图标。单击［圆柱］命令，会出现一个“圆柱”对话框，（见图 1-27）其上有两个选项，此次选择上面的［直径，高度］命令，即通过设定圆柱体的直径和高度值来构建小圆柱体。单击这个命令后，会弹出一个“矢量构造器”对话框。选定上面的“－YC”这个选项，即让圆柱体的上平面朝向外侧，下平面坐落在背板上，单击［确定］按钮后，在返回到的“圆柱”对话框上，输入参数：直径＝32，高度＝3，如图 1-28 所示。单击［确定］按钮后，又弹出“点构造器”对话框，将上面的“圆心”项选定，如图 1-29 所示。确定后，将光标指向背板的圆弧处，会出现一个“布尔操作”对话框（见图 1-30），选定上面的［求和］选项，即将生成的小圆柱体与已创建的实体组合在一起，单击后就会在背板圆心处生成一个小圆柱体，并且与背板上的圆弧面形成一体，如图 1-31 所示。

图 1-26 隐含的操作命令

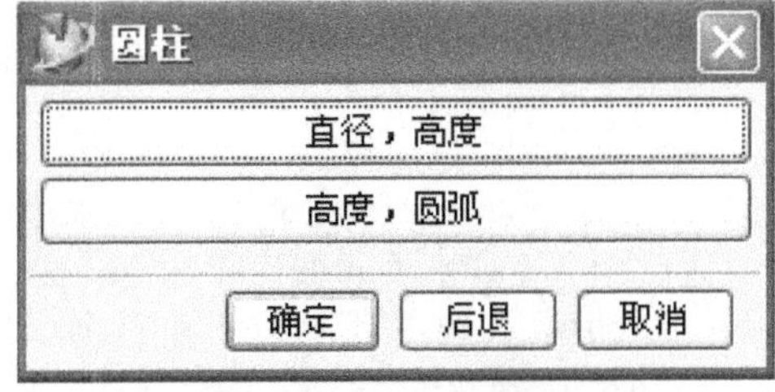

图 1-27 “圆柱”对话框

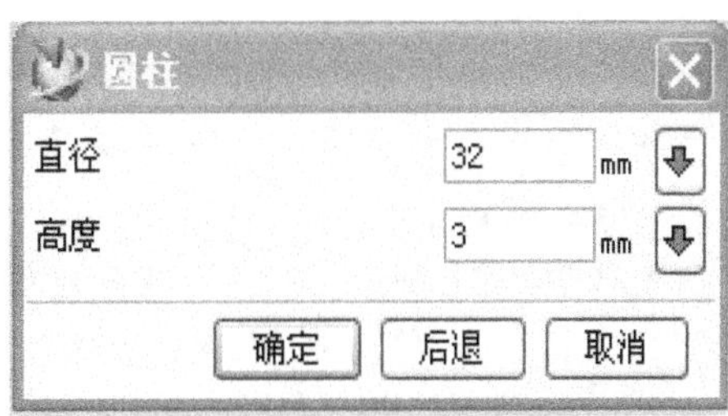

图 1-28 输入圆柱体的参数值

图 1-29　“点构造器”对话框

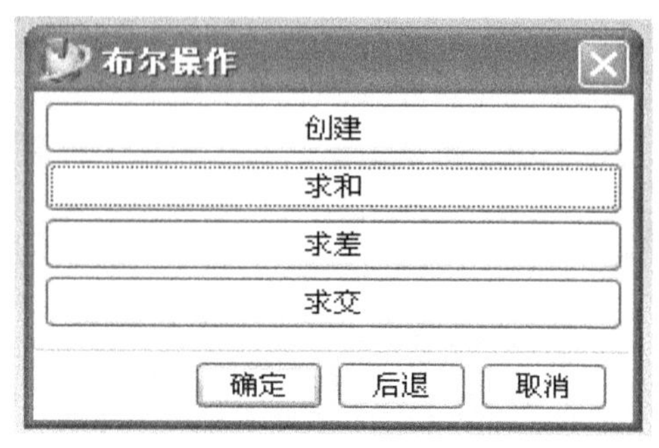

图 1-30　“布尔操作”对话框

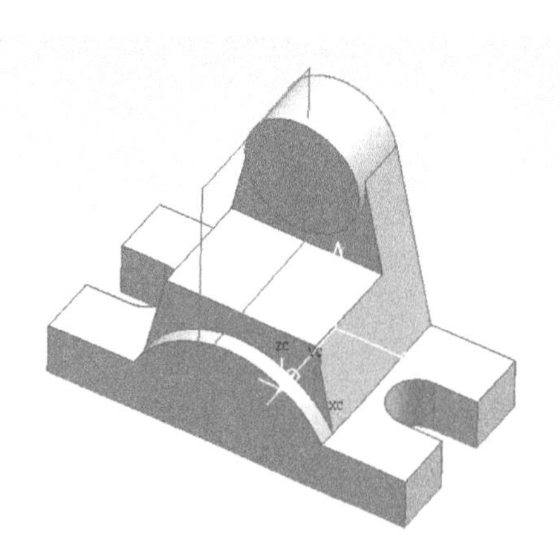

图 1-31　生成的小圆柱体

图 1-32　“孔”的对话框

至此，固定座需要添加的实体都已经生成，下面要对整个实体模型进行除料处理，如还需要生成一个半径为 18 的半圆孔和两个直径分别为 18、15 的两个通孔。

操作 08. 创建半圆孔

这个半圆孔的创建，运用“特征操作”工具条上的［孔］命令来完成。单击此工具条最右侧“工具条选项”，调出隐含的操作命令，如图 1-26 所示。选中其上的［孔］命令图标，弹出一个“孔”操作对话框，按图 1-32 所示，设置实体参数：直径 = 36，深度 = 60（大于 50 即可），其它选项保持缺省状态即可。完成设置后，将光标移到实体的前表面上左键确定。此时，会在其上产生一个圆柱体，位置并未确定。单击对话框上的［应用］按钮，又会弹出一个“定位”对话框，选择上面的第五项［点到点］选项，如图 1-33 所示。单击了［点到点］命令后，再次将光标移到前表面的圆弧边界上，按鼠标左键确定，会出现一个“设置圆弧的位置”对话框（见图 1-34），单击第二项［圆弧中心］，就完成了孔的最后位置确定，结果如图 1-35 所示。

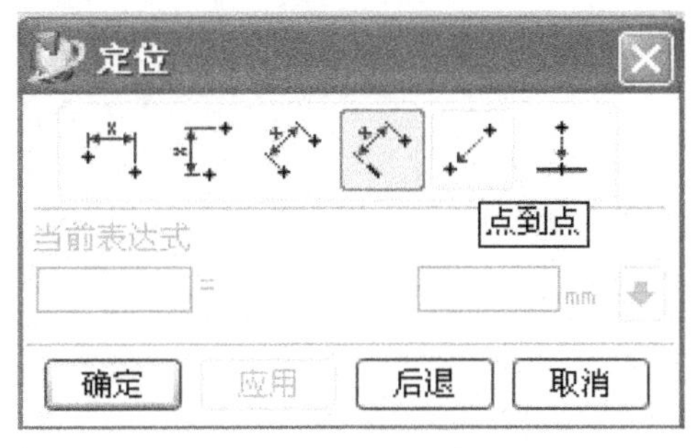

图 1-33 “定位”对话框

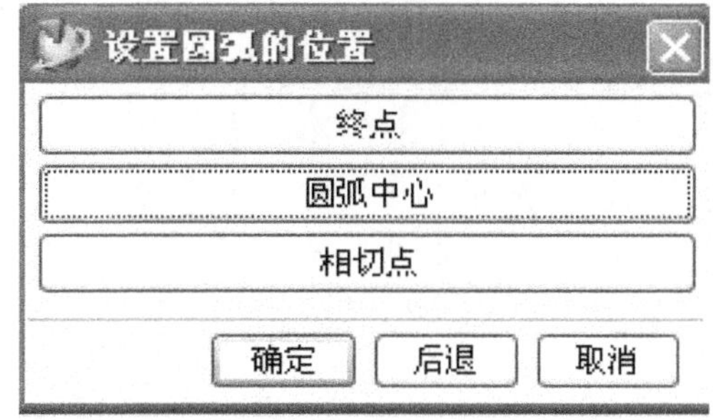

图 1-34 “设置圆弧的位置”对话框

操作 09. 创建 φ18 通孔

φ18 通孔是放置在背板凸起的小圆柱上，其构建过程与方法与前面的完全一样，只不过要将直径设定为 18，用户可自己完成这一操作步骤，构建后的结果应该如图 1-36 所示。

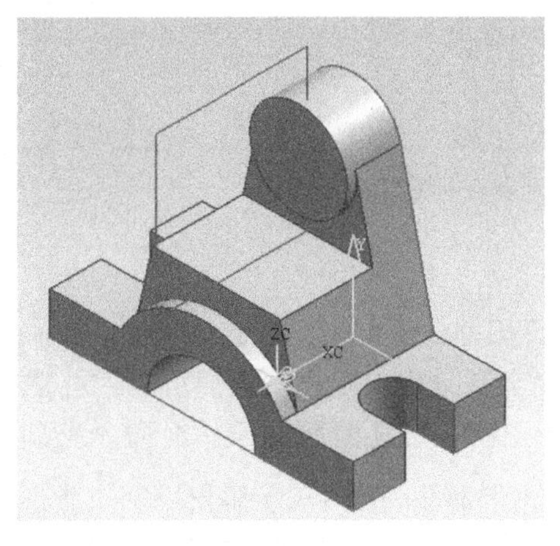

图 1-35 生成的半圆孔

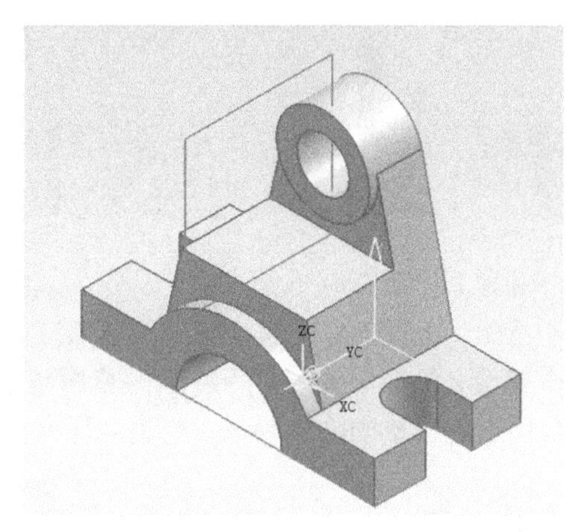

图 1-36 生成的 φ18 通孔

操作 10. 创建平台上 φ15 通孔

这个孔的创建过程与方法与前面的相似，只是在确定其方位时有所不同，具体操作如下。

当完成了孔参数的设置和平面放置后，单击［应用］按钮，出现图 1-33 所示的“定位”对话框时，要选定上面的［垂直］选项。然后，将光标移到坐标系的 Y 轴上并单击确认（此时，选中的 Y 轴变成高亮显示状态），在对话框的数据栏里输入数值 0，即此孔是位于水平对称轴上，如图 1-37 所示。完成上面操作后注意不要按［确定］按钮，接着将光标移到底座前面的棱边上，同时，在数据栏中输入数值 15，如图 1-38 所示。完成上面的操作后，单击［确定］按钮，结束这一操作过程，形成的实体如图 1-39 所示，这也是固定座完成的最后设计结果。

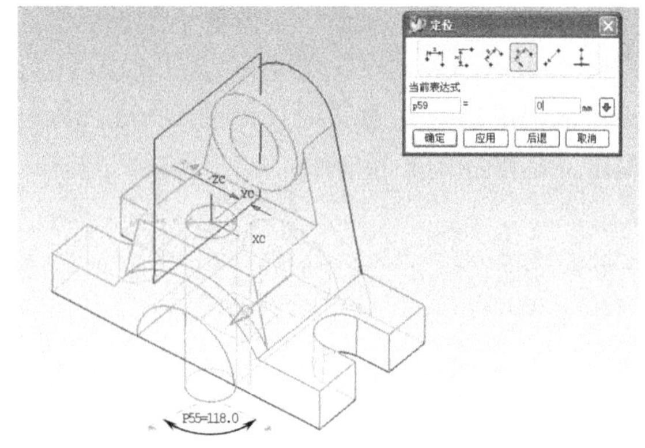

图 1-37　选中 Y 轴，并输入数据值 0

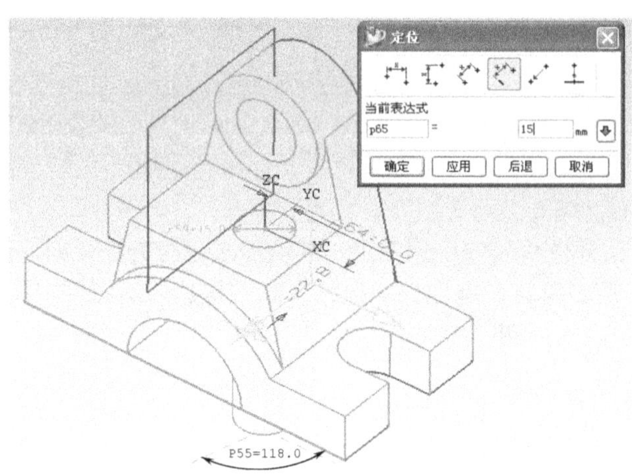

图 1-38　选中底座前棱边，并输入数据值 15

操作 11. 图面的处理

虽然，上面完成了这个零件的全部设计，但其图面的效果可能并不令人满意，比如，在这个模型上仍保留着之初所绘制的草图痕迹，看起来显得比较零乱。我们可以用［隐藏］命令将所有的草图隐藏起来。单击“菜单”工具条上［编辑］-［隐藏］-［隐藏］命令或 Ctrl + B，会在界面的左上角弹出一个图标条，单击上面第一项，又会弹出一个“类选择”对话框，如图 1-40 所示。选择上面的［类型］命令并确定，出现一个“根据类型选择”对话框，按住“Ctrl”键同时选择上面的“草图”、“基准”和“CSYS”三个选项后，如图 1-41 所示，单击［确定］按钮。它又返回到“类选择”对话框，在这个对话框上，单击［全选］命令后，再单击［确定］按钮，系统就会将模型上面的草图、基准平面和用户构建的坐标系隐藏起来，其图面效果如图 1-42 所示。

实际上，根据用户在不同场合的需要，还可以通过“视图”工具条上的［显示状态］上的各项命令来对实体模型进行各种效果的显示，如下面的几种显示状态，见图 1-43 ~ 图 1-46。至此，完成了固定座的全部设计任务，将它保存即可，待需要时随时调用。

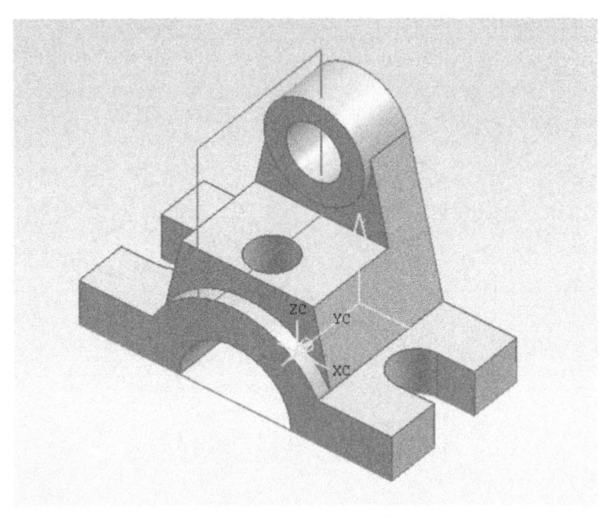

ZC
YC
XC

图 1-39　完成的固定座实体模型

类选择
名称
过滤方式
类型
图层
其它
重置
颜色
矩形/多边形方式
内部
向上一级
全选
全部（除选定的）
链
多边形
确定
后退
取消

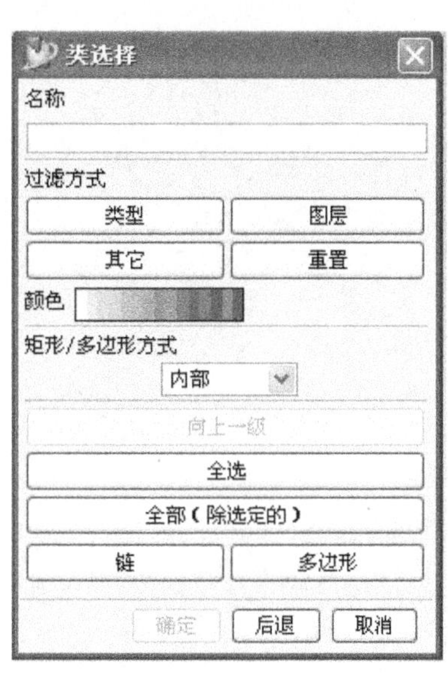

图 1-40　“类选择”对话框

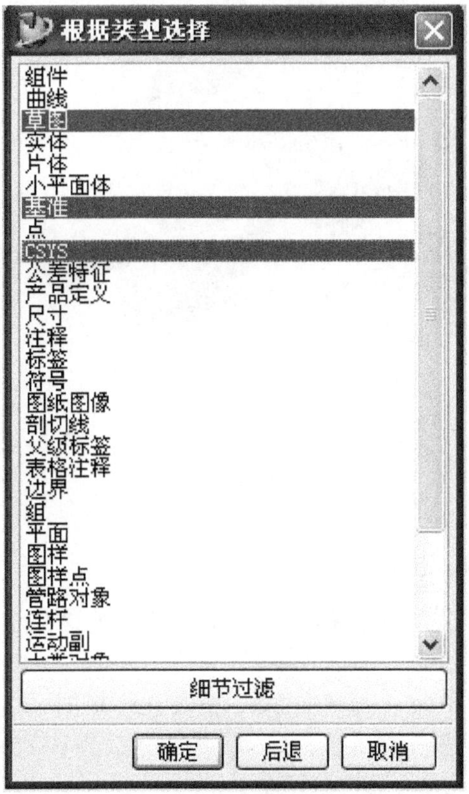

根据类型选择
组件
曲线
草图
实体
片体
小平面体
基准
点
CSYS
公差特征
产品定义
尺寸
注释
标签
符号
图纸图像
剖切线
父级标签
表格注释
边界
组
平面
图样
图样点
管路对象
连杆
运动副
细节过滤
确定
后退
取消

图 1-41　“根据类型选择”对话框

ZC
YC
XC

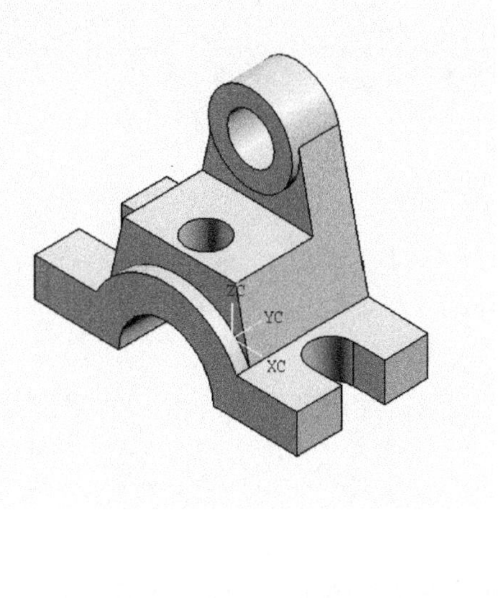

图 1-42　完成隐藏的固定座实体效果

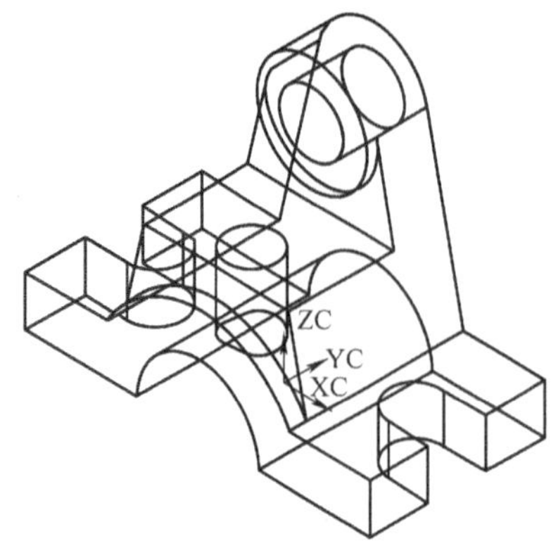

图 1-43　带有变暗边的线框

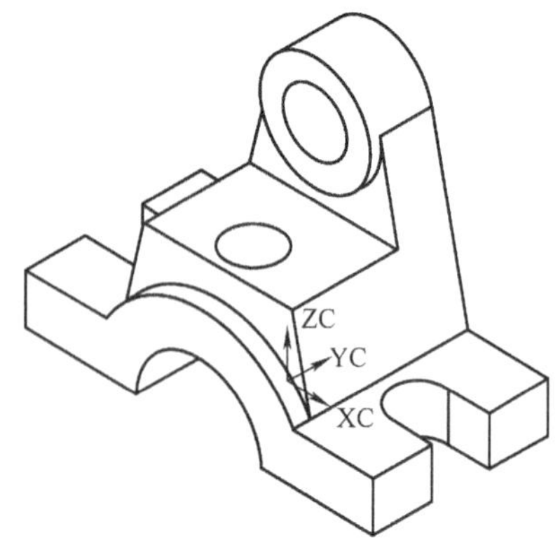

图 1-44　带有隐藏边的线框

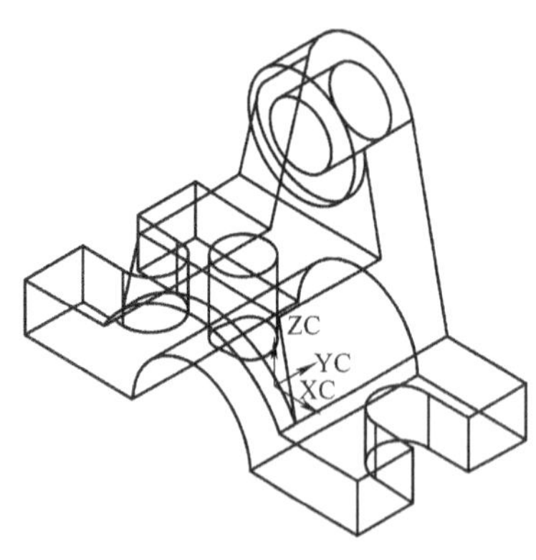

图 1-45　静态线框

图 1-46　着色

要点归纳：

通过“固定座”的设计，可以概括出以下几项知识和操作要点：

1）任何一个实体的设计大体上都经过绘制草图、实体拉伸和细节特征修整这几个步骤。

2）绘制草图时，必须首先确定好草图所在的平面（或基准面），需要几个草图时，必须明确几个草图所在平面之间的相互关系和位置。

3）绘制图形或曲线轮廓后，必须要进行位置和尺寸方面的约束。

4）实体拉伸时，必须明确拉伸方向、拉伸参数和实体生成的组合形式（创建、相加、相减、相交）。

5）细节特征的设计（如孔、圆柱等），应在基本实体生成后进行，并注意特征所在的位置、方向和参数的确定。

6）本项任务所用到的命令：

草图：新建坐标系、矩形、圆、直线、约束、修剪。

实体：拉伸（生成、除料）、圆柱、孔。

实操演练 01：支撑架的设计

【支撑架】的实体设计

本课训练项目是用 UG 的建模模块完成图 1-47 所示的“支撑架”的实体造型设计。用户可按提示的操作步骤和各阶段生成的实体效果图来自己完成整个设计任务。

操作 01：创建底座（包括两个边圆角，见图 1-48）；

操作 02：创建弯板（见图 1-49）；

操作 03：创建圆柱体（见图 1-50）；

操作 04：创建三角肋板（见图 1-51）；

操作 05：生成 ϕ25 通孔（见图 1-52）；

操作 06：生成两个阶梯孔　最后完成的支撑架设计结果，如图 1-53 所示。

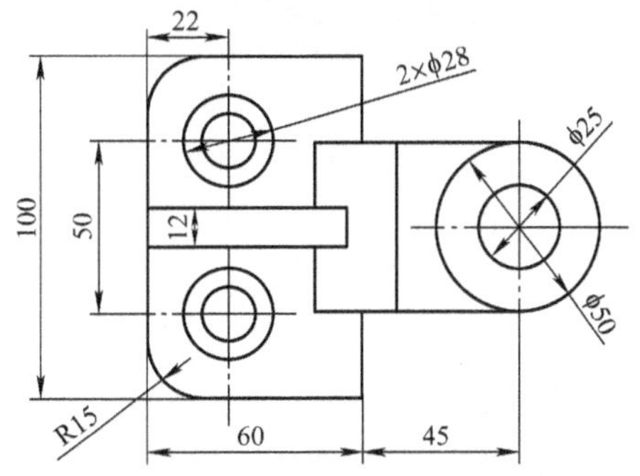

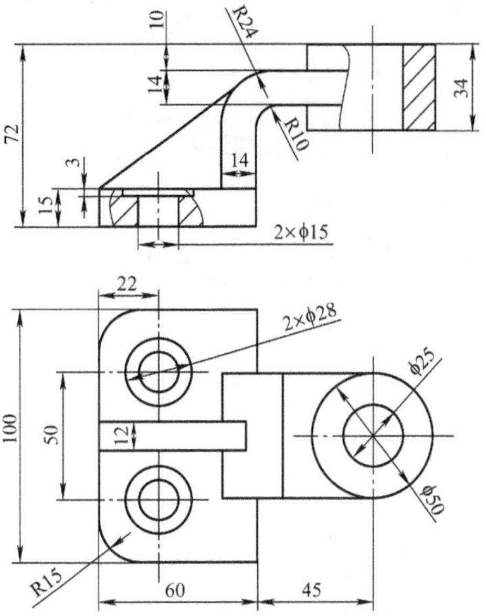

图 1-47　支撑架

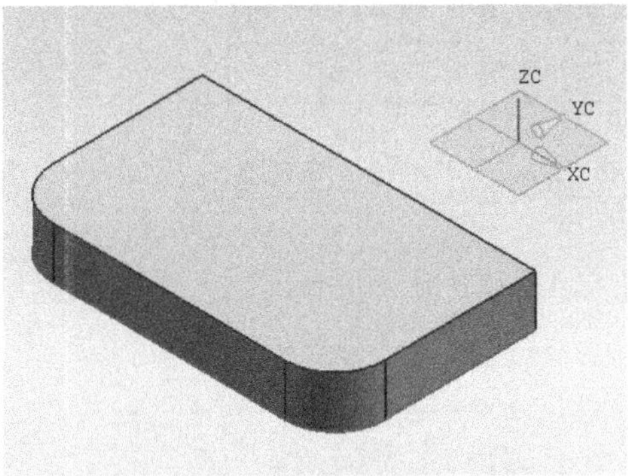

图 1-48　创建底座

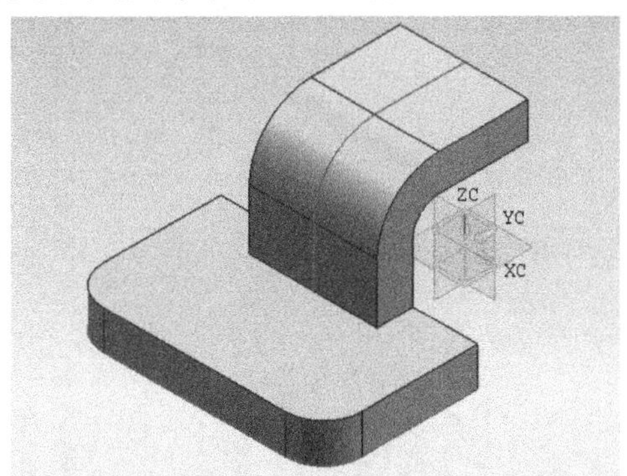

图 1-49　创建弯板

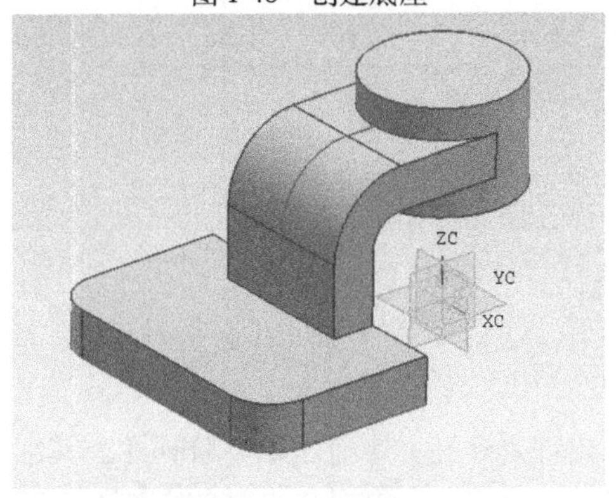

图 1-50　创建圆柱体

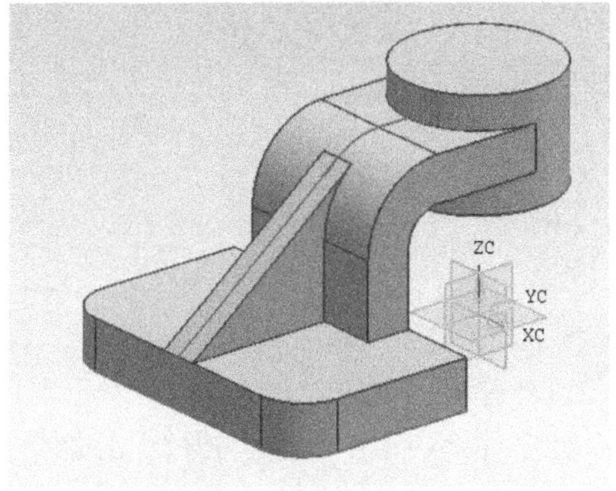

图 1-51　创建三角肋板

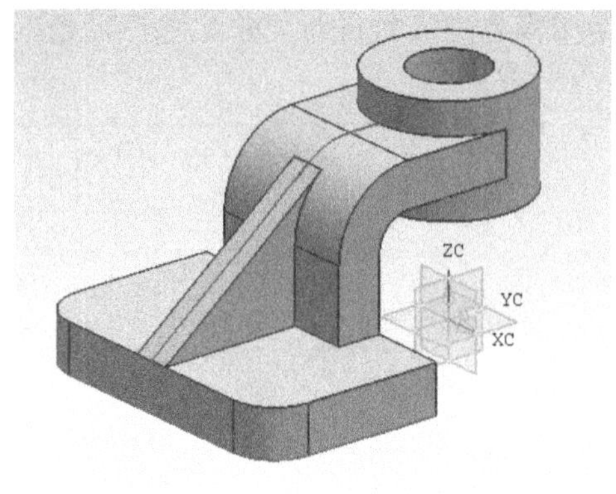

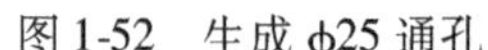
图 1-52　生成 ϕ25 通孔

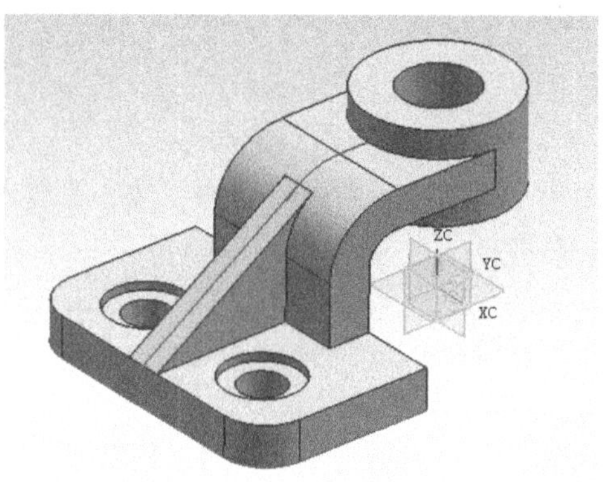

图 1-53　生成两个阶梯孔

项目 1-2　限位轴套的设计

任务目标：

运用前面所学到的实体造型方法，完成图 1-54 所示零件“限位轴套”的实体造型设计。

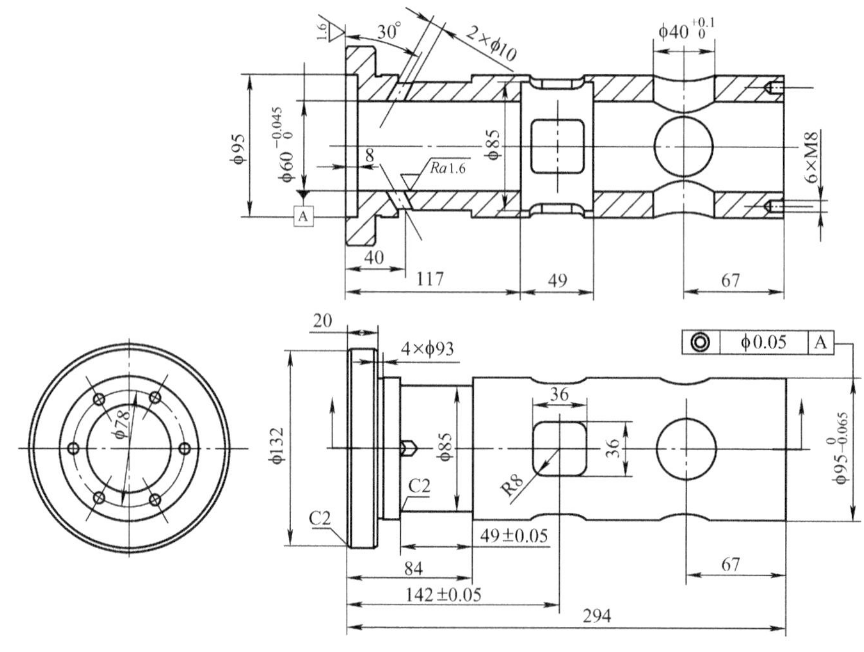

图 1-54　限位轴套

设计分析：

此零件是一个中空的回转体，外部呈台阶状，内部是通孔并带有空槽、阶梯孔。其细节特征比较复杂，上面有十字圆孔、十字方孔、角度孔、空刀槽，并且，在轴的右端面上有六个均布的螺纹孔。

在设计过程中，要用到旋转拉伸、生成螺纹、构建倾斜基准面和圆周阵列等新的操作命令。值得注意的是倾斜成30°角的基准面的建立，要把握它与主轴线的相互关系和准确性。

操作步骤：

操作01. 创建轴套主体

由于，此件主要呈一个回转体形态，且外形有多个台阶，因此，最好的设计思路是运用旋转拉伸的方法一次性地生成该实体。

1. 绘制轴套外轮廓草图　单击［草图］命令，选择XC-YC基准平面作为草图平面。进入草图界面，先画出一个如图1-55所示的基本轮廓。需要注意的是，要将轴的水平底线用约束命令将其与XC基准轴保持同轴；右端竖直线与YC轴保持同轴。其具体操作方法，先点［约束］命令，然后选中一条线，再选中一个基准轴，当界面左上角出现一个“共线”符号时，单击它就完成了共线（同轴）约束。完成外轮廓曲线的约束后，按图上尺寸将其标注好，进入后面的操作。

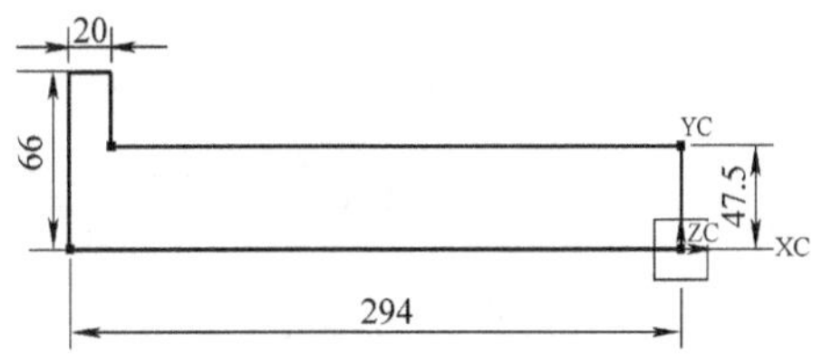

图1-55　先画出外轮廓曲线并定位

按前面介绍的画草图方法，综合运用［直线］、［矩形］、［修剪］、［尺寸］等命令，完成全部草图的绘制，其结果应如图1-56所示。完成上述操作后，仍然，单击［完成草图］按钮，回到三维界面上来。

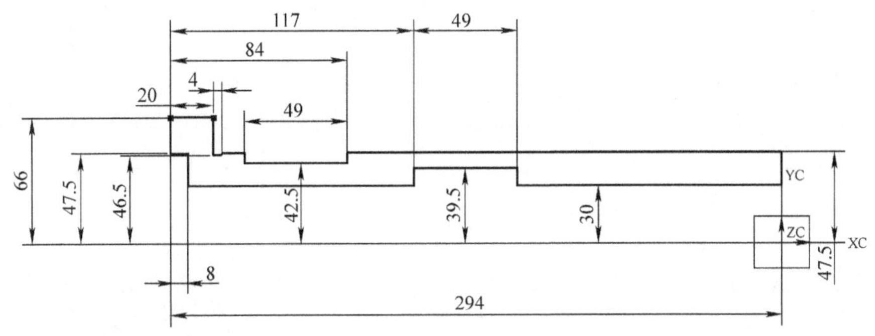

图1-56　画好后的整个轮廓曲线

2. 拉伸实体　此次对回转体的创建，要用到旋转拉伸，即［回转］命令。单击［回转］图标，像直向拉伸一样，会弹出“选择意图”和“回转”两个对话框，先选择刚才所画的轮廓曲线，在对话框中分别输入“起始值0和结束值360”，即旋转角度从0度转到360°；再将“回转”对话框上面“选择步骤”栏的第三项下拉菜单打开，其中有一项“基准轴”符号（见图1-57）。将它选中，然后，用鼠标将XC基准轴选中，单击［确定］按钮，就会生成一个回转的实体，如图1-58所示。

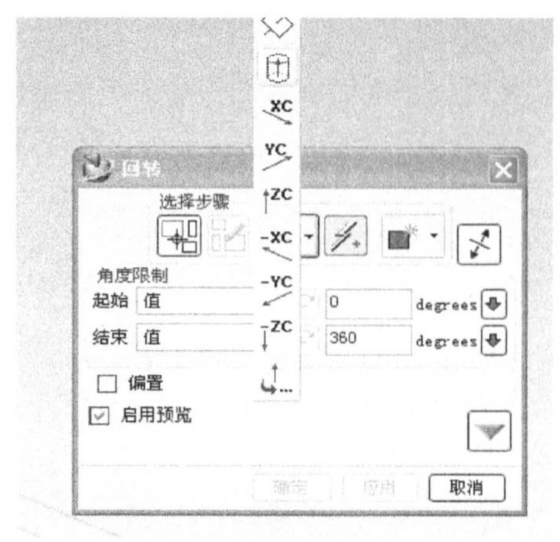

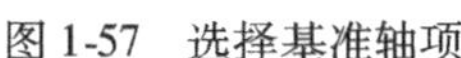
图 1-57　选择基准轴项

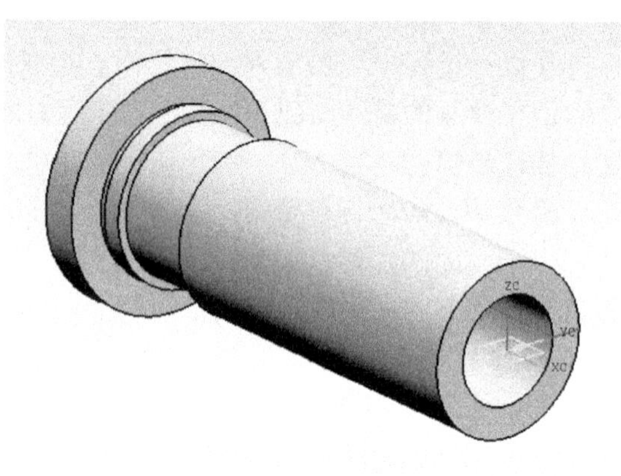

图 1-58　生成的回转实体

操作 02. 创建十字圆孔和十字方孔

1. 绘制圆孔、方孔的轮廓草图　首先，在 XC-YC 基准平面上画草图，单击［草图］命令，按图 1-59 所示的图形和尺寸画出圆孔和方孔轮廓曲线，注意一定要把圆的圆心定位在 XC 轴上，所有尺寸都要标注好。方孔的四个圆角曲线可以用［圆角］命令来完成。完成两个轮廓曲线后，仍然返回到三维界面。

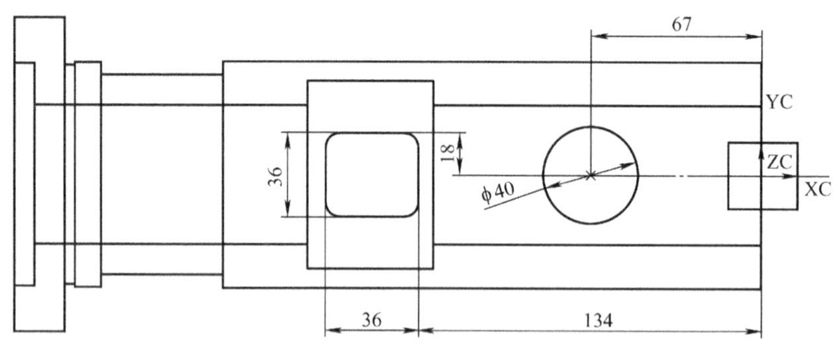

图 1-59　画出圆和方孔轮廓曲线，进行尺寸和位置约束

用同样的方法，在 XC-ZC 基准平面上也画好这两个图形的轮廓曲线。完成后两个平面的上草图如图 1-60 所示。

2. 拉伸出圆孔和方孔　圆孔和方孔的拉伸可以分两次，即 ZC 方向和 YC 方向分别进行拉伸操作，但在一个方向上两类孔可在一次操作中完成，首先，对 ZC 方向上的圆孔和方孔进行拉伸，单击［拉伸］命令，选中水平基准面上的圆孔曲线和方孔曲线，将“拉伸”对话框上的“起始值”和“结束值”的数据栏都设置为“直至下一个”选项，布尔组合设定为“求差”（见图 1-61），完成上面的设定后，单

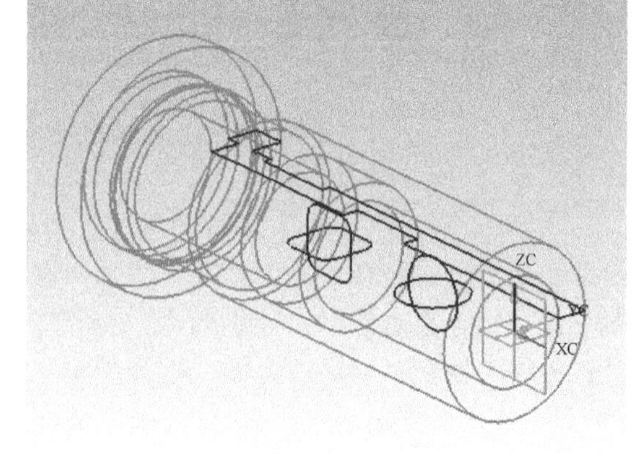

图 1-60　两个平面上的轮廓曲线

击［确定］按钮，结束本次两个类型孔的生成操作。

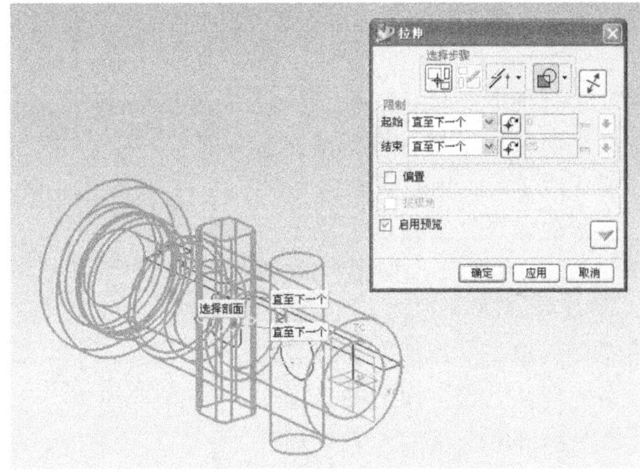

图 1-61　设置拉伸参数和组合方式

用同样的方法，对 YC 方向上两类孔进行拉伸操作，完成后的实体效果，如图 1-62 所示。

操作 03. 生成两个斜孔

由于这两个斜孔不在坐标的基准平面上，且又是与基准面成一个倾斜角度，因此，它的创建需要事先构建一个与水平基准面成一定夹角的平面，在这个平面上画出孔轮廓曲线，然后，对它进行拉伸而形成。

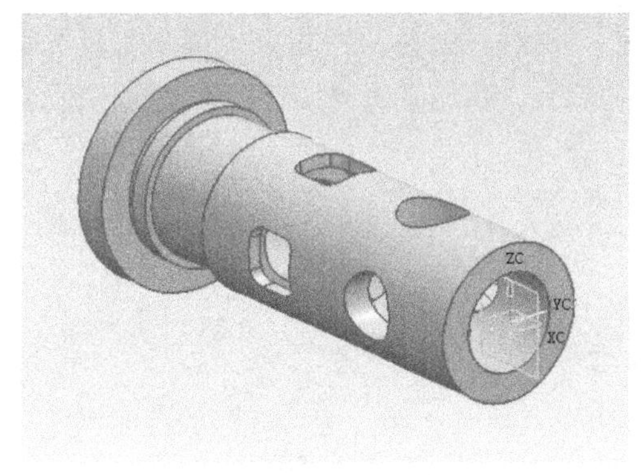

图 1-62　生成两类孔的轴实体

1. 创建倾斜的草图平面　首先，运用“特征操作”工具条上的［点］命令，在实体所在空间上构建一个“点”。

将“特征操作”工具条上［基准平面］的下拉菜单打开，里面有一个［点］命令，单击它，在界面左上角会出现一个小的即时工具条“关联点”，左侧出现一个“捕捉点”工具条，如图 1-63 所示。先选中即时工具条上的第一项［关联点］命令，再选中“捕捉点”工具条最下面的［点构造器］命令。在弹出的“点构造器”对话框上，输入参数值：X = －254、Y = 0、Z = 42.5，如图 1-64 所示。单击［确定］按钮后，在相应的空间位置上就会产生一个“点”。

图 1-63　“关联点”和“捕捉点”工具条

单击［草图］命令，进入 XC-ZC 平面，用［直线］命令从刚才构建的“点”作为起点，向右上方画一条长度 20、角度 60°的直线，如图 1-65 所示。完成上面操作后，返回到三维工作界面。

单击“特征操作”工具条上的［基准平面］命令，会出现一个“基准平面”对话框，将类型栏上的第二项选中，即［点和方向］，用鼠标选择刚才所画直线的上端点，左键确定，就会在这个点上产生一个与水平面成 60°夹角的新平面，如图 1-66 所示。

图 1-64　构造器“点”对话框

2. 绘制斜孔轮廓草图　单击［草图］命令，选择倾斜平面，进入该平面后，以这个面上的坐标原点为圆心画出一个直径为 10 的圆，完成后返回到三维界面。

3. 拉伸斜孔　这个孔的拉伸与前面所讲的拉伸步骤、拉伸方法没有什么不同，用户可以自己完成。在拉伸操作中，需要注意拉伸的方向、起始和结束的参数、组合方式是求差。由于，在这个轴上有上下两个斜孔，因此，还需要生成下面的斜孔。而下面的斜孔，我们不再用拉伸的方法，而是运用镜像特征的方法来完成。

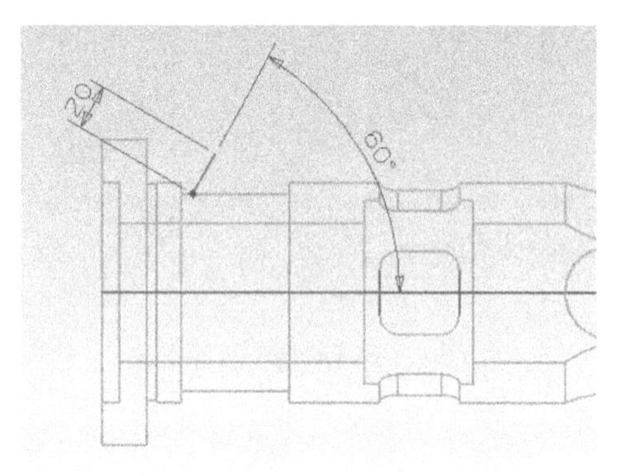

图 1-65　画长度 20、角度 60°直线

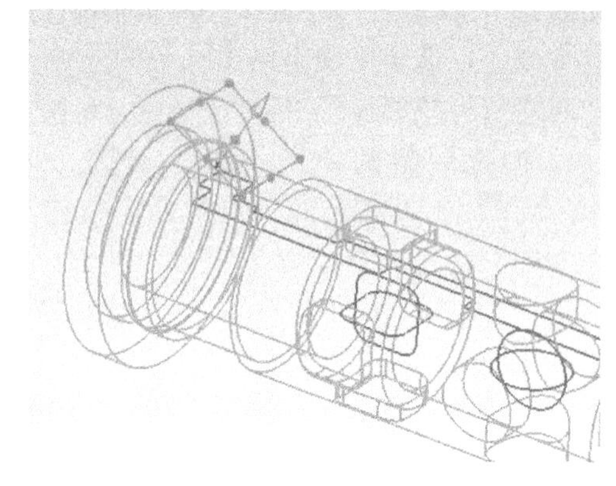
图 1-66　创建倾斜平面

4. 镜像斜孔　将“特征操作”工具条最右边的“工具条选项”打开，从中选定［实例特征］命令，会出现一个“实例”对话框。单击上面的第四项［镜像特征］按钮，对话框变成了“镜像特征”，在左栏“部件中的特征”中寻找所要镜像的孔，找到后将它选中，并单击中间的▶（黑色箭头）符号，该项就会进入到右栏“镜像的特征”中去，如图 1-67 所示。然后，将对话框最上面的“选择步骤”项目下的“镜像平面”激活，再用鼠标选中原坐标系中 XC-YC 基准平面，单击［确定］按钮后，就会在轴的下面另外生成一个斜孔，当然这个孔是与上面的斜孔呈水平面对称的。至此，完成了两个斜孔的创建工作。

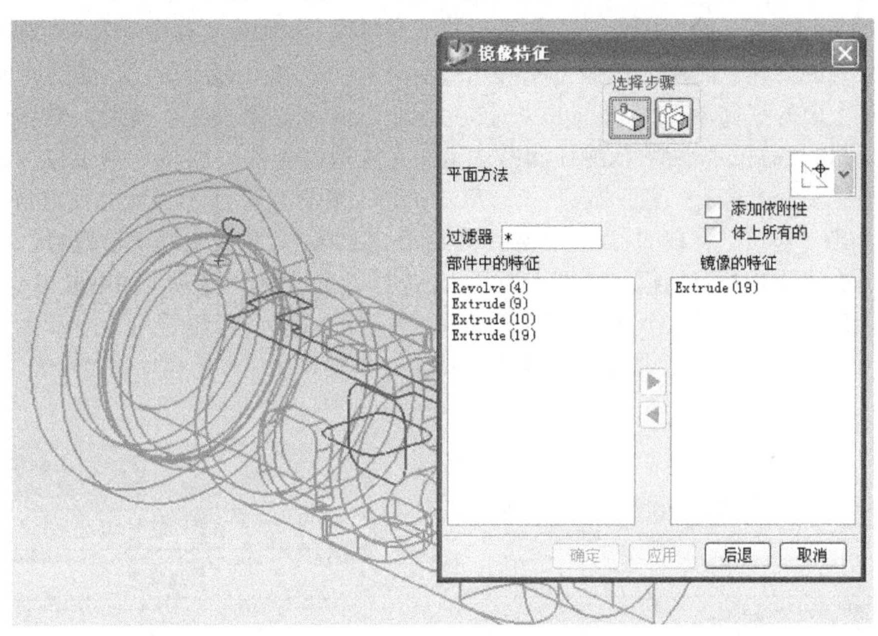

图 1-67　在“镜像特征”对话框上选择所要镜像的孔

操作 04. 创建六个螺纹孔

创建轴的右端面上均布六个 M8 的螺纹孔，要用到［草图］、［拉伸］、［螺纹］、［圆周阵列］等操作命令来完成。

1. 绘制草图　单击［草图］命令，选择 YC-ZC 基准面作为草图平面，进入草图界面后，按图 1-68 所示的图形和尺寸画出周边上的一个圆（圆的直径可随意），要保证它处在 φ78 分圆的顶端象限上，而分圆也必须保证与轴同心。完成后返回到三维界面。

2. 拉伸一个螺纹底孔　单击“特征操作”工具条上的［孔］命令，在弹出的“孔”对话框中，选择孔类型为“简单”，输入参数：直径 = 6.647、深度 = 10，其它参数保持默认值，选择螺纹孔所在的轴端面，在弹出的“定位”对话框上，选择“点到点”选项；然后选中刚才所画出的螺孔的圆轮廓，在出现的“设置圆弧的位置”对话框上（见图 1-69），选择“圆弧中心”选项，并单击［确定］按钮，就会生成一个底径为 6.647（螺孔 M8 的底径值），深度为 10 的螺纹底孔。

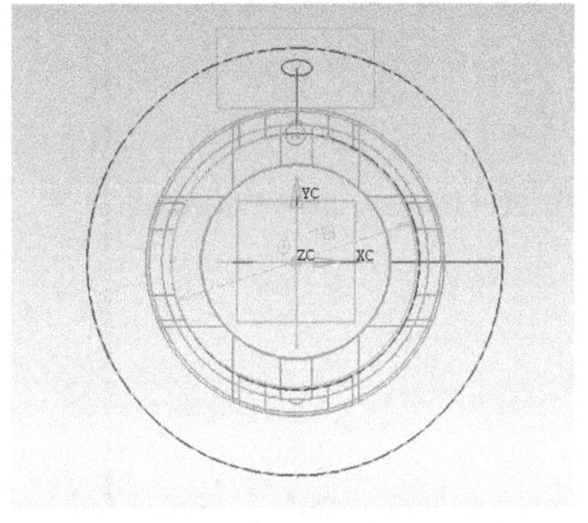

图 1-68　画出一个螺孔圆

3. 创建六个螺纹底孔　其它五个螺孔的创建，采用阵列的方法。单击“特征操作”工具条上的［实例特征］命令图标，会出现一个“实例”对话框（见图 1-70）。此次操作是想用圆周阵列的方式，因此，选择上面的［环形阵列］选项。选中后，在新的“实例”对话框上选择上面的“简单孔”（Simple Hole（25）），如图 1-71 所示。此时，轴实体上的螺孔会高亮显示，说明要阵列的孔特征已经选定。在随后出现的“实例”对话框，将其上的各个选项设定为，方法：一般；数字：6；角度：60；如图 1-72 所示。以上设定是要在端面上生成六个孔（包括已存在的孔），其圆周间隔角度为 60°。完成上面的设置后，单击［确定］按钮，在新出现的对话框（见图 1-73），上选择［基准轴］选项，并用鼠标将 XC 轴选中，在轴端面上会显示出六个孔轮廓预览图像，并出现一个“创建引用”对话框，如图 1-74 所示。单击上面的［是］按钮，就生成了其它五个与母孔一样的孔，如图 1-75 所示。

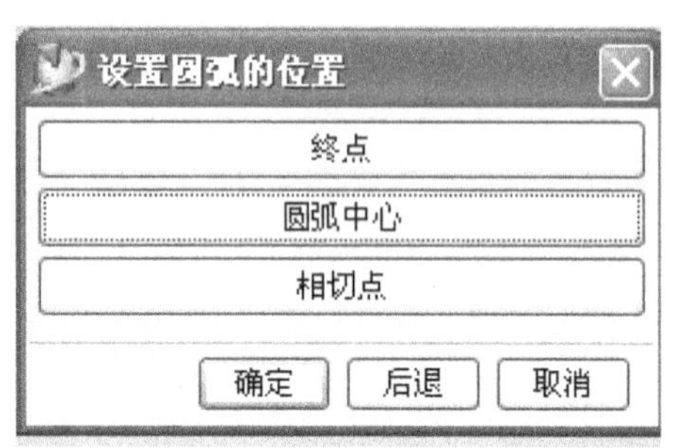

图 1-69　“设置圆弧的位置”对话框

图 1-70　“实例”对话框

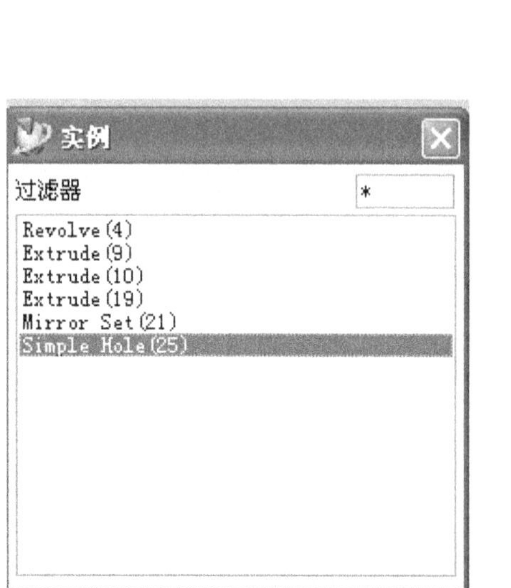

图 1-71　新的“实例”对话框

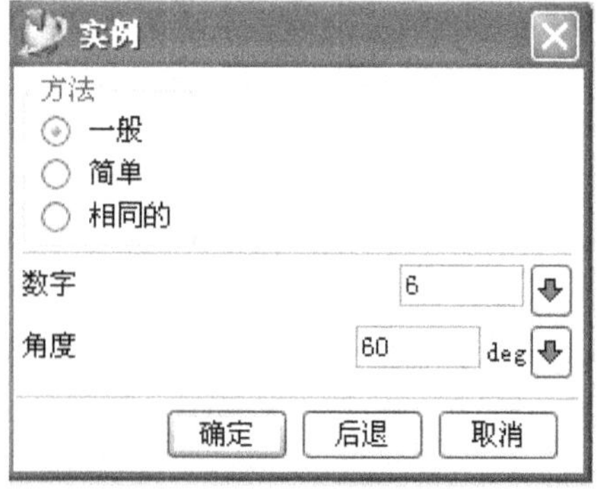

图 1-72　确定阵列的数量和角度

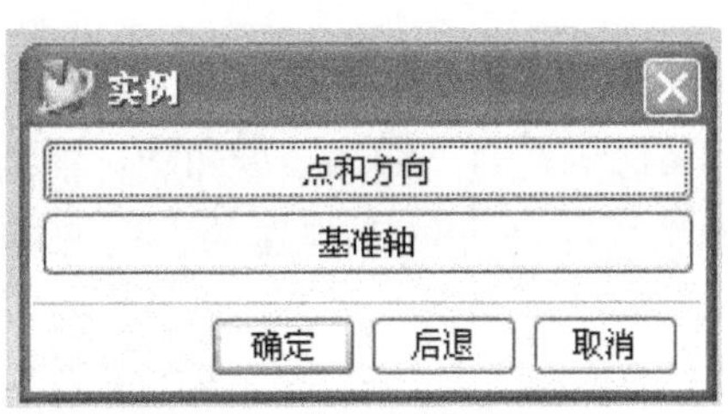

图 1-73　选择基准轴选项

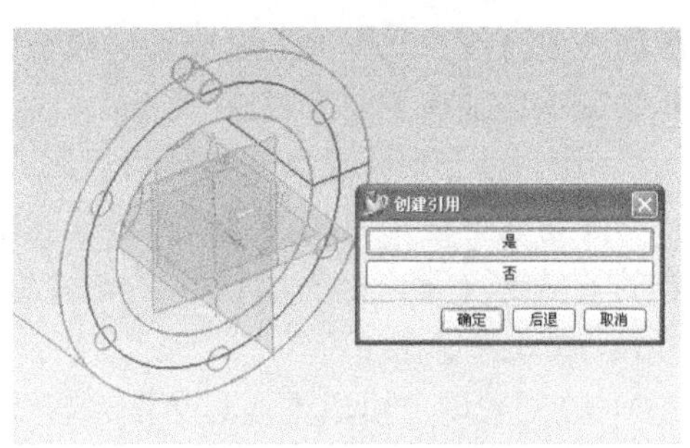

图 1-74　显示出六个孔轮廓

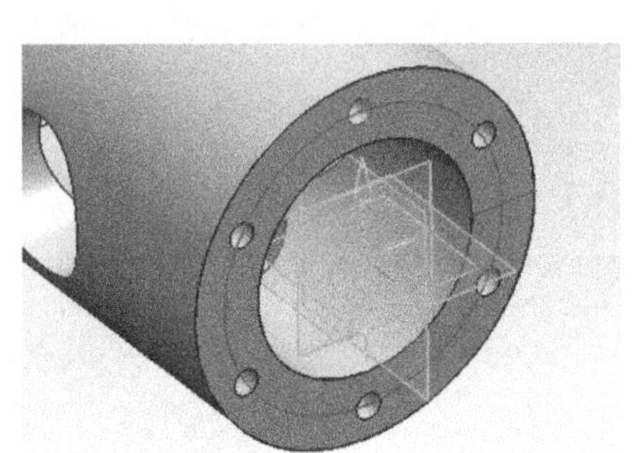

图 1-75　阵列出六个孔

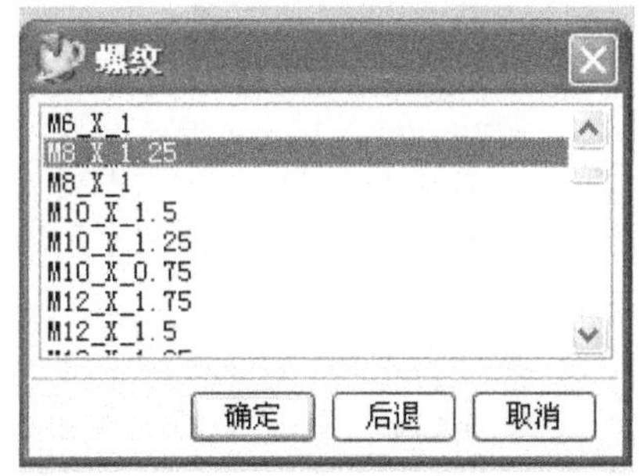

图 1-76　选定 M8X1.25 参数

4. 创建孔螺纹　单击“特征操作”工具条上的［螺纹］命令，界面上会出现一个“螺纹”对话框。此时，先选中六个螺孔，然后，将该对话框上的“螺纹类型”选择为“符号的”，并单击“从表格中选择”按钮，在弹出的如图 1-76 对话框中选定 M8X1.25 这个参数，按［确定］按钮返回到前面的对话框。将这个对话框上的“长度”设置为 8mm，其它参数如图 1-77 所示，单击［确定］按钮，结束这一操作，完成的螺纹孔特征，如图 1-78 所示。

图 1-77　设置螺纹参数

至此，完成了整个零件的实体造型设计。将不需要的图形要素，如草图、基准、坐标系等全部隐藏起来，显示结果如图 1-79 所示。

要点归纳：

通过“限位轴套”的设计，可以概括出以下几项知识和操作要点：

1）用“旋转拉伸”方法创建实体的过程与“直向拉伸”一样，也需要先绘制草图，再进行拉伸；所不同的是在拉伸步骤中，不但要确定拉伸的旋转方向、旋转角度，还要确定一根旋转轴，此轴可以是坐标轴、直线、实体边缘等。

2）创建倾斜一定角度的孔时，需要构建一个倾斜的基准面，或直接在此平面上生成孔，或在此面上事先画出草图，再用拉伸的方法生成孔，因为孔的创建必须在平面上完成。

3）均匀分布的孔或类似特征可运用阵列方法来构建，如本设计生成的六个螺纹孔就是用环形阵列的方法来完成的；在环形阵列中要设定好总阵列数量、间隔角度和旋转轴；值得注意的是螺纹（无论是孔螺纹，还是柱螺纹）是不能用阵列方法来构建的，只能单独用［螺纹］命令来操作。

4）在需要时，可以不通过草图来构建三维空间上的曲线、点、基准面等图形要素，如本设计过程中在三维空间上构建了一个“点”，再通过这个点创建了一个倾斜的基准平面。

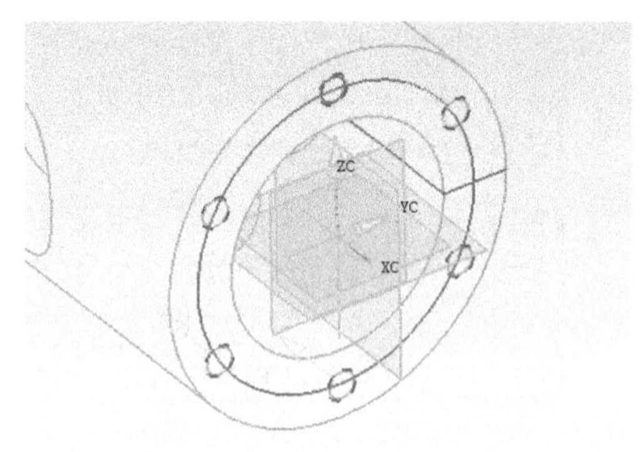

图 1-78　生成六个螺纹孔

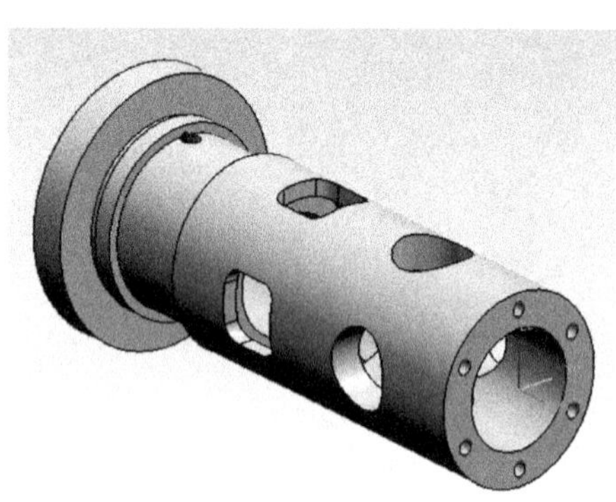

图 1-79　限位轴套的整体效果

实操演练 02：泵盖的设计

【泵盖】的实体设计

本课训练项目是用 UG 的建模模块完成图 1-80 所示的“泵盖”的实体造型设计。用户可按提示的操作步骤和各阶段生成的实体效果图来自己完成整个设计任务。

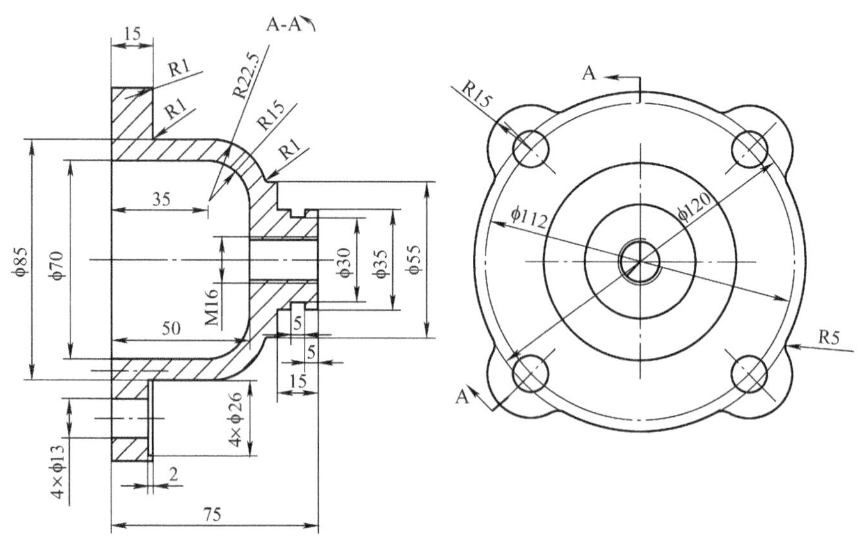

图 1-80　泵盖

操作 01：画草图

在 XC-ZC 基准面上画出泵盖的纵截面草图，并进行尺寸约束（见图 1-81）。

操作 02：拉伸实体

用旋转拉伸方法生成实体，旋转轴选择 XC 轴，旋转角度 0～360°（见图 1-82）。

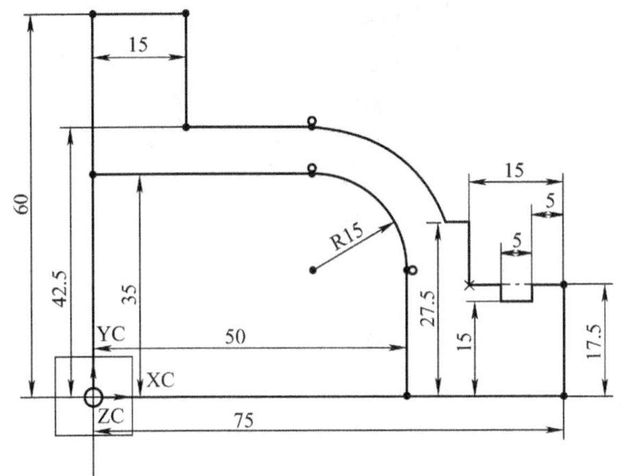

图 1-81　泵盖纵截面草图

图 1-82　旋转拉伸出的实体

操作 03：画圆

在 YC-ZC 基准面上画出一个 ϕ30 圆，其圆心在 ϕ112、角度 45°的分圆上（见图 1-83）。

操作 04：拉伸圆柱

拉伸所画圆曲线，生成一个凸圆柱实体（见图 1-84）。

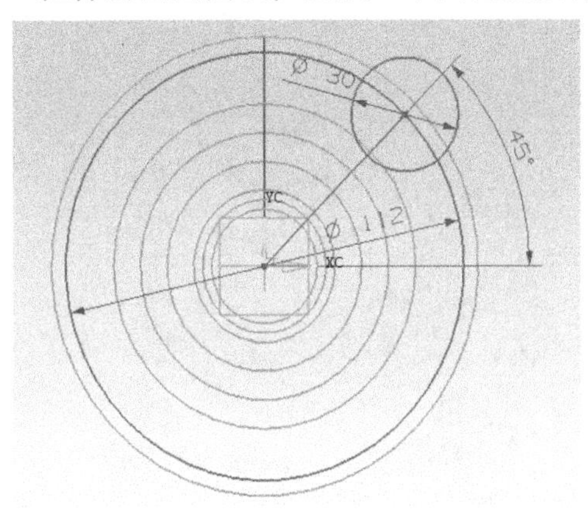

图 1-83　画凸柱圆草图

图 1-84　拉伸一个凸圆柱

操作 05：构建台阶孔

用［孔］命令，在凸圆柱实体上创建台阶孔（见图 1-85）。

操作 06：阵列圆柱台和台阶孔

用［环形阵列］命令，同时阵列出 4 个（包括已有的特征）圆柱凸台和台阶孔（见图 1-86）。

图 1-85　创建台阶孔

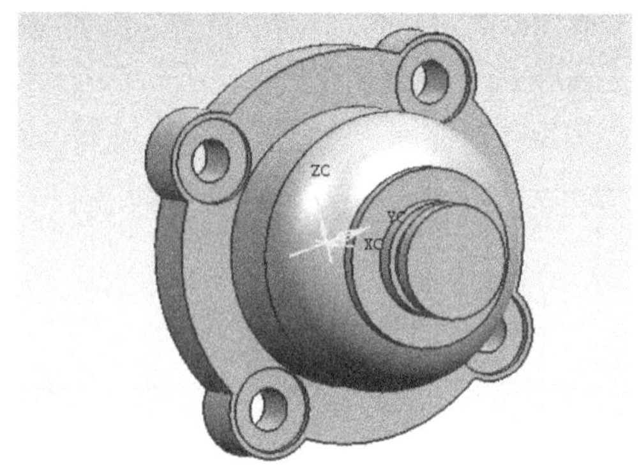

图 1-86　阵列 4 凸台和台阶孔

操作 07：构建螺纹孔

用［孔］命令，生成 M16 螺纹底孔（从相关手册可查出，其螺距为 2、底径为 13. 835）Φ13. 835 通孔（见图 1-87）。

操作 08：创建螺纹

用［螺纹］命令，创建 M16（M16X2）孔螺纹。

操作 09：倒圆角

用［边圆角］命令，分别设定半径值 5、2、1，对相应棱边进行倒圆角，最后完成的泵盖造型实体如图 1-88 所示。

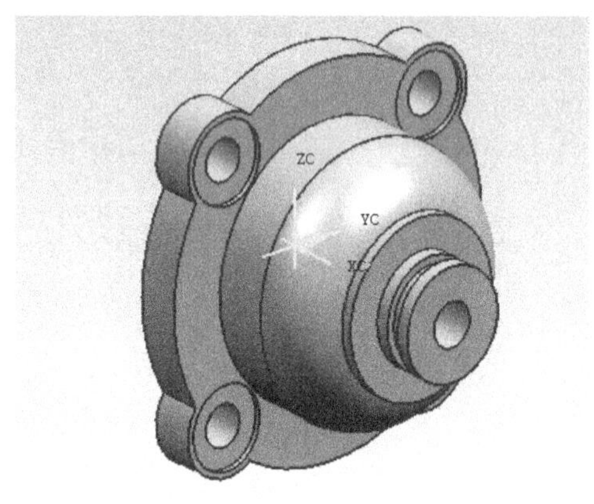

图 1-87　生成螺纹底孔

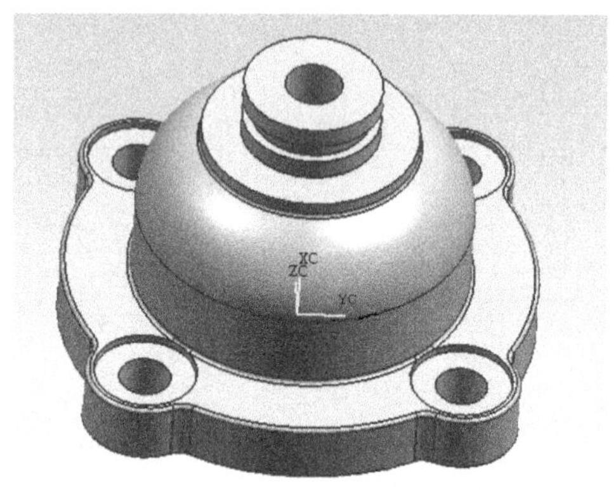

图 1-88　最后完成的泵盖造型实体

项目 1-3　托脚支架的设计

任务目标：

运用前面所学到的实体造型方法，完成图 1-89 所示零件“托脚支架”的实体造型设计。

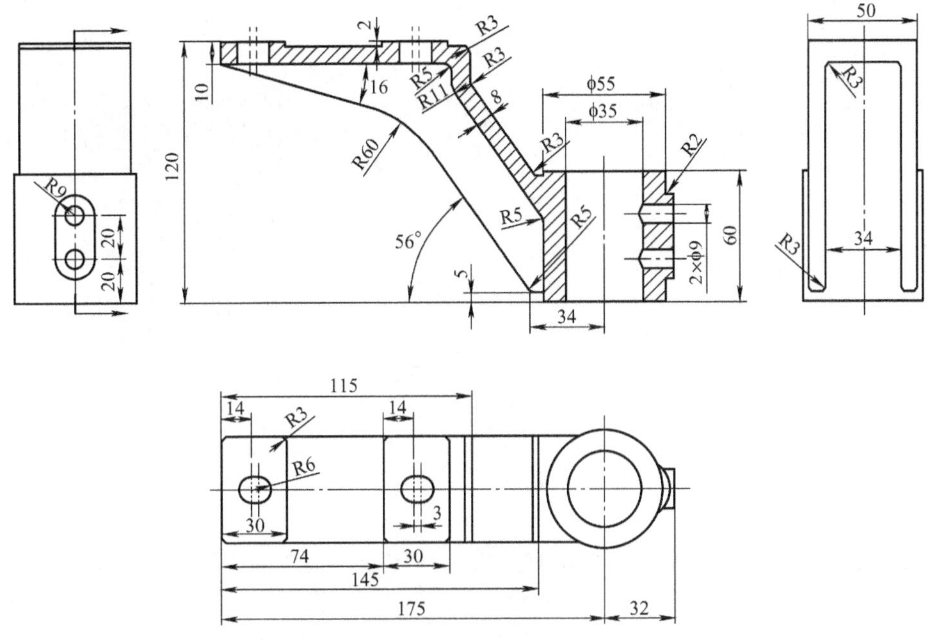

图 1-89 托脚支架

设计分析：

此零件比较复杂，总体上呈 90°角的支撑结构。其右侧是一个带孔的圆柱体，左边有一个水平的支撑板，上面有 2 个带有扁形孔的凸台，支撑板由槽型肋板连接。圆柱体外侧有一个凸缘，其上有 2 个通孔。

在设计过程中，除前面介绍的实体造型命令外，会用到外壳操作和变径圆角操作命令。另外，由于此零件的加工毛坯是铸造件，其上有许多棱边和拐角需要进行倒圆，形成平滑连接的整体，在设计过程中要重视这一点。

操作步骤：

操作 01. 创建圆柱体

对这个圆柱体的创建，仍然是先画草图，再通过拉伸形成圆柱体。与前面所不同的是，此次，所画草图不是在水平基准面上，而是，选择 YC-ZC 基准面，画出圆柱体纵向轮廓。这样做的目的是为后面画支撑结构轮廓草图时有一个参照。

1. 画圆柱体纵向轮廓草图　单击［草图］命令，选择 YC-ZC 基准面，按图 1-90 所示图形和尺寸画出圆柱体纵剖面轮廓。提醒注意的是，一定要保证矩形的水平底边约束在 XC 基准轴上，矩形的右竖边约束在 YC 基准轴上，以便后面的图形有一个准确的参考。草图画好后，返回到三维界面。

2. 拉伸圆柱体　由于这是一个纵向剖面轮廓，需要使用［回转］命令进行旋转拉伸。其操作方法和过程与前面没有什么不同，用户可自行完成。需要注意的是，其旋转轴是 ZC 基准轴。完成的结果如图 1-91 所示。

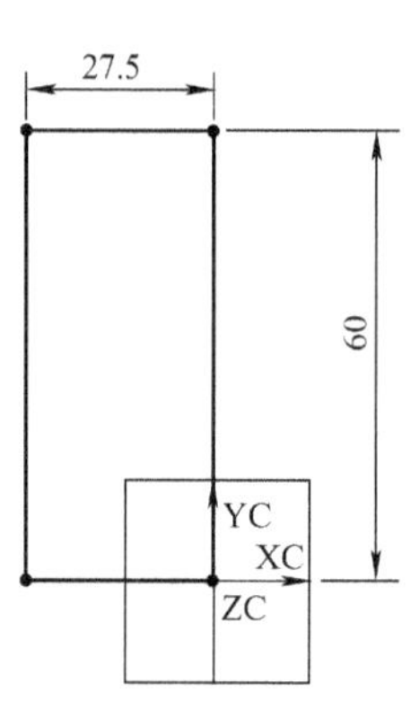

图 1-90 圆柱体纵向

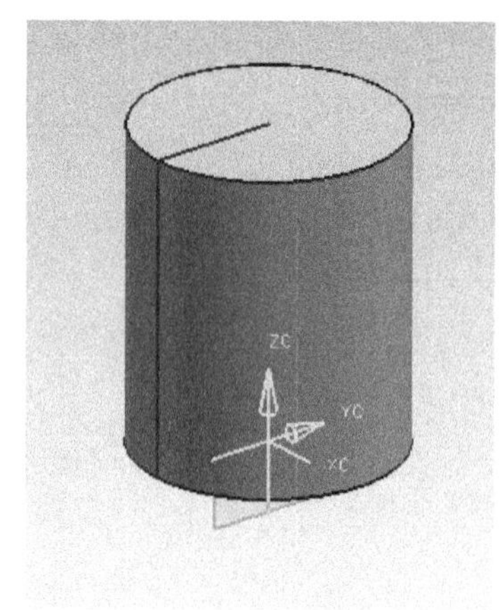

图 1-91 创建的圆柱体

操作 02. 创建支撑体

对支撑体的创建，包括水平支撑板和连接圆柱体的筋板结构，可以用一个侧面草图轮廓曲线一次完成。

1. 画支撑结构草图 单击［草图］命令，选中 YC-ZC 基准面，用“草图曲线”工具条上的相关操作命令画出图 1-92 所示的轮廓曲线，并做好全部约束和尺寸标注。提醒注意的是要保证两条斜边相互平行。完成草图操作后回到三维界面。

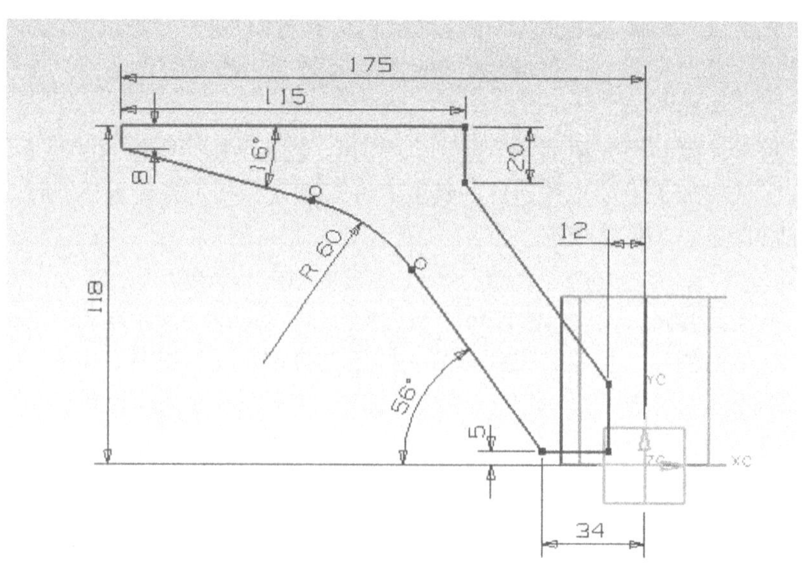

图 1-92 支撑架轮廓草图

2. 拉伸支撑结构实体 单击［拉伸］命令，选择所画草图轮廓曲线，在对话框中输入参数值：起始值 = −25、结束值 =25、实体组合形式为“创建”（虽然前面已经生成了一个圆柱实体，但这次先不与其“求和”)，单击［确定］按钮后，生成如图 1-93 所示的支撑架实体。

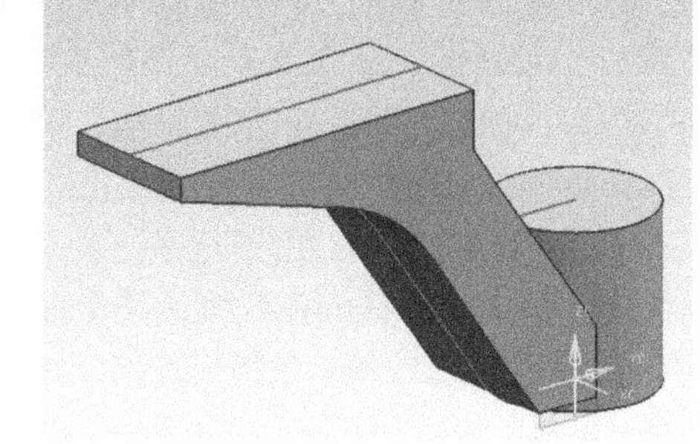

图 1-93　生成的支撑结构实体

操作 03. 构建肋板结构

刚才所创建的支撑结构实体并不是图样所要求的肋板型结构，需要进一步处理成所需形状，并且，在支撑体的设计中没有将它与圆柱体组合在一起，目的就是要对这个实体进行再设计。创建肋板结构，需要用到抽壳方法，即“特征操作”工具条上的［外壳］命令来完成。

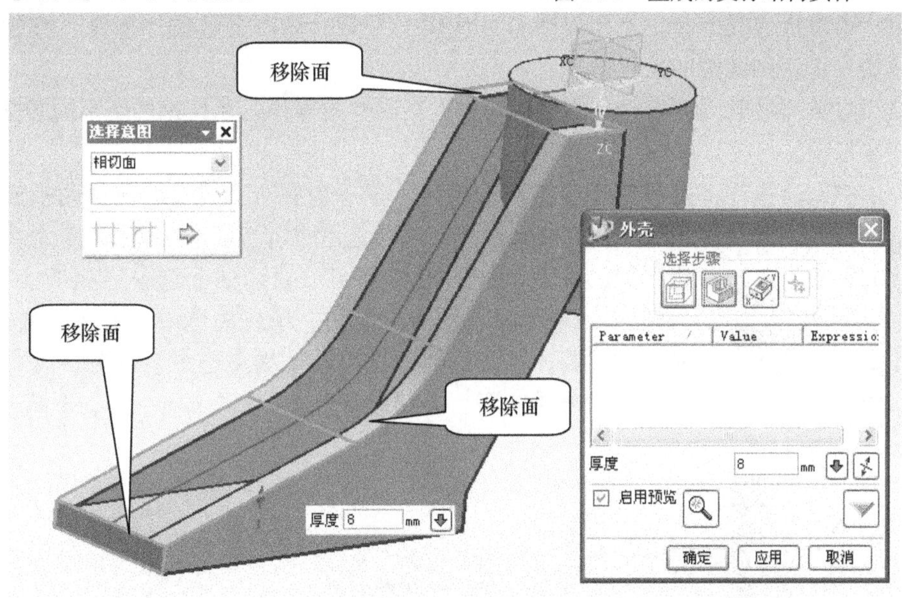

图 1-94　对支撑体进行“外壳”操作

1. 支撑体抽壳　单击［外壳］命令图标，界面上会出现两个对话框，即“选择意图”和“外壳”对话框。在“选择意图”对话框上，将其设置为“相切面”；在“外壳”对话框上，将“选择步骤”栏的第二项“移除面”选中；然后，用鼠标将支撑实体的下部的相连面选中，如图 1-94 所示。这些移除面是指在抽壳操作中要开口的表面，而非移除面则是要保留的表面，需要在“厚度”栏中输入数值，这里设置的厚度值为 8。完成上面的设定后，单击［确定］按钮，就生成了初步的肋板结构，如图 1-95 所示。

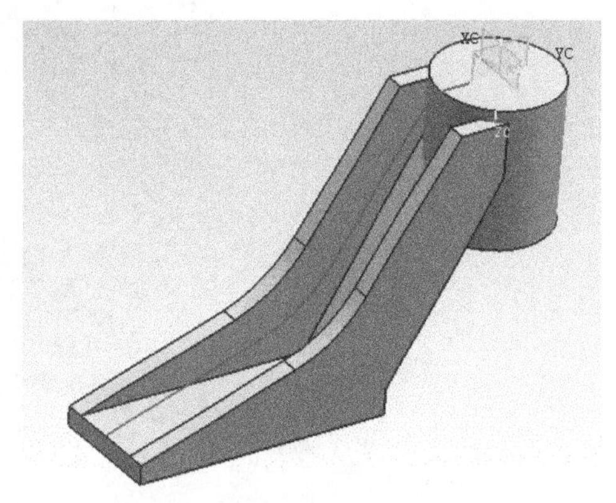

图 1-95　抽壳操作后的肋板结构

2. 组合两个实体　刚才完成的肋板结构支

撑实体，仍然是一个独立的实体，还没有与圆柱体组合在一起。因此，需要用“特征操作”工具条上的［求和］命令，将两个实体组合成为一个整体。单击［求和］命令后，会出现一个“求和”对话框，分别单击“选择步骤”栏下面的“目标体”和“工具体”，并选中任意一个作为目标体，另一个为工具体，单击［确定］按钮后，两个实体就组合成了一个实体，组合后的外观效果并没有什么变化，如同图1-95所示一样，但它们已是一个整体了。

3. 修整支撑结构实体　由于这是一个铸造件，需要对其上的许多棱边和内部拐角进行倒圆角处理。单击“特征操作”工具条上的［边倒圆］命令，会出现两个对话框，即“选择意图”和“边倒圆”，在“选择意图”对话框上设置成“单个曲线”，用鼠标选中所要进行倒圆角的棱边；在“边倒圆”对话框上输入相应的半径值，再单击［应用］按钮，就完成了一个倒圆角操作。

提示：本次操作完成后，之所以单击［应用］按钮，而不是单击［确定］按钮，是因为后面还需要进行倒圆角的设计操作。

用这一方法将所有需要进行倒圆角的地方进行同样的操作，要注意的是不同的圆角要输入相应的半径值。

上面的倒圆角操作都是固定半径圆角的设计。接下来要对支撑体两侧的肋板进行倒圆角，对它倒圆角则必须使用变半径方法来设计。原因是在肋板与水平支撑板相交处生成不了半径为3的圆角。单击［边倒圆］命令，在“选择意图”对话框上选中“相切曲线”，在“边倒圆”对话框上输入半径值3，用鼠标将肋板内侧的一条棱边选中；再将“选择步骤”栏下的第二项“变半径”项选中，将光标移到肋板棱边的尖端点选中，在半径值R数据栏中输入数值0，如图1-96所示，单击［应用］按钮即可生成一条上端半径3、下端半径0的圆角棱边。

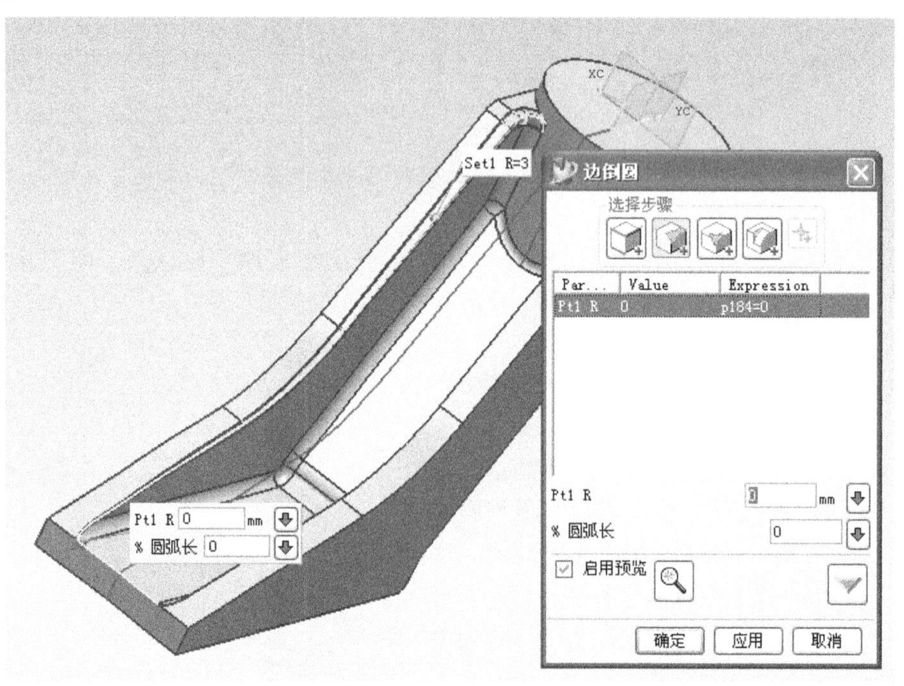

图1-96　在变半径状态下，选中筋板棱边的尖端点，设置半径值为0

用同样的方法，将内侧的另一条棱边和外侧的两条棱边都进行变半径倒圆角操作，就完成了对整个支撑架实体的倒圆角设计，其结果如图 1-97 所示。

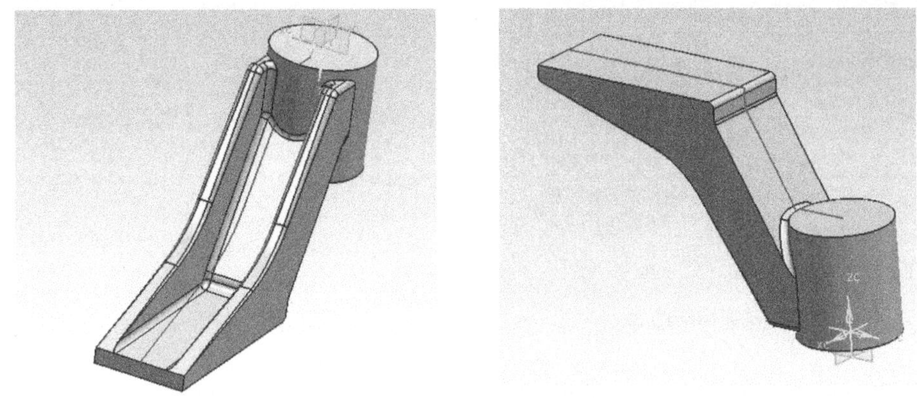

图 1-97　完成倒圆角的支撑架

操作 04. 创建 2 个矩形凸台

在水平支撑板上方有 2 个矩形凸台，我们通过画草图和拉伸的方式进行创建。

1. 画出矩形轮廓草图　单击［草图］命令，选择支撑板的平面画草图，如图 1-98 所示。注意 2 个矩形的上下边都要与支撑板边缘共线，左边的矩形一条边要与支撑板的前端棱边共线。草图画好后，返回到三维界面。

2. 拉伸凸台实体　单击［拉伸］命令，选中两个矩形轮廓；在出现的“拉伸”对话框上，输入起始值 0、结束值 2、组合方式为求和，单击［确定］按钮，结束拉伸操作，其结果如图 1-99 所示。

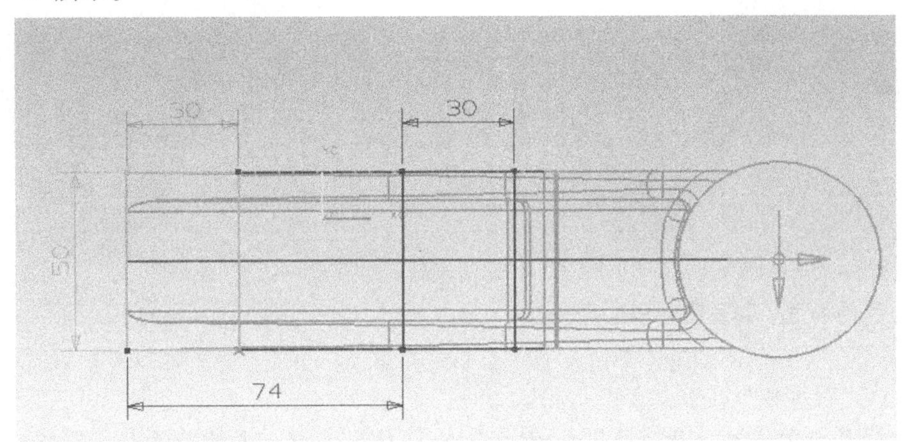

图 1-98　凸台草图

操作 05. 创建圆柱上的凸缘

1. 画凸缘轮廓草图

单击［草图］命令，在 XC-ZC 基准面上按图 1-100 所示图形和尺寸画出凸缘轮廓。

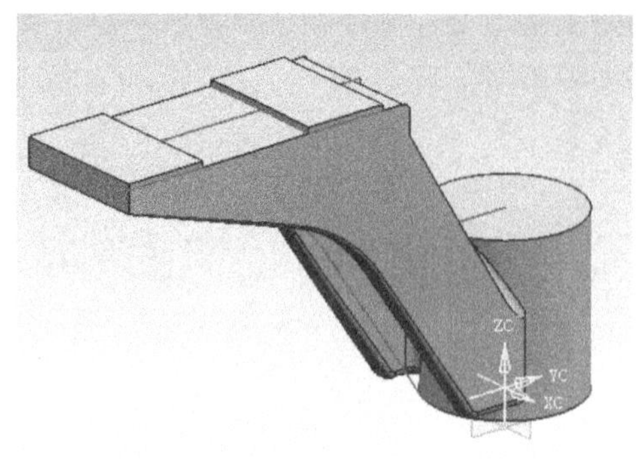

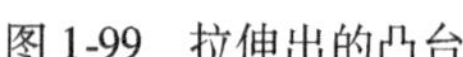
图 1-99　拉伸出的凸台

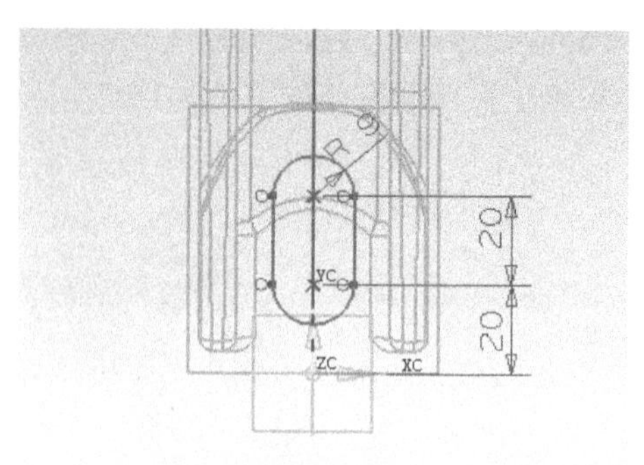

图 1-100　凸缘草图

2. 拉伸凸缘　单击［拉伸］命令，选中所画凸缘轮廓曲线；在对话框上输入起始值 0、结束值 32，组合方式为求和，确定后的拉伸结果如图 1-101 所示。

至此，所有需要添加的实体都已经创建完成。后面所要进行的操作就是孔、槽和倒圆角等构建。

操作 06. 创建 φ35 圆柱通孔和 2 个 φ9 凸缘通孔

单击［孔］命令，输入相应的直径值、深度值，确定好生成方向；运用“点到点”定位方式，即可生成这三个孔，如图 1-102 所示。

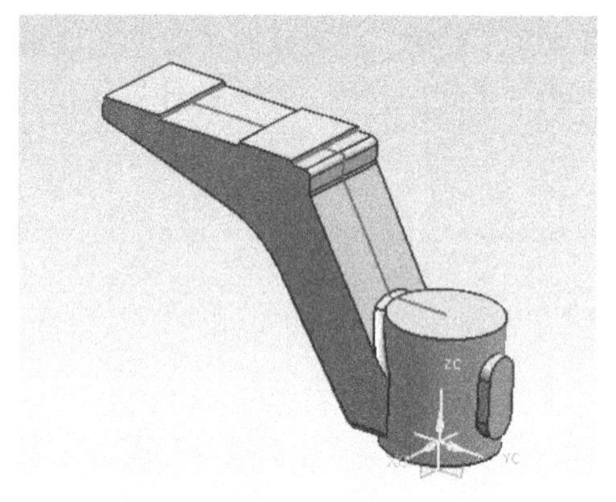

图 1-101　拉伸出的凸缘

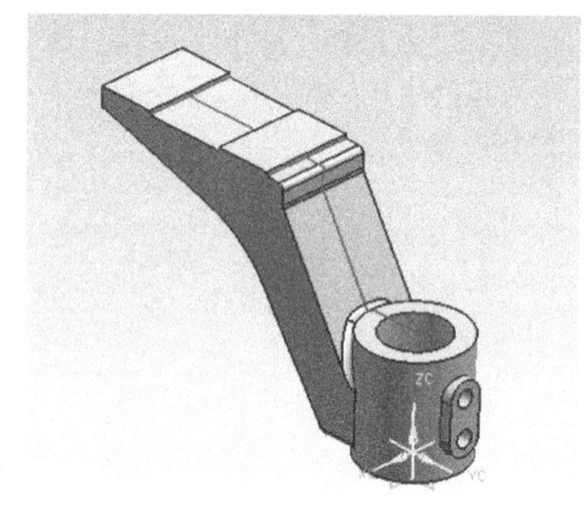

图 1-102　生成的三个孔

操作 07. 创建矩形凸台上 2 个扁孔

1. 画扁孔轮廓草图　用［草图］命令在 XC-YC 基准面上画出 2 个扁孔草图，如图 1-103 所示。在画草图时需要注意的是，要保证两个扁孔的中心在中轴线上、直线与圆相切，修剪后，要保持所有曲线首尾相接。

2. 拉伸两个扁孔　单击［拉伸］命令，选中两个封闭曲线后；在对话框上设置：起始值为 0、结束值为贯通全部对象、组合方式为求差、拉伸方向朝上，完成上面的设定后，单击［确定］按钮，即可生成两个贯通的扁孔，如图 1-104 所示。

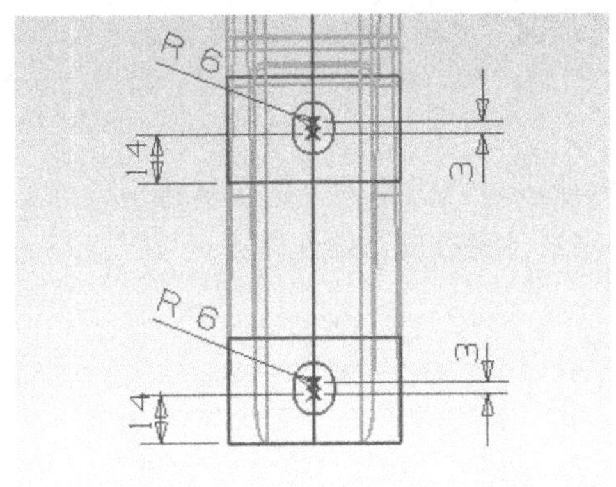

图 1-103　两个扁孔草图

图 1-104　拉伸出的两个扁孔

操作 08. 整体修整

此零件的整体修整，主要对铸造体非加工的棱边、拐角处进行倒圆角，用户可按图样要求用［边倒圆］命令自行完成所有工作。注意完成全部创建操作后，把不需要的草图、基准等要素隐藏起来，最终完成的托脚支架效果如图 1-105 所示。

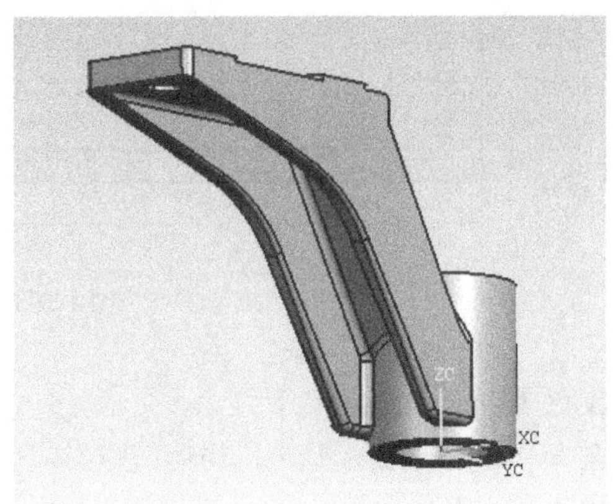

图 1-105　托脚支架实体效果

要点归纳：

通过“托脚支架”的设计，可以概括出以下几项知识和操作要点：

1）对回转体的设计，除了用直向拉伸的方法来构建之外，还可以用旋转（回转命令）拉伸的方法来构建，特别是当该回转体与后面要构建的实体有设计上的关联时，这种方法更方便一些。

2）对类似型腔结构的设计，当壁厚均匀时可考虑运用抽壳的方法来进行，这样会使设计操作更为简便，使用“外壳”命令时要注意正确选定开放面（移除面）。

3）因设计上的需要出现两个或两个以上独立创建的实体时，不要忘记用适当的方式将它们组合到一起，最后形成一个整体。

4）当定位参照物很明确时，尽量用［孔］命令来进行孔结构的设计，这会使设计过程简化。

5）绘制草图时，尽可能利用原始坐标系上的基准面，减少另建其他基准面。

实操演练 03：机箱体的设计

【机箱体】的实体设计

本课训练项目是用 UG 的建模模块完成图 1-106 所示的“机箱体”的实体造型设计。用户可按提示的操作步骤和各阶段生成的实体效果图来自己完成整个设计任务。

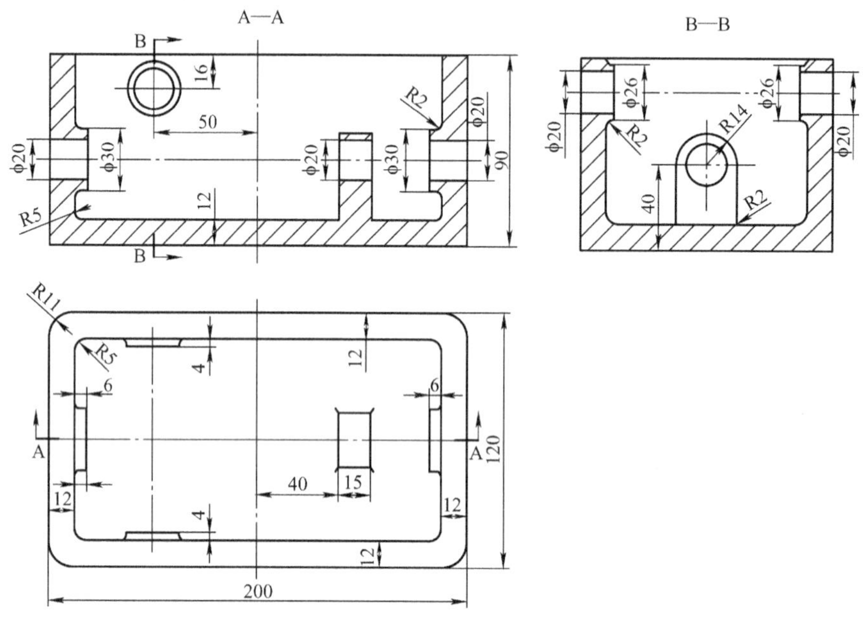

图 1-106　机箱体

操作 01：拉伸矩形体

在 XC-YC 基准面上画出机箱体的矩形轮廓，拉伸出箱体实体（见图 1-107）。

操作 02：抽壳

用［外壳］命令生成厚度为 12 的腔体结构，如图 1-108 所示。

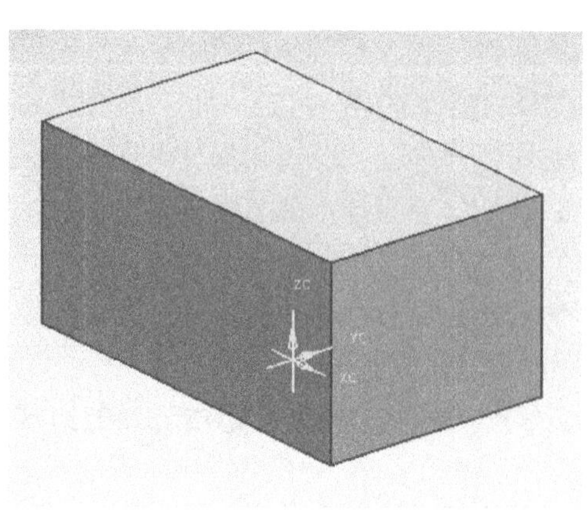

图 1-107　拉伸出箱体

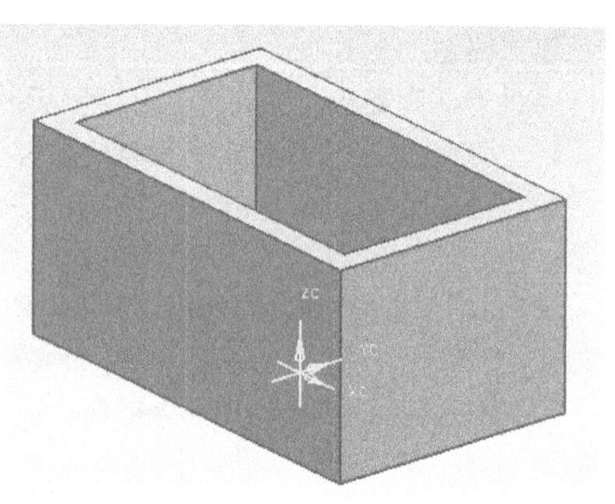

图 1-108　生成腔体结构

操作 03：画凸缘草图

分别在 YC-ZC 和 XC-ZC 两个基准面上画出如图 1-109 所示的图形，以备创建腔体所有凸缘和门形支架实体之用。

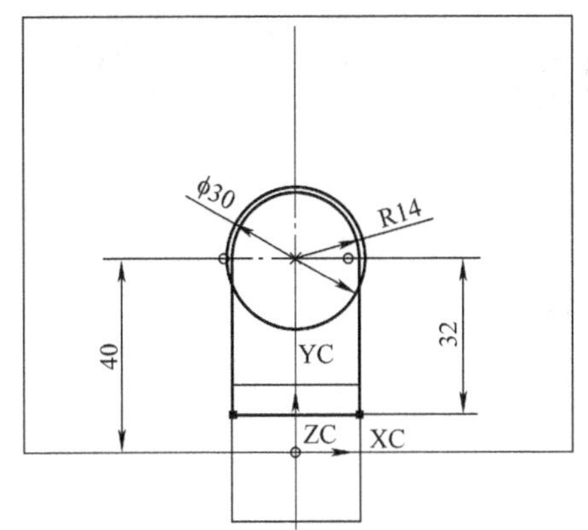

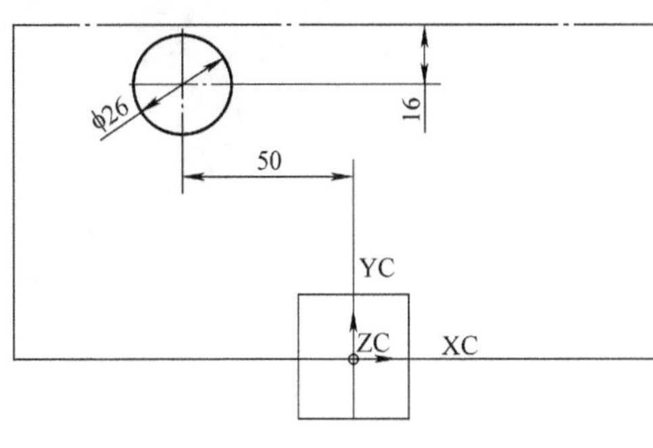

图 1-109　分别在两个基准面上画出草图

操作 04：拉伸凸缘和支架

用［拉伸］命令创建出 4 个凸缘和 1 个门形支架，注意每项操作的拉伸方向、起始和结束值，并采用“求和”方式将它们组合到箱体上（见图 1-110）。

操作 05：构建通孔

用［孔］命令，用圆心定位的方法，创建出 X 和 Y 两个方向上 φ20 的通孔（见图 1-111）。

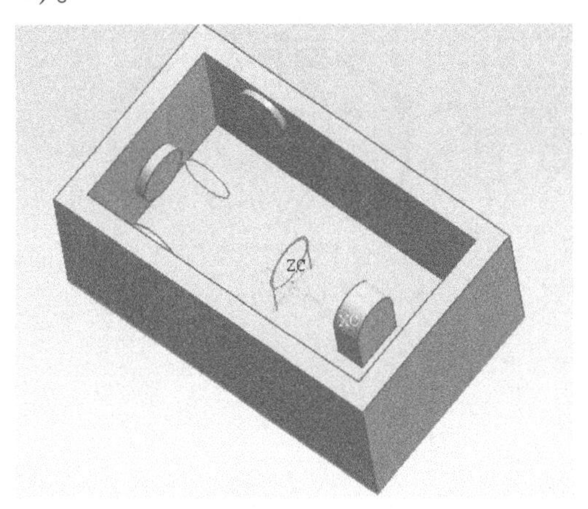

图 1-110　拉伸出的凸缘和支架

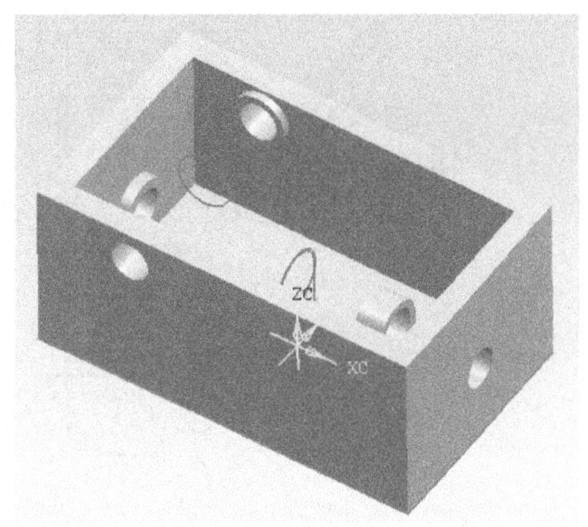

图 1-111　生成两个方向上的通孔

操作 06：整体修整

用［边圆角］命令，对箱体内外所有棱边、拐角进行倒圆角，注意每个圆的半径值；因为这是最后的设计步骤，完成后将实体以外的图形要素全部隐藏起来，设计好的机箱体效果如图 1-112 所示。

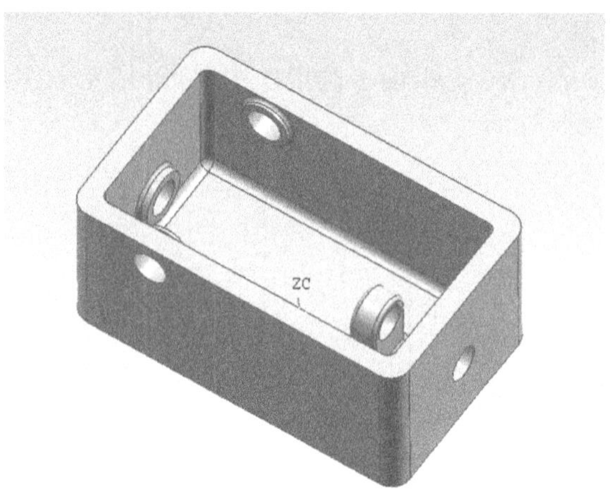

图 1-112　机箱体效果图

项目 1-4　艺术茶壶的设计

（技能提升项目）

任务目标：

应用实体建模和曲面造型命令，完成图 1-113 所示零件“艺术茶壶”的实体造型设计。

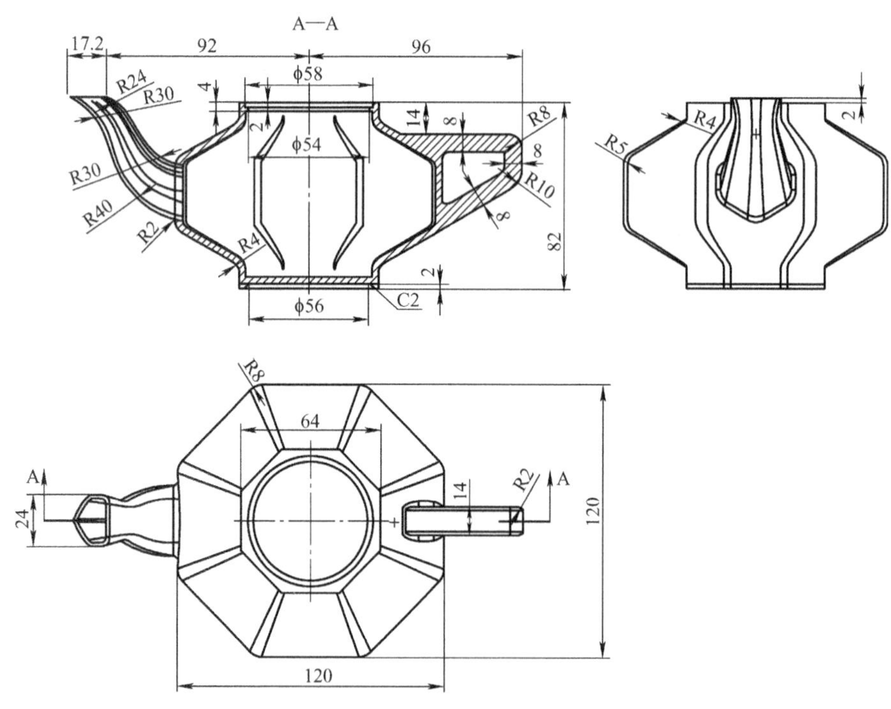

图 1-113　艺术茶壶

设计分析：

本项设计是一个艺术造型的茶壶。它的外形结构复杂多变，由壶体、壶嘴和壶把组成，并且壶体和壶嘴又是一个空心的薄壳体，属于特殊类型的实体造型。它的三个组成部分特征：壶体是一个尺寸连续变化的八棱柱结构；壶嘴是一个以平滑曲线轨迹扫掠而成的五边形体；壶把是一个由直线和曲线平滑过渡曲线轨迹所勾画出的矩形体。

对这个复杂形体的设计，除了要用到前面所学的实体建模操作命令外，还要运用曲面造型操作命令才能完成。此外，在细节的设计中，会遇到一些特殊的操作技巧，如倒圆角操作要运用变半径方法，在抽壳操作中要用到变厚度方法等。

操作步骤：

操作01. 创建壶体

壶体的创建需要三个步骤，即壶体截面轮廓草图绘制、扫掠轨迹草图绘制和实体扫掠拉伸成形。

1. 绘制截面轮廓草图　使用［草图］命令，进入水平（XC-YC）基准面，用［矩形］命令画出一个边长为64的正方形，要将正方形中心定位在坐标系的原点上；用鼠标将正方形选中，单击鼠标右键，会弹出一个快捷菜单，选择上面的［变换］选项后，出现一个“变换”对话框，如图1-114所示。单击对话框上面的“绕点旋转”选项，变成了“点构造器”对话框，单击一下［重置］按钮，再单击［确定］按钮，“变换”对话框变成图1-115所示的形式，在“角度”栏中输入数值45，再单击［确定］按钮；对话框又变成图1-116的形式，选择上面的［复制］选项，图形就变成了一个呈水平放置，另一个旋转成45°角的两个叠加在一起的正方形，如图1-117所示。再用［快速修剪］命令和［圆角］命令将多余的线条修剪掉，并对正八边形进行倒圆角（半径值为4）处理，使图形变成图1-118所示的形状，就完成了壶体截面轮廓的绘制。完成后返回到三维界面。

图1-114　“变换”对话框

2. 绘制扫掠轨迹曲线草图　单击［草图］命令后进入YC-ZC基准面，用“草图曲线”工具条上的［配置文件］命令，在XC = -32、YC = 0处作为起点，连续地画出如图1-119所示的曲线，并按要求标注好尺寸。然后，将所标注的尺寸全部隐藏起来，并用“草图操作”工具条上的［镜像］命令将刚才所画的曲线进行镜像复制，会在右侧生成一条与之对称的曲线。再用［圆角］命令，对这两条曲线的拐角处进行倒圆角操作，最后完成的轨迹曲线如图1-120所示。完成轨迹曲线的绘制后返回到三维界面。

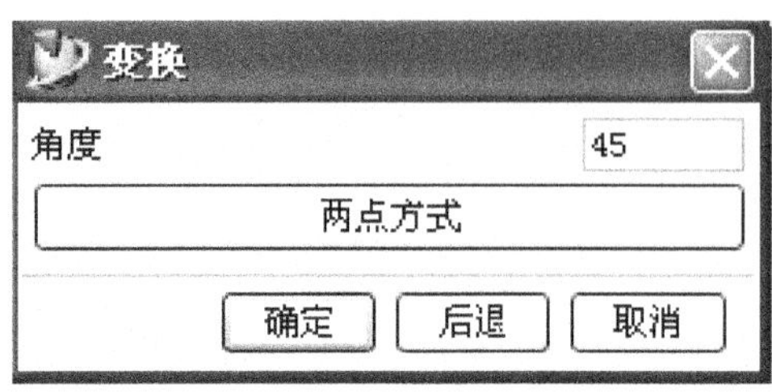

图 1-115　输入角度值 45

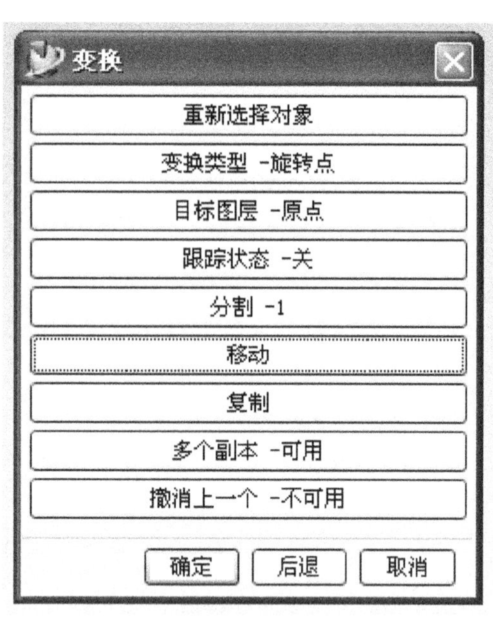

图 1-116　选择“复制”选项

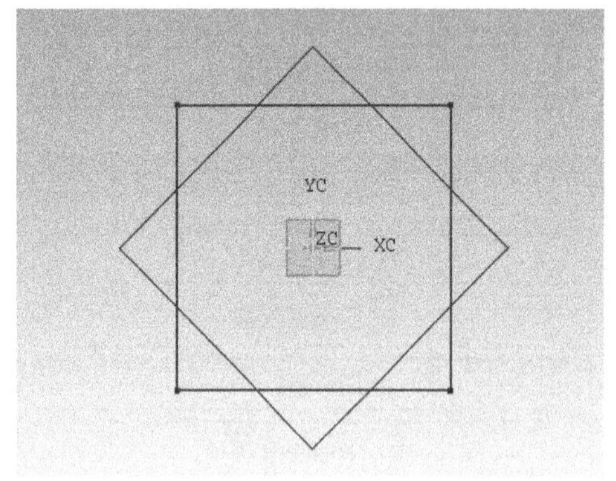

图 1-117　旋转复制的两个正方形

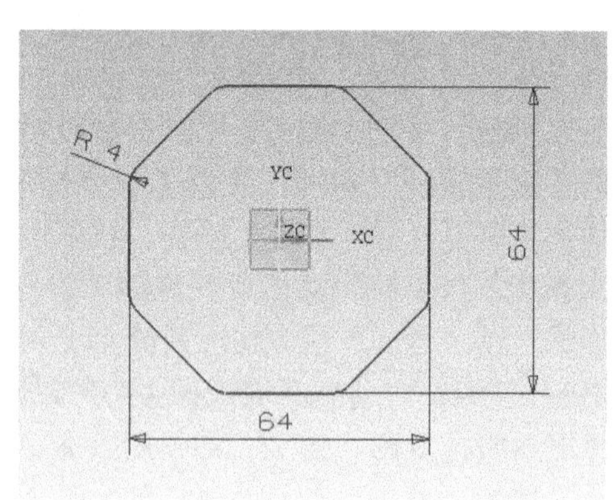

图 1-118　完成后的正八边形

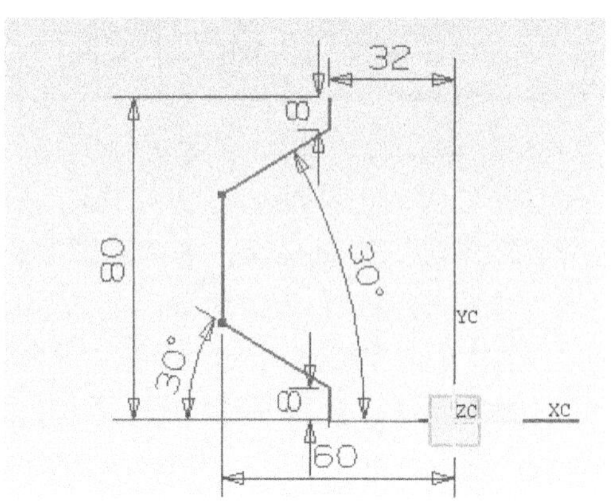

图 1-119　画出的初步轨迹曲线

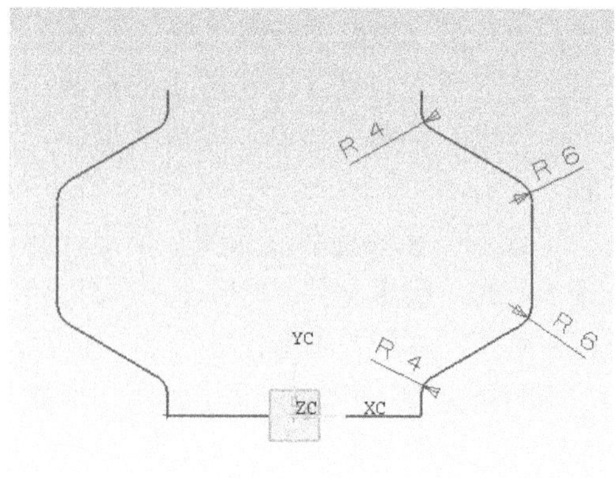

图 1-120　完成的轨迹曲线

3. 拉伸壶体　壶体的创建不同于以往的一般实体，它需要用扫掠拉伸的方法来进行，这是因为这类实体虽然横截面形状相同，但在不同的高度上其尺寸是变化的，并且受轨迹变化的影响。实际上一般实体的生成也是基于截面轮廓沿着一条与截面垂直的轨迹向一个方向拉伸而成的。

壶体的扫掠拉伸不是用“成形特征”工具条上的命令，而是要用“曲面”工具条上的［已扫掠］命令来完成。如果在三维界面上没有出现此工具条，可以通过单击“菜单”栏上的“工具”—“自定义”选项，在弹出的“自定义”对话框上将“曲面”这个工具条调出来，如图 1-121 所示。

图 1-121　曲面工具条，第三项为［已扫掠］操作命令

单击［已扫掠］命令，出现一个“已扫掠”对话框，同时，在提示栏上显示“选择引导线串 1”，这是在提示用户选择第一条扫掠轨迹。单击对话框上面的“曲线”按钮，然后，按顺序由下至上依次选定左边的轨迹曲线；注意必须连续地选定，不能断开，全部选中后，连续两次单击［确定］按钮。提示栏又显示“选择引导线串 2”，按上述方法将右边的轨迹曲线全部选中；仍然连续两次单击［确定］按钮。此时，提示栏上再次显示“选择引导线串 3”，由于本设计只有两条轨迹曲线（轨迹曲线最多只能有三条），因此，只需再次单击［确定］按钮，结束轨迹曲线的选择。这时，提示栏显示“选择剖面线串 1”，这是要求用户选定一个截面轮廓曲线。单击对话框上面的“曲线链”按钮，用鼠标选择截面轮廓曲线，选中其中任意一段曲线即可，单击［确定］按钮，会看到整个截面轮廓都被选定。对再次出现的对话，仍然单击［确定］按钮。提示栏显示“选择剖面线串 2 或重选起始元素”，由于本设计只有一个截面轮廓曲线，因此，单击［确定］按钮，结束截面轮廓曲线的选择。现在界面上的对话框变成如图 1-122 所示状态。

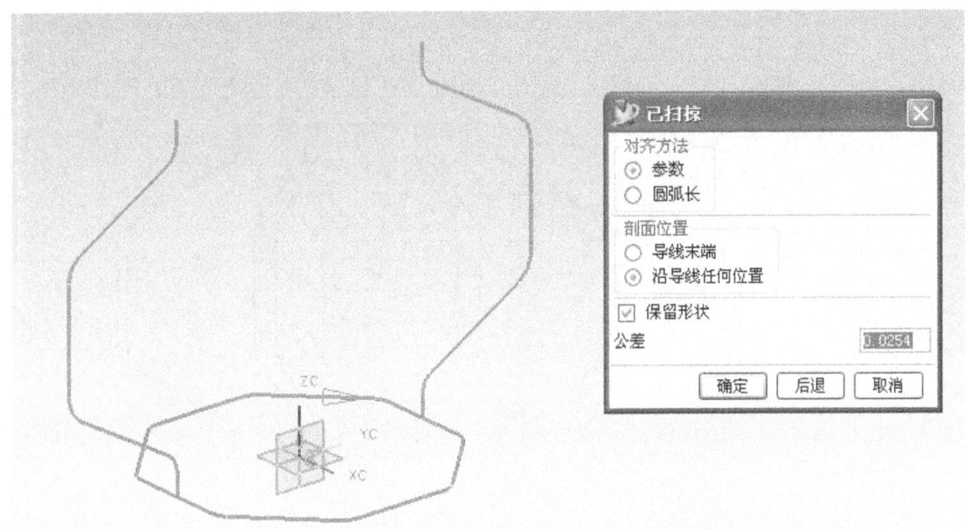

图 1-122　选中的轨迹和轮廓曲线及新的对话框

对新对话框上的参数值保持默认状态，单击［确定］按钮，对话框变成如图 1-123 所示内容，单击上面的“均匀比例”按钮。对话框又回到原始状态，同时，提示栏上显示“选择脊线串”，本设计没有脊线轨迹，可不必管它，继续单击［确定］按钮，进行下一步。至此，就完成了壶体的扫掠拉伸，如图 1-124 所示。

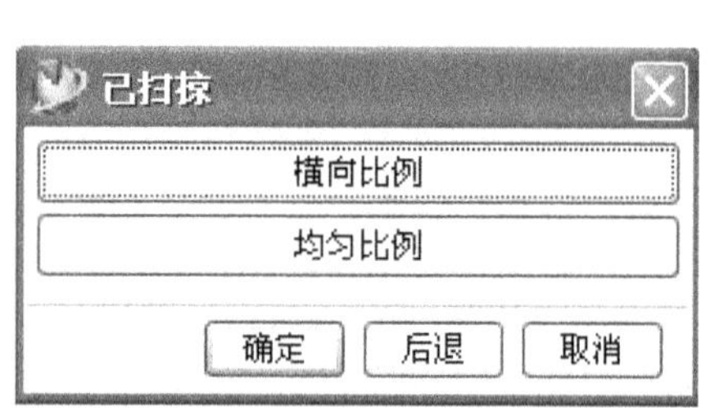

图 1-123 选定“均匀比例”项

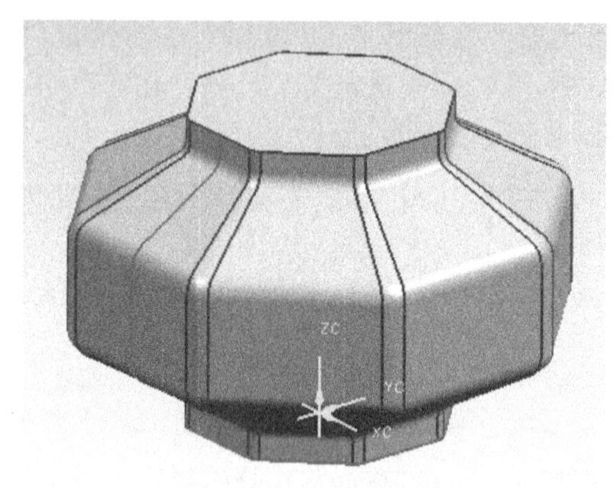

图 1-124 拉伸出壶体造型

操作 02. 创建壶嘴实体

对壶嘴实体创建的方法与上相同，所不同的是，这次要先画出壶嘴的扫掠轨迹曲线，后画出截面轮廓曲线，这是因为壶嘴轨迹曲线的定位必须与壶体相关联，并保持一定的位置和尺寸约束。

1. 绘制轨迹曲线　单击［草图］命令后进入 YC-ZC 基准面，按图 1-125 所示的位置关系和尺寸画出全部曲线。提醒注意的是必须要保持各段曲线之间的相切、相接关系。

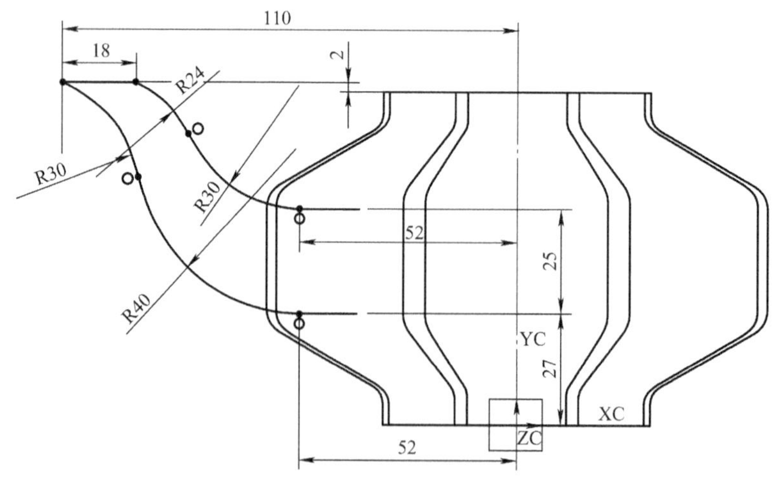

图 1-125 壶嘴扫掠轨迹曲线

2. 绘制轮廓曲线　壶嘴截面的轮廓曲线不是画在原始坐标系的任何一个基准面上，而需要重新构建一个基准面，这个基准面位于壶嘴轨迹曲线的顶端且与水平基准面平行。

首先，构建新的基准平面。单击“特征操作”工具条上的［基准平面］命令，在弹出的“基准平面”对话框上，选择“类型”中的第一排第2项［点和方向］选项，再用鼠标将轨迹曲线中的一条短竖直线的端点选中，然后使出现的小平面箭头方向朝上，如图1-126所示，准确无误后，单击［确定］按钮，就会生成一个新的基准平面。

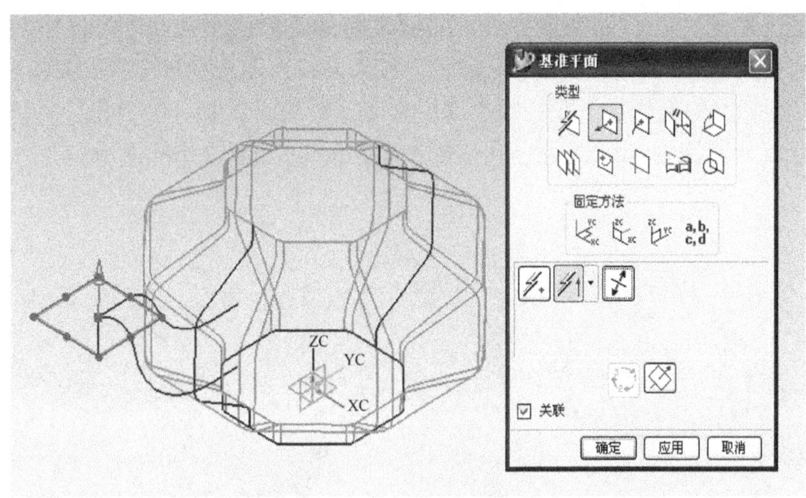

图1-126　构建新的基准平面

然后，在新的基准平面上，按图1-127所示的图形和尺寸画出壶嘴截面的初步轮廓曲线。用［圆角］命令对这个五边形的所有尖角进行倒圆，顶端的半径为5，其它四个圆角的半径为4，最后完成的轮廓曲线如图1-128所示。结束草图操作，返回到三维界面。

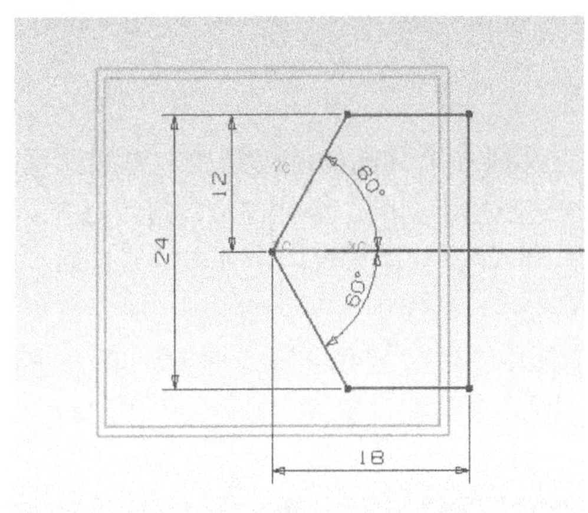

图1-127　初步的轮廓曲线

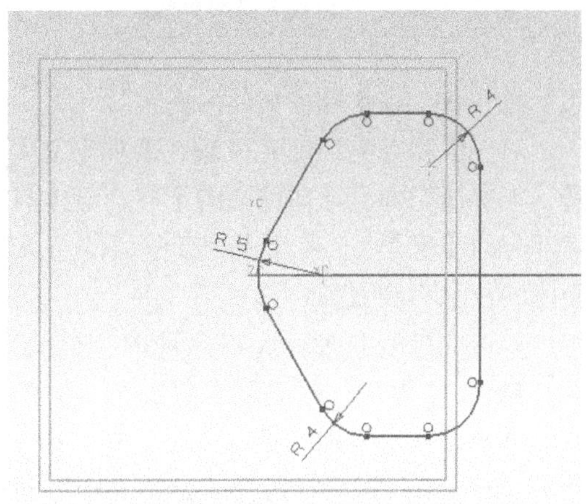

图1-128　完成的轮廓曲线

3. 拉伸壶嘴实体　对壶嘴的拉伸，其操作步骤和扫掠拉伸方法与壶体的完全相同，可按前面介绍操作步骤来自行完成。需要注意的是：一是，选择轨迹曲线要保持连续性，且方向要一致；二是，在壶嘴实体生成前会出现一个“布尔操作”对话框，要选中上面的“求和”选项，即让壶嘴实体与壶体组合到一起。最后完成的效果如图 1-129 所示。

操作 03. 创建注水口

在对壶体和壶嘴进行抽壳处理之前，首先要在壶体上端挖一个注水口。这个注水口有两个作用，一是此部分需要保持一定的厚度；二是使它保持圆的形状，以便与茶壶盖相配合。

可用前面介绍的［孔］命令来完成。需要说明的是，由于在这个形体中，没有圆弧作为参照，在对孔的定位时，要运用［垂直］方式来进行，即分别选中 XC 轴和 YC 轴并在数值中输入 0。实际上就是让这个孔的圆心固定在坐标系的原点上。在“孔”对话框上，输入参数值：直径 =54、深度 =4、角度 =0。生成的注水口，如图 1-130 所示。

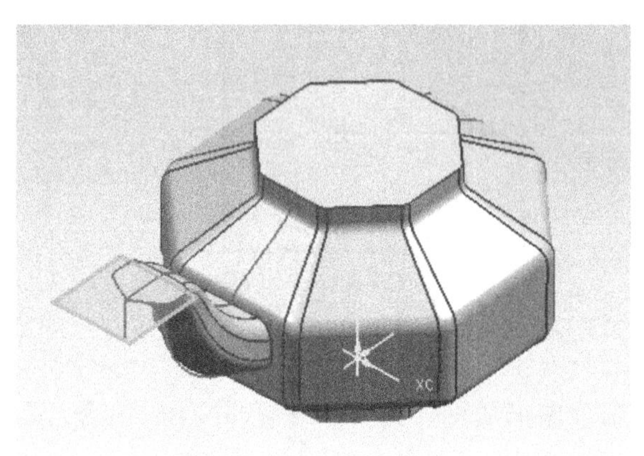

图 1-129　扫掠拉伸出的壶嘴实体

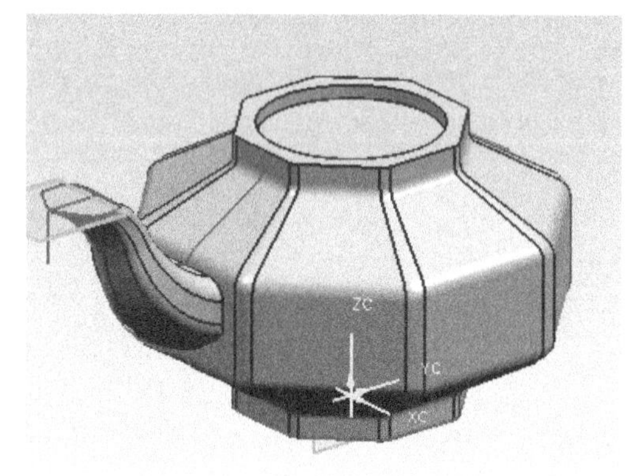

图 1-130　创建的注水口

操作 04. 壶体和壶嘴的抽壳

对壶体和壶嘴的抽壳处理，要同时进行，使之形成一个共同的腔体结构。提醒注意的是，本次抽壳的设计与前面的不同，壶体与壶嘴的壁厚是不同的。壶体部分的厚度是 3，壶嘴部分的厚度是 1，需要用到变厚度抽壳操作方法。同时，它需要有两个分离的开口面，即壶体的注水口和壶嘴口。

单击［外壳］命令，在出现的“外壳”对话框中，将“选择步骤”的第二项［移除面］激活，“厚度”栏里输入数值 3；将“选择意图”对话框设置成“单个面”；然后，用鼠标分别将注水口和壶嘴口选中。将“外壳”对话框上“选择步骤”的第三项［Alternate Thickness List］激活，再把“选择意图”对话框设置成“相切面”，然后，用鼠标将壶体侧壁选中，在“外壳”对话框中的“Set1 T”栏里输入数值 3；再将壶嘴的侧壁选中，在“Set2 T”栏里输入数值 1；最后，单击［确定］按钮，就完成了抽壳设计操作，其效果如图 1-131 所示。

操作05. 创建壶把

壶把的创建也按照前面的方法，分为三个步骤：绘制轨迹曲线、绘制轮廓曲线、扫掠拉伸实体。

1. 绘制轨迹曲线　使用［草图］命令，进入YC-ZC基平准面，按图1-132所示的图形和尺寸画出轨迹曲线。

2. 绘制轮廓曲线　为了确保壶把轮廓曲线定位在轨迹曲线的上部端点上，构建一个新的坐标系，并在这个坐标系的一个基准面上绘制轮廓草图。

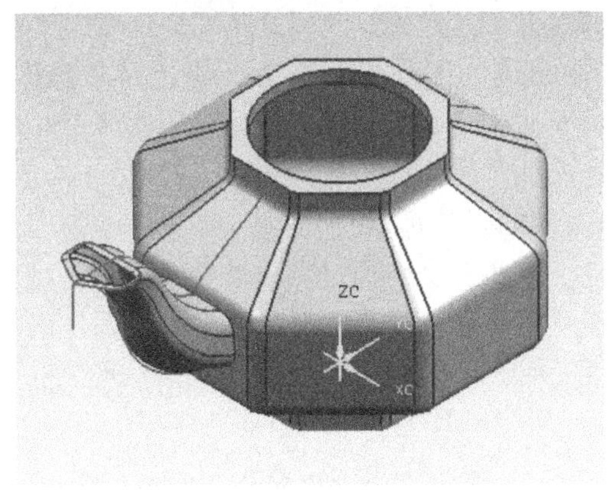

图1-131　抽壳后效果

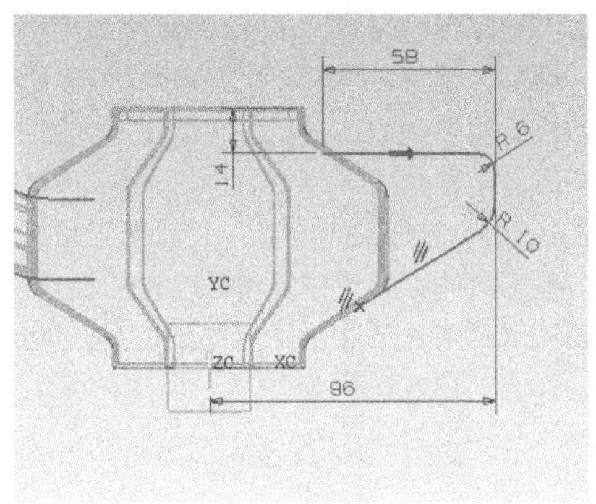

图1-132　壶把轨迹曲线

构建坐标系：单击“特征操作”工具条上的［基准CSYS］命令，在弹出的“基准CSYS”对话框上，将“自动判断”栏中第四项“X轴、Y轴、原点”选中，用鼠标分别点选原坐标系上的XC和YC基准轴；再把光标移到轨迹曲线水平直线的端点处，左键单击后，按［确定］按钮，就会在此处生成一个新的坐标系，如图1-133所示（新坐标系以暗红色显示）。

绘制轮廓草图：单击［草图］命令，选择新坐标系上的XC-ZC基准面，进入此平面后，按图1-134画出图形并做好位置与尺寸定位，注意要使矩形上边线与X轴共线，并以Y轴左右对称。

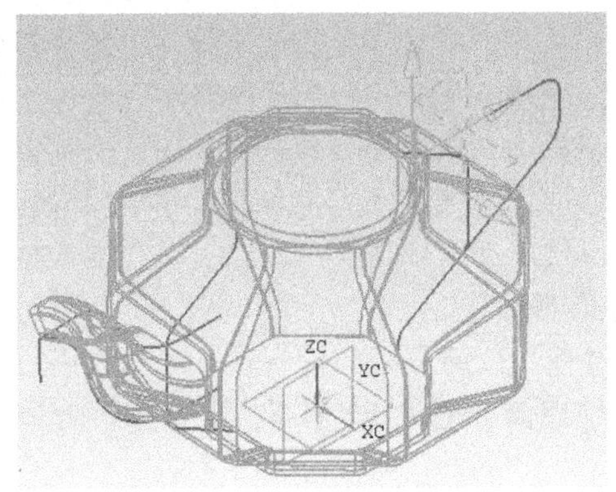

图1-133　构建的新坐标系

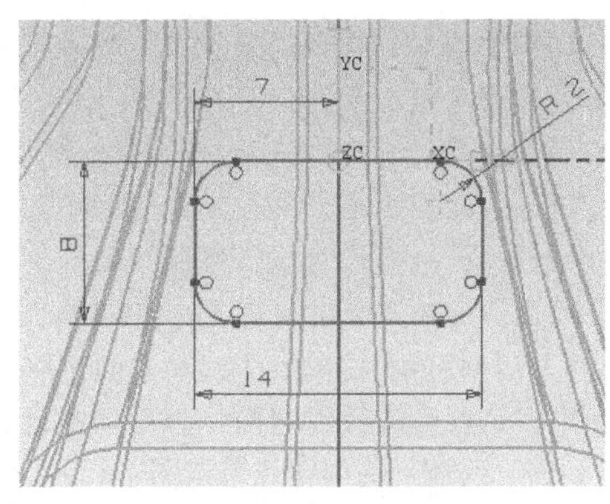

图1-134　画出轮廓曲线

3. 拉伸壶把实体　由于在此步骤设计中，只有一条轨迹曲线和一个轮廓曲线，因此，可以直接使用“成形特征”工具条上的［沿导引线扫掠］命令来完成，而不必使用“曲面”工具条上的［已扫掠］命令，这样操作更简单一些。

图 1-135　“沿导引线扫掠”对话框

单击［沿导引线扫掠］命令，按提示栏上的提示，分别选中（即“剖面线串”和“引导线串”）轮廓曲线和轨迹曲线，确定后，会出现一个“沿导引线扫掠”对话框（见图 1-135），对上面的参数保持默认值，即第一偏置 =0、第二偏置 =0，按［确定］按钮进入下一步。随后出现“布尔操作”对话框，选择上面的“求和”项，确定后就完成了操作，生成的壶把效果如图 1-136 所示。

4. 去除壶把多余实体　由于壶把是在壶体和壶嘴抽壳处理后创建的，会在壶体腔内产生一些多余体，需要用除料拉伸的方法将其去除掉。这些多余体通过转动茶壶形体，从型腔内部可以看到，下面用修剪体的方法，暂时将茶壶从对称平面切割开，来观察多余残体的情况，如图 1-137 所示。

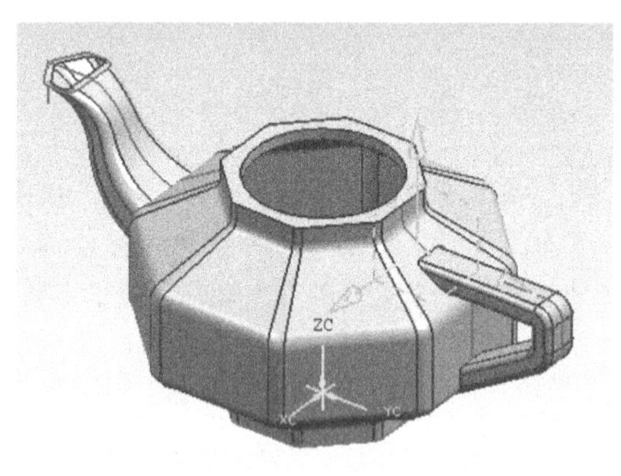

图 1-136　拉伸出的壶把实体

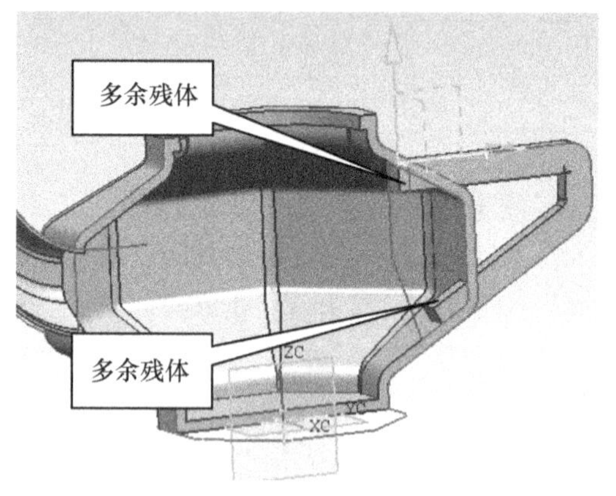

图 1-137　壶把的多余残体

（1）画包容残体的封闭曲线：单击［草图］命令，进入 YC-ZC 基准面画一个包容多余残体的轮廓曲线。首先，调用“草图操作”工具条上的［投影］命令，将壶体内壁边缘选中（选中边缘线会高亮显示），用鼠标将左上角对话框上“✓”号，单击一下确认，就会由内壁提取一条曲线段；在适当地方画两条短直线，并将不需要的线段截断掉，形成包容残体的曲线段；再画两条直线，将曲线段首尾相接，形成一个封闭的包容轮廓，如图 1-138 所示。后面通过对这个封闭曲线的直向拉伸，去除多余残体。

（2）拉伸除料去除残体：具体的拉伸方法和过程与以前介绍的没有什么不同，用户可自行对多余残体进行除料操作，拉伸的起始值和结束值分别为 -8 和 8，组合方式为“求差”，去除残体后的内壁效果如图 1-139 所示。

注：为观察方便，此图反映的是将壶体前面部分修剪掉的状态，后面类似情形还会出现，不再进行说明。

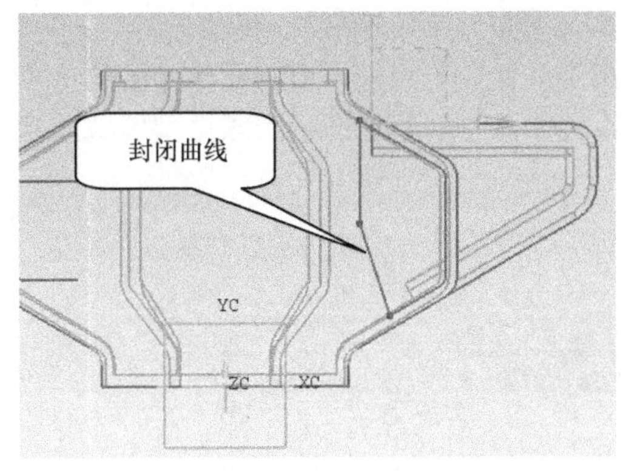

图 1-138　画出的封闭曲线

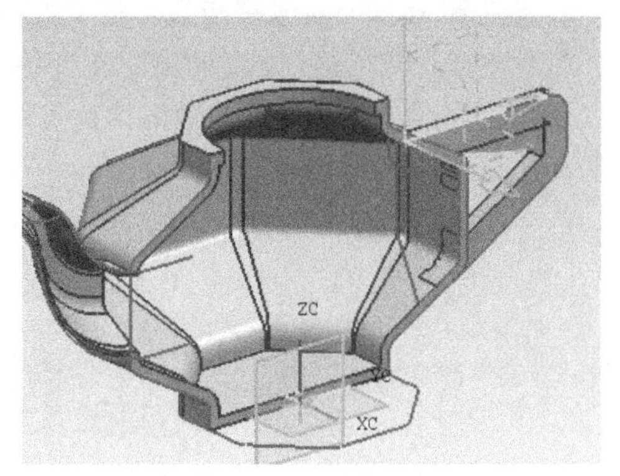

图 1-139　去除多余残体后的内壁

操作 06. 创建茶壶底座

由于壶体与壶嘴是整体抽壳操作所形成的壳体结构，其底部厚度与侧壁厚度是一样的，壶底显得过于单薄，不符合产品的设计要求，因此，需要对底部进行加固处理，并且在底面要构成一个凹面以使茶壶放置起来比较平稳。

1. 加厚壶底　将茶壶翻转过来，直接用［拉伸］命令，将壶底边的八边棱选中，拉伸长度为 2，组合方式为“求和”即可。

2. 底部打孔　用［孔］命令在刚生成的底部创建一个直径为 56、深度为 2 的平底孔。

3. 孔边缘倒角　用［倒斜角］命令，参数设置为等边倒角模式，偏置量为 2，选中孔的棱边缘，即可倒出等边的坡角。创建完成的壶底如图 1-140 所示。

操作 07. 整体修整

至此，虽然茶壶的整体结构设计已基本完成，但是，还有许多细部结构需要完善，例如，注水口挖孔槽、内外棱边倒圆角等。

1. 注水口挖孔槽　用［孔］命令在壶体上口，打一个直径为 58、深度为 2、角度为 0 的孔，操作完成后的结果如图 1-141 所示。

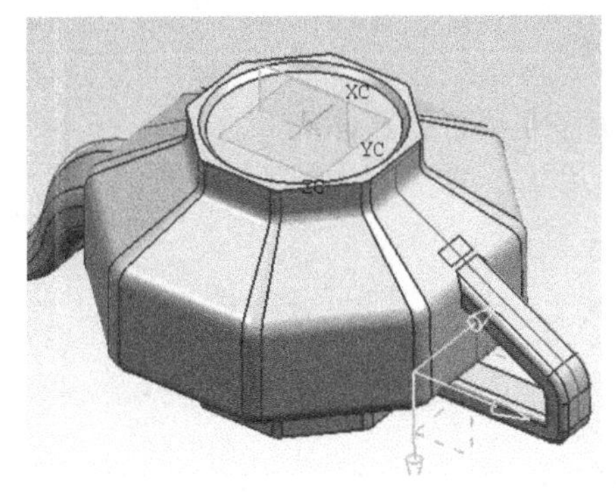

图 1-140　创建完成的壶底

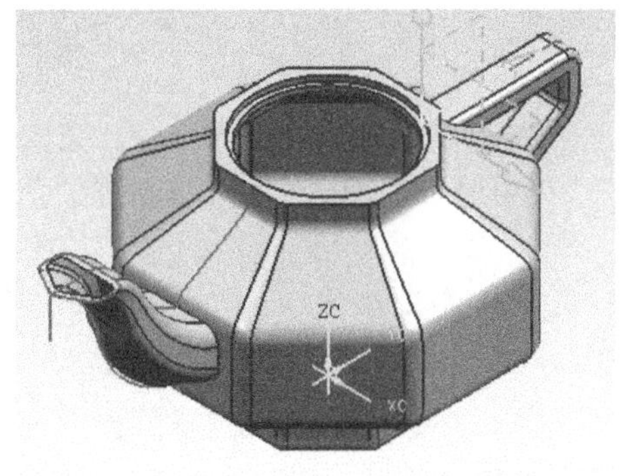

图 1-141　完成的注水口孔槽

2. 壶嘴倒圆角　对壶嘴倒圆角共有三处：①壶体外部与壶嘴根部相交处棱边，其半径为 2。②壶体内部与壶嘴根部相交处，其半径为 4。③壶嘴口内外棱边，其半径为 0.3。

3. 壶把倒圆角　对壶把与壶体相交处棱边进行倒圆角（上下两处），半径为2。

以上的操作均可按以前讲述的方法，用［边圆角］命令来完成，用户可自行操作。

至此，完成了艺术茶壶的全部设计工作，将除实体以外的其它图形要素全部隐藏起来，最终的造型效果如图1-142所示。

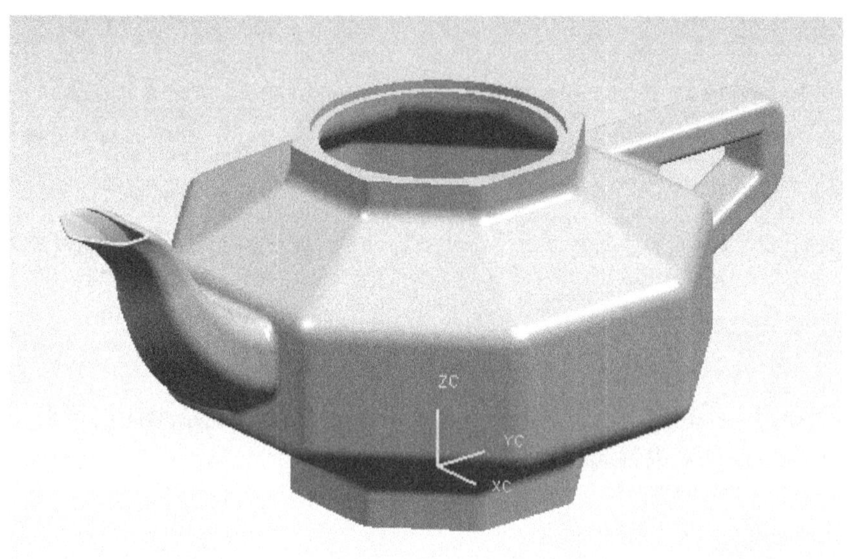

图1-142　艺术茶壶的整体造型

实操演练04：壶盖/茶杯的设计

【壶盖或茶杯】的造型设计

根据此茶壶的造型，自行设计与之相配的壶盖或茶杯。要求：外观造型可任意设计，但要保证尺寸大小、比例与此壶匹配适当。

具体操作步骤不再提示。

训 练 作 业

用所学的建模知识和操作命令，完成下面的训练作业项目的实体设计。

【1-01-01】　手柄球：其中M6螺纹孔的底径为ϕ4.92，零件图如图1-143所示。

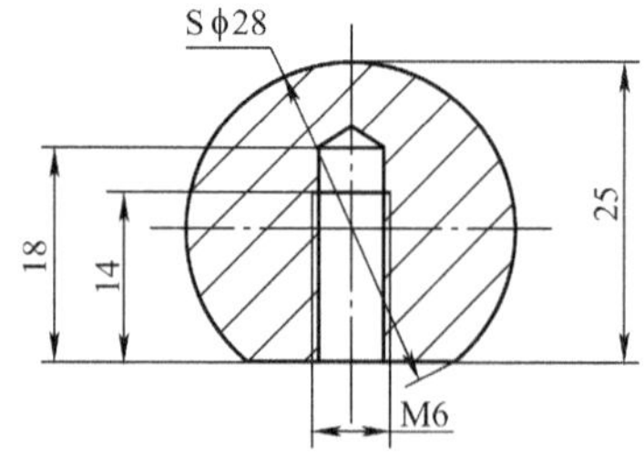

图1-143　手柄球（材料：塑料）

【1-01-02】　芯杆：零件图如图1-144所示。

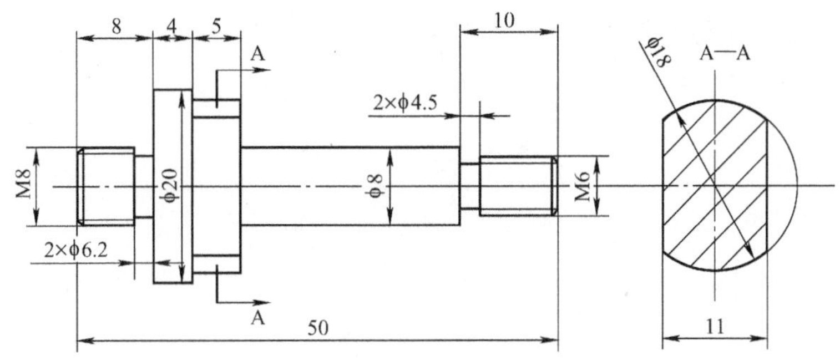

图 1-144　芯杆（材料：不锈钢）

【1-01-03】　螺母：其中 M24 ×2 螺纹孔的底径为 φ21. 84，零件图如图 1-145 所示。

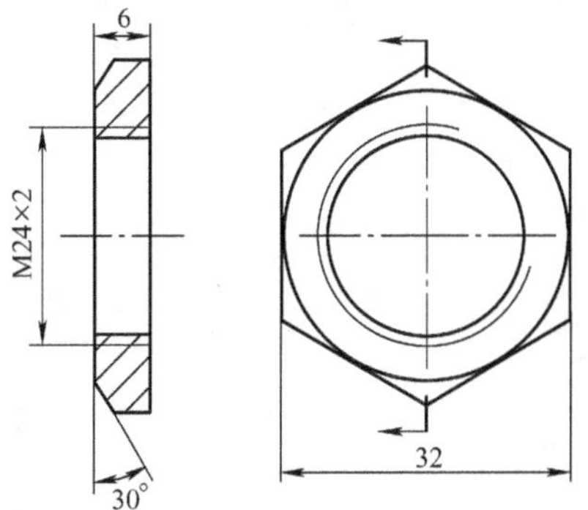

图 1-145　螺母（材料：45 钢）

【1-01-04】　阀体：其中 2 处 M14 ×1. 5 螺纹孔的底径为 φ12. 376，零件图如图 1-146 所示。

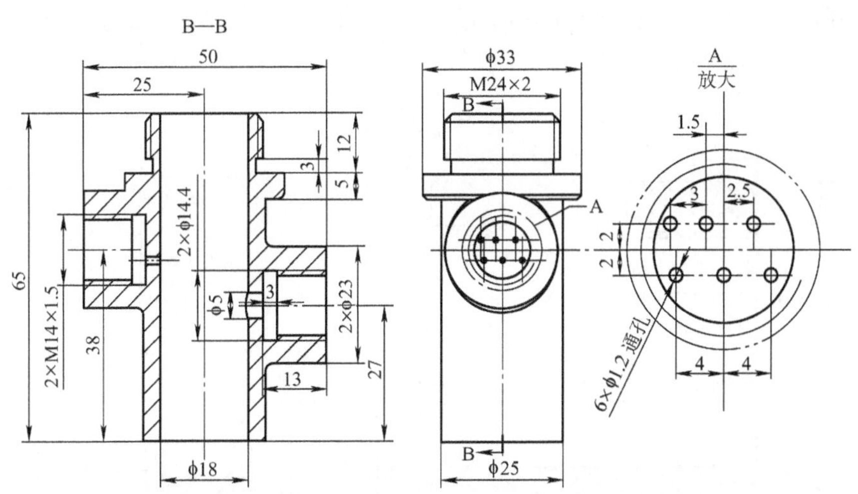

图 1-146　阀体（材料：黄铜）

【1-01-05】　密封圈：零件图如图 1-147 所示。

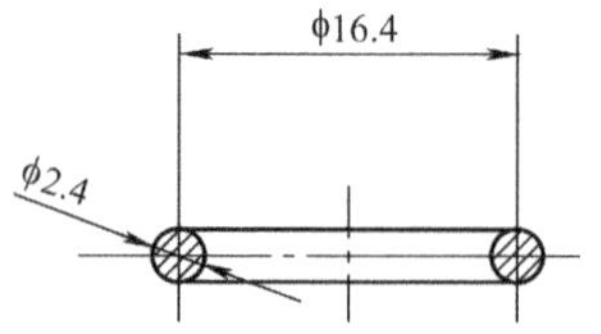

图 1-147　密封圈（材料：橡胶）

【1-01-06】　气阀杆：其中 M8 螺纹孔的底径为 6.647，零件图如图 1-148 所示。

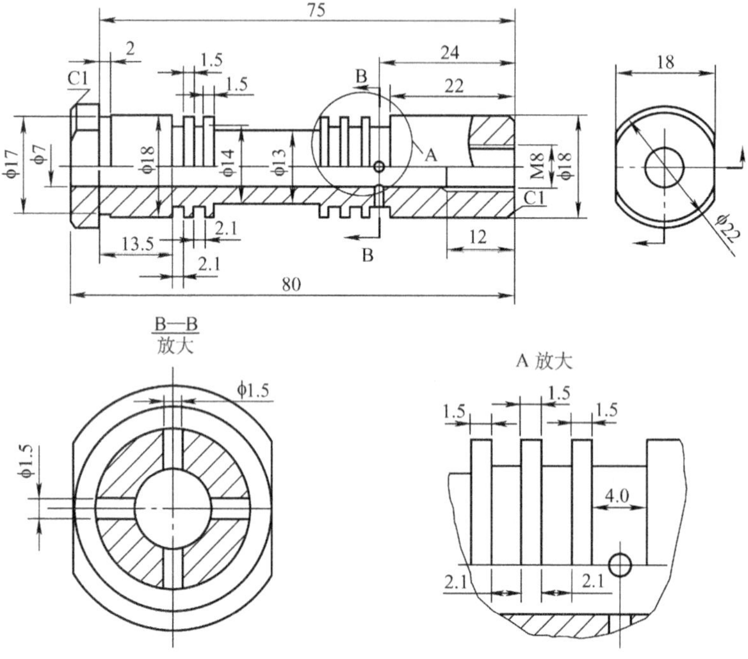

图 1-148　气阀杆（材料：不锈钢）

【1-02-01】　卡爪：零件如图 1-149 所示，注意 Tr16 和 M12 两处螺纹的画法，其底径值从机械设计手册中查询。

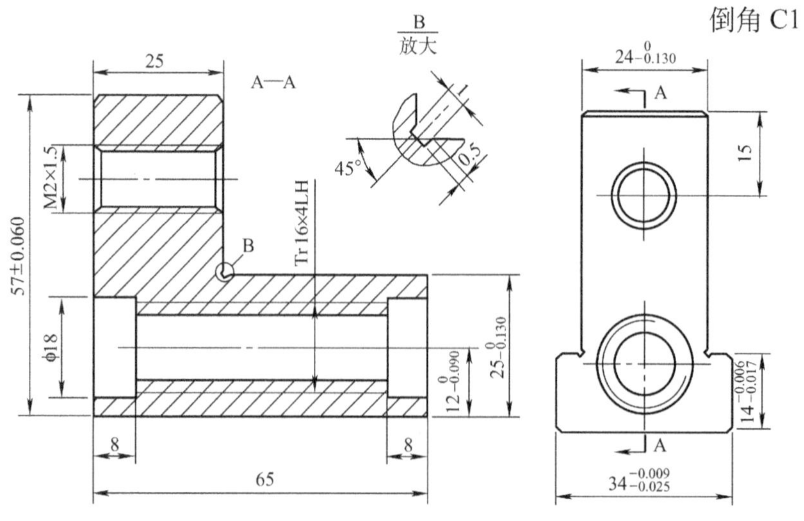

图 1-149　卡爪（材料：45 钢）

【1-02-02】 螺杆：零件如图 1-150 所示，后面所有的螺纹底孔直径尺寸自行查询，不再提示。

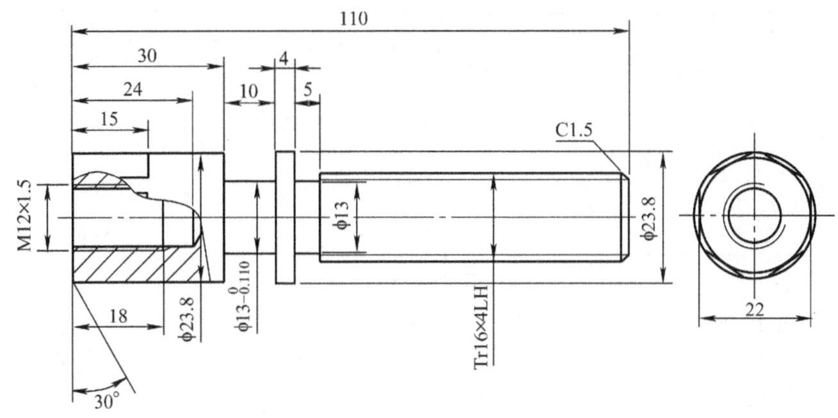

图 1-150 螺杆（材料：40Cr）

【1-02-03】 垫铁：零件如图 1-151 所示。

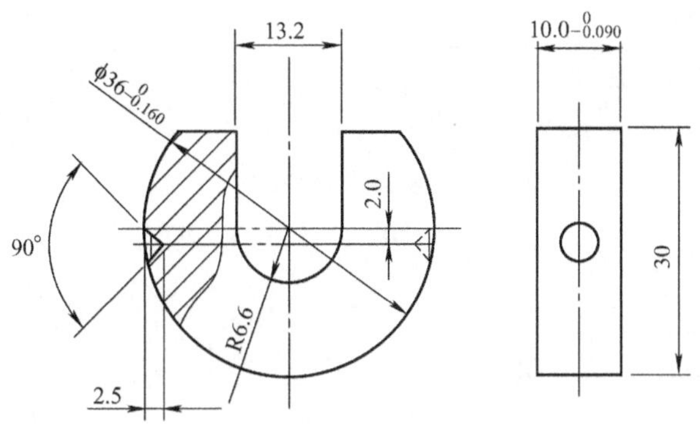

图 1-151 垫铁(材料:T8A)

【1-02-04】 基体：零件如图 1-152 所示。
【1-02-05】 后盖板：零件如图 1-153 所示。
【1-02-06】 螺钉 M8 ×16：零件如图 1-154 所示。
【1-02-07】 前盖板：零件如图 1-155 所示。
【1-02-08】 螺钉 M6 ×12：零件如图 1-156 所示。

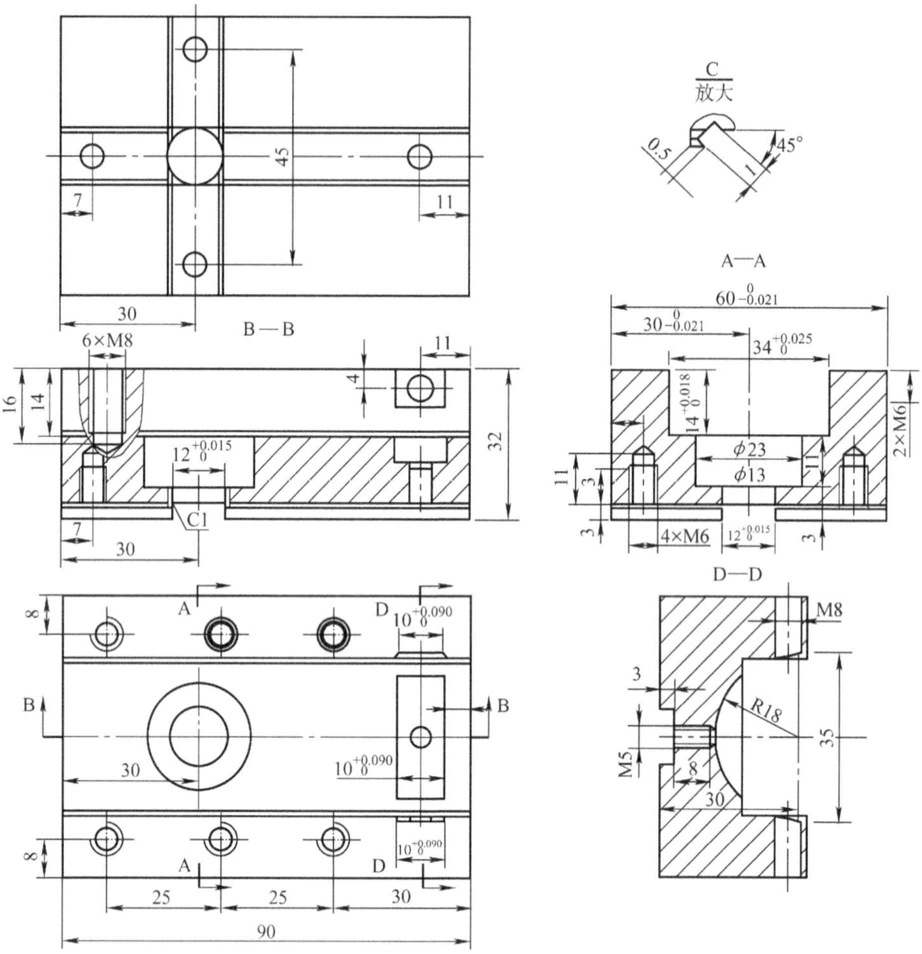

图 1-152 基体（材料：40Cr）

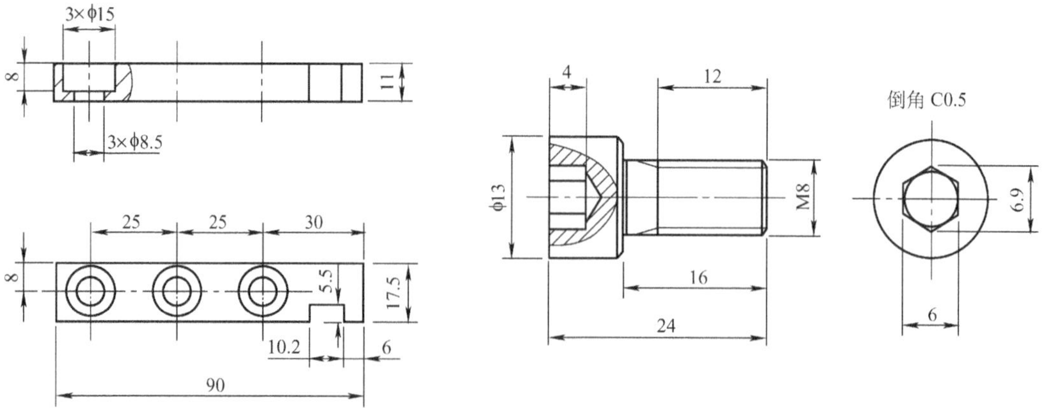

图 1-153 后盖板（材料 40Cr） 图 1-154 螺钉 M8×16（材料：45 钢）

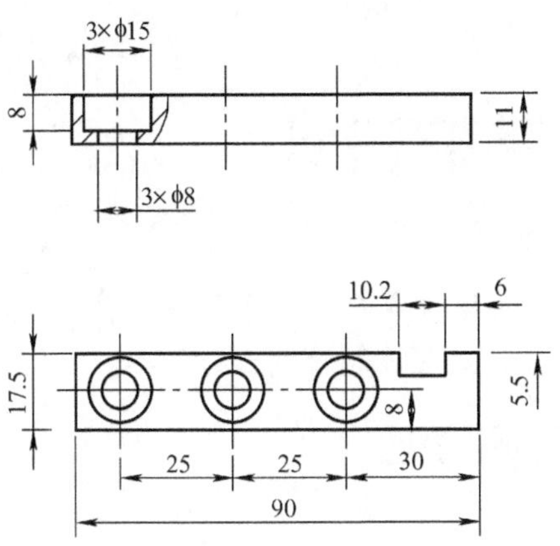

图 1-155　前盖板（材料：40Cr）

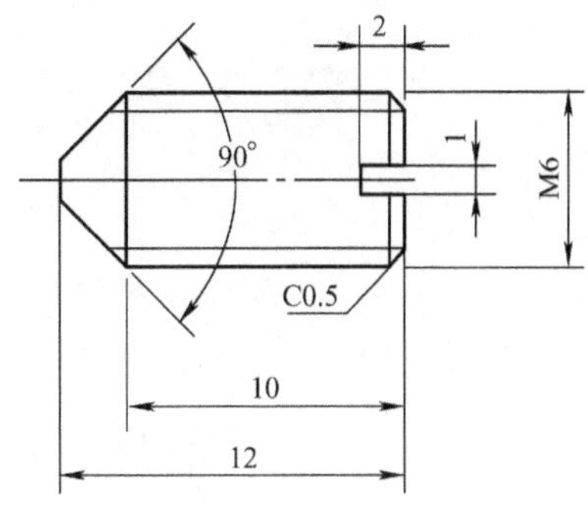

图 1-156　螺钉 M6×12（材料：45 钢）

第 2 单元　三维装配设计

单元要点：熟悉 UG 装配模块的功能，运用所提供的操作界面、操作命令、常用的装配关系及设计技巧，将已完成设计的零部件按产品功能要求组装成相对独立的产品。

项目 2-1　手动气阀的装配

任务目标：

用装配模块的实体装配命令和第一单元训练作业【1-01-01】~【1-01-06】零件，完成装配图 2-1 所描述的“手动气阀”组装设计。组装完成后，对气阀杆与阀体、气阀杆与密封圈之间进行干涉检查，并生成一个实体的剖切图，以便观察阀体内部结构情况。

手动气阀工作原理：

手动气阀是汽车上用的一种压缩空气开关机构。当通过手柄球 1 和芯杆 4 将气阀杆 2 拉到最上位置时，储气筒与工作气缸接通。当气阀杆推到最下位置时，工作气缸与储气筒的通道被关闭，此时工作气缸通过气阀杆中心的孔道与大气接通。气阀杆与阀体 5 孔是间隙配合，装有 O 形密封圈 3 以防止压缩空气泄漏。螺母 6 是固定手动气阀位置用的。

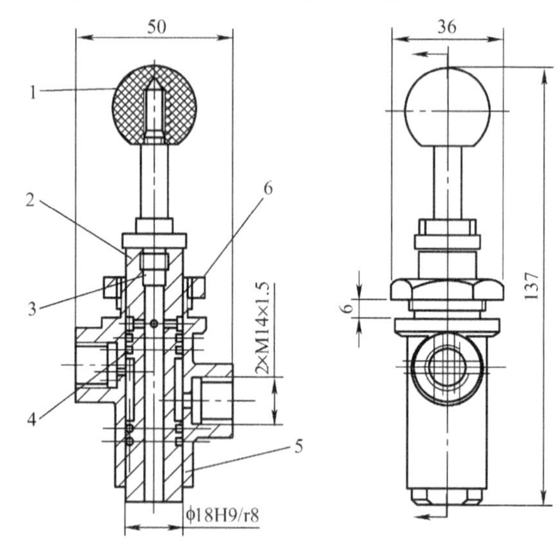

6	XL-1-01-03	螺母	1	45 钢	
5	XL-1-01-04	阀体	1	黄铜	
4	XL-1-01-05	密封圈	4	橡胶	
3	XL-1-01-02	芯杆	1	不锈钢	
2	XL-1-01-06	气阀杆	1	不锈钢	
1	XL-1-01-01	手柄球	1	塑料	
序号	图号	零件名称	数量	材料	备注

图 2-1　手动气阀装配图

设计分析：

此产品由 6 种共 9 个零件组成，其中密封圈 4 个，其它均为单件。在这些零件中，气阀杆与其它零件装配关系最多，其上装有 4 个密封圈，与芯杆、螺母是螺纹联接，与阀体是滑动配合关系。因此，在装配设计操作中应将其作为重点组装对象。

打开 UG 后，首先单击［新建］命令，给此文件确定一个名称（注意：在 UG 软件的应用中，所有的文件名只能是英文或一般字符，不能有汉字或限制的符号；其所在路径上也是如此），设定好单位后进入 UG 的初始界面。将“起始”下拉菜单打开，单击其中的［装配］命令，就进入了装配的工作界面。需要指出的是“装配”工作界面与“建模”工作界面是融在一起的，即两个功能模块需要同时工作，如果此时的建模模块没有打开，需要将它激活，才能进行装配设计操作。

操作步骤：

操作 01. 装配气阀杆

通过上面的设计分析知道，此件与其它零件配合关系最多，因此，首先将其调入工作界面中，并固定在一个合适的空间位置上。

在装配界面上，单击“装配”工具条上的［添加现有的组件］命令，出现一个“选择部件”对话框，如图 2-2 所示。单击上面的［选择部件文件］按钮，会弹出一个“部件名”对话框，如图 2-3 所示。在这个对话框里，用户可以选择好路径，并查找需要第一个进行装配的零件，将其选中调入工作界面中。文件打开后，会同时出现两个对话框，如图 2-4 所示。这两个对话框分别是“添加现有部件”对话框和“组件预览”对话框。其中的“组件预览”对话框只是为用户提供一个零件的实体图像，没有可操作的项目。在“添加现有部件”对话框中，有三个选项：Reference Set（参考集）、定位及图层选项。在本操作中，这三项均保持默认状态，单击［确定］按钮结束部件调入界面的操作。此时，“组件预览”对话框消失，在工作界面上已调入的零件（气阀杆）固定在绝对坐标系之中，如图 2-5 所示。

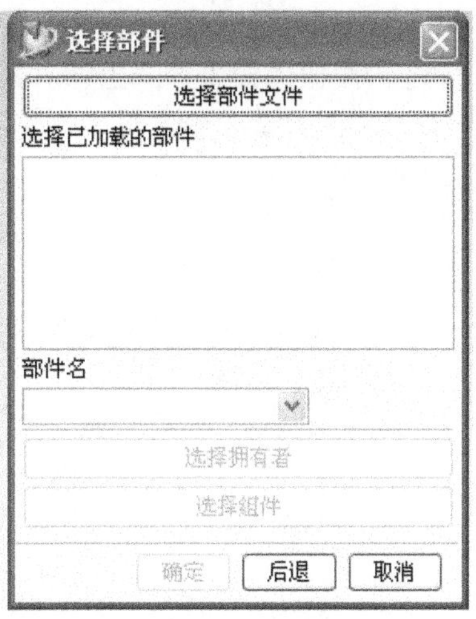

图 2-2 “选择部件”对话框

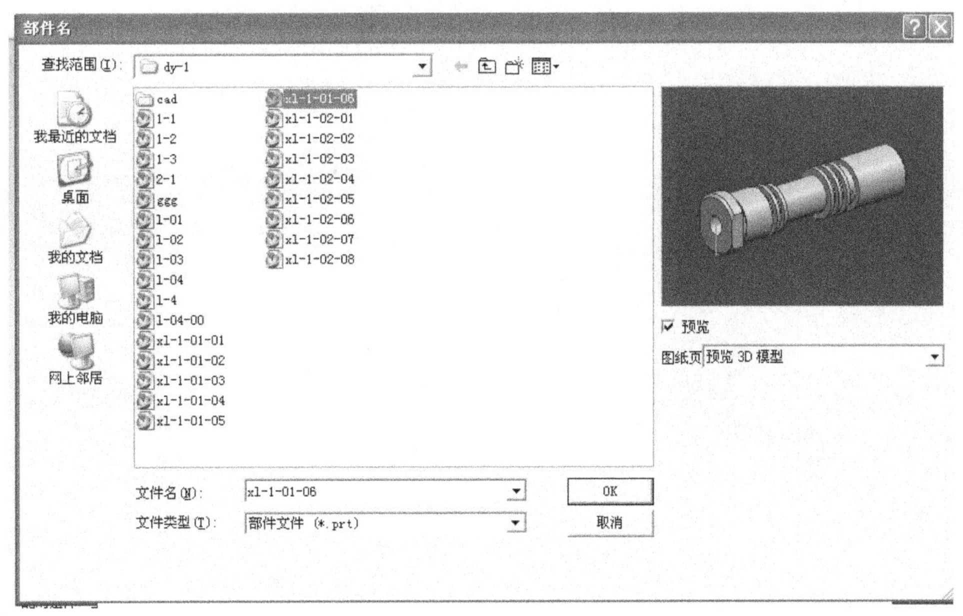

图 2-3 “部件名”对话框

虽然，第一个零件已经固定在工作区域内，但为了使后面整个装配件观察起来的方便，并让组装好的产品呈现出正常工作状态，需要对这个零件进行重新定位，让它立起来。用鼠标将工作区右侧的“装配导航器”打开，将上面的“重定位”项选中，如图 2-6 所示。在弹出的“重定位组件”对话框的“变换”卡上，点选“绕直线旋转”选项（见图2-7）；又弹出一个“点构造器”对话框，单击上面的“重置”按钮，使坐标定位在原点上（见图2-8），并按［确定］按钮；又出现一个“矢量构造器”对话框，点选上面的“XC轴”（见图2-9）；又返回到“重定位组件”对话框，将上面的“角度”栏里输入数值“90”，单击［确定］按钮，结束这一操作。此时，会看到原来横卧着的“气阀杆”竖立起来，如图2-10所示。至此，第一个零件（气阀杆）就组装完成了，后面要装配的所有零件都是以它作为基准进行组装。

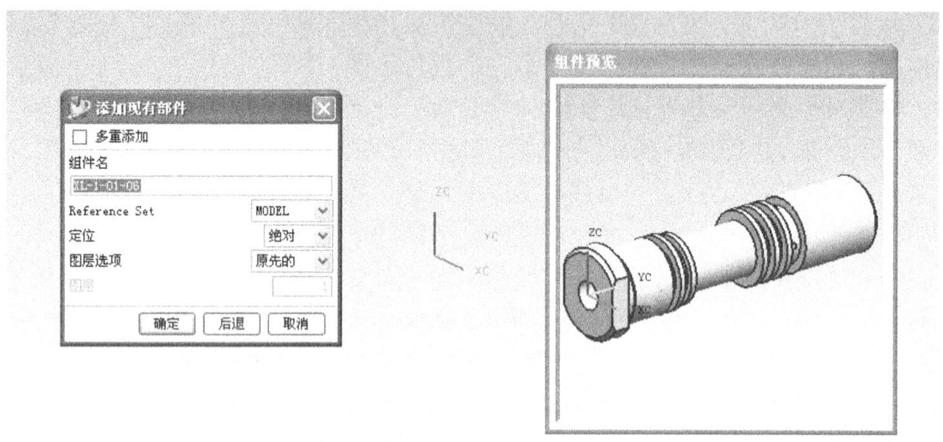

图2-4 “添加现有部件”和“组件预览”两个对话框

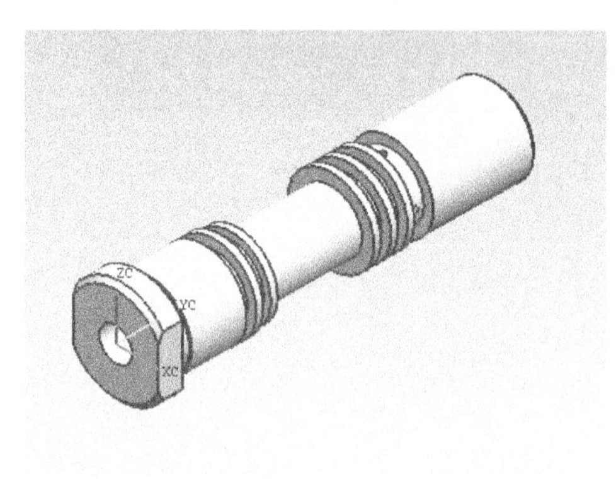

图2-5 初调入界面的零件

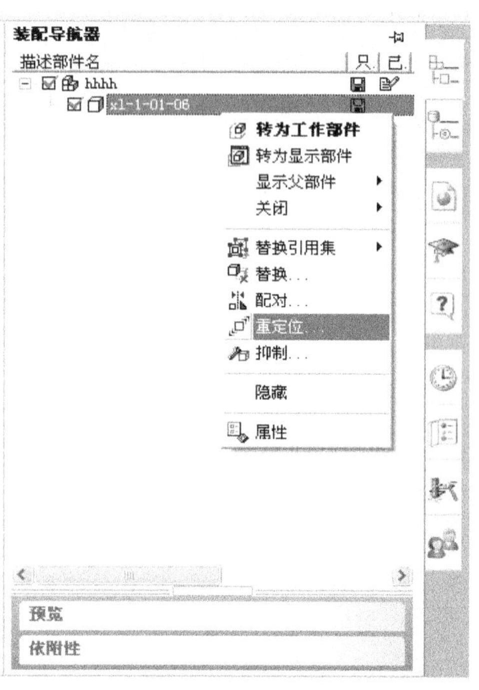

图2-6 装配导航器

重定位组件
变换
选项
移动对象
只移动手柄
角度
90
捕捉增量
5
运动动画
精细
粗糙
碰撞动作
无
接受碰撞
碰撞检查模式
小平面/实体
快速小平面
确定
应用
取消

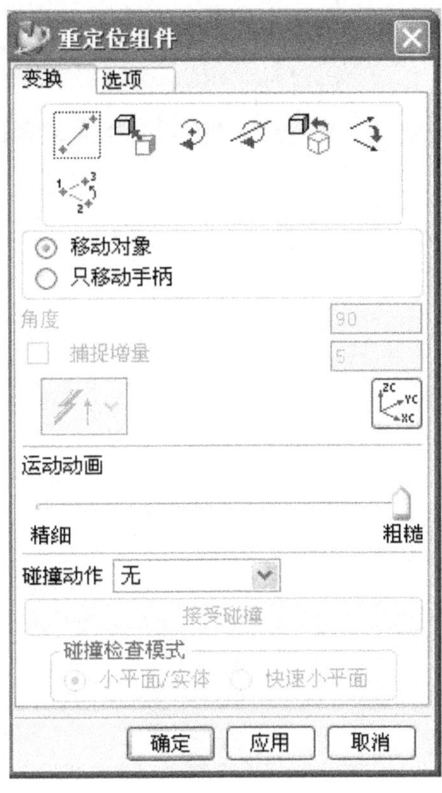

图 2-7 “重定位组件”对话框

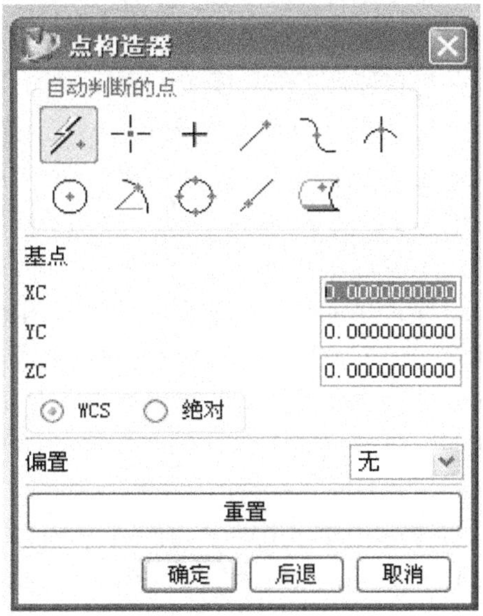

点构造器
自动判断的点
基点
XC
0.0000000000
YC
0.0000000000
ZC
0.0000000000
WCS
绝对
偏置
无
重置
确定
后退
取消

图 2-8 “点构造器”对话框

矢量构造器
自动判断的矢量
XC
YC
ZC
-XC
-YC
-ZC
I
0.0000
J
0.0000
K
1.0000
笛卡尔
球形
确定
后退
取消

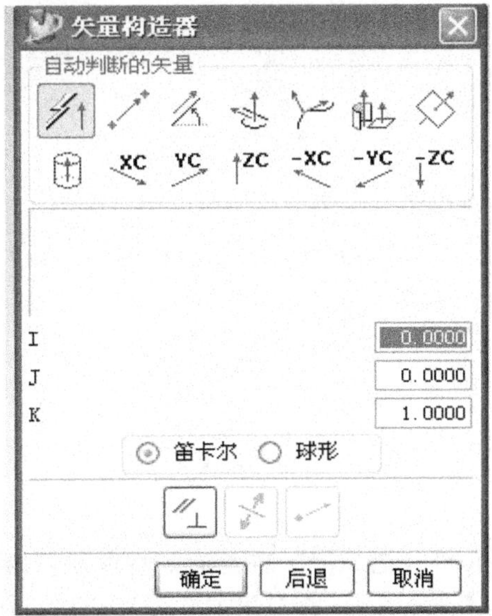

图 2-9 “矢量构造器”对话框

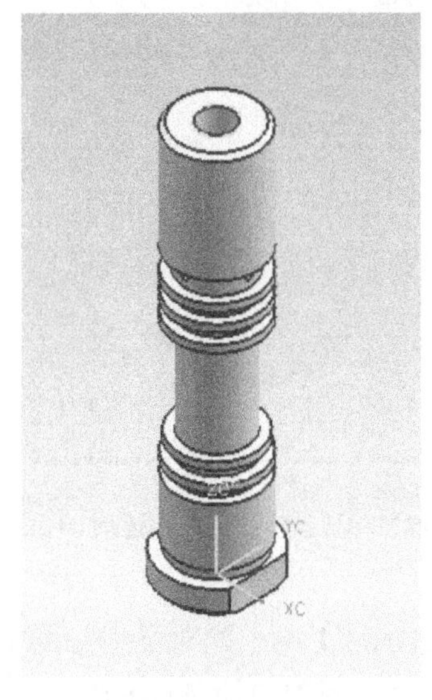

图 2-10 重定位后的气阀

操作 02. 装配四个密封圈

从装配工程图中可以看出，四个密封圈是安放在气阀杆的四个沟槽的中间处。由于，密封圈没有平面和相切面，因此，在调入密封圈时需要将“整个部件”作为参考集来使用。单击［添加现有组件］命令，从文件中找到“密封圈”这个零件，并将它调入工作界面中。在出现的“添加现有部件”对话框上，将参考集设置为“整个部件”，按［确定］按钮；此时，会出现一个“配对条件”对话框，如图 2-11 所示，其上在“配对类型”栏中列出 8 种配合关系。

图 2-11 “配对条件”对话框

1. 装配关系分析　根据装配工程图的要求，应保证以下几个关系：①密封圈旋转轴线与气阀杆轴线同轴；②密封圈径向横截面中心在气阀杆沟槽的中间处，即横截面中心距沟槽侧平面距离为 1. 05；③密封圈在气阀杆沟槽中的旋转角度可任意。

2. 组装操作　单击“添加现有部件”对话框上“配对类型”中的第 6 项“中心”，将“过滤器”栏里的“基准轴”选中，用鼠标选择密封圈的旋转轴，如图 2-12 所示；再将图 2-11 中“过滤器”栏里的“面”选中，用鼠标选择气阀杆沟槽的径向面，如图 2-13 所示，现在已完成了同轴的匹配。

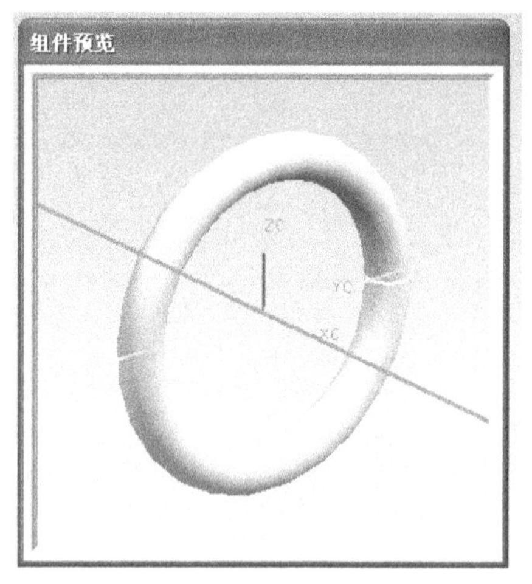

图 2-12　选中旋转轴

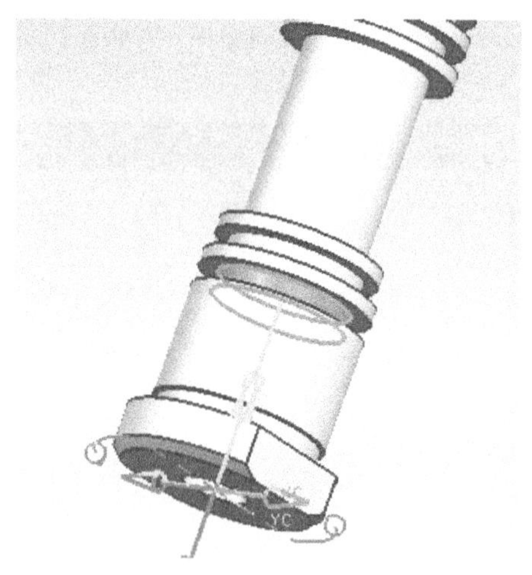

图 2-13　选中沟槽的径向面

单击图 2-11 中“配对类型”的第 7 项“距离”，将“过滤器”栏里的“基准轴”选中，用鼠标选择密封圈的径向基准轴，如图 2-14 所示；再将“过滤器”里的“面”选中，用鼠标选择气阀杆沟槽一侧平面，在对话框中“距离表达式”数据栏里输入数值“1. 05”，如图 2-15 所示，单击［预览］按钮，密封圈就安装到了气阀杆上，如图 2-16 所示。对组装后的效果要仔细观察，若无误，则连续两次单击［确定］按钮，结束本次装配操作；如果不符合要求，则单击图 2-15 中的［取消预览］按钮，重新进行配对操作。最后完成的效果如图 2-17 所示。

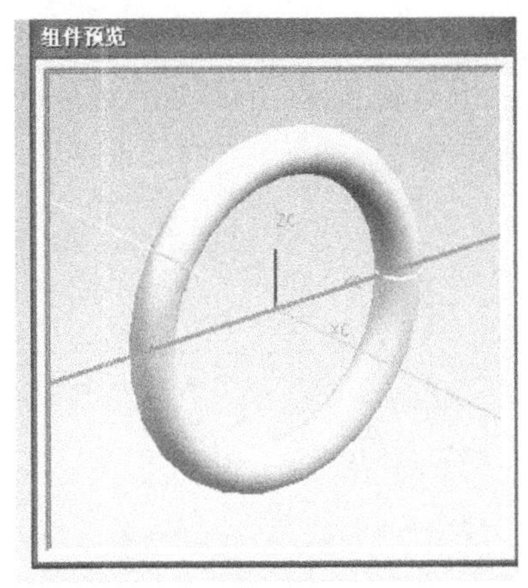

图 2-14　选中径向基准轴

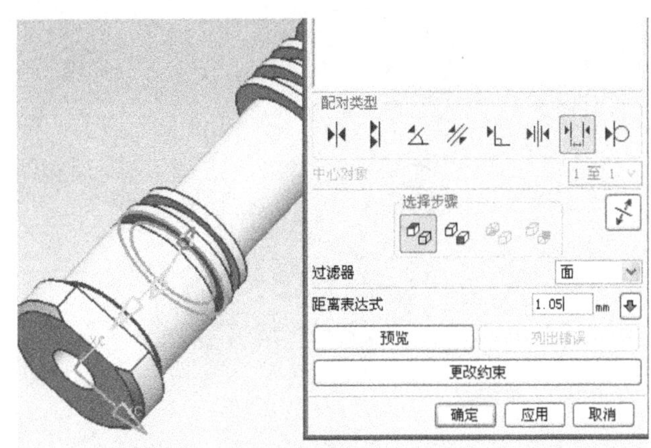

图 2-15　选择沟槽侧平面，输入距离 1.05

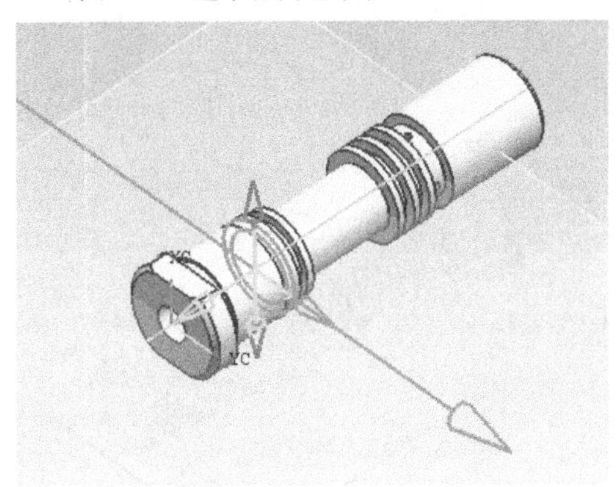

图 2-16　预览安装情况

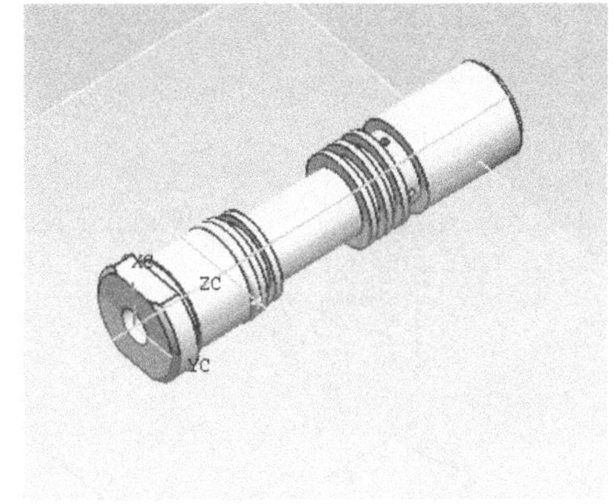

图 2-17　完成安装效果

用户可按上述方法，将其余三个密封圈组装到另外三个沟槽中，并将密封圈“整个部件”的参考集所带来的基准轴、基准平面、草图和坐标系隐藏起来，最后显示出的组装好的四个密封圈效果如图 2-18 所示。

操作 03. 装配芯杆

1. 装配关系分析　芯杆是用来连接气阀杆和手柄球用的。本次装配操作是将芯杆按图样要求组装到气阀杆上，具体的配对关系如下：①芯杆轴与气阀杆轴同轴；②芯杆 ϕ20 圆柱端面与气阀杆上端平面对接，即［配对］关系；③为使装配后生成的装配工程图图面清晰，要使芯杆上一个侧平面与气阀杆上的一个侧平面保持平行，即［平行］操作定位。

2. 组装操作　用［添加现有组件］命令，将芯杆零件调入工作界面，参考集选择为模型（MODEL），其它保持不变。

单击图 2-15 中“配对条件”对话框上“配对类型”中的第 6 项［中心］，过滤器参数选择为“面”，用鼠标选择芯杆 M8 螺纹圆柱表面，如图 2-19 所示；过滤器仍为“面”，选择气阀杆 M8 内螺纹圆柱表面，如图 2-20 所示；此步骤完成了同轴定位。

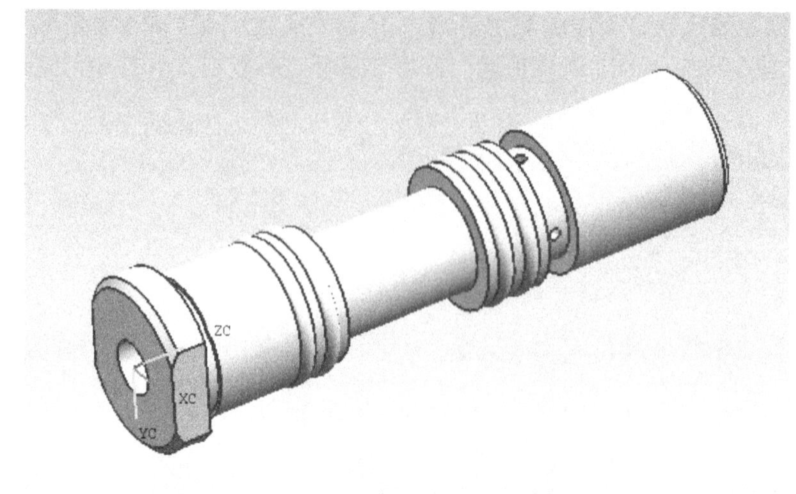

图 2-18　组装好的四个密封圈

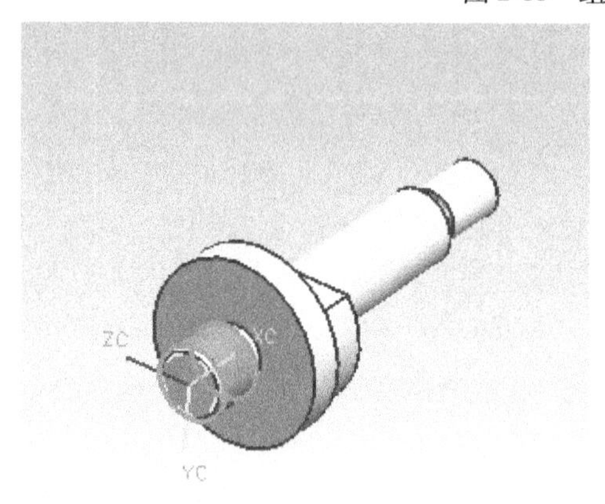

图 2-19　选择螺纹外表面

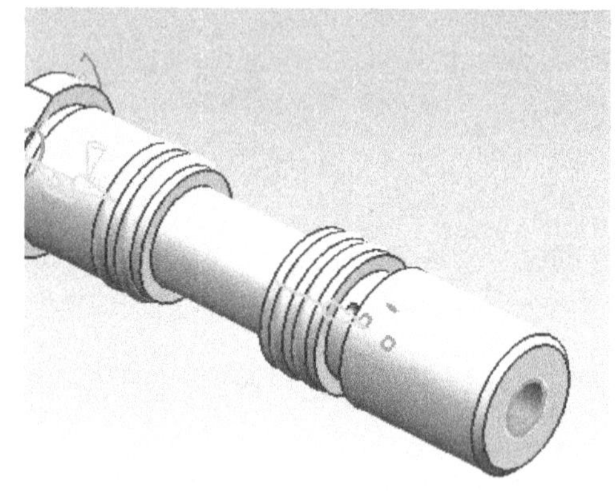

图 2-20　选择螺纹内表面

单击“配对类型”中的第 1 项［配对］，过滤器仍为“面”（后面不作说明的过滤器参数均为面），用鼠标选择芯杆 ϕ20 圆柱端面，如图 2-21 所示；再用鼠标选择气阀杆的上端面，如图 2-22 所示，此步骤完成了面对接定位。

单击图 2-15 中“配对类型”中的第 4 项［平行］，分别选择芯杆和气阀杆径向一侧的平面，如图 2-23 所示，此步骤是让两个零件一侧的平面保持平行状态，也是最后的操作；像前面的一样，单击图 2-11 中［预览］按钮，连续单击［确定］按钮，结束此项操作，最后完成的芯杆装配如图 2-24 所示。

操作 04. 装配手柄球

1. 装配关系分析　手柄球是用来操纵气阀杆上下运动的零件，它是固定在芯杆上端。具体装配关系如下：①手柄球上螺纹孔轴线与芯杆轴线同轴；②手柄球螺纹孔所在平面与芯杆上端平面对接，即配对关系。由于手柄球在径向上没有平面，所以在围绕其轴线方向上没有定位限制。

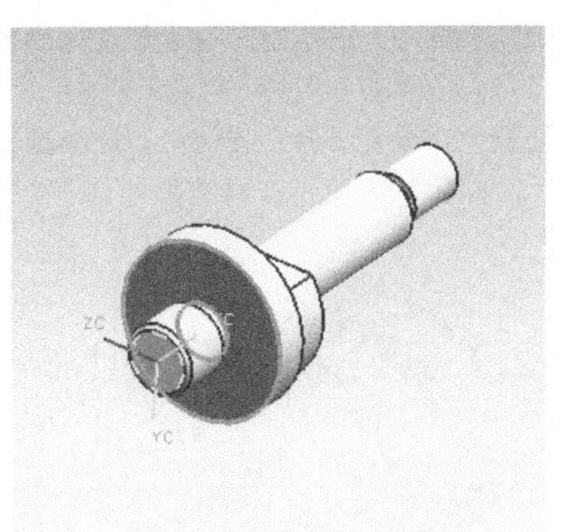

图 2-21　选择 ϕ20 圆柱端面

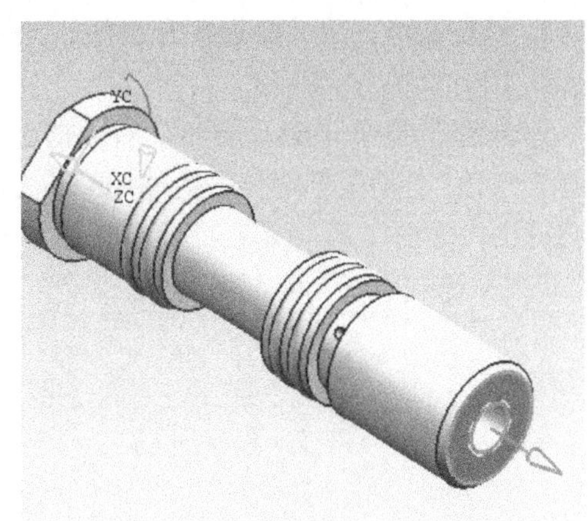

图 2-22　选择 ϕ18 圆柱端面

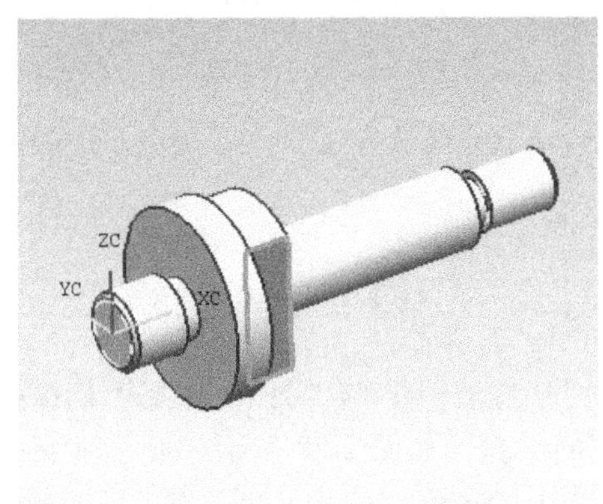

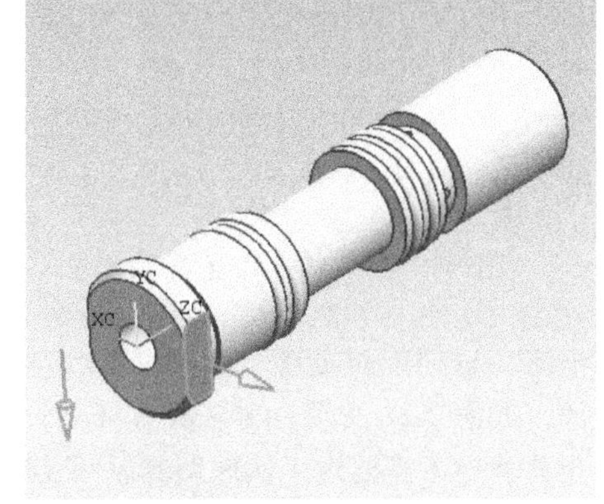

图 2-23　选择两个零件的侧平面

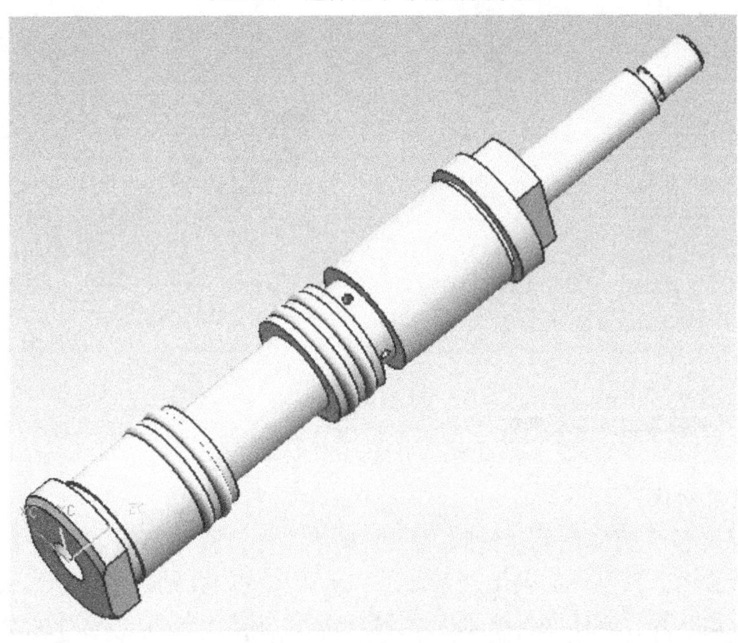

图 2-24　完成芯杆组装的效果

2. 组装操作　用［添加现有组件］命令，将手柄球调入工作界面，参考集选择为模型（MODEL），其它保持不变。

单击图 2-11 中“配对条件”对话框上“配对类型”中的第 6 项［中心］，过滤器参数选择为“面”，用鼠标选择手柄球 M6 螺纹内圆柱面，如图 2-25 所示；再选择芯杆 M6 螺纹外圆柱面，如图 2-26 所示；此步骤完成了同轴定位。

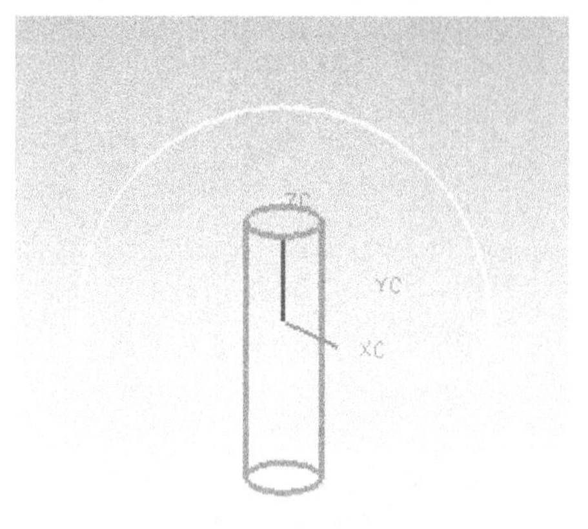

图 2-25　选择内螺纹面

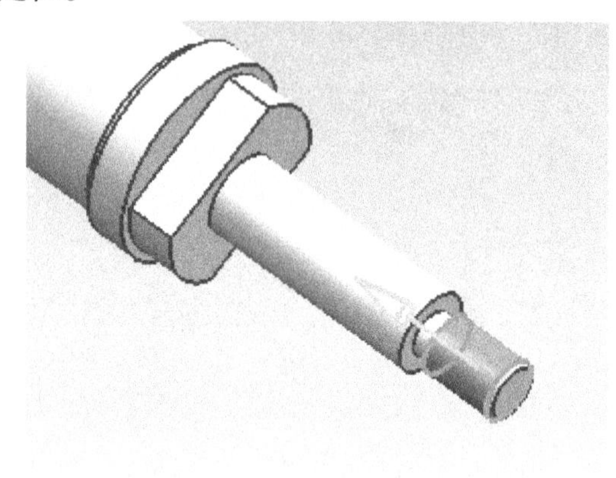

图 2-26　选择外螺纹面

单击图 2-11“配对类型”中的第 1 项［配对］，过滤器仍为“面”，选择手柄球螺纹孔所在平面，如图 2-27 所示；再选择芯杆 φ8 圆柱的平面，如图 2-28 所示，此步骤完成了面对接定位。此件不需要对手柄球绕其轴线旋转方向上的定位，至此，就完成了手柄球的组装操作，组装好的效果如图 2-29 所示。

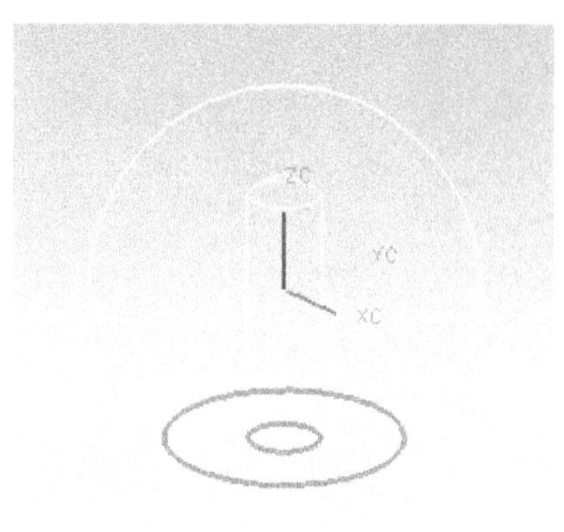

图 2-27　选择手柄球下端平面

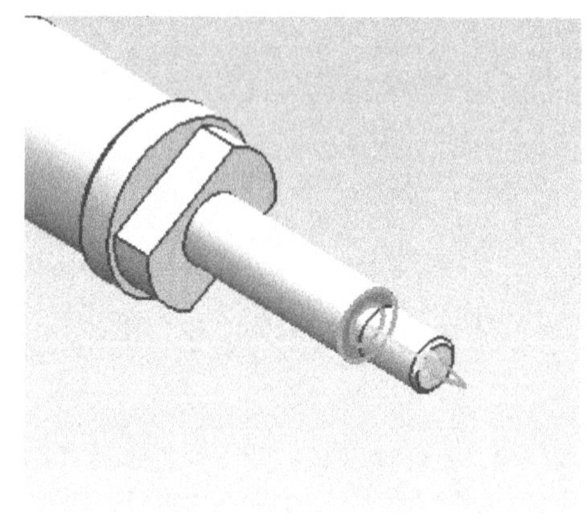

图 2-28　选择芯杆圆柱端面

操作 05. 装配阀体

1. 装配关系分析　阀体是手动气阀的一个基体零件，它与所有零件关联，并且通过它连接到所需的装置上。其具体的装配关系如下：①阀体的内孔轴线与已经组装好的气阀杆轴线同轴；②按初始状态，阀体底部平面与气阀杆 φ22 柱体上端面呈配对关系；③为使后面生成工程图的清晰，阀体进、出气孔的一个端面应与气阀杆的一个径向平面保持平行。

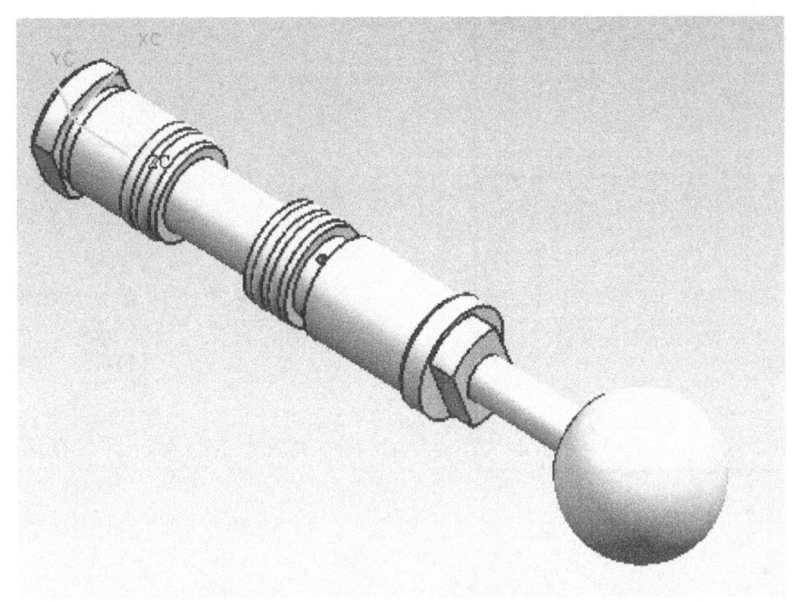

图 2-29　完成手柄球组装的效果

2. 组装操作　用［添加现有组件］命令，将阀体调入工作界面，参考集选择为模型（MODEL），其它保持不变。

单击图 2-11 中“配对条件”对话框上“配对类型”中的第 6 项［中心］，过滤器参数选择为“面”，选择阀体内孔圆柱面，如图 2-30 所示；再选择气阀杆外圆柱面，如图 2-31 所示，此步骤完成两个零件的同轴定位。

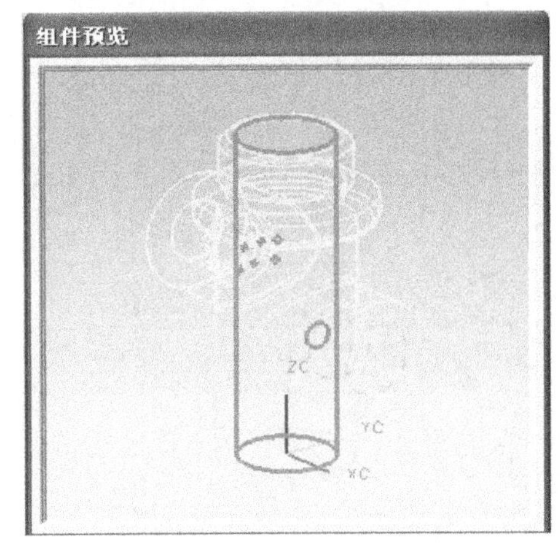

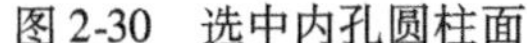
图 2-30　选中内孔圆柱面

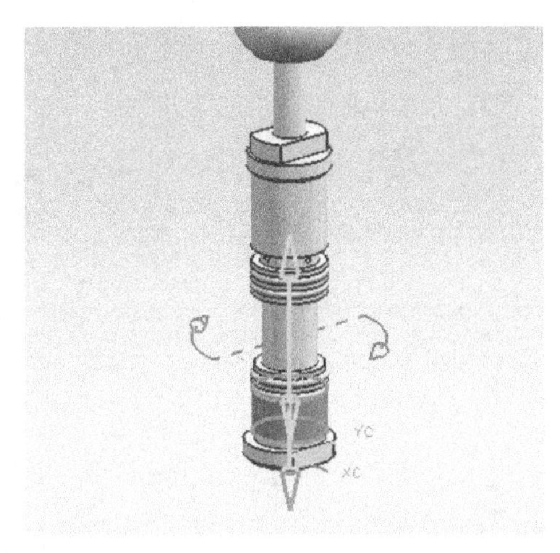

图 2-31　选中外圆柱面

单击图 2-11 中“配对类型”中的第 1 项［配对］，过滤器仍为“面”，选择阀体的底部平面，如图 2-32 所示；再选择气阀杆 φ22 圆柱上部平面，如图 2-33 所示，此步骤完成了面对接定位。

单击图 2-15 中“配对类型”中的第 4 项［平行］，分别选择阀体和气阀杆径向一侧的任意平面，如图 2-34 所示，此步骤是让两个零件一侧的平面保持平行状态。这是最后的定位操作步骤，分别单击［预览］和［确定］按钮，组装好的阀体效果如图 2-35 所示。

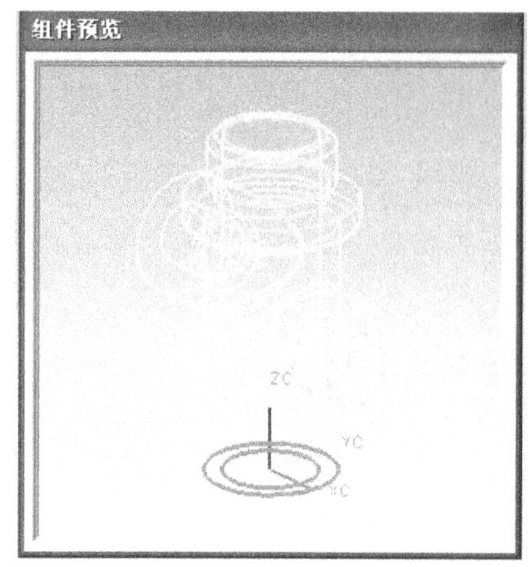

图 2-32　选中阀体底平面

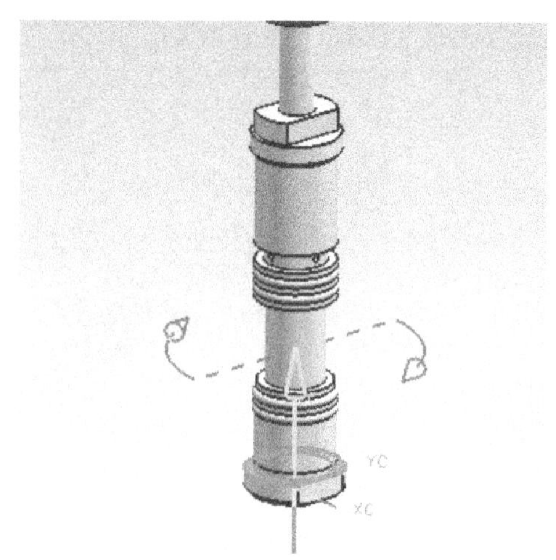

图 2-33　选中气阀杆上部平面

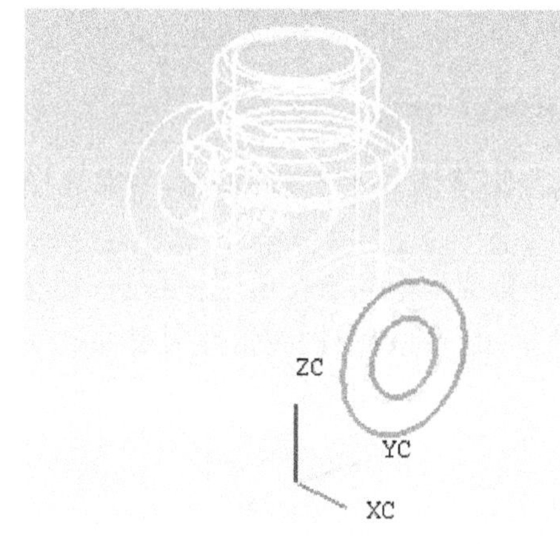

图 2-34　选择两个零件的侧平面

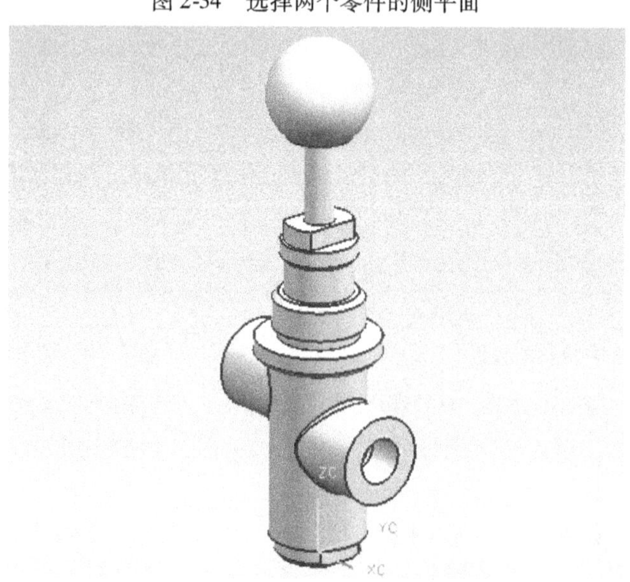

图 2-35　完成阀体组装的效果

操作 06：装配螺母

1. 装配关系分析　螺母是用来将手动气阀固定在某个装置上的紧固零件。它与阀体上部的外螺纹联接，并与阀体 φ33 圆柱的上平面保持一个间隙量用来定位某个装置部件。其具体装配关系如下：①螺母轴线与阀体轴线同轴；②为使装配工程图清晰，将螺母的上端面与阀体上平面保持在同一水平面上，即形成对齐关系；③为使装配工程图清晰，将六角螺母的一个径向面与阀体径向一个平面保持平行，即形成平行关系。

2. 组装操作　将螺母调入工作界面后，单击图 2-15 中“配对条件”对话框上“配对类型”中的第 6 项［中心］，过滤器参数选择为“面”，用鼠标选择螺母内螺纹面，如图 2-36 所示；再选择阀体外螺纹面，如图 2-37 所示，此步骤完成两个零件的同轴定位。

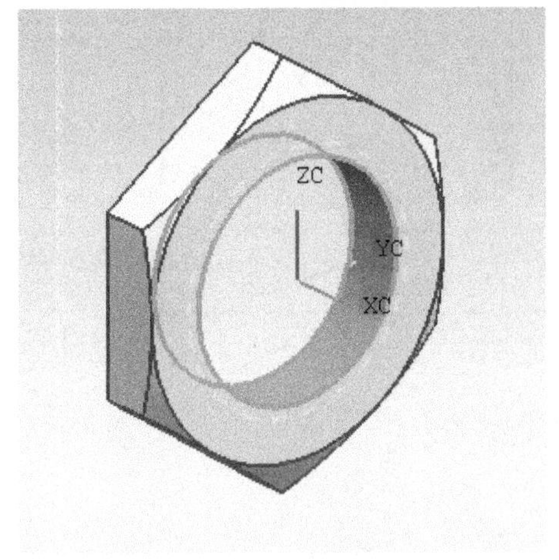

图 2-36　选中内螺纹面

图 2-37　选中外螺纹面

单击图 2-15 中“配对类型”中的第 2 项［对齐］，过滤器仍为“面”，选择螺母倒角所在平面，如图 2-38 所示；再选择阀体上端平面，如图 2-39 所示，此步骤完成了面对齐定位。

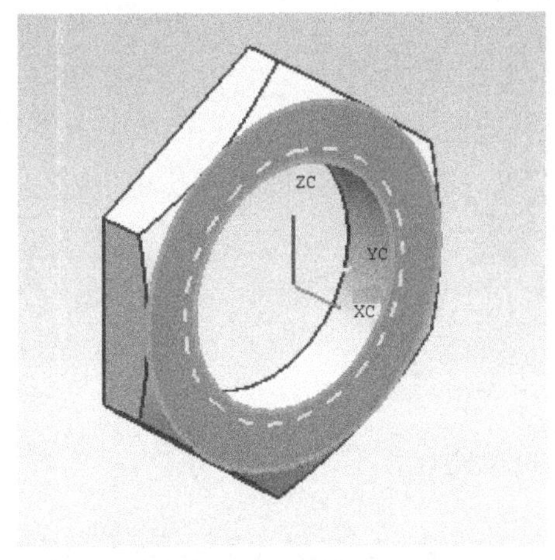

图 2-38　选中螺母上端平面

图 2-39　选中阀体上端平面

单击图 2-15 中“配对类型”中的第 4 项［平行］，分别选择阀体和螺母径向一侧的任意平面，如图 2-40 所示，此步骤是让两个零件一侧的平面保持平行状态。这是组装螺母最后的定位操作步骤，也是最后一个零件的组装，即完成了整个产品的装配，分别单击［预览］和［确定］按钮，组装好的手动气阀效果如图 2-41 所示。

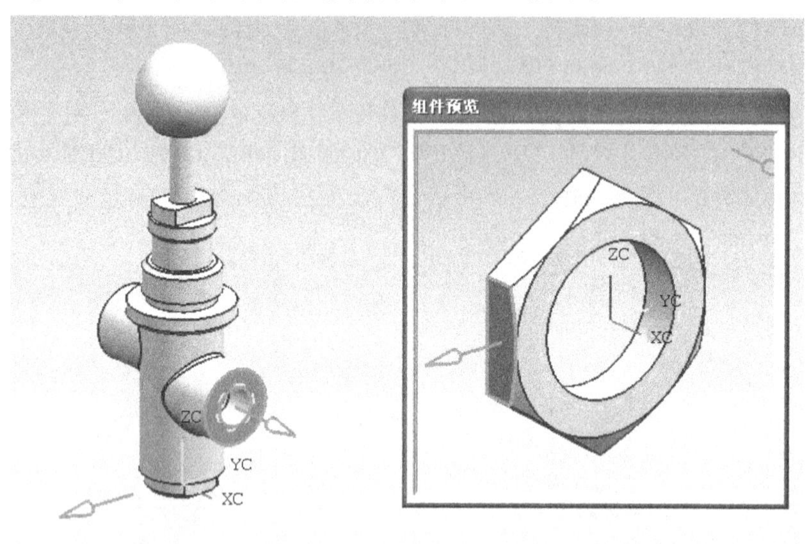

图 2-40　选择两个零件的侧平面

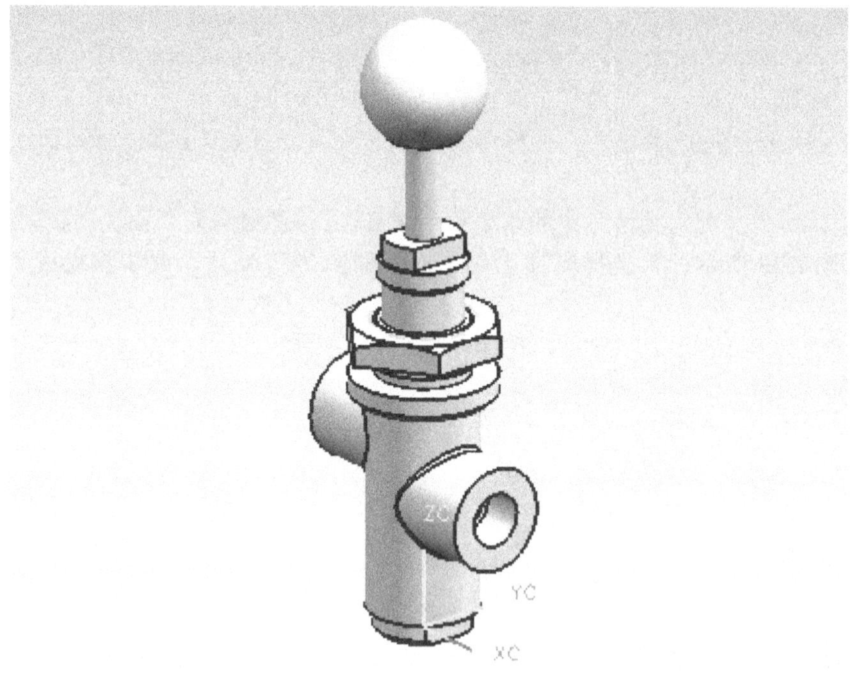

图 2-41　完成手动气阀全部装配的效果

操作 07：生成剖切图

为了观察手动气阀的内部结构情况，需要将阀体零件在 XC-ZC 基准平面上剖切开，并把前半部分移去。用鼠标将阀零件选中，将此零件设置成“转为工作部件”；可以直接在实体模型上选择，也可以通过右侧的“装配导航器”进行选择；如果用后一种方法，则打开装配导航器，将【1-01-04】（阀体）零件选中，单击鼠标右键，在弹出的快捷菜单中选择“转为工作部件”，如图2-42所示。完成这一操作后，阀体部件就呈现为工作状态。

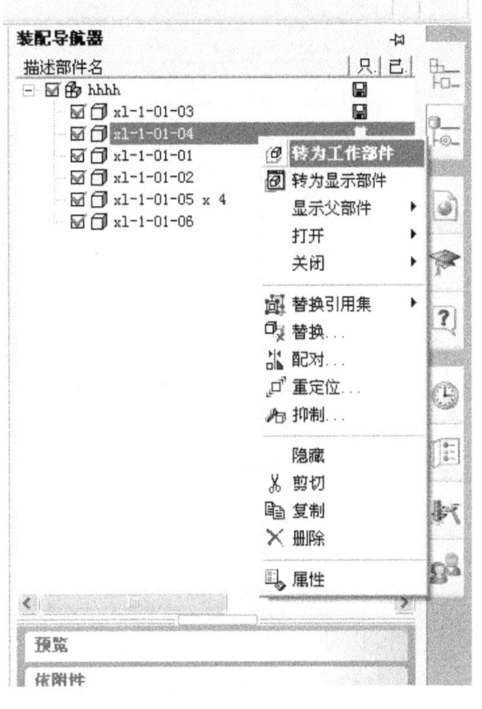

图2-42　将阀体设为工作状态

单击界面左侧“特征操作”工具条上的［修剪体］命令，出现一个“修剪体”对话框，如图2-43所示。先激活“选择步骤”中的第一项“目标”，用鼠标将阀体零件选中；再激活第二项“刀具”，用鼠标将XC-ZC基准平面选中，按［确定］按钮，就完成了对阀体件的剖切操作，将除实体以外的要素隐藏起来，其剖切后的效果如图2-44所示。

提示：图2-44所示的实体图，是将整个部件再转换成工作部件状态的效果。

从图2-44可以看出，将阀体的前半部分剖切掉后，阀体内部的构造一目了然。通过对构造的观察，可以对产品进行功能分析和结构设计分析。下面还要进行两组零件的干涉检查分析，为使观察起来方便，还需要分别将四个密封圈设置成“转为工作部件”的操作，并将它们剖切开。用户可按前面的方法自行操作，完成这个步骤。

图2-43　修剪体对话框

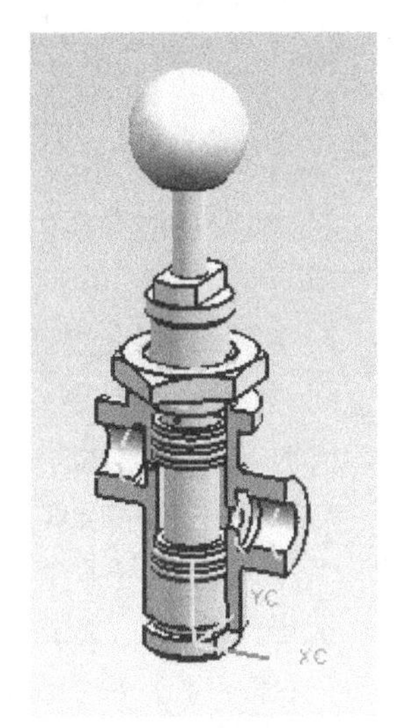

图2-44　剖切图

操作08：干涉检查分析

按照项目任务要求，需要对气阀杆与密封圈、气阀杆与阀体两组件进行结构干涉检查，以审核零件设计的合理性和准确性。在前一个步骤，我们已经将这三种零件进行了剖切，可以直接分别选择每一组零件，通过对剖切后的零件表面观察就可以完成干涉分析。

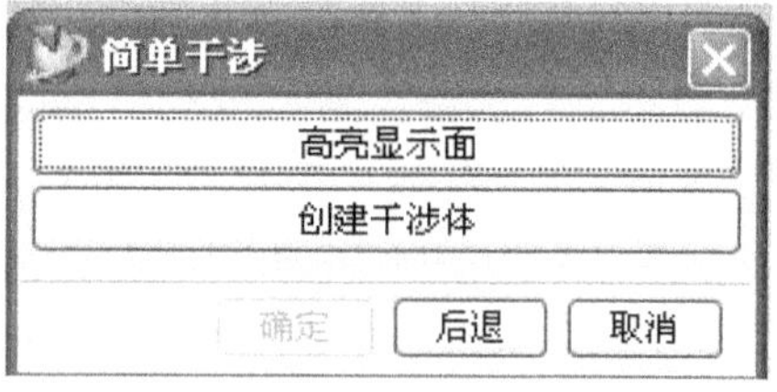

图 2-45 “简单干涉”对话框

1. 分析第一组：气阀杆与密封圈 单击菜单工具条上的［分析］-［简单干涉］命令，出现一个“简单干涉”对话框，如图 2-45 所示。上面有两种检验方式：高亮显示面和创建干涉体，可根据自己的习惯选择一种方式。然后，按提示栏显示的信息，分别选择气阀杆和密封圈（只选择其一个即可），在阀体内部的实体模型上就可以看到，密封圈与阀杆之间形成了一个交合体（以红色线框显示），如图 2-46 所示。这个高亮显示的交合体就是两个零件发生干涉所形成的实体。如果这种情况是发生在两个刚性零件之间，显然是不允许的，它意味着设计上出现了失误。但对本设计而言，这是正常现象，因为密封圈是塑性材料制造的，在实际装配中不会出现这种情况，而让密封圈生成一个干涉体正是本设计所需要的。

2. 分析第二组：气阀杆与阀体 对第二组零件的干涉检查，仍用上面的方法进行，用户可自行完成这一分析过程，其结果是这一组零件之间没有干涉现象发生。

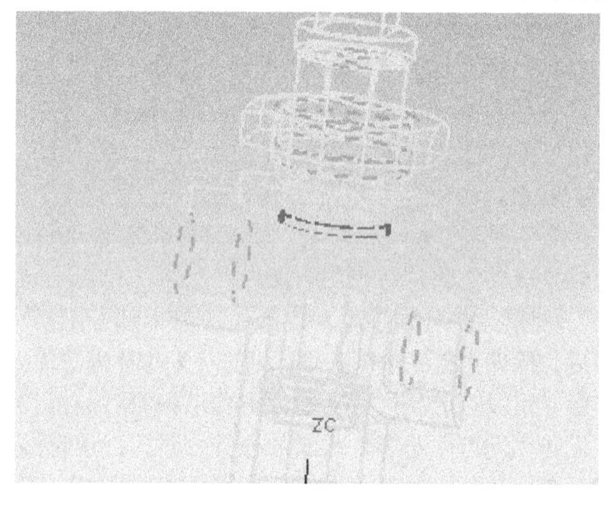

图 2-46 红色实体为干涉体

要点归纳：

通过“手动气阀”的装配设计，可以概括出以下几项知识和操作要点：

1）在装配设计之前，要了解进行装配的产品或部件的功能及各个零件之间的相互配合关系，确定装配顺序。

2）根据装配操作的需要，恰当地设定调入零件的“参考集”，如“整个部件”、“模型”等。

3）首件的装配要确定好空间位置和方向，一般按其工作状态来进行定位。

4）正确地选择零件之间的配合关系，满足功能要求，不能出现定位不足或过定位现象，同时，应注意其后生成的工程图图面应表达清晰。

5）对某个零件的装配结果不满意时，可通过图 2-6“装配导航器”中的［替换］、［配对］、［重定位］等命令进行编辑操作。

实操演练 05：夹紧卡爪的装配

【夹紧卡爪】的装配设计

本课训练项目是用 UG 的装配模块功能和第一单元训练作业【1-02-01】~【1-02-08】零件，完成示意图 2-47 所示的“夹紧卡爪”的产品装配设计。用户可按提示的操作步骤和各阶段生成的实体效果图自己完成整个设计任务。

夹紧卡爪是组合夹具在机床上用来夹紧工件的部件。它由 8 种零件组成（见示意图 2-47）。

卡爪 1 底部与基体 4 凹槽相配合。螺杆 2 的外部螺纹与卡爪的内螺纹连接，而螺杆的缩颈被垫铁 3 卡住，使它只能在垫铁中转动，而不能沿轴向移动。垫铁用两个螺钉 8 固定在基体的弧形槽内。为了防止卡爪脱出基体，用前、后两块盖板（5 与 7）加 6 个内六角螺钉 6 联接到基体上。当扳手旋转螺杆 2 时，靠梯形螺纹传动使卡爪在基体内左右移动，以便夹紧或松开工件。基体底部有前后及左右方向两个凹槽，它与底板上相应凹槽用键形零件固定。为了固定键，基体底部的前、后、左、右设有四个螺孔，以便用紧固螺钉固定。

其中，6—螺钉 M8 × 16（6 件）GB/T 70—2000；8—螺钉 M6 × 12（2 件）GB/T 71—1985，其它均为单件。

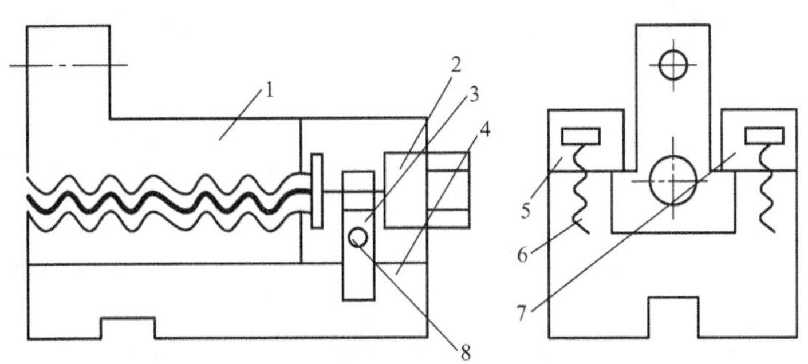

图 2-47　夹紧卡爪结构示意图

操作 01：调入零件【1-02-04】基体　确定参考集为模型，空间位置为原始坐标值，方向不变，如图 2-48 所示。

注：以下操作所装配的零件，参考集均为模型。

操作 02：调入零件【1-02-03】垫铁　以外圆柱面与基体圆柱槽为“中心”定位；前表面与槽前部平面为“配对”定位；上平面与基体上平面为“平行”定位，组装后的效果如图 2-49 所示。

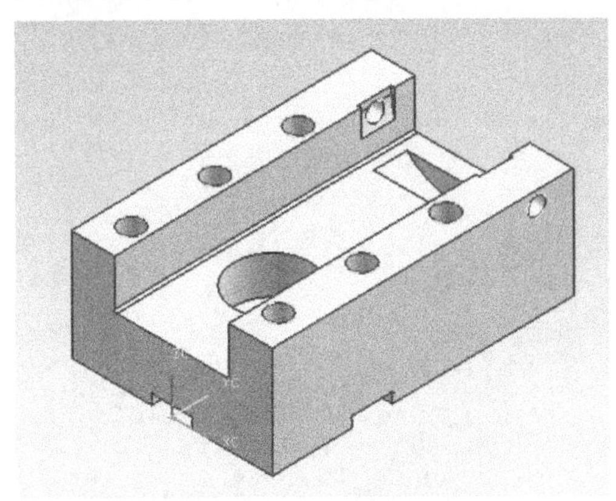

图 2-48　调入基体件

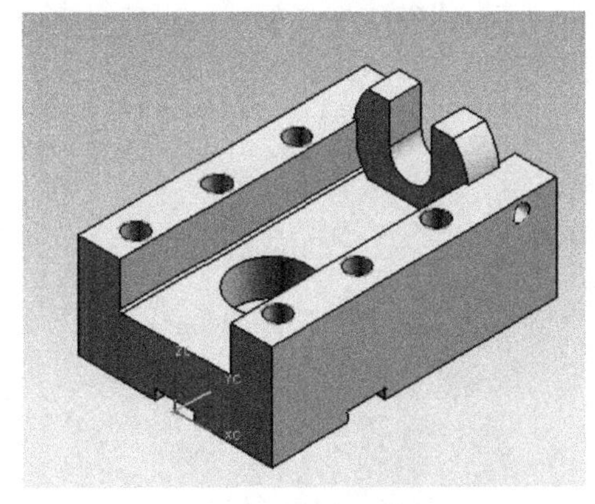

图 2-49　组装的垫铁

操作 03：调入零件【1-02-09】螺钉　以螺纹柱面与基体上螺纹孔表面为“中心”定位；外锥面与垫铁上内锥面为“配对”定位；另外一个螺钉用同样的方法装配，组装后的效果如图 2-50 所示。

操作 04：调入零件【1-02-02】螺杆　以 ф13 圆柱面与垫铁孔槽面为“中心”定位；ф13 圆柱一侧端面与垫铁一侧端面为“配对”定位；螺杆上六方的一个平面与垫铁上端平面为“平行”定位；组装后的效果如图 2-51 所示。

图 2-50　组装的螺钉

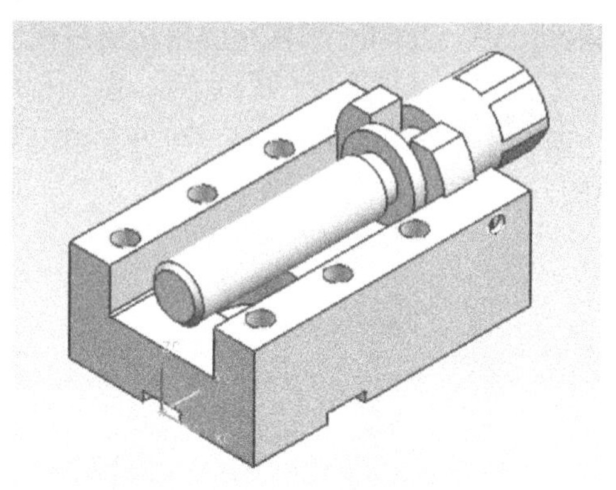

图 2-51　组装的螺杆

操作 05：调入零件【1-02-01】卡爪　以螺纹孔圆柱面与螺杆圆柱面为“中心”定位；卡爪的前端面与基体的前端面为“对齐”定位；卡爪的上端面与基体的上平面为“平行”定位，组装后的效果如图 2-52 所示。

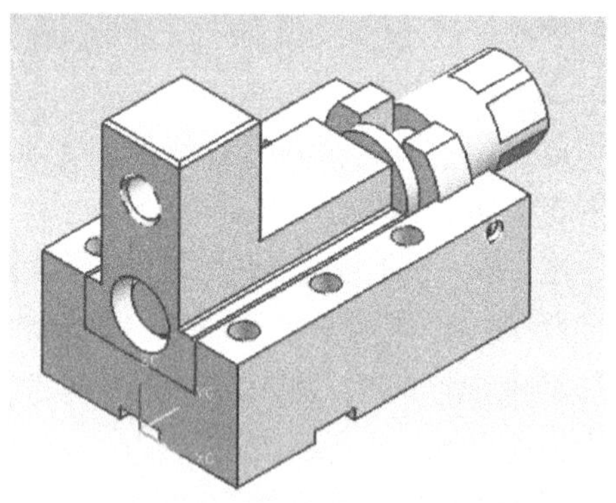

图 2-52　组装的卡爪

操作 06：调入零件【1-02-05】后盖板　以前部螺纹孔与基体前部的螺纹孔为“中心”定位；底面与基体上部平面为“配对”定位；前端面与基体前端面为“对齐”定位；组装后的效果如图 2-53 所示。零件【1-02-07】前盖板与后盖板是对称件，其组装方法与之相同，用户可自行完成装配操作，组装后的效果如图 2-54 所示。

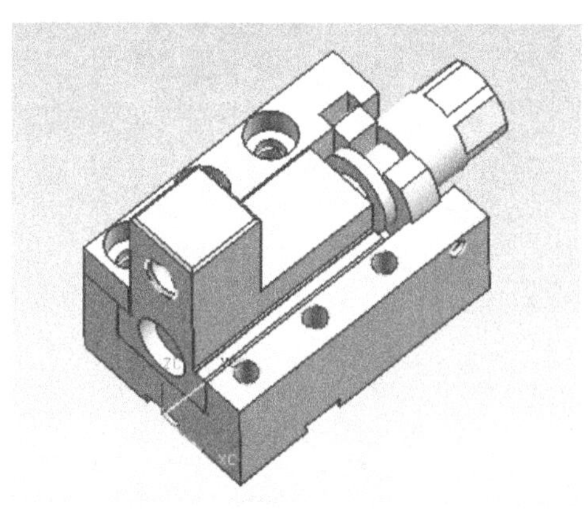

图 2-53　组装的后盖板

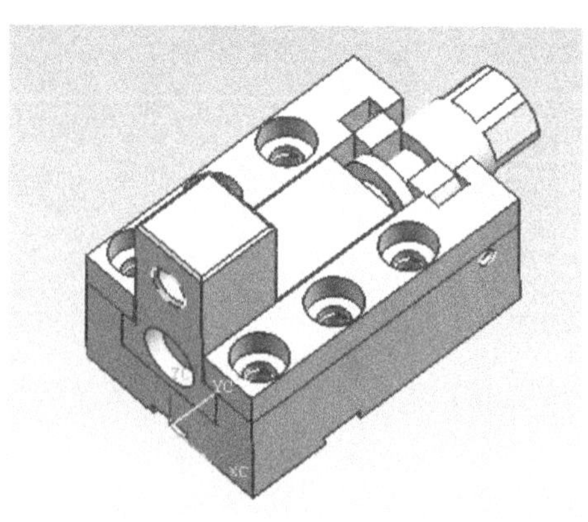

图 2-54　组装的后盖板

操作07：调入零件【1-02-06】螺钉 M8×16，外螺纹面与基体上的螺纹孔面为“中心”定位；螺钉帽的底平面与盖板阶梯孔平面为“配对”定位；螺钉内六角一个平面与基体前平面为“平行”定位。其余5个螺钉的装配操作与之相同，可按上述方法进行设计。至此，完成了整个部件的装配设计，最后的组装效果如图2-55所示。

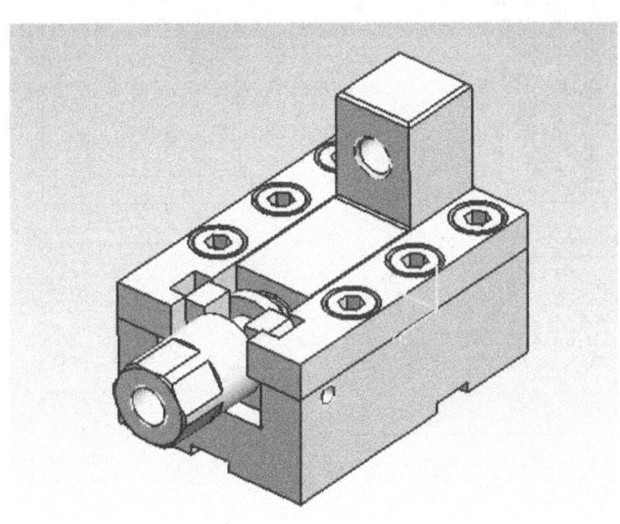

图2-55 完成整个部件组装的效果

训 练 作 业

用所学的装配知识和操作命令，完成下面的训练作业项目的装配设计。

【2-01】 螺旋千斤顶的装配

工作原理：

螺旋千斤顶是用来支撑重物的工具，并可根据需要调节其支撑高度，共由7个零件组成。

螺母2外径与底座1内孔静配合，并用定位螺钉3固定在底座上使其不能转动。带有T形螺纹的螺杆4与螺母2为螺纹配合，实现螺纹传动。顶头5内孔与螺杆上端外径呈滑动配合，并通过螺钉6固定在轴向位置上，使其承受重物。扭杆7横插入螺杆的径向孔中，用于转动螺杆，使螺杆通过螺纹传动上下移动，以实现竖直方向调节的功能。其总体结构如图2-56所示。

各个零件的设计，按【2-01-01】~【2-01-07】习题所示的零件工程图进行。

【2-01-01】 底座，见图2-57。

【2-01-02】 螺母，见图2-58。

【2-01-03】 螺杆，见图2-59。

【2-01-04】 顶头，见图2-60。

【2-01-05】 扭杆，见图2-61。

【2-01-06】 定位螺钉，见图2-62。

【2-01-07】 螺钉，见图2-63。

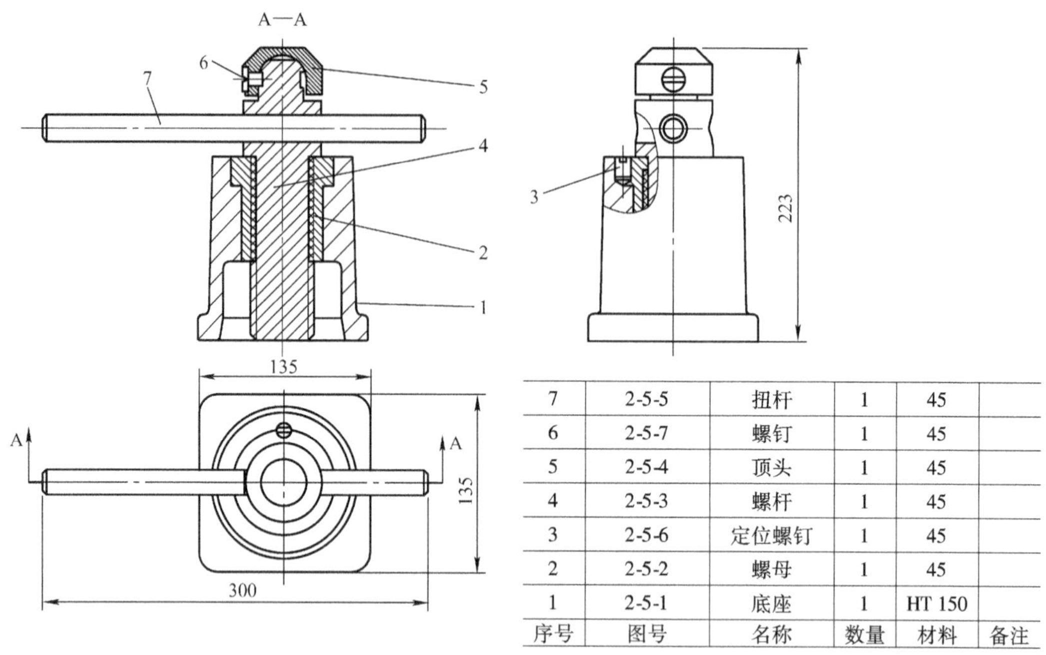

序号	图号	名称	数量	材料	备注
7	2-5-5	扭杆	1	45	
6	2-5-7	螺钉	1	45	
5	2-5-4	顶头	1	45	
4	2-5-3	螺杆	1	45	
3	2-5-6	定位螺钉	1	45	
2	2-5-2	螺母	1	45	
1	2-5-1	底座	1	HT 150	

图 2-56 微型调节支撑机构装配图

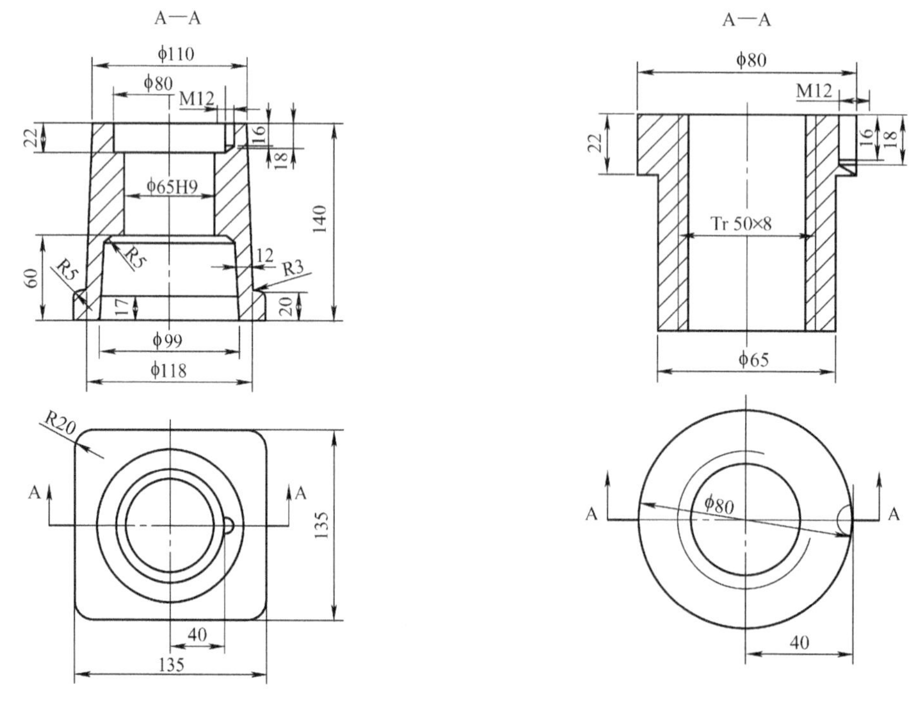

图 2-57 底座

图 2-58 螺母

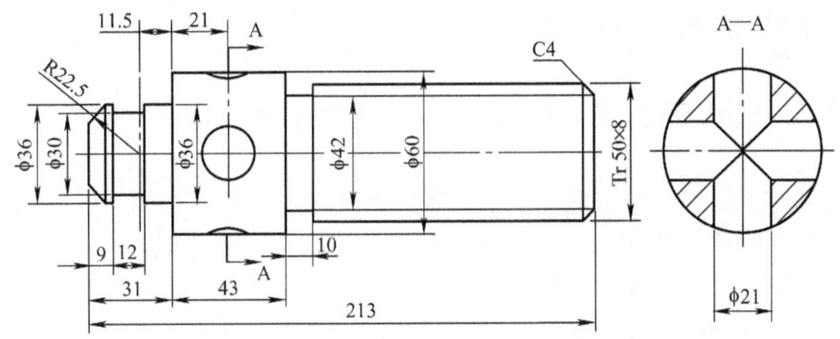

图 2-59　螺杆

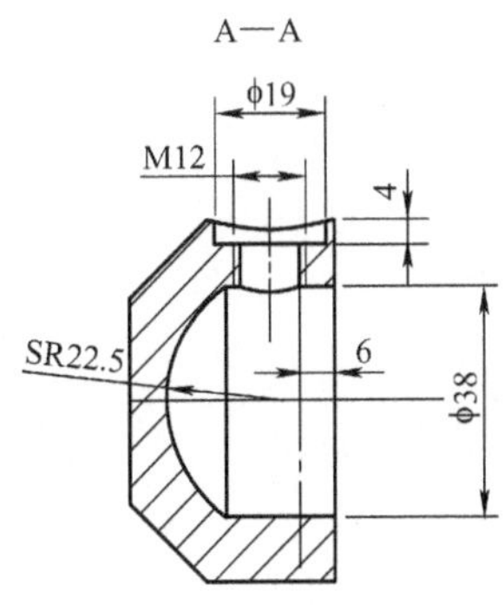

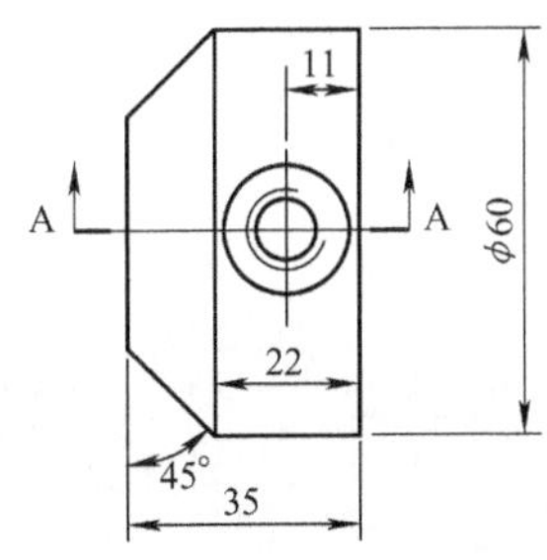

图 2-60　顶头

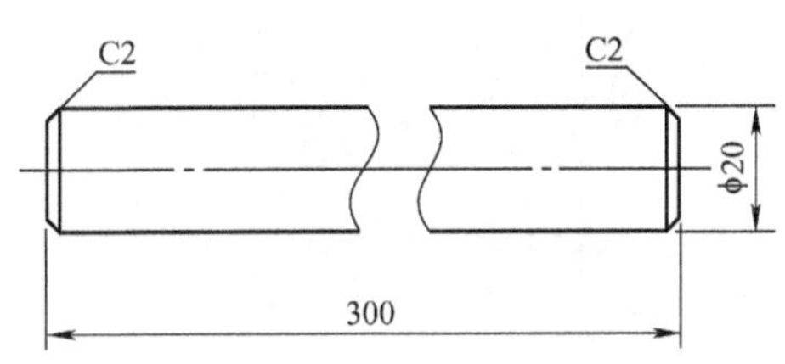

图 2-61　扭杆

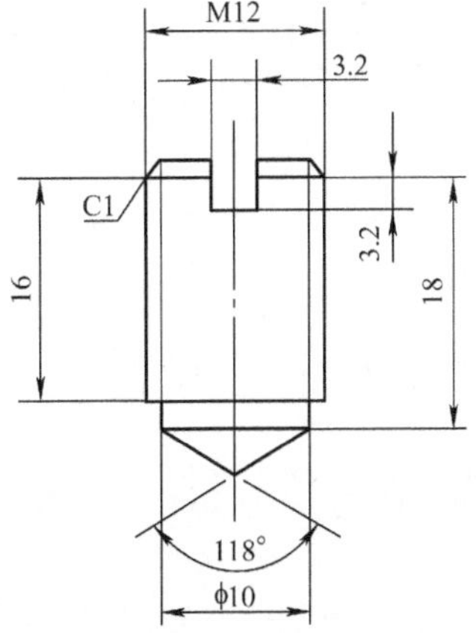

图 2-62　定位螺钉

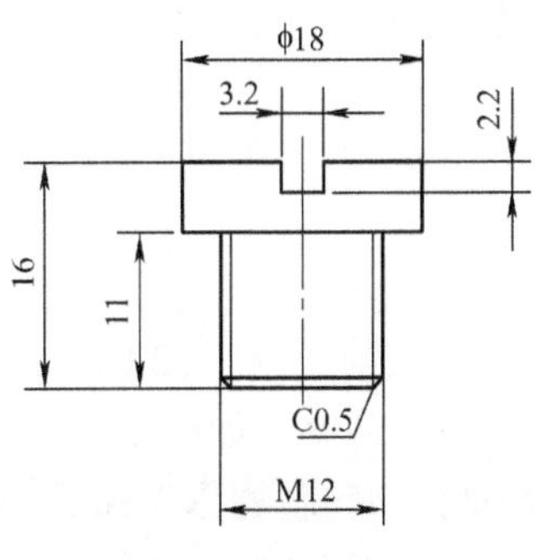

图 2-63　螺钉

【2-02】 微型支撑调节机构的装配

工作原理：

微型调节支撑机构用来支撑不太重的工件，并可根据需要调节其支撑高度，共由五个零件组成。

套筒 2 与底座 1 用细牙螺纹联接。带有螺纹的支撑杆 4 插入套筒 2 的圆孔中。转动带有螺孔的调节螺母 3 可使支撑杆上升或下降，以支撑住工件。螺钉 5 旋进支撑杆的导向槽，使支撑杆只能作升降运动而不能作旋转运动；同时，螺钉 5 还可以用来控制支撑杆上升的极限位置。调节螺母 3 下端的凸缘与套筒 2 上端的凹槽配合，以增强调节螺母转动的平稳性。其总体结构如图 2-64 所示。

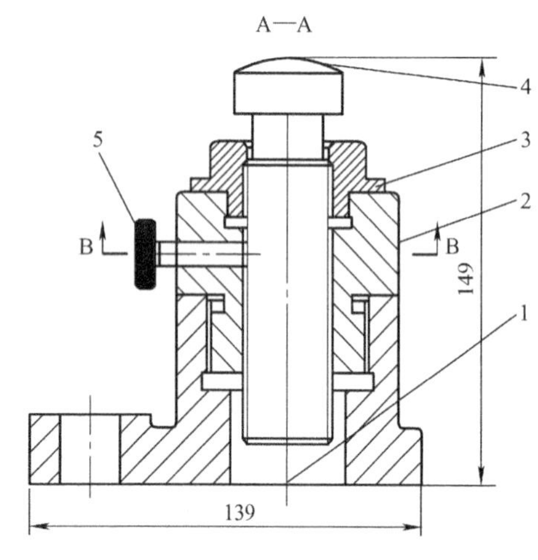

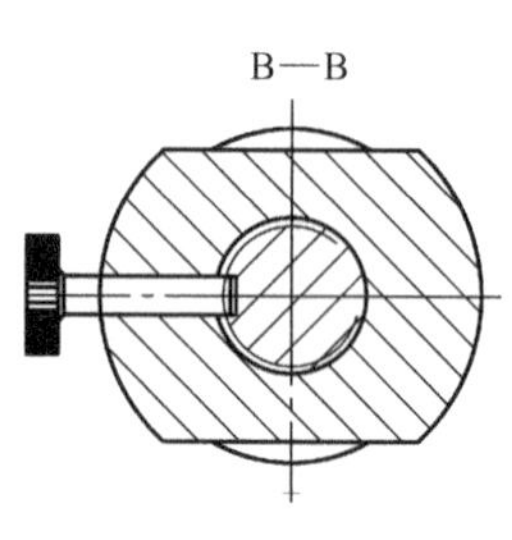

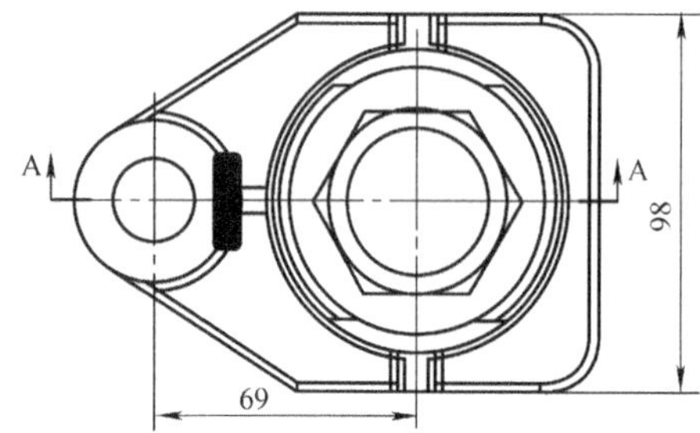

5	2-7-3	螺钉 M8 ×36	1	45	GB/T 835—1999
4	2-7-5	支撑杆	1	45	
3	2-7-4	调节螺母	1	45	
2	2-7-2	套筒	1	45	
1	2-7-1	底座	1	ZG 230—450	
序号	图号	名称	数量	材料	备注

图 2-64 微型支撑调节机构装配图

各个零件的设计，按【2-02-01】~【2-02-05】习题所示的零件工程图进行。

【2-02-01】 底座，如图 2-65 所示。

【2-02-02】 套筒，如图 2-66 所示。

【2-02-03】 调节螺母，如图 2-67 所示。

【2-02-04】 支撑杆，如图 2-68 所示。

【2-02-05】 螺钉，如图 2-69 所示。

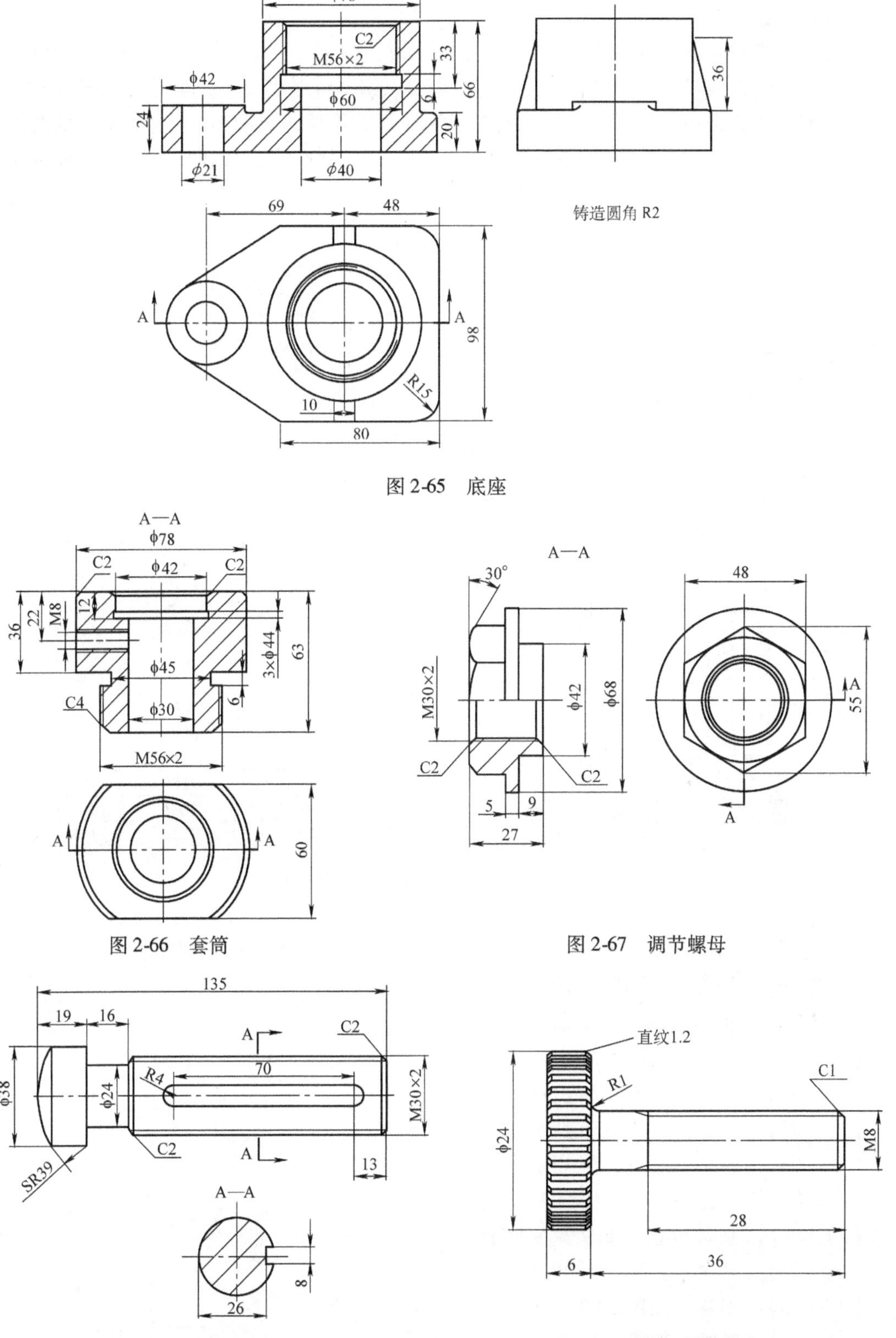

图 2-65　底座

图 2-66　套筒

图 2-67　调节螺母

图 2-68　支撑杆

图 2-69　螺钉

【2-03】 螺旋压紧机构的装配

工作原理：

当用扳手拧动套筒螺母 8，使丝杠 5 向右移动时，由于杠杆 2 的作用，柱销 1 压住工件。弹簧 9 用来复位以放松工件。轴销 3 用来将杠杆 2 与基体 4 连接在一起并形成铰链结构。衬套 6 通过螺钉 7 固定在基体 4 上，起到支撑套筒螺母的作用。胶圈 10 卡在轴销 3 的凹槽中使轴销轴向固定。导向销 11 与基体上的孔静配合，其前部凸缘嵌入丝杠的键槽中使其不能转动。整个部件的装配结构如图 2-70 所示。

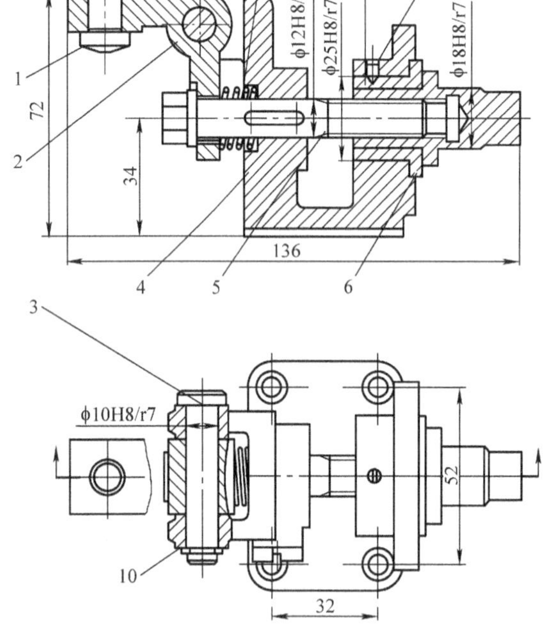

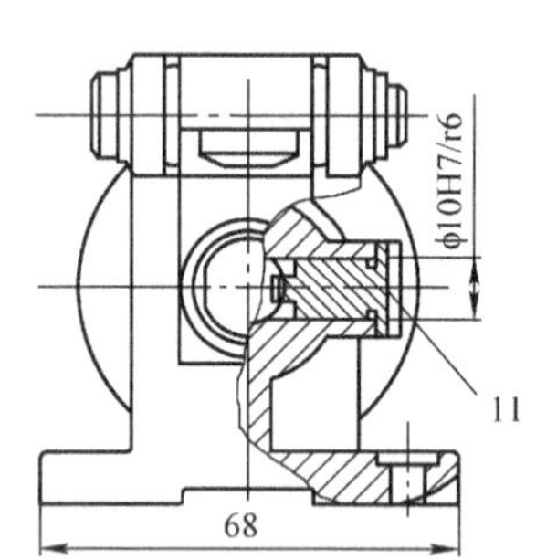

11	2-6-9	导向销	45	1
10	2-6-11	胶圈	橡胶	1
9	2-6-10	弹簧	65Mn	1
8	2-6-8	套筒螺母	45	1
7	2-6-7	螺钉	45	1
6	2-6-6	衬套	黄铜	1
5	2-6-5	丝杠	45	1
4	2-6-4	基体	HT150	1
3	2-6-3	轴销	45	1
2	2-6-2	杠杆	45	1
1	2-6-1	柱销	45	1
序号	图号	名称	材料	数量

图 2-70 螺旋压紧机构装配图

各个零件的设计，按【2-03-01】~【2-03-11】习题所示的零件工程图进行。

【2-03-01】 柱销，如图 2-71 所示。

【2-03-02】 杠杆，如图 2-72 所示。

【2-03-03】 轴销，如图 2-73 所示。

【2-03-04】 基体，如图 2-74 所示。

【2-03-05】 丝杠，如图 2-75 所示。

【2-03-06】 衬套，如图 2-76 所示。

【2-03-07】 螺钉 M4×6，如图 2-77 所示。

【2-03-08】 套筒螺母，如图 2-78 所示。

【2-03-09】 导向销，如图 2-79 所示。

【2-03-10】 弹簧，如图 2-80 所示。

【2-03-11】 胶圈，如图 2-81 所示。

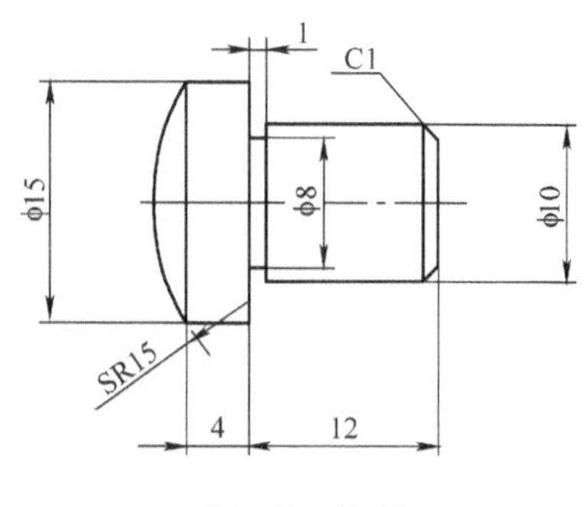

图 2-71 柱销

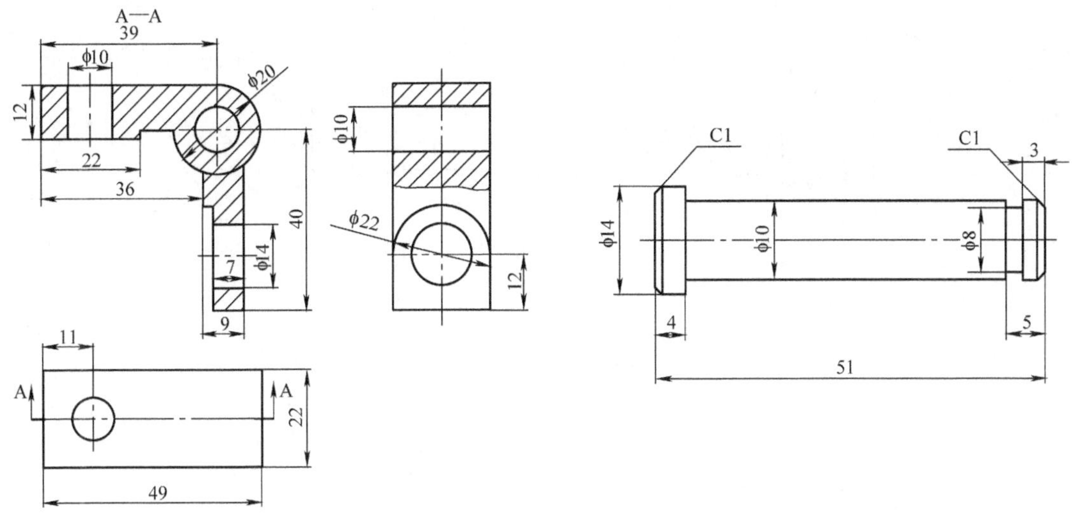

图 2-72　杠杆

图 2-73　轴销

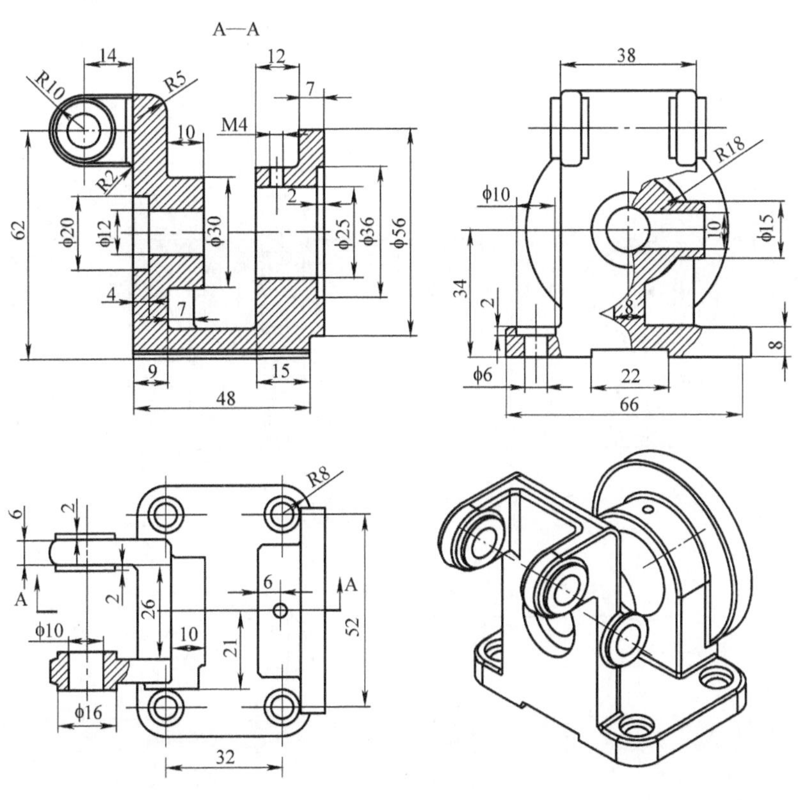

未注圆角R1~R2

图 2-74　基体

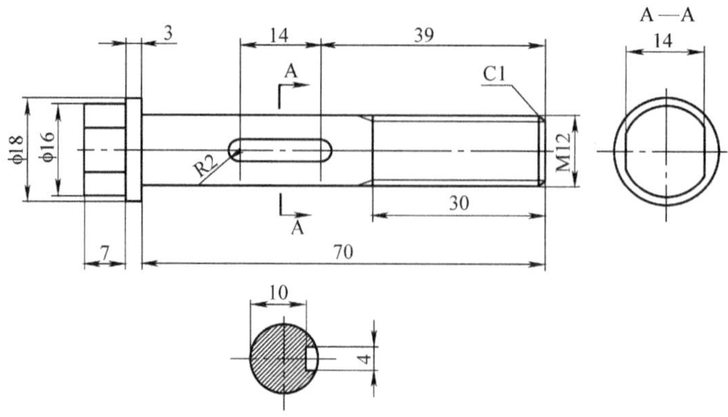

图 2-75　丝杠

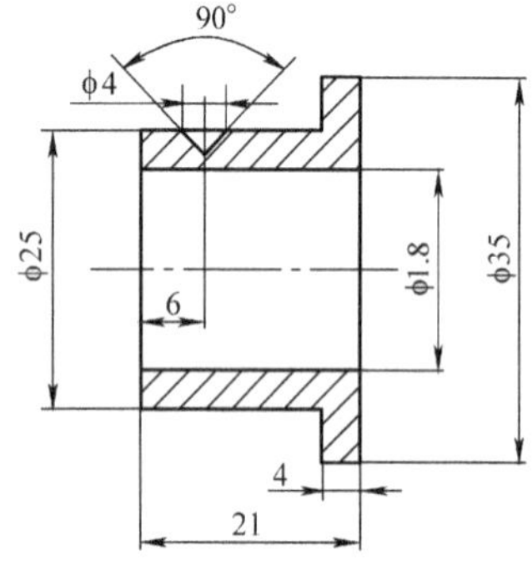

图 2-76　衬套

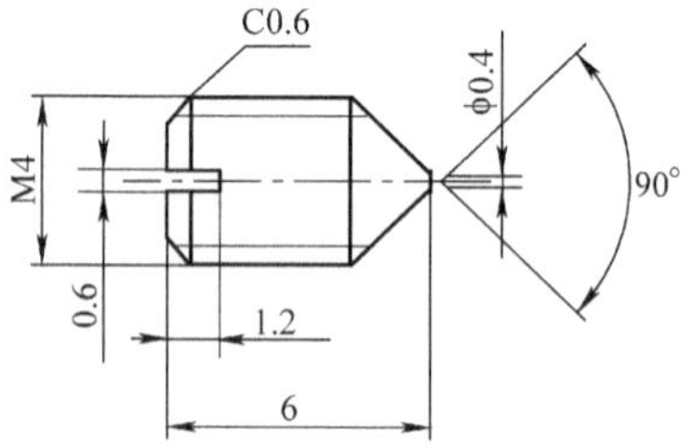

图 2-77　螺钉

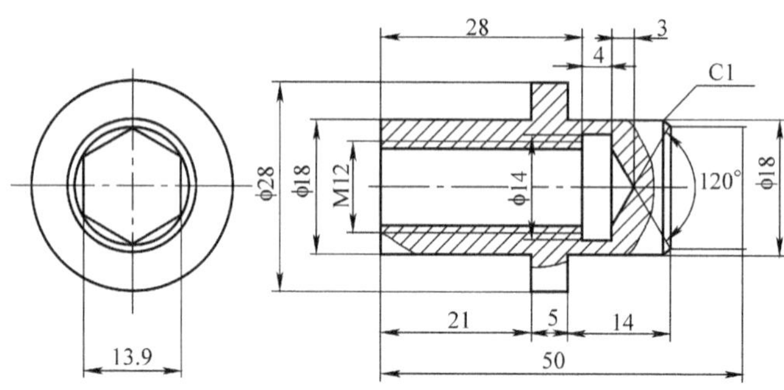

图 2-78　套筒螺母

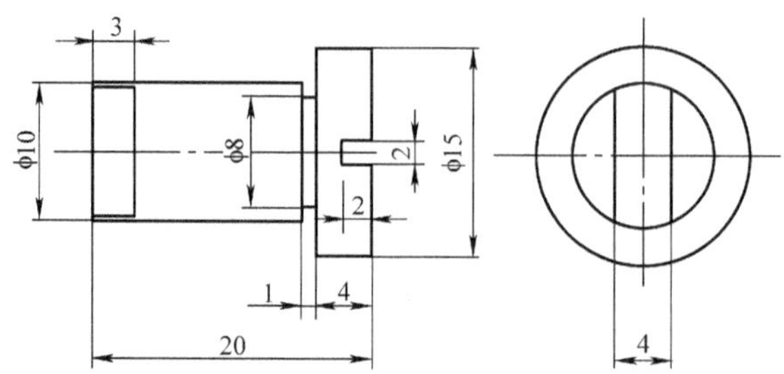

图 2-79　导向销

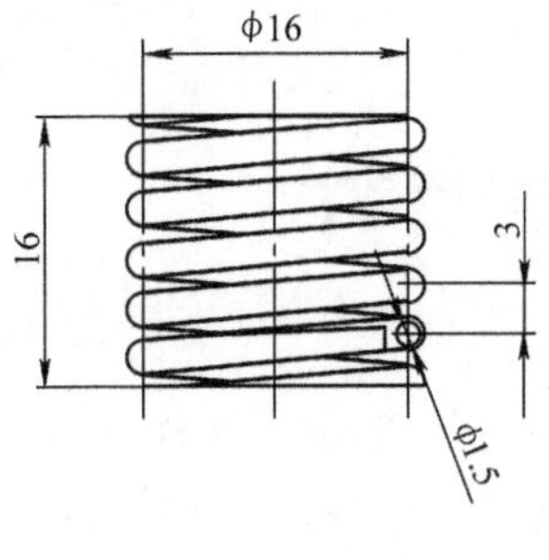

图 2-80　弹簧

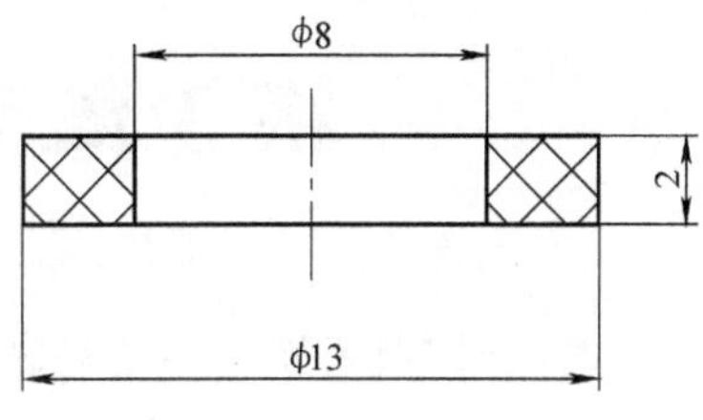

图 2-81　胶圈

第 3 单元　工程图设计

单元要点：熟悉 UG 制图模块的功能，并运用所提供的操作界面、操作命令和各种图形元素处理技巧，将已建好的三维实体设计出工程图，并根据设计要求进行合理的标注。

项目 3-1　限位轴套（零件图）的制图

任务目标：

用制图模块所提供的操作命令，将图 3-1 所示的零件“限位轴套”实体模型，设计成生产中所要求的零件图，如图 3-2 所示。

设计分析：

此零件的三维实体已经建好，是一个回转体结构。其细部特征较多，有轴向阶梯孔、径向圆孔和方孔、斜孔，端面有 6 个均布的螺纹孔等，共需要三个视图来描述。同时，要根据生产的需要，对所有图形要素进行尺寸及尺寸公差、形位公差、表面粗糙度等进行严格的标注。具体的视图布局和标注可参考图 3-2 来进行，但需要添加各类公差和粗糙度的标注。

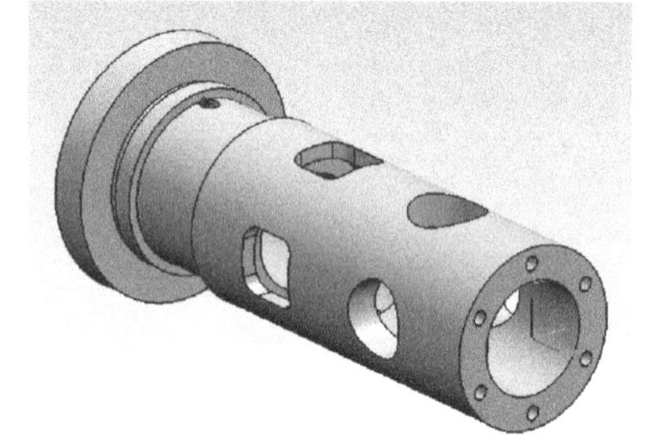

图 3-1　限位轴套实体模型

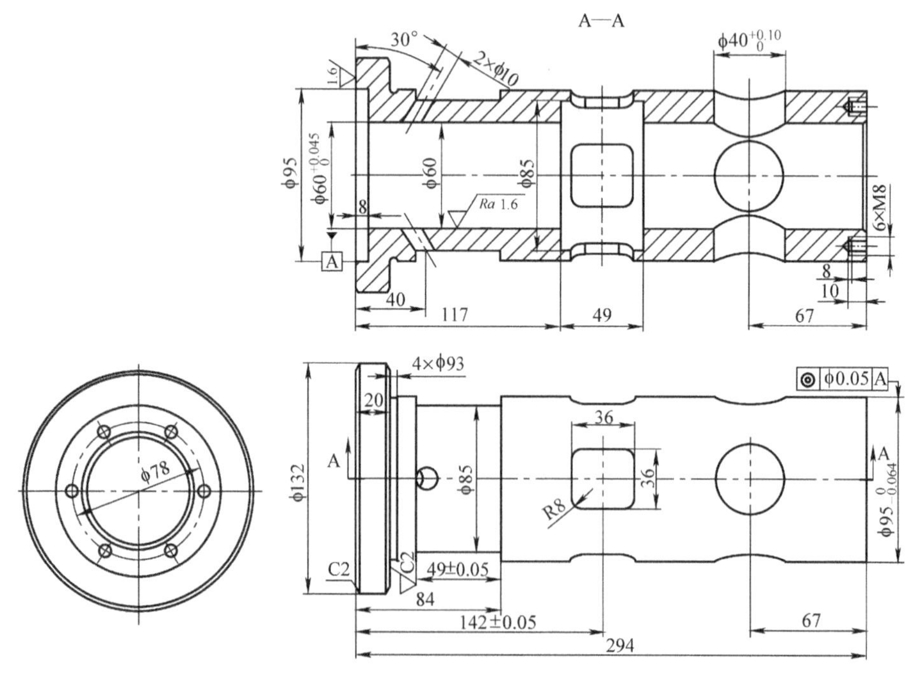

图 3-2　限位轴套

操作步骤：

操作 01：操作界面

进行工程图设计时，首先要将已经设计好的零件实体文件打开，根据本次任务要求，将“限位轴套”零件调入初始工作界面中。单击“标准”工具条上的［起始］命令，选择［制图］应用模块，如图 3-3 所示。

图 3-3　调用“制图”模块

启动“制图”应用模块后，会出现一个“插入图纸页”对话框，如图 3-4 所示。这个对话框要求用户确定图纸的规格、使用单位及投影角度，可根据具体的设计意图来确定。本次对图纸的基本参数设定如下：

A3 图纸/毫米/第一投影角度

设置好上面的参数后，单击［确定］按钮，就进入了制图模块的工作界面，如图 3-5 所示。从图中可以看出，在这个操作界面中左边是“选择”工具条，右边是各个导航器，工作区位于中央，上面是各类操作命令的工具条。

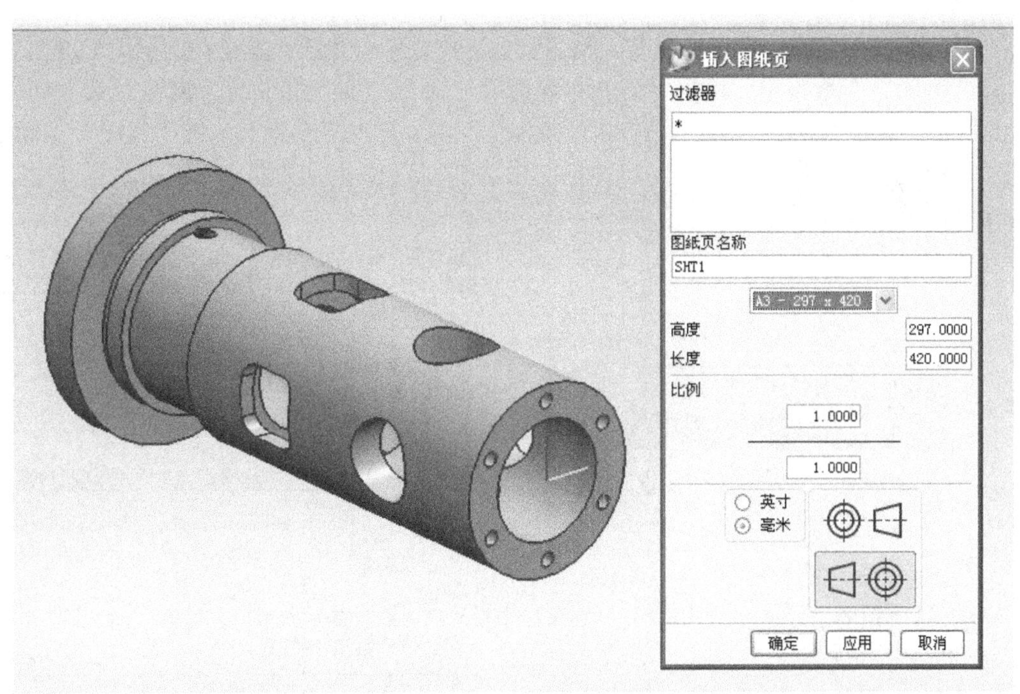

图 3-4　初始界面及“插入图纸页”对话框

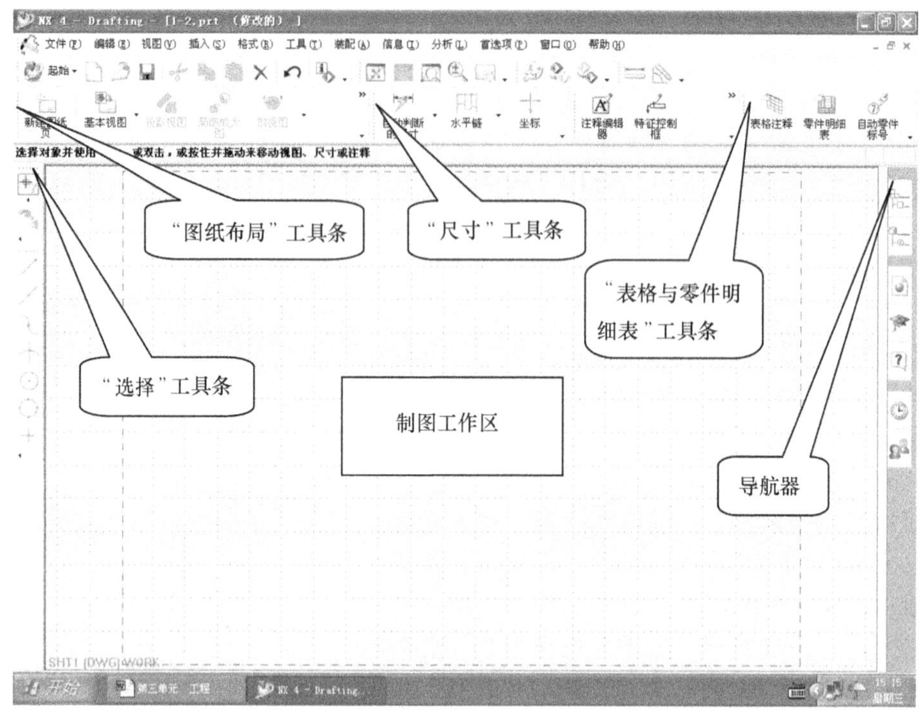

图 3-5 制图模块工作界面及操作命令工具条

操作 02：制图参数设定

在开始绘图前，需要设置各类基础制图参数，使之符合我国或本企业的制图标准要求。

1. "制图"参数设定 单击主菜单［首选项］命令，选中其中的［制图］命令项，如图 3-6 所示，会弹出一个"制图首选项"对话框，其上有 4 个设置卡，将"视图"卡激活，并将上面的"显示边界"项目关闭，即把□中的"✓"去掉，如图 3-7 所示。此操作是不让每个视图显示边界线框。

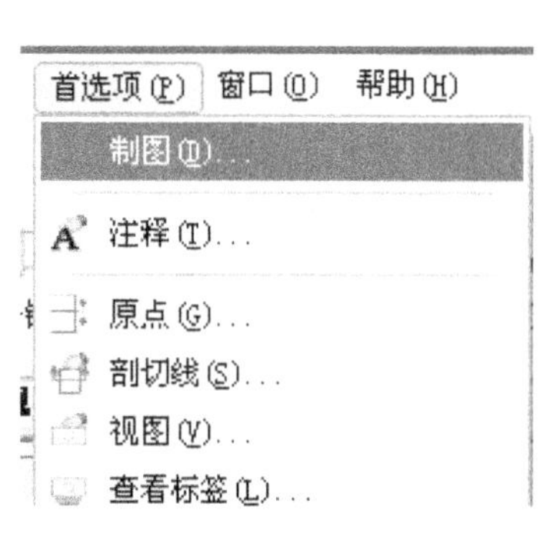

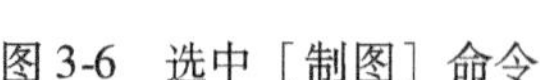
图 3-6 选中［制图］命令

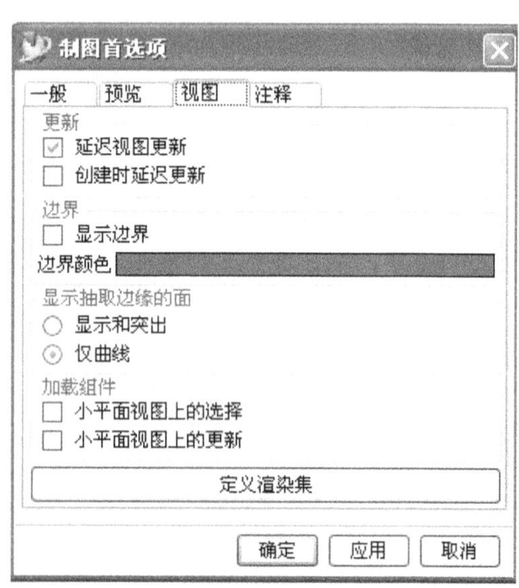

图 3-7 "制图首选项"对话框

2. “注释”参数设定　单击主菜单［首选项］命令，选中其中的［注释］命令项，会弹出一个“注释首选项”对话框（见图3-8），其上共有12个设置卡。对本项任务而言，需要重新设置参数的有如下几张卡：

“单位”卡：单位：毫米、角度格式：小数表示（如45.5°），如图3-8所示。

“尺寸”卡：尺寸位置：尺寸线上方的文本、精度：名义尺寸0、公差：无，如图3-9所示。

图3-8　“注释首选项”对话框

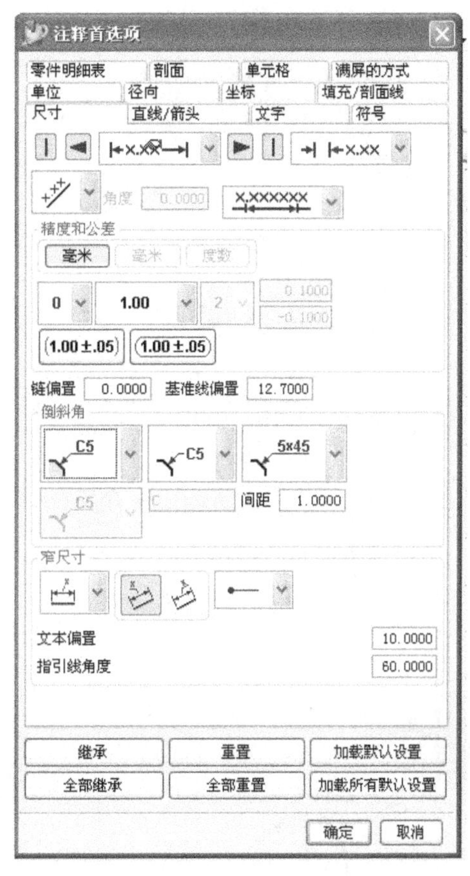

图3-9　设置尺寸位置、精度及公差

“直线/箭头”卡：箭头形式：填充的箭头，如图3-10所示。

“文字”卡：将文字类型中的尺寸、附加文本、一般的字符大小设置为4，公差设置为2，其它参数不变，如图3-11所示。

其它的参数设置卡可不必事先设定，根据具体设计需要时单独设定。

3. “剖切线”参数设定　单击主菜单［首选项］命令，选中其中的［剖切线］命令项，会弹出一个“剖切线首选项”对话框，如图3-12所示。需要将上面的几个参数进行修改：D=5、E=5、显示设为GB标准、线宽为细线、箭头为填充的，其它参数可保持原值不变。

4. “视图”参数设定　单击主菜单［首选项］命令，选中其中的［视图］命令项，会弹出一个“视图首选项”对话框，如图3-13所示，上面共有11张参数设置卡，只需将“螺纹”这张卡激活，将“螺纹标准”这一项设定为“ISO/简化的”即可。

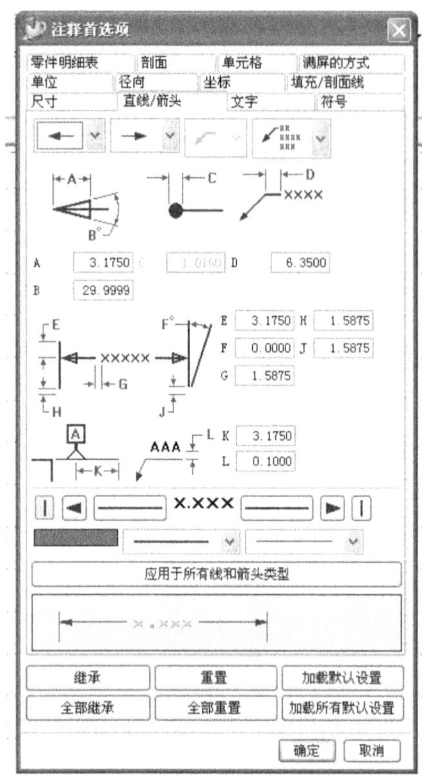

图 3-10　设置直线/箭头形式

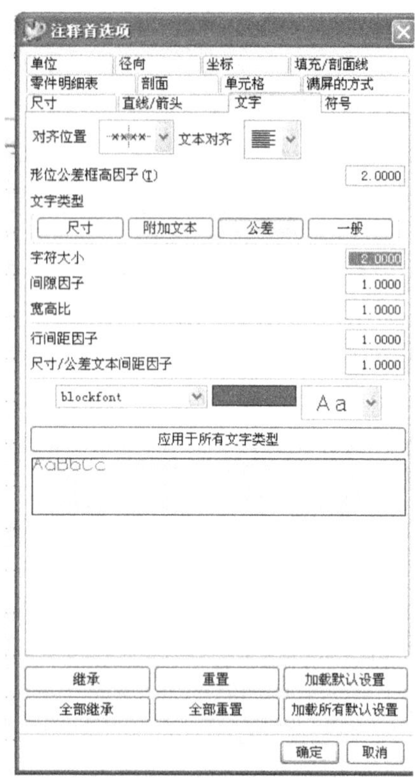

图 3-11　设置文字大小

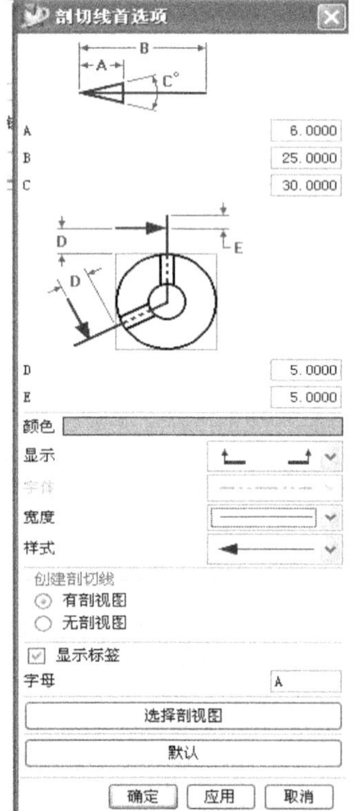

图 3-12　“剖切线”对话框

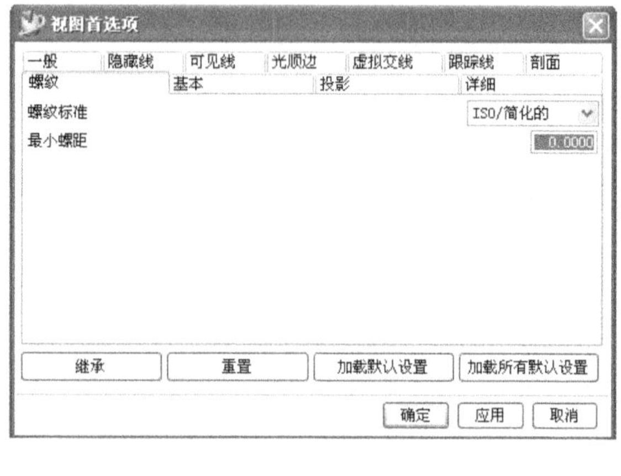

图 3-13　“视图首选项”对话框

5. “查看标签”参数设定　单击主菜单［首选项］命令，选中其中的［查看标签］命令项，会弹出一个“视图标签首选项”对话框，如图 3-14 所示，上面共有 3 个选项：其它、详细、剖面。本次任务只需对后两个选项加以设定。

详细：前缀设为无（将 DETAIL 字符删除）、父级标签设为“标签”、数值格式设为“比率”，即 X:Y 形式。

剖面：前缀设为无（将 SECTION 字符删除），如图 3-15 所示。

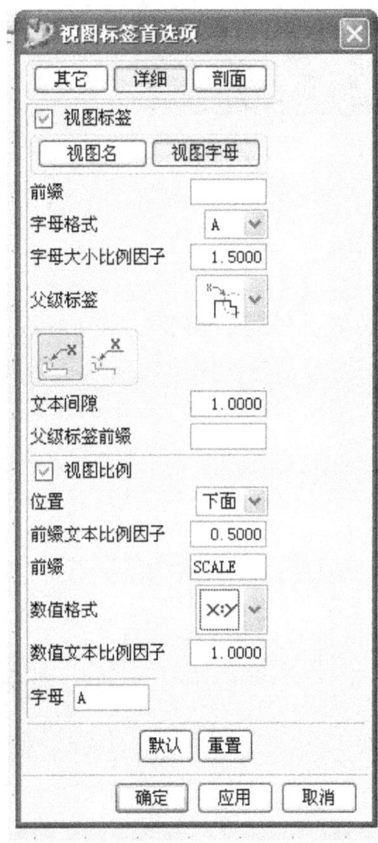

图 3-14　“视图标签首选项”对话框

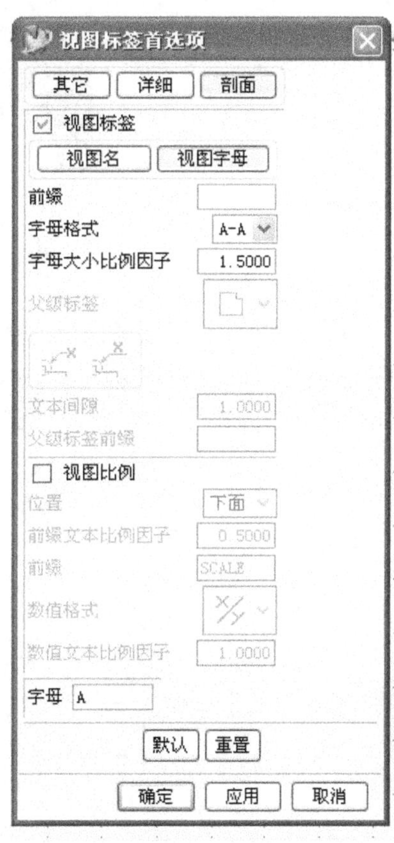

图 3-15　剖面卡设置

操作 03：视图布局

视图布局，就是根据设计意图将三维实体零件选择合适的视图放置在图纸页面上。其基本布局原则是选定的视图既能够充分反映零件的全部结构特征，又能够用尽可能少的视图来进行表达，保证整个零件图清晰、明了。

1. 添加基本视图　单击“视图布局”工具条上的［基本视图］命令图标，在工作区域会同时出现一个即时工具条和零件实体视图，将该工具条设置为：俯视图和 1:2 比例，如图 3-16 所示。然后，将零件实体视图拖动到图面的适当位置固定下来。

2. 生成剖视图　单击“视图布局”工具条上的［剖视图］命令，用鼠标选中基本视图，并将光标定位在轴线上的某个点上，单击鼠标左键，然后向上方拖动图形框线，将其固定在适当地方，就完成了剖视图的布局，如图 3-17 所示。

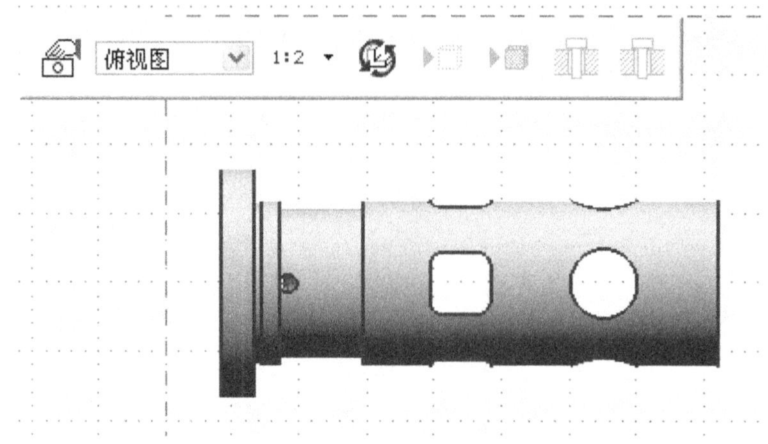

图 3-16　选定基本视图类型及比例

3. 添加右视图　为了反映出限位轴套端面的 6 个螺纹孔特征，需要依据基本视图再添加一个右视图。单击“视图布局”工具条上的［投影视图］命令，用鼠标选择基本视图后，将出现的矩形框，向左拖动，并固定在适当的地方，就完成了右视图的布局，如图 3-18 所示。

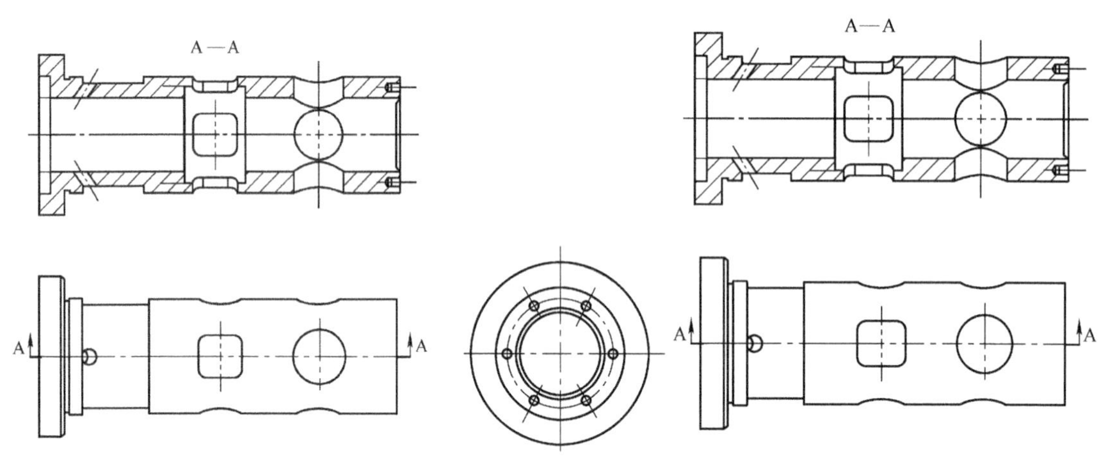

图 3-17　生成的剖视图　　　　图 3-18　生成的右视图

操作 04：视图的标注

视图的标注主要指两个方面：中心线和视图标签的标注。

1. 中心线的标注　对完成的视图布局，需要检查各个视图中是否有遗漏的中心线、对称线，因为在视图建立的过程中很有可能出现遗漏的地方，这就需要人工进行标注。在本设计中就存在着这种现象。如在基本视图中没有圆孔中心线、缺少方孔对称中心线（在剖视图中也存在这个问题），需要用手工方法来进行单独地标注。

单击“视图布局”工具条上的［实用符号］（隐含在工具条内）命令，会出现一个“实用符号”对话框，如图 3-19 所示，选择第 1 行的第一项［线性中心线］命令，并将其下的下拉列表中控制点选定为“圆弧中心”选项，再用鼠标选中需要画出中心线的圆，并单击［应用］按钮，就会画出中心线。选择第 1 行第五项［圆柱中心线］命令，将光标分别移动到方孔的上下水平边线的中点处，并用鼠标选中，就会在此方孔上画出对称轴线来；另一个方孔的对称线也按此方法画出，完成以上操作后，就将遗漏的中心线补全，结果如图 3-20 所示。

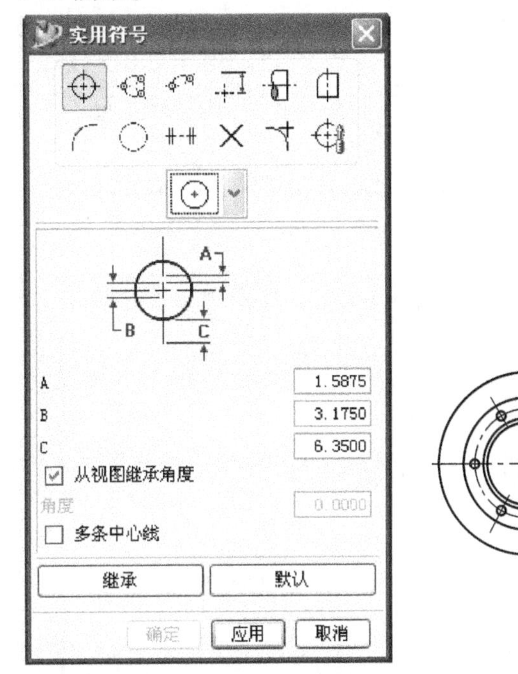

图 3-19 “实用符号”对话框

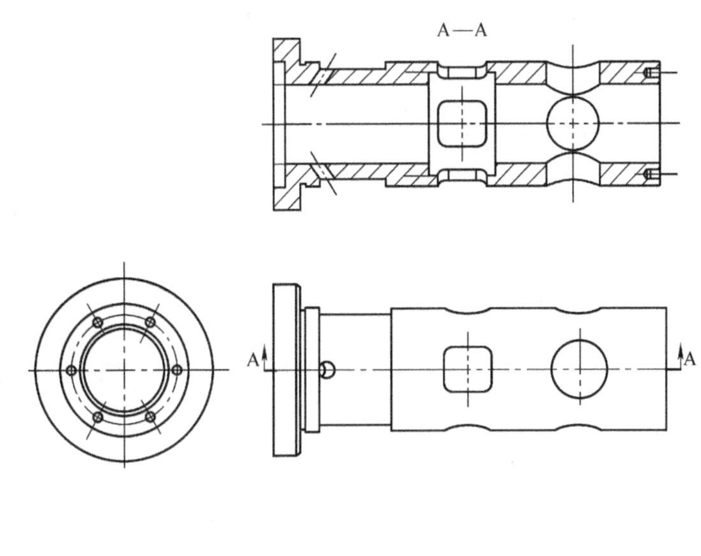

图 3-20 补齐中心线的三个视图

2. 视图标签的修改　对于视图名称（视图标签）的标注，要根据具体设计的实际情况而确定是否需要标出。对于本设计的情况，由于剖切视图处于正常的排列位置上，读者不会产生任何误会，因此，其剖视图不需要作视图标记，即 A—A 这个视图名是多余的，为了让图面更清晰、更规范，应该将它删除掉；同时也需将基本视图上的剖切线附近的两个 A 字符去掉。

首先，用鼠标选中剖视图，单击鼠标右键会弹出一个如图 3-21 所示的快捷菜单，选中上面的［样式］命令，又会出现一个“视图样式”对话框，如图 3-22 所示。从这个对话框可以看到，有一个☑ **视图标签**选项，将其前面方框中“✓”去掉，单击［确定］按钮，就完成了去除视图标签的操作。

其次，用鼠标将工作界面右侧的“部件导航器”打开，选中上面的“全剖剖切线/阶”选项，如图 3-23 所示，单击鼠标右键，弹出一个快捷菜单，再选中上面的［样式］选项，又会出现一个“剖切线样式”对话框，如图 3-24 所示，在这个对话框里同样存在一个“显示标签”选项，将前面方框中的“✓”去掉，单击［确定］按钮，就完成了基本视图剖切线位置上的字符。

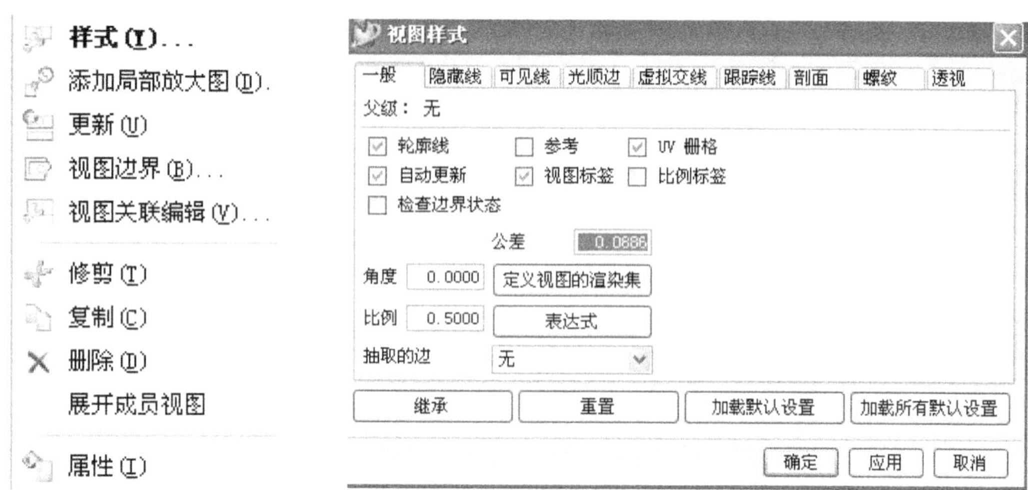

图 3-21　快捷菜单

图 3-22　“视图样式”对话框

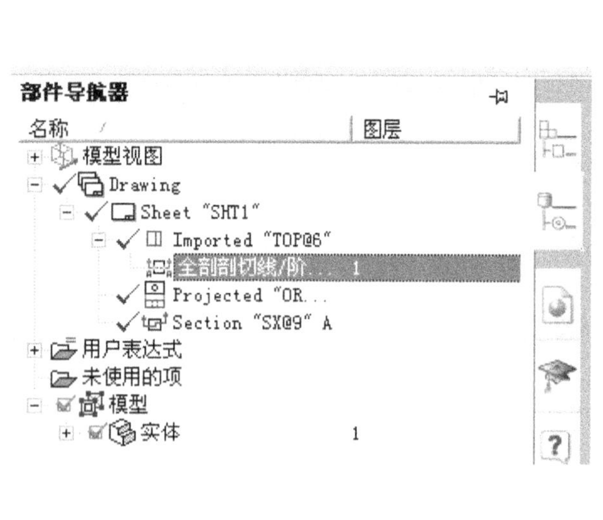

图 3-23　选中“全剖剖切线/阶”选项

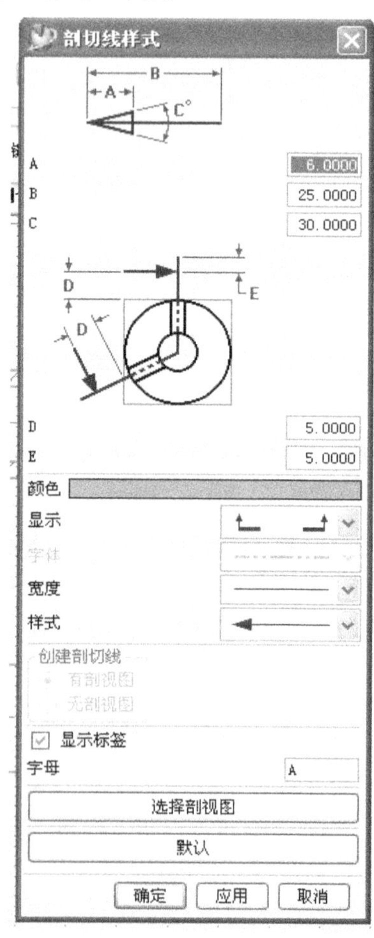

图 3-24　“剖切线样式”对话框

操作 05：尺寸与公差的标注

尺寸与尺寸公差的标注包含以下几种形式：

圆柱体（孔）直径及公差、圆和圆弧及公差、螺纹及公差、长度及公差、角度、倒角等。

1. 圆柱体（孔）直径及公差标注　在基本视图上标注 ϕ132 圆柱的直径。单击“尺寸”工具条上的［圆柱形］命令，如图 3-25 所示，然后，分别选中此圆柱的上下两条直径边，就会出现一个随光标移动的尺寸值，将其拖动到左边一个合适位置就完成了这个直径尺寸的标注，如图 3-26 所示。

图 3-25　“尺寸”工具条

在剖视图上标注 ϕ60 孔的直径尺寸，并同时标注其公差值，上偏差：+0. 045、下偏差：0。单击［圆柱形］命令，分别选中内孔的上下两条边，当尺寸数值出现后先不要将尺寸值固定，用鼠标单击左上角即时工具条的第三项——单向偏差，上偏差的选项，如图 3-27 所示 $1.00^{+.05}_{-.00}$；再用鼠标把如图 3-27 所示的即时工具条的第四项——公差精度值设定为 3（小数点 3 位）；再把即时工具条的第五项——公差值选定，会在即时工具条的下面跳出一个数值框，如图 3-28 所示；在此数据框中输入数字 0. 045，并按回车键，然后将带有公差值的尺寸固定在一个适当的位置上，就完成了这一标注，如图 3-29 所示。

提示：名义尺寸精度、公差类型、公差精度、公差数值都是通过这种即时工具条上的相关选项来进行设置的，用户应该多加应用，熟练掌握。

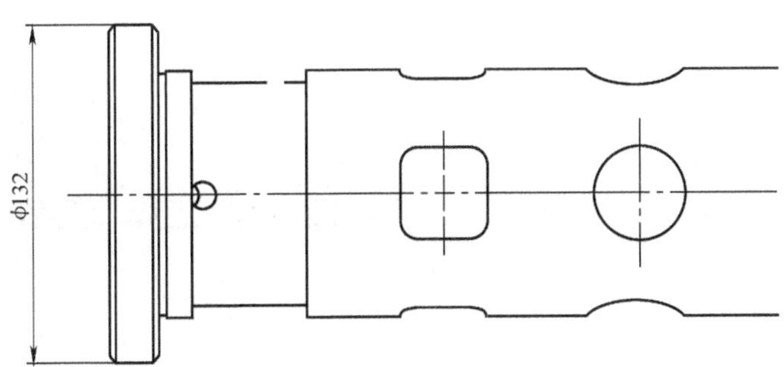

图 3-26　标注 ϕ132 直径尺寸

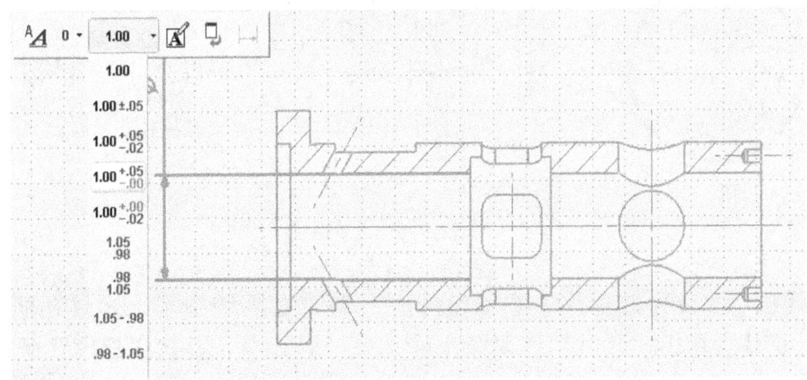

图 3-27　设置公差类型

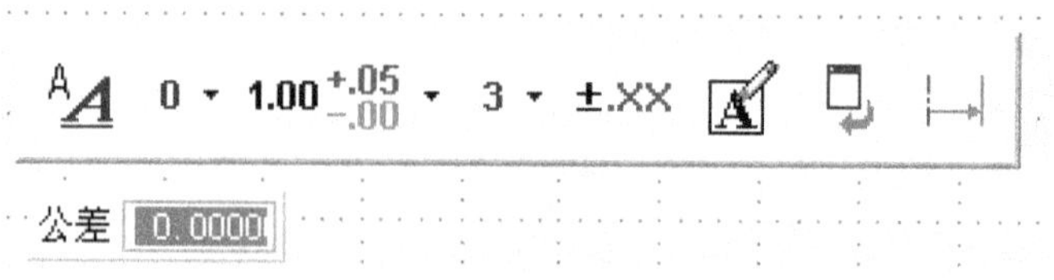

图 3-28　设置公差精度，确定公差值

按照上述介绍的方法和操作步骤，用户可完成剩余的全部直径尺寸及公差的标注操作，其结果应如图 3-30 所示，用户可参照操作。

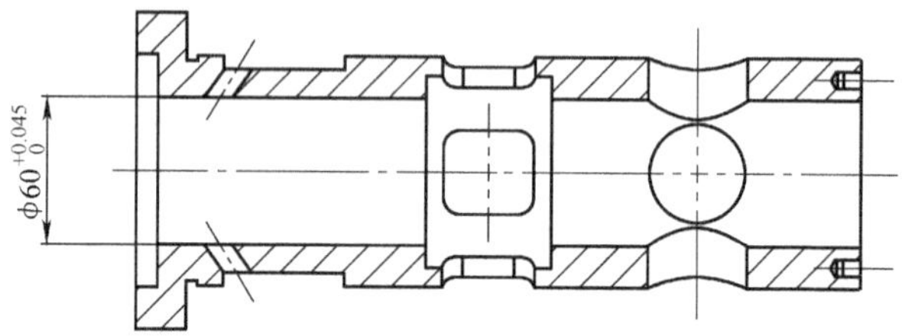

图 3-29　完成的 φ60 尺寸及公差标注

剖视图中两个斜孔的尺寸标注比较特殊，需要在尺寸数值前面加上前缀 2 ×，以表示两个斜孔的尺寸相同。具体操作：单击图 3-25 中［圆柱形］命令并选择了两条直径边，出现尺寸数值时，先不要将其固定；用鼠标单击即时工具条上的［注释编辑器］命令，会弹出一个“注释编辑器”对话框，如图 3-31 所示。将该对话框中“附加文本”下面的“在前面”选项选中，并在下面的文本栏中输入“2 ×”字样；然后单击［确定］按钮，再将尺寸值拖动到适当的位置上即可。

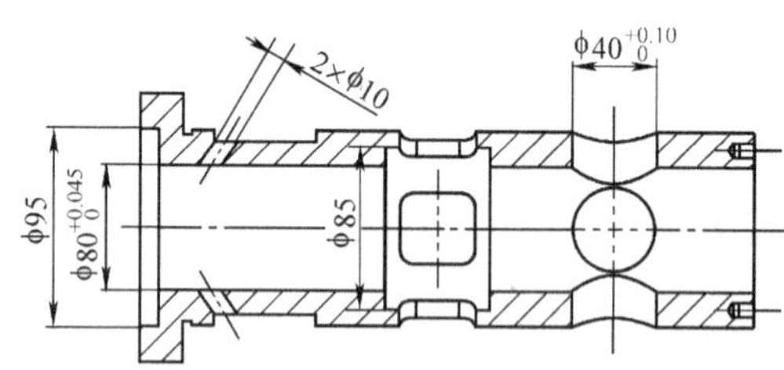

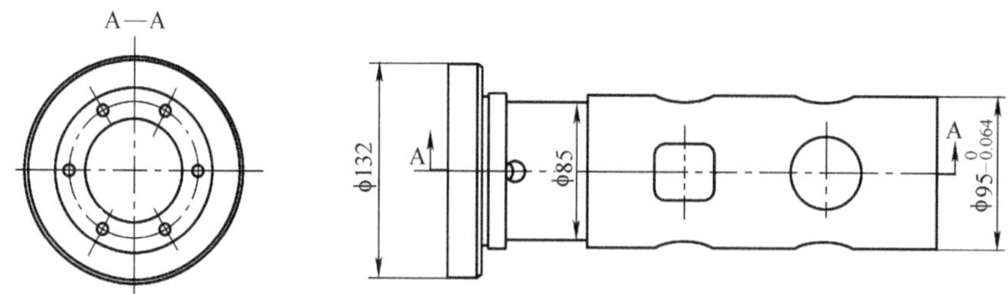

图 3-30　回转体直径尺寸及公差的标注

2. 圆或圆弧尺寸及公差标注　本项设计中只需对右视图中 6 个螺纹孔所在的中心圆 φ78 进行尺寸标注。单击“尺寸”工具条上的［直径］命令，并选中螺纹孔所在的分度圆，就会出现直径尺寸值，将其放置在合适的位置上即可，如图 3-32 所示。方孔的倒圆角半径 R8 可用同样方法完成。

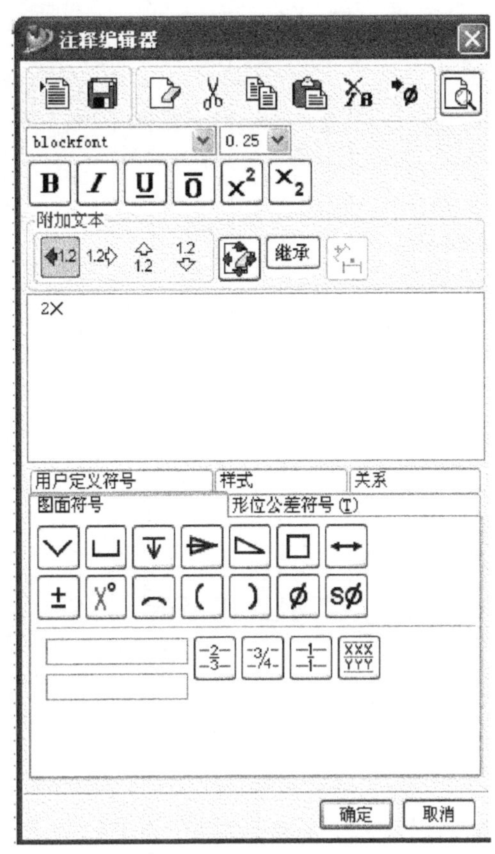

图 3-31 “注释编辑器”对话框

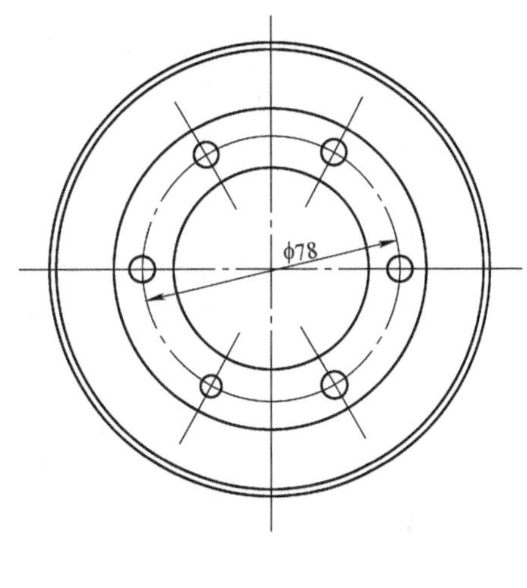

图 3-32 圆的尺寸标注

3. 螺纹及公差标注 本设计中有 6 个螺纹孔需要进行尺寸标注。为读图的方便，将 6 个螺纹孔的尺寸标注在剖视图中。单击“尺寸”工具条上的［自动判断的尺寸］命令，分别选中螺纹大径尺寸的两条边，当出现尺寸数值时，先不要将其固定；仍像前面标注两个斜孔时那样，单击图 3-28 所示的即时工具条上［注释编辑器］命令，添加前缀文本 6×M，按［确定］按钮后，再将尺寸数值固定在适当的地方，如图 3-33 所示。此种标注表示 6 个螺纹孔均为 M8 粗牙标准螺纹。

4. 长度尺寸及公差标注 所有水平或垂直的长度尺寸均可用“尺寸”工具条上的［自动判断的尺寸］命令来进行标注，其附带的公差标注也与前面的操作方法一样。如标注基本视图中 ϕ85，长度为 49 沟槽的尺寸及公差。单击［自动判断的尺寸］命令，分别选中沟的两侧边线，当出现尺寸数值时，将即时工具条上的公差类型设置为：双向公差，等值；公差数值设置为 0.05，将尺寸固定在适当位置，完成的标注如图 3-34 所示。其余的长度尺寸及公差可按上述方法进行操作，结果如图 3-35 所示。

需要指出的是 ϕ132 台阶右边的空刀槽 4×ϕ93 的标注，虽然是按长度尺寸进行标注，但需要将其槽内的直径尺寸一并标出。因此，要应用添加后缀文本的方法进行操作，具体的操作方法与前面添加前缀文本的方法相似，用户可自己试作。

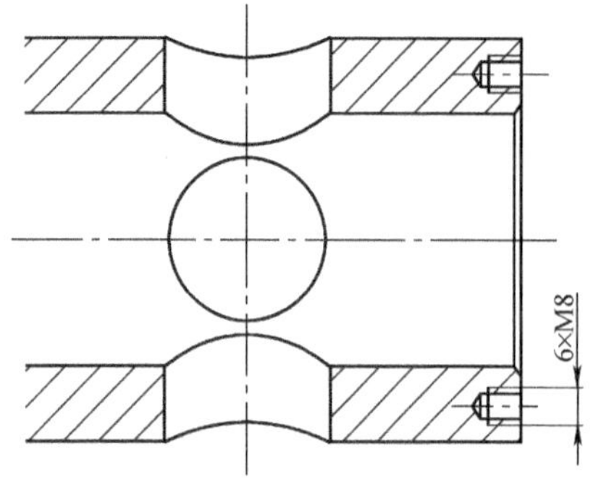

图 3-33　标注的螺纹尺寸

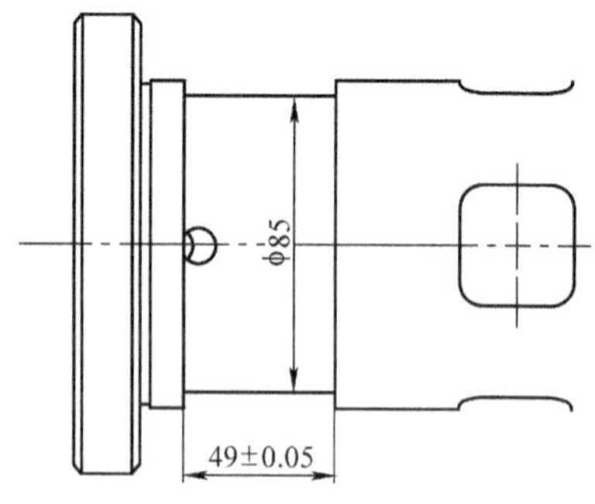

图 3-34　标注的长度尺寸及双向公差

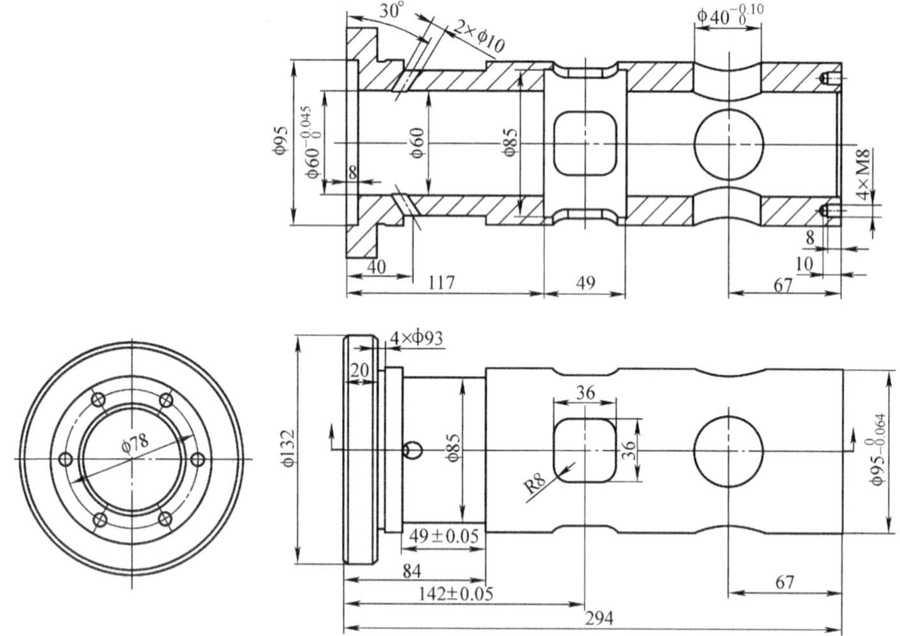

图 3-35　标注出全部长度尺寸及公差

5. 角度标注　本设计中有两个与垂直面成 30°角的斜孔需要进行尺寸标注。单击“尺寸”工具条上的［角度］命令，分别选中轴的左端面线和斜孔中心线，将出现的尺寸数值固定在合适的位置上即可，标注的结果如图 3-36 所示。

6. 倒角标注

本设计中 ϕ132 的圆柱体两侧分别有 C2 的倒角需要进行尺寸标注。单击“尺寸”工具条上的［倒斜角］命令，分别选中两个斜角边线，将出现的尺寸值拖动到适当位置即可，标注的结果如图 3-37 所示。

操作 06. 形位公差标注

本设计中，技术上要求外径 ϕ95 与内孔 ϕ60 的同轴度为 ϕ0. 05。根据这一要求，在这张零件图上就必须注明相应的形位公差。

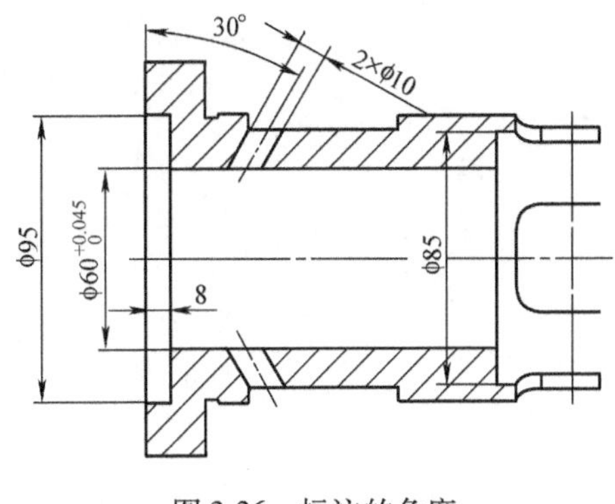

图 3-36　标注的角度

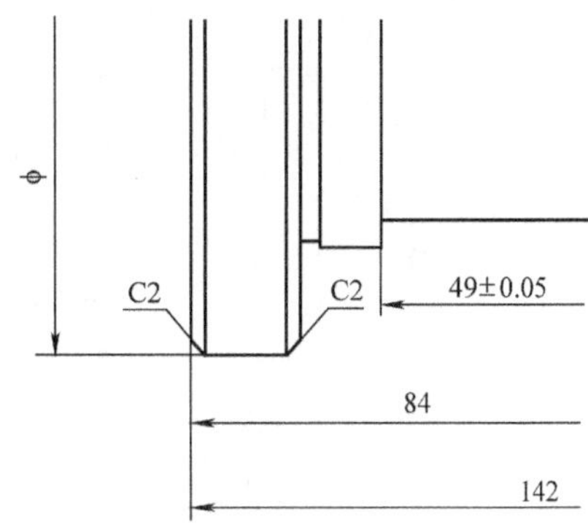

图 3-37　标注的倒角

具体设计操作：单击“制图注释”工具条上的［特征控制框］命令，弹出一个“特征控制框构建器”对话框，如图 3-38 所示。根据设计意图分别打开各个选项下拉菜单，选定所需类型和参数值如下：特性▶◎；形状▶φ；公差▶0.05；主要▶A。设置好这些选项后，光标处就会出现一个形位公差标识框。将这个标识框拖动到外径 φ95 近处固定下来即可。此标识符号的涵义是外径 φ95 所在的轴表面与基准标识面 A（内孔表面）的同轴度限定在 0.05 之内。下面还需要设定参考基准面 A，单击“制图注释”工具条的上［注释编辑器］命令图标，在界面左上角会出现一个即时工具条，并在其下有一个“注释编辑器”文本栏；单击工具条上的最后一项［基准］，选择上面的带有方框的 A（设定参考基准面为 A），在此工具条附近又会出现一个相应的字符，如图 3-39 所示。将这个字符拖动到 φ60 内孔的表面附近即可，完成形位公差标注的图面如图 3-40 所示。

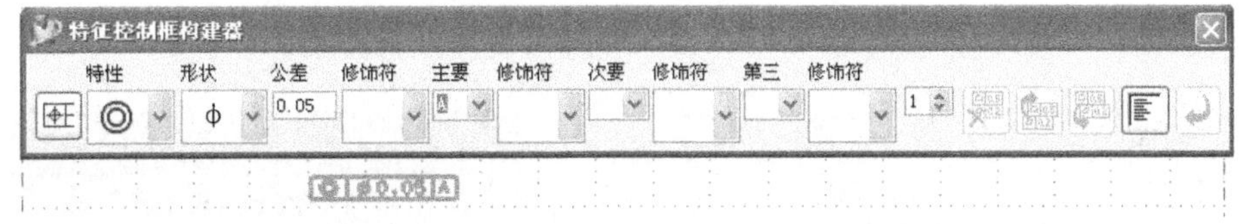

图 3-38　特征控制构建器与形位公差标识符

操作 07. 表面粗糙度标注

由于在默认的工具条中没有本操作中所需的命令图标，需要将［定制符号］这个操作命令图标调用出来。单击“制图注释”工具条最右侧的“工具条选项”，在出现的下拉菜单中查找：添加或移除按钮→制图注释→定制符号，如图 3-41 所示。找到后将其选定，该命令图标就会列在“制图注释”工具条中。

为了简化，在本设计中只对 φ60 孔及左端面进行标注，其表面粗糙度为 1.6μm。单击“制图注释”工具条上的［定制符号］命令，界面上出现一个“定制符号”对话框，如图 3-42 所示。选定该对话框上面第四行、第三个命令图标（表面粗糙度 Machining Material Removal），又弹出“Machining Material Removal”（表面粗糙度）对话框，如图 3-43 所示。

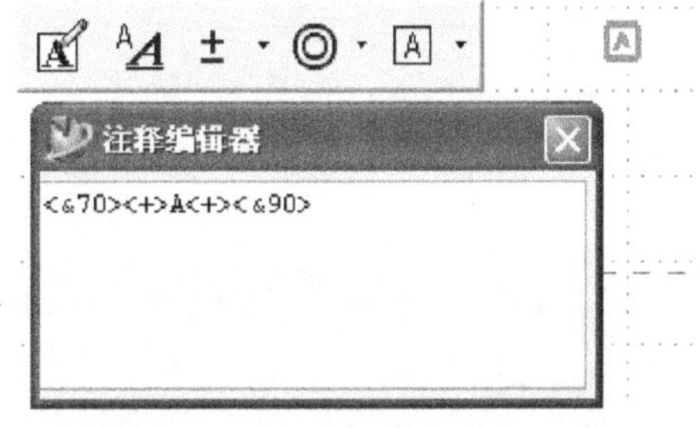

图 3-39　即时工具条与参考基准字符

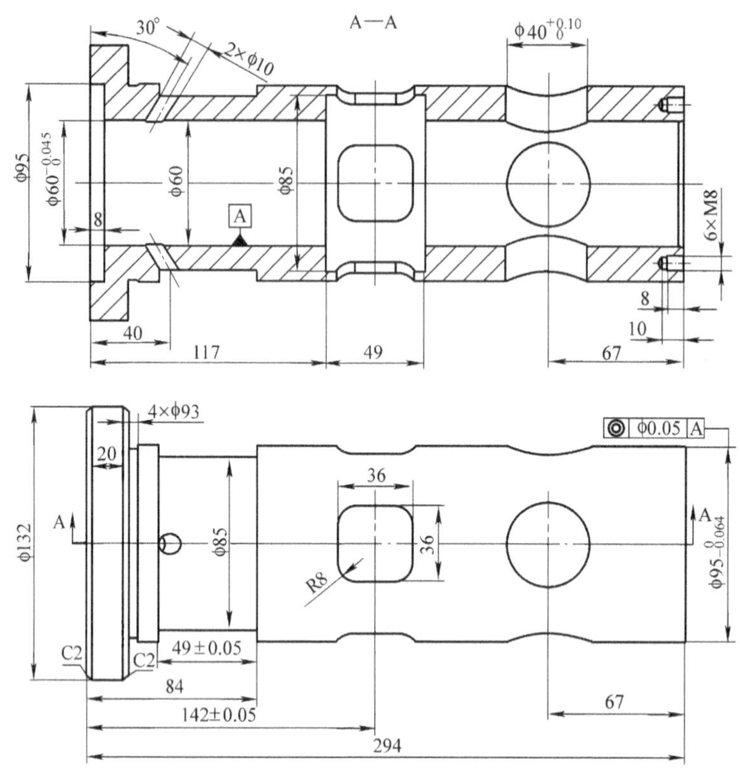

图 3-40　完成的形位公差标注

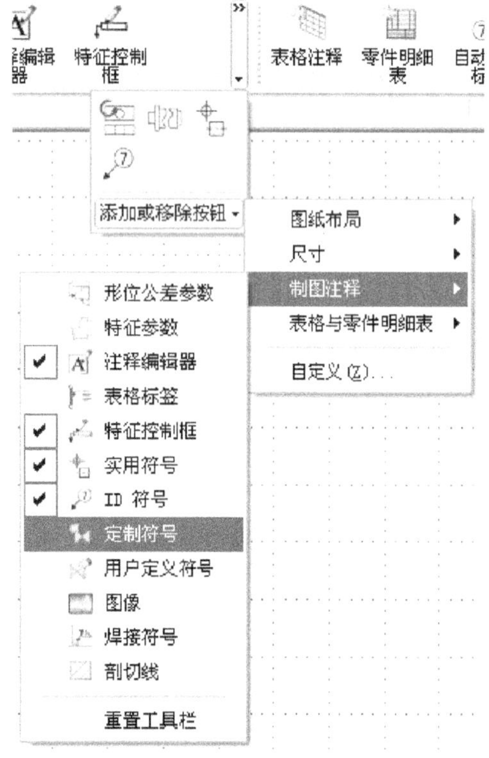

图 3-41　选定“定制符号”图标

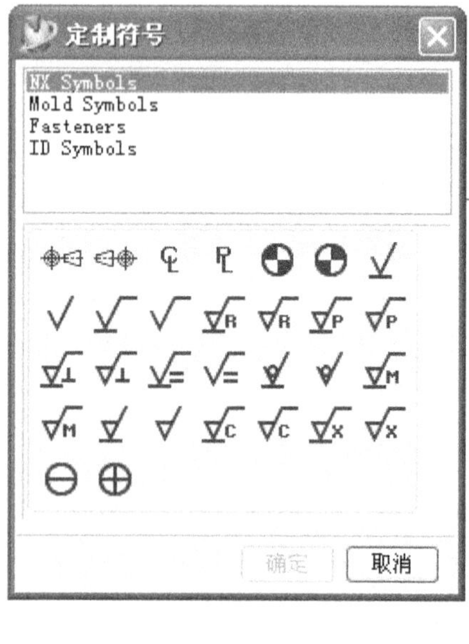

图 3-42　“定制符号”对话框

首先，标注 φ60 孔表面的粗糙度，单击最下面一行的第二个图标［创建无指引线的注释］，此时，光标处会出现一个粗糙度符号，将其拖动到内孔的表面一个合适的位置上固定下来即可，如图 3-44 所示。再单击［注释编辑器］命令图标，在弹出的“注释编辑器”对话框中输入数值 1.6，如图 3-45 所示。此时，在光标处就会出现该数值，将它拖动到粗糙度符号的上边即可。

图 3-43 “粗糙度”对话框

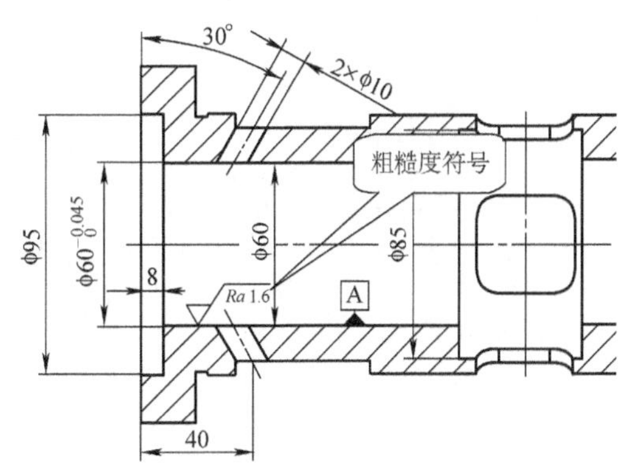

图 3-44 将粗糙度标注到内孔表面上

用同样的方法，对左端面进行粗糙度的标注，与前面有所不同的是，需要将粗糙度符号和数值旋转 90°，再将它们拖动到适当的位置上，完成标注后的结果如图 3-46 所示。

图 3-45 输入粗糙度数值

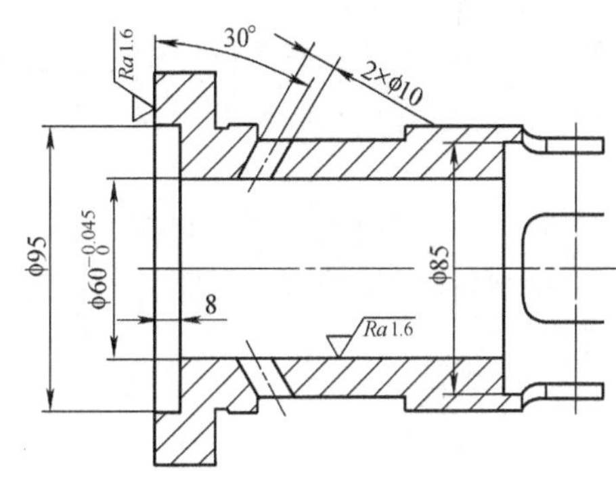

图 3-46 完成的粗糙度标注

最后，对整个图面的布局进行整理，并检查是否有遗漏的标注项目，完成设计的“限位轴套”零件图其效果如图 3-47 所示。

提示：在对各项要素进行标注的过程中，会遇到字符大小、标示注样式、放置的角度等具体操作问题，可根据需要对其进行重新编辑。在无命令状态下，用鼠标将其选中，单击鼠

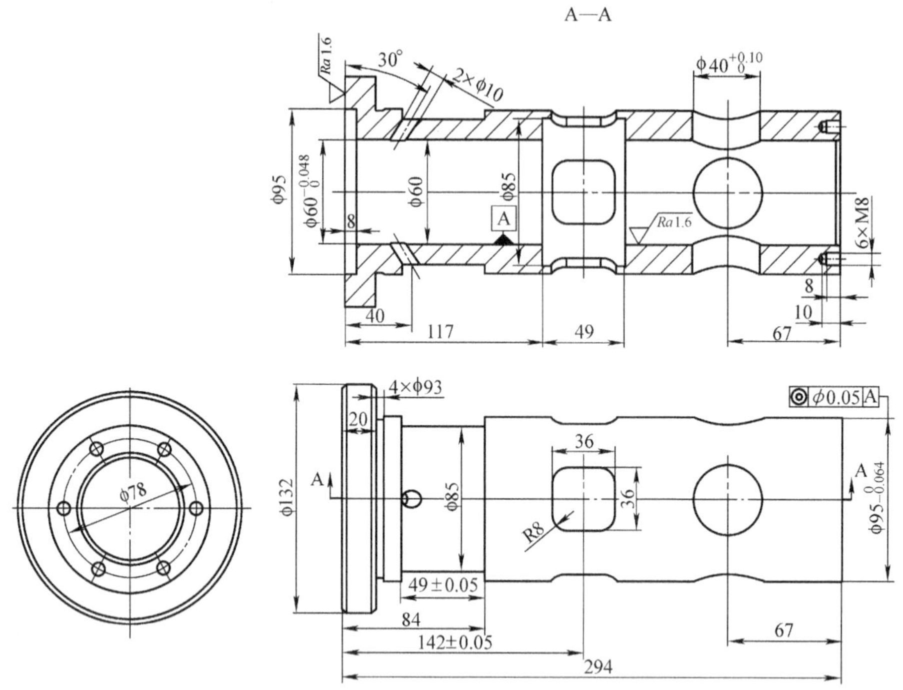

图 3-47 完成设计的零件工程图

标右键会弹出一个快捷菜单，选择上面的［样式］命令，就会弹出一个“注释样式”对话框，只要调整上面相应的参数值即可对其标注形式进行修改。

操作 08. 输入设计信息

虽然，前面已经完成了工程图的设计工作，但还缺少一些必要的设计信息，如零件名称、图号、材料、比例、设计者、设计日期等，只有将这些内容全部填写到位后，才能用于零件制造。在传统的工程图设计中，一般是将这些信息直接填写在图样上，而使用计算机进行设计时，就需要将它们输入到设计文档的“属性”栏中，以便及时修改和实现网络上的信息共享。

对本项设计可输入如下的信息：

零件名称：限位轴套

图号：XM-03-01

材料：45 钢

比例：1∶2

数量：1

设计日期：08-08-20

设计者：XXX

审核者：YYY

批准人：ZZZ

具体操作方法：

单击［文件］—［属性］，弹出“显示部件的属性”对话框，将上面的“属性”卡激活。

在下面的“标题”栏中输入“零件名称”；在左侧的“值”栏中输入“限位轴套”；然后单击下面的［应用］按钮，此信息就会进入上面的信息板上，如图 3-48 所示。

按此方法将全部设计信息输入其中，结果如图 3-49 所示。

图 3-48　输入零件名称及值

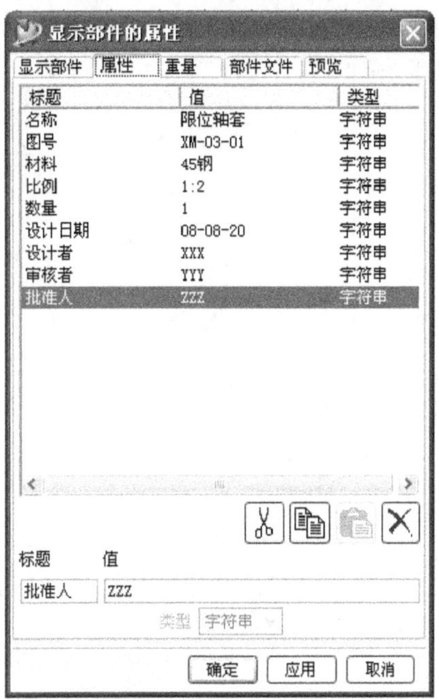

图 3-49　输入完整信息

操作 09. 图框与标题栏设计（补充内容）

一般来说，工程图的基本格式是由企业制定的，每个企业都有着自己的标准化图纸样式，因此，设计者只需根据具体的设计对象直接调用相应的图纸即可。这里介绍图框和标题栏的一般设计方法。

以本项设计任务为例，其操作步骤如下：

1. 绘制图框　单击［插入］-［草图］命令，进入画草图工作界面。单击“草图曲线”工具条上的［矩形］命令，按图 3-50 所示画出两个矩形线框，然后，单击［完成草图］命令结束这一操作回到工程图界面。

2. 设计标题栏　单击［插入］-［表格注释］命令，会出现一个表格，将其拖动到一个地方暂时固定下来，如图 3-51 所示。接下来要对该表格进行格式编辑，首先将其修改成所要求的样式，其次要对表格的内容进行填写和定义。

（1）修改表格：用鼠标选中其中两行，单击鼠标右键出现一个快捷菜单，选择上面的［删除］命令，删除两行，如图 3-52。

选中各列，单击鼠标右键，在出现的快捷菜单上选择［重设大小］命令，在数值栏中输入 15，并按回车键，使列宽变成 15，将所有列宽都修改成 15，如图 3-53 所示。

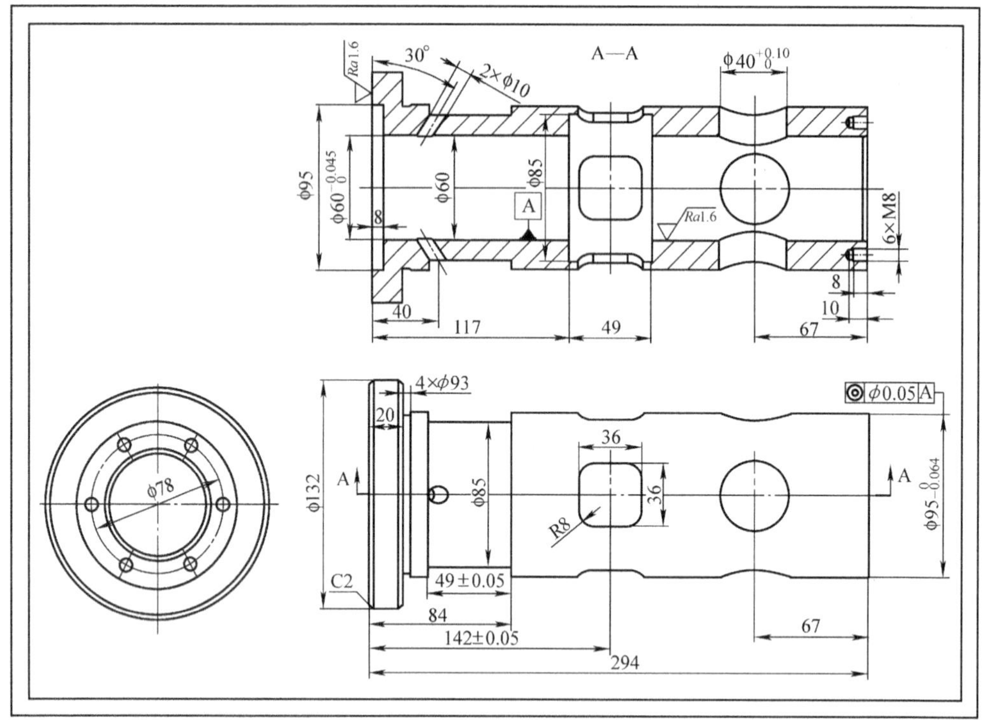

图 3-50　绘制好的图框

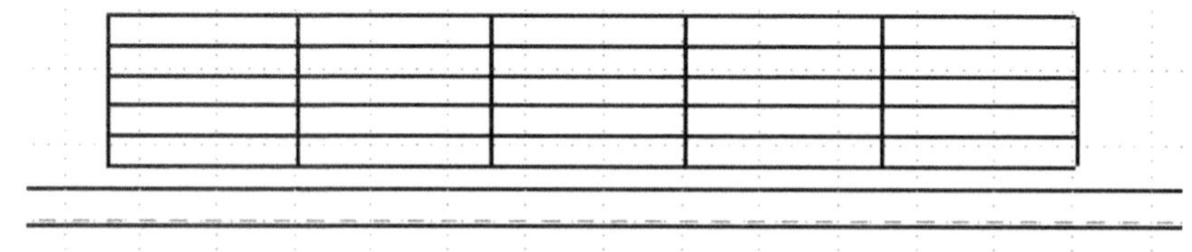

图 3-51　初始表格

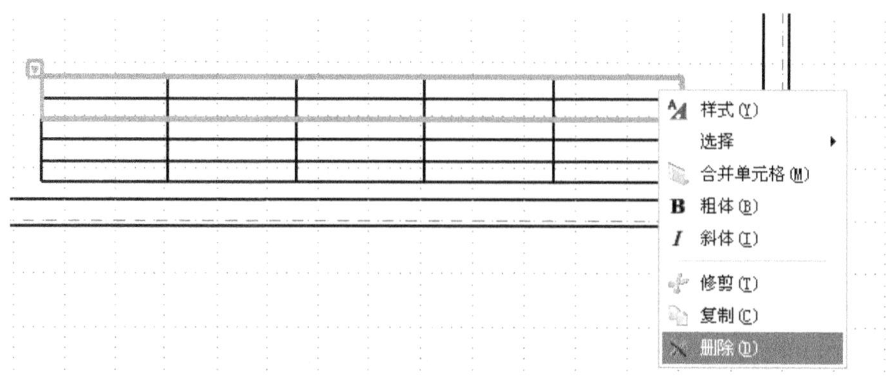

图 3-52　选中两行进行删除

选中某一列，调出快捷菜单，选择上面的[插入]-[右边的列]命令添加一列，重复这一过程使总列数达到10列。

分别选中2、4、6、8、10列，用上述方法，将它们的列宽设置成20。

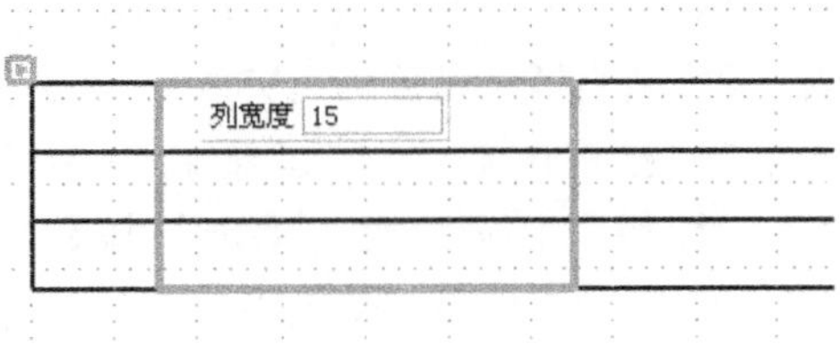

图3-53　重新设定列宽

同时选中第二、三行的1、2、3、4列的单元格，单击鼠标右键，在快捷菜单上选择［合并单元格］命令，将其修改成一个单元格；同时选中第二行的5、6、7、8、9、10列的单元格，将其合并成一个单元格。

至此，完成了表格的修改，如图3-54所示。

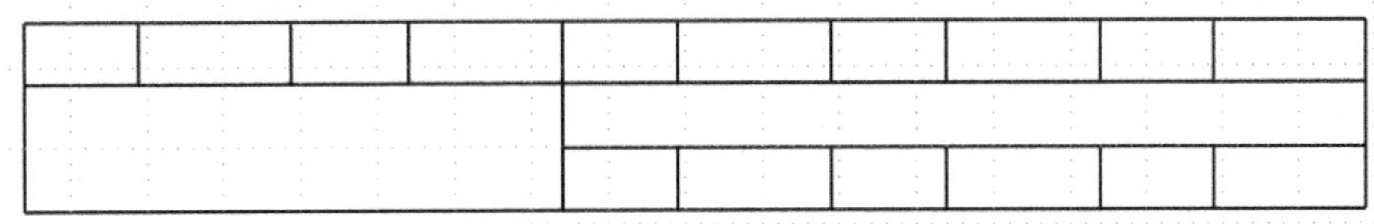

图3-54　完成修改的标题栏表格

（2）填写和定义单元格：选中整个表格，单击鼠标右键，在出现的快捷菜单上选择［单元格样式］命令，弹出一个“注释样式”对话框，如图3-55所示。分别激活“单元格”和“文字”两张卡，将“对齐方式”设置成“中-中”形式；将文字类型的下拉列表打开设置为chinesef（简体汉字），单击［确定］按钮结束这一操作。

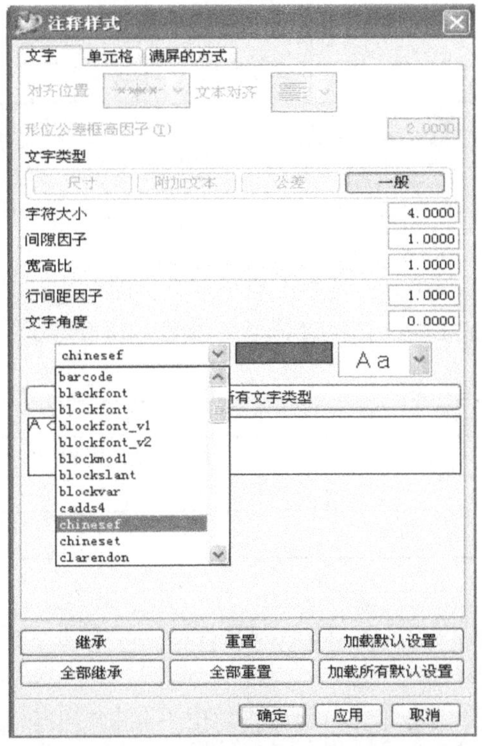

图3-55　“注释样式”对话框

选中第二次合并的单元格，调出快捷菜单，选择上面的［编辑文本］命令，弹出一个“注释编辑器”对话框，如图 3-56 所示。将文字类型的下拉列表打开设置为简体汉字，在信息栏中输入“大连职业技术学院机械系”，并将字体设定为“加粗”状态，按［确定］按钮结束这一操作，会看到在该单元格内填入了“大连职业技术学院机械系”的字样。

用同样的方法，在第一行第 1、3、5、7、9 和第三行第 1、3、5 单元格内填写：图号、材料、比例、数量、日期、设计、审核、批准，填写好的表格如图 3-57 所示。

至此，完成了表格中全部固定内容的填写，下面要将表格中各项所对应的属性内容导入相应的单元格中。

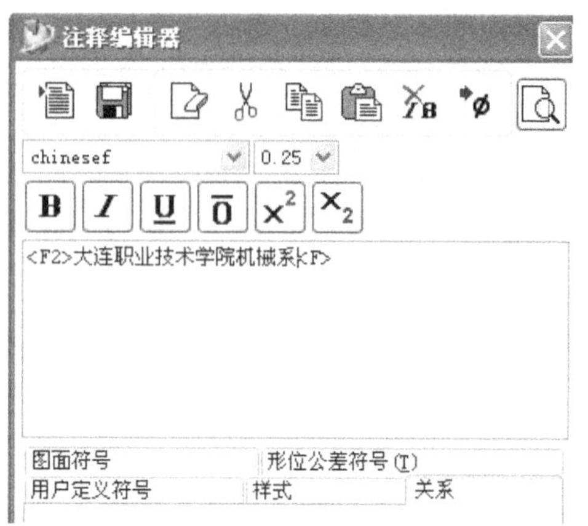

图 3-56 “注释编辑器”对话框

选中第一次合并的单元格，单击鼠标右键调出快捷菜单，选择上面的［导入］-［属性］命令，弹出“导入属性”对话框。将“导入”栏的下拉列表打开，选中“部件属性”选项，在下面的“属性”信息栏中会出现一些在制图设计中填写的零件设计信息内容。选择其中的“名称”选项，再单击［应用］按钮，在该单元格内就会填入“限位轴套”字样。这是因为在工程图设计中我们事先已经填写了这些信息。

图号		材料		比例		数量		日期	
				大连职业技术学院机械系					
				设计		审核		批准	

图 3-57 填写好的表格固定内容

用同样的方法，将所有固定项目所对应的单元格分别选中，并导入相应的设计信息，就会将标题栏全部内容填写进去。

为使整个表格的设计效果美观，可对个别单元格的字体进行修饰和编辑，再将表格定位到图框的右下角处，最后完成的标题栏设计效果如图 3-58 所示。

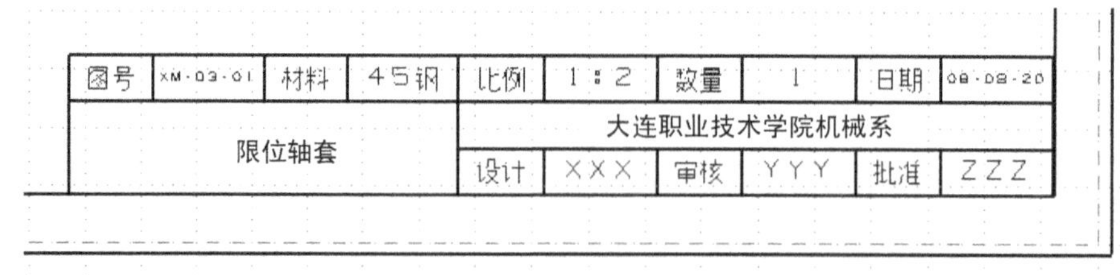

图号	XM-03-01	材料	45钢	比例	1:2	数量	1	日期	08-08-20
限位轴套				大连职业技术学院机械系					
				设计	XXX	审核	YYY	批准	ZZZ

图 3-58 最后完成的标题栏设计效果

要点归纳：

通过“限位轴套”零件图设计，可以概括出以下几项知识和操作要点：

1）根据设计零件的结构特征和复杂程度，分析清楚所需视图的种类和数量，确定好设计图纸的规格、单位和投影角度。

2）在调入零件前，将一般性的设计参数通过“首选项”所提供的操作命令事先设定好。

3）选择合适的视图类型，确保将设计零件的全部特征准确地表达出来，并做好总体的视图布局。

4）根据设计要求，合理选择具体的标注形式，有以下几类：

中心线及视图标签标注：圆及圆弧中心线、圆柱中心线、分圆线等。

尺寸标注：圆及弧直径与半径、长度、角度、孔、厚度、尺寸链、坐标、螺纹、倒角等。

形位公差标注：平行度、同轴度、垂直度、圆柱度等。

表面粗糙度标注：加工表面、非加工表面等。

注释标注：表面特殊处理、技术要求等。

5）重视设计信息的输入，如零件名称、图号、材料等，这些信息与工程图上的信息组合才能构成一个零部件完整的设计整体集合。在设计文档的属性中所填写的信息有两个主要作用：一是它补充和注释了图面设计内容，便于通过计算机网络与其它设计者进行有效的沟通和交流；二是在产品组装和设计装配图时，从每个零部件图中索取必要的设计信息，例如在装配图中列出的零件明细表就包含了其中一些数据。

实操演练 06：泵盖的制图

【泵盖】的工程图设计

本课训练项目是用 UG 的制图模块完成图 3-59 所示的“泵盖”实体零件的工程图设计。本次演练项目是第一单元的实操演练题，用户可按提示的操作步骤和各阶段生成的工程图，自己完成整个设计任务。

提示：本项目只需两个视图即可表达全部设计特征，即一个正面视图和一个旋转剖视图，可参照图 1-80 进行设计。除完成全部尺寸标注外，要求至少一项尺寸公差、一项形位公差和一项表面粗糙度的标注。

操作 01：设定图纸　设定图纸规格：A3、单位：毫米、投影角度：第一角度；通过［首选项］设置各项制图参数，如制图、注释、剖切线、视图、查看标签等。

操作 02：视图布局　将泵盖开口面作为正面视图，并由此图生成一个旋转剖视图，如果有遗漏的中心线要补齐（见图 3-60）。

图 3-59　泵盖

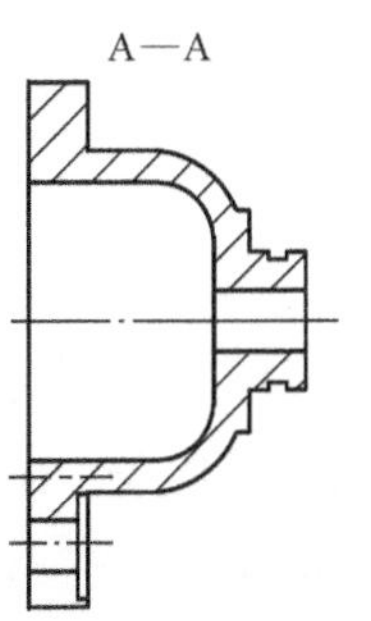

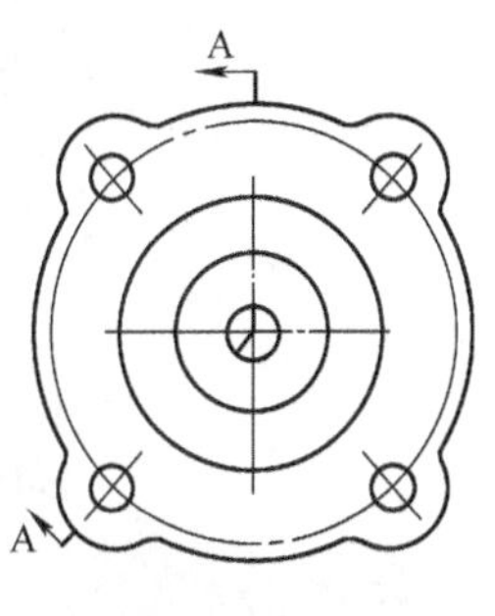

图 3-60　完成视图布局

操作03：标注尺寸和公差　标注全部尺寸及一个尺寸的公差（φ70），如图3-61所示。

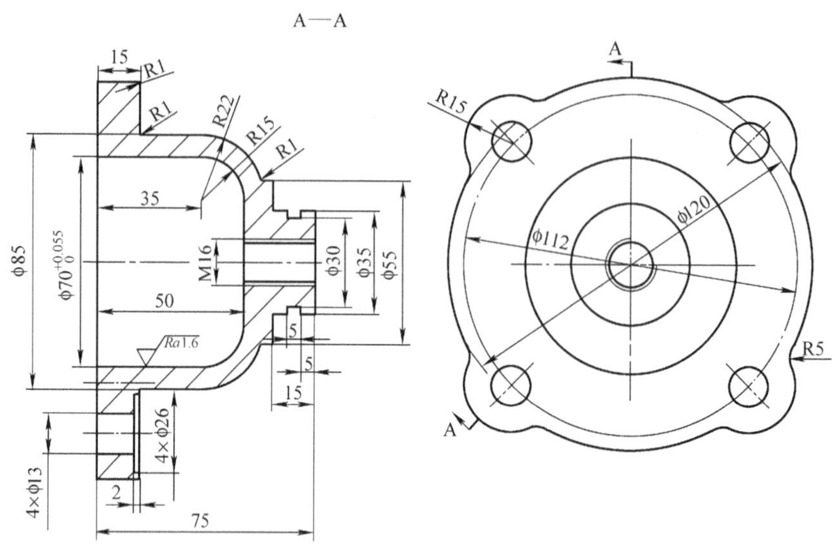

图3-61　标注尺寸及公差

操作04：标注形位公差和粗糙度　将φ70孔设置为与φ35外径保持同轴度φ0.05，将φ70孔表面的粗糙度设置为1.6μm，如图3-62所示。

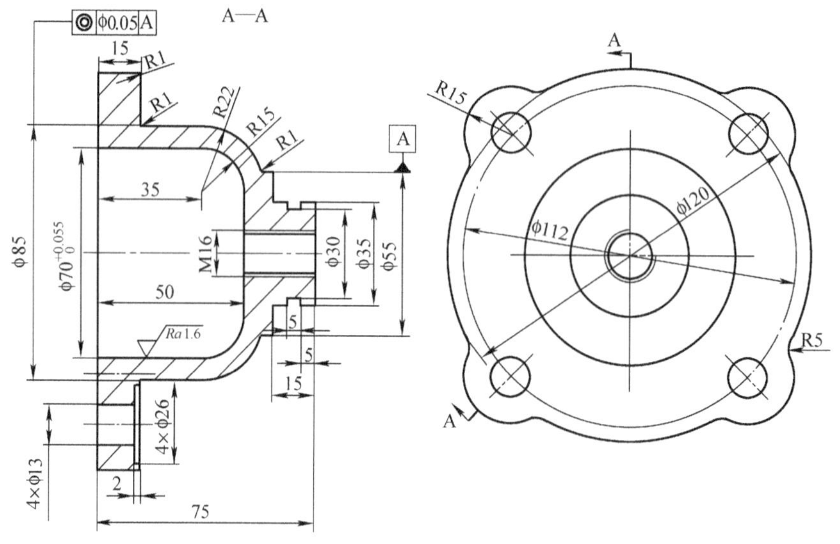

图3-62　完成全部标准

项目3-2　夹紧卡爪（装配图）的制图

任务目标：

用制图模块所提供的操作命令，将图3-63所示组装好的“夹紧卡爪”实体模型，转换成生产中所要求的装配工程图。

设计分析：

此部件是某夹具中的一个部分，共由8种14个零件组装而成。根据任务要求，将它设计成装配工程图，用以指导装配作业。在装配工程图的设计中，不在于每个零件具体特征的描述，而是要反映出零件之间的装配关系，因此，要设计好视图布局和视图的类型。

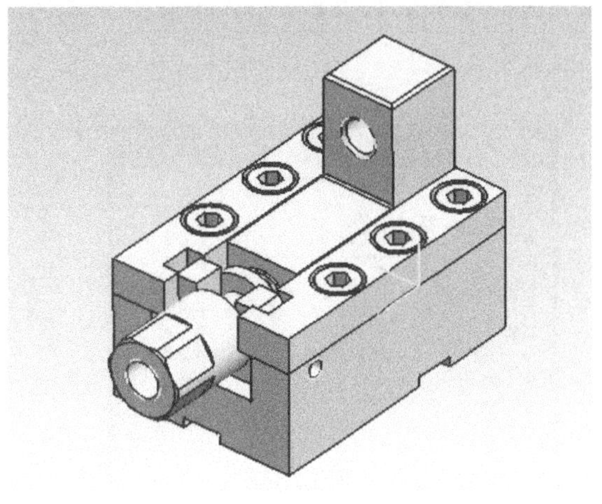

图3-63 夹紧卡爪组装实体图

本项目视图布局共需要4个不同类型的视图：一个俯视图，用于反映外部总体结构和螺钉布局；一个对称剖切视图，用于反映螺杆、螺母等内部结构；一个位于垫铁处的横向剖切视图，用于反映定位螺钉与垫铁之间的关系；一个位于紧固螺钉处的局部剖切视图，用于反映紧固螺钉、盖板、基体等处的装配关系。除此之外，需要标注这个组件的外部整体尺寸、主要件的配合尺寸、零件明细表、零件编号、标题栏和技术要求。

操作步骤：

操作01：填写组件设计信息

1）调入已装配好的部件—“夹紧卡爪”，单击［文件］-［属性］命令，打开“显示部件的属性”对话框中的“属性”这张卡。按照前面介绍的方法，输入设计信息：

零件名称：夹紧卡爪

图号：2-2-zp

材料：

比例：1:1

数量：1

设计日期：08-08-25

设计者：XXX

审核者：YYY

批准人：ZZZ

输入后的结果如图3-64所示。

2）检查组件中的全部零件是否都已经输入了必要的设计信息，其中有以下几项是必须有的：图号、零件名称、材料，如果有遗漏的必须补充上，输入方法同前。

操作02：设置制图参数

单击［起始］-［制图］命令进入制图设计模块，设置图样参数，图幅：A3、单位：毫米、比例：1:1、投影：第一角度；按照前面的方法，设置制图、注释、剖切线、查看标签等设计参数。注意，将［首选项］-［可视化］命令激活，调出“可视化首选项”对话框，将“图纸部件设置”栏下的“□单色显示”选项选中，使工作图面看得更清楚些，如图3-65所示。

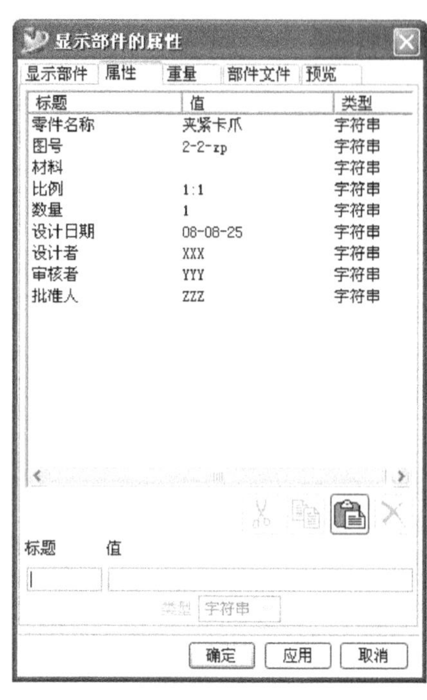

图 3-64 “显示部件的属性”对话框

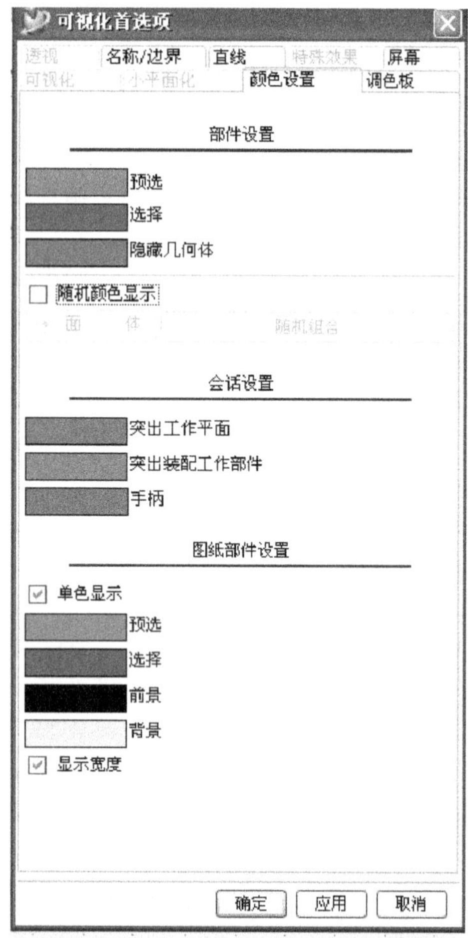

图 3-65 “可视化首选项”对话框

操作 03：视图布局

1）使用［基本视图］命令调入俯视图，并使其旋转 -90°；使用［剖视图］命令，选择对称中心线作为剖切位置，并向上拖动视图放在一个适当的位置上，如图 3-66 所示。

2）使用［剖视图］命令，选择剖视图中垫铁零件的中心位置处作为剖切线，并向右侧拖动视图，生成一个左视剖切图；用同样的方法，选择左上角的螺钉中心处作为剖切线，生成一个局部剖切视图，如图 3-67 所示。

操作 04：编辑剖面状态

从初步完成的视图布局看，有些零件的剖面情况不符合制图要求，如螺杆、定位螺钉、紧固螺钉在纵向剖切时应按照非剖切情况来表达；还有些相邻零件的剖面线应当在方向和间距上进行区别处理。

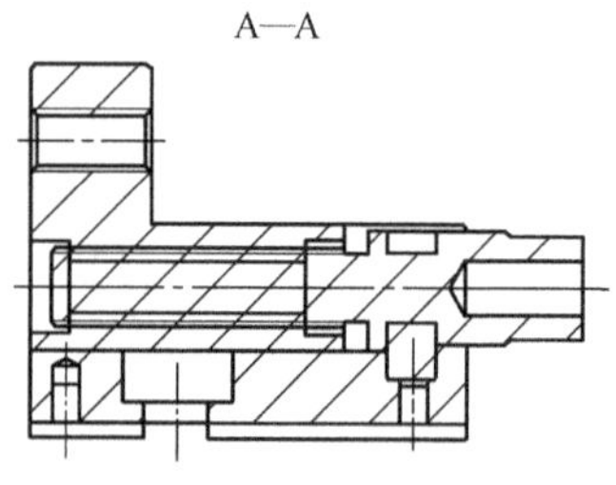

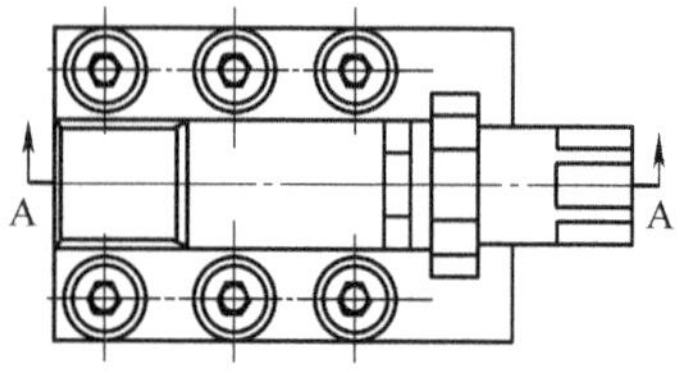

图 3-66 主视图布局

1. 将某些零件非剖切处理　单击[编辑]-[视图]-[视图中的剖切组件]命令，选中主视剖切图，当出现“视图中的剖切组件”对话框时，用鼠标将“螺杆”选中，并按［确定］按钮。此时，发现该视图并未发生变化，再用鼠标选中该视图，并单击鼠标右键，在出现的快捷菜单上选择［更新］命令，会看到视图中的螺杆零件变成了非剖切状态。用此方法，将左视剖切图中的定位螺钉和局部剖切图中的紧固螺钉也处理成非剖切状态。

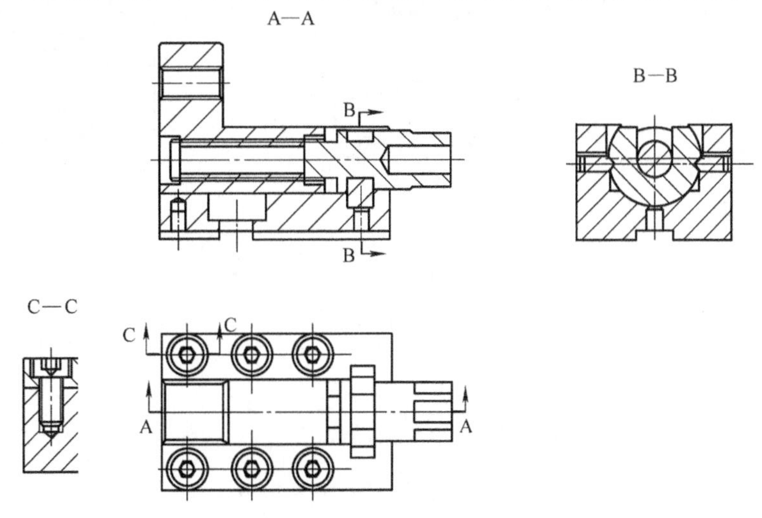

图 3-67　初步完成的视图布局

2. 将某些零件剖面线调整　单击[编辑]-[样式]命令，选中主视图中基体零件的剖面线，单击即时工具条上的“✓”（确定）按钮，会弹出一个“注释样式”对话框，如图 3-68 所示。将上面的“距离”设置为 4、“角度”设置为 -45°，单击［确定］按钮，结束这一操作，此时看到该零件按设计意图发生了改变。

按此方法，将所有相邻零件的剖面线作些修改，使之看起来更加清晰，如图 3-69 所示。

提醒用户注意的是无论是哪个视图，同一个零件的剖面线的方向和间距应保持一致性，同时，注意将视图中遗漏的中心线一并补齐。

操作 05：尺寸标注

1）标注配合尺寸。需要标注的配合尺寸有三个，螺杆与卡爪处的螺纹尺寸 Tr16 ×4LH、底槽的宽度与深度分别为 12 和 3。用前面介绍的方法进行标注。

2）标注总体尺寸。对整个组件的外形尺寸进行长度标注，即长度、宽度和高度，分别为 114、60 和 75。

操作 06：插入和编辑零件明细表

1）插入零件明细表。单击[插入]-[零件明细表]

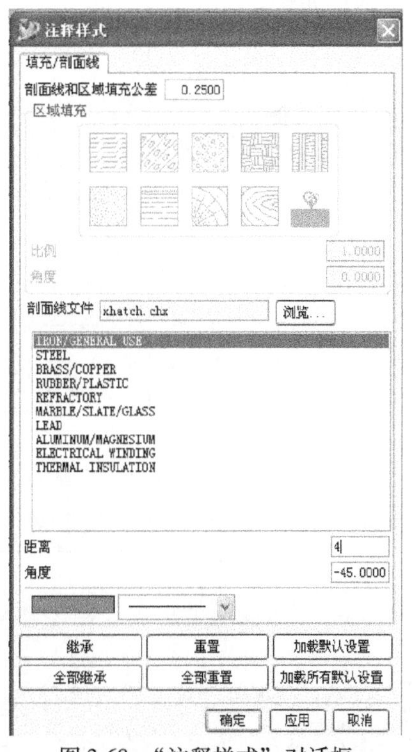

图 3-68　“注释样式”对话框

命令，会出现一个原始的零件明细表，先将其拖动到一个适当的地方，如图 3-70 所示。

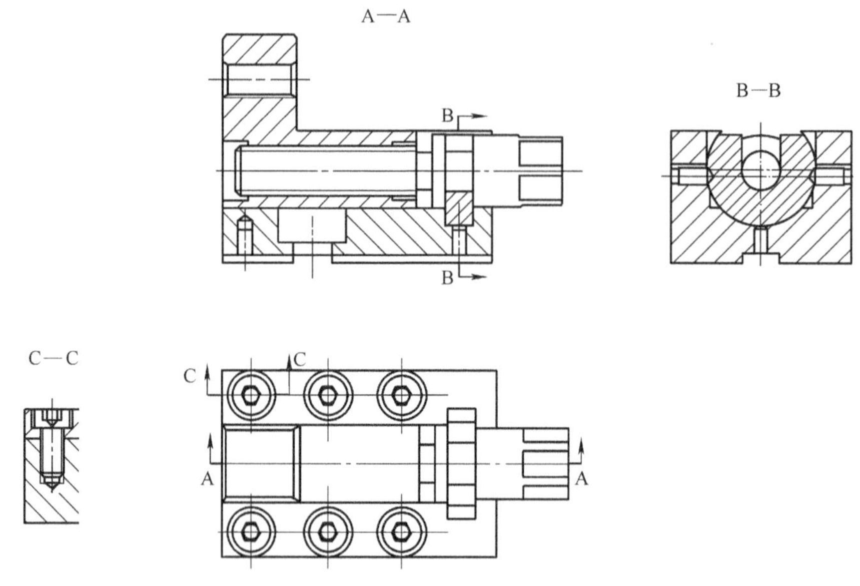

图 3-69　最后完成的视图布局

2）编辑零件明细表。对这个原始明细表需要重新设定，内容为：序号、图号、零件名称、材料、数量、备注。这些内容项所对应的各列除“序号”和“数量”以外，都要求导入相应的属性。

8	2-2-6	6
7	2-2-8	2
6	2-2-7	1
5	2-2-5	1
4	2-2-2	1
3	2-2-1	1
2	2-2-3	1
1	2-2-4	1
PC NO	PART NAME	OTY

图 3-70　原始的零件明细表

首先，用前面介绍的方法增加 3 列，并重新设定行高和列宽，然后，按上面的内容顺序将各项内容填写到明细表的最下面一行中，其结果如图 3-71 所示。

1					
序号	图号	零件名称	材料	数量	备注

图 3-71　重新编辑的明细表

3）导入明细表属性。设定好明细表的各列内容后，就需要将各列所对应的属性内容导入其中。

导入“图号”属性：单击这一列，选中后单击鼠标右键，在出现的快捷菜单上选择［样式］命令，弹出一个“注释样式”对话框，将“列”这张卡激活，并打开“属性名”右边“属性名称”列表框，又弹出一个“属性名”对话框，如图 3-72 所示，选中上面的“图号”选项，按［确定］按钮返回到“注释样式”对话框。再分别将“文字”和“单元格”两张卡激活，将“文字类型”设置为简体中文；“对齐方式”设置为中-中，如图 3-73 所示。

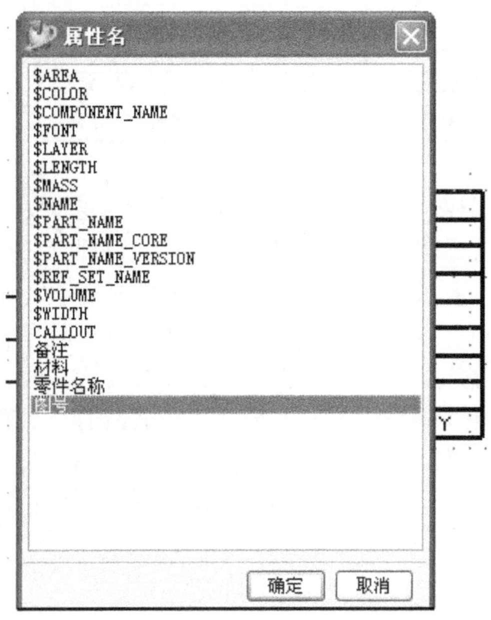

图 3-72 “属性名”对话框

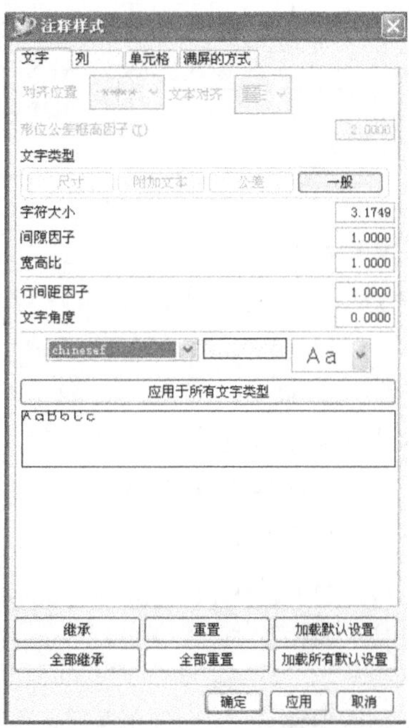

图 3-73 “注释样式”对话框

用同样的方法，将零件名称、材料、备注三项的属性导入相应的列中，结果如图 3-74 所示。

8	3-2-6	螺钉 M8×16	45 钢		GB/T 70—2000
7	3-2-7	前盖板	40Cr		
6	3-2-5	后盖板	40Cr		
5	3-2-1	卡爪	45 钢		
4	3-2-2	螺杆	40Cr		
3	3-2-8	螺钉 M6×12	45 钢		GB/T 71-1985
2	3-2-3	垫铁	T8A		
1	3-2-4	基体	40Cr		
序号	图号	零件名称	材料	数量	备注

图 3-74　零件明细表

“数量”属性的导入：这项内容的导入与前面的不同，它不是用户设计的变量，而由制图模块系统所规定，是根据三维装配时每个零件的具体数目而定的。因此，在导入这一列的属性时应特别注意。选中“数量”这一列，在快捷菜单上选择［样式］命令，出现“注释样式”对话框，将“列”这张卡激活，在“默认文本”这一栏中输入“$~Q”字符；将上面的“列类型”选择为“量”；单击［确定］按钮，结束这一操作，完成后的零件明细表如图 3-75 所示。将该表用鼠标选中，单击右键，选择上面的［另存为模板］命令，为这张表起个名字保存起来，以后再需要时，只要从右侧导航器中的“表”中直接调用即可。

8	3-2-6	螺钉 M8×16	45 钢	6	GB/T 70—2000
7	3-2-7	前盖板	40Cr	1	
6	3-2-5	后盖板	40Cr	1	
5	3-2-1	卡爪	45 钢	1	
4	3-2-2	螺杆	40Cr	1	
3	3-2-8	螺钉 M6×12	45 钢	2	GB/T 71—1985
2	3-2-3	垫铁	T8A	1	
1	3-2-4	基体	40Cr	1	
序号	图号	零件名称	材料	数量	备注

图 3-75　完成编辑后的零件明细表

操作 07：零件标号

根据零件明细表所提供的序号，可以对装配图上的各个零件进行号码标注。在制图模块中虽然提供了［自动零件标号］（在“制图注释”工具条上）命令，但是，一般情况下它所生成编号顺序有些混乱，本次操作我们用手工方法来完成这个设计，使标出的零件号码按一定的顺序排列。

从明细表中可以看到，序号 1 的零件是“基体”，单击［插入］-［符号］-［ID 符号］命令，出现一个“ID 符号”对话框。在“上部文本”栏中输入“1”，单击下面左边［指定指引线］按钮，将光标移到

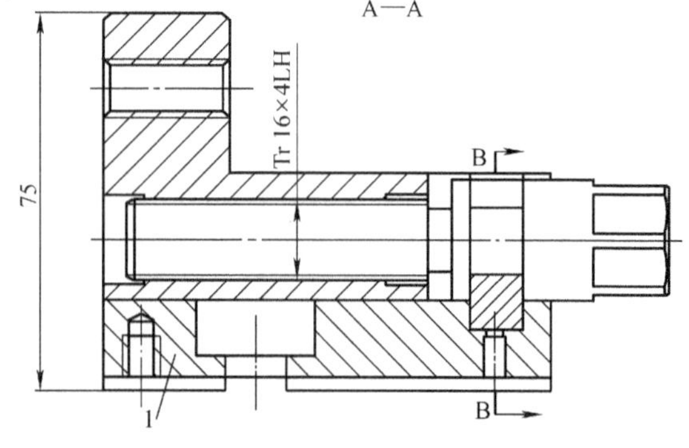

图 3-76　标注“基体”标号

“基体”零件上单击一下，再单击右边［创建 ID 符号］按钮，将光标处出现的符号拖动到合适位置上，即标注了一个零件编号，如图 3-76 所示。

用同样的方法，将其余 7 个零件标注出零件编号，标号可以指向任何一个视图，但要尽量使编号按一定规律排列，标注结果如图 3-77 所示。

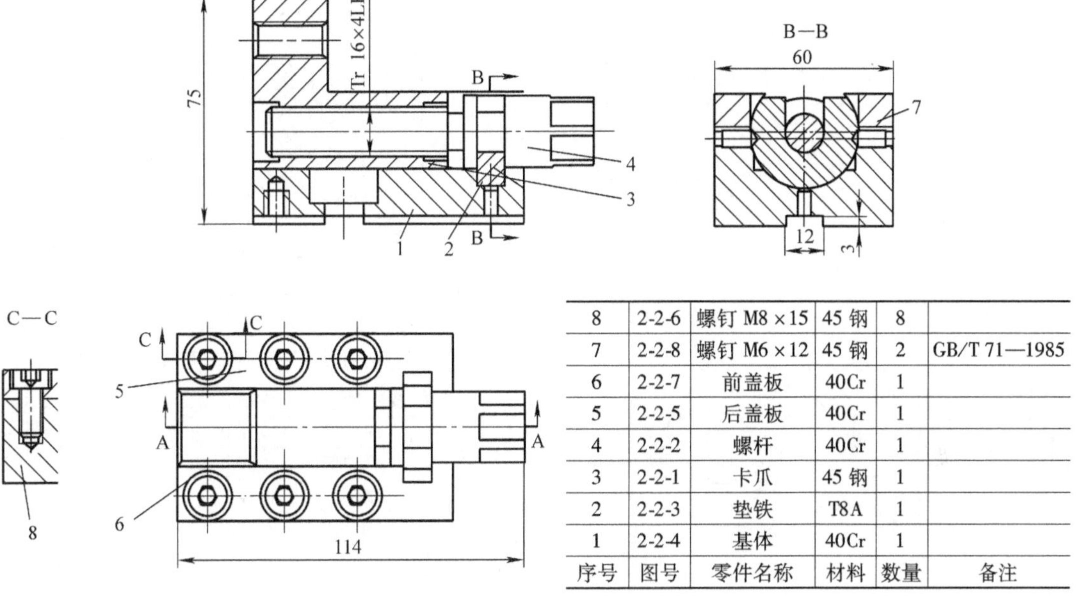

8	2-2-6	螺钉 M8×15	45 钢	8	
7	2-2-8	螺钉 M6×12	45 钢	2	GB/T 71—1985
6	2-2-7	前盖板	40Cr	1	
5	2-2-5	后盖板	40Cr	1	
4	2-2-2	螺杆	40Cr	1	
3	2-2-1	卡爪	45 钢	1	
2	2-2-3	垫铁	T8A	1	
1	2-2-4	基体	40Cr	1	
序号	图号	零件名称	材料	数量	备注

图 3-77　完成的零件标号

操作 08：绘制图框及调用标题栏

用前面介绍过的方法先绘制出图框；从右侧导航器“表”中调用出标题栏，并导入相应的属性，使之满足本设计要求。

操作 09：填写技术要求

根据产品的设计意图填写技术要求，如本设计中应注明：

技术要求：

1）螺杆在与卡爪组装前涂上甘油。

2）前、后背板组装时应保持外表面与基体前后表面对齐。

至此，完成了“夹紧卡爪”装配工程图的全部设计，如图 3-78 所示。

要点归纳：

通过“夹紧卡爪”装配图设计，可以概括出以下几项知识和操作要点：

1）装配图的设计需要将事先组装好的三维实体文件调出，并输入必要的设计信息；所有零件的设计信息也必须预先填写清楚，以备在装配图设计中调用。

2）像零件图的设计一样，根据组装件的大小和复杂程度合理选定图面的规格，确定图幅、单位、投影角度；在设计操作前也要设置各项制图参数。

3）选择合适的视图类型，确保将组装件中全部零件表达出来，准确地反映零件之间的装配关系，注意剖视图中非剖切零件的表达，相邻零件的剖面线应有所区分。

4）视图标注中，要将零件之间的主要配合尺寸、组件与外部装置的配合尺寸及组件的总体尺寸表示清楚。

5）根据设计要求调用零件明细表，并进行必要的编辑，其中一些项目不可缺少，如序号、图号、零件名称、材料、数量及备注等；对零件的标号应注意与明细表的序号相一致，并使标号按一定规律排列。

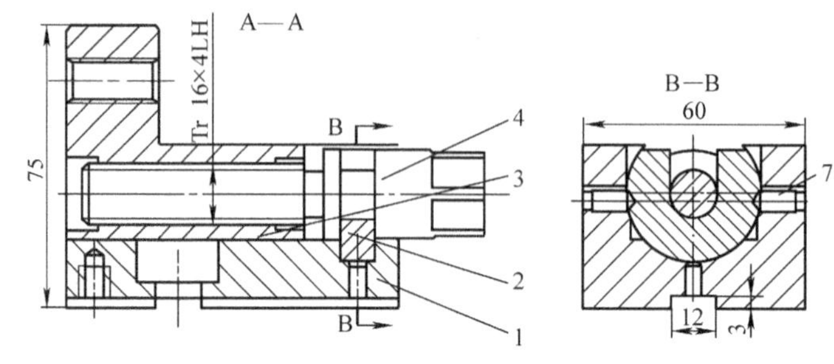

技术要求

1. 螺杆在与卡爪组装前涂上甘油。

2. 前、后背板组装时应保持外表面与基体前后表面对齐。

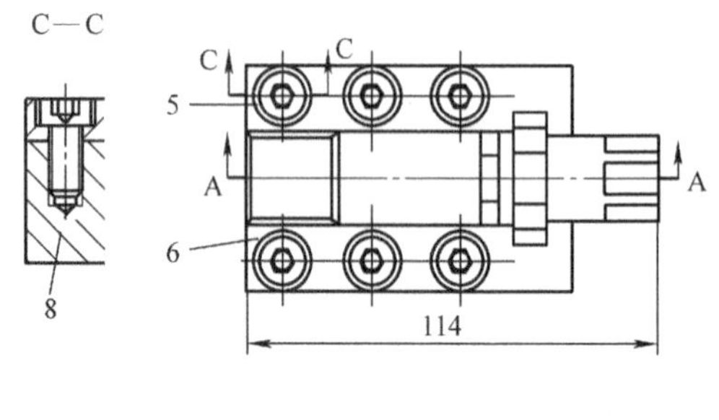

8	2-2-6	螺钉 M×16	45 钢	6	
7	2-2-8	螺钉 M6×12	45 钢	2	GB/T 71—1985
6	2-2-7	前盖板	40Cr	1	
5	2-2-5	后盖板	40Cr	1	
4	2-2-2	螺杆	40Cr	1	
3	2-2-1	卡爪	45 钢	1	
2	2-2-3	垫铁	T8A	1	
1	2-2-4	基体	40Cr	1	
序号	图号	零件名称	材料	数量	备注

图号	3-2-20	材料		比例	1:1	数量		日期	09.08.25
夹紧卡爪				大连职业技术学院机械系					
				设计	×××	审核	×××	批准	ZZZ

图 3-78 “夹紧卡爪”装配图

6）对产品装配作业的说明，以技术要求的形式写明。

实操演练 07：调节机构的制图

【微型支撑调节机构】的装配工程图设计

本课训练项目是用 UG 的制图模块完成图 3-79 所示的“微型支撑调节机构”的装配图设计。本次演练项目是第二单元的训练作业中【2-02】训练题，用户可按提示的操作步骤并参照第二单元所展示的装配图，自己完成整个设计任务。

操作 01：调入设计部件

调入已装配好的部件—“微型支撑调节机构”，并输入相关的设计信息；检查组件中的全部零件是否都已经输入了必要的设计信息，如果有遗漏的需要补充上。

操作 02：设置参数

按照前面介绍的方法，设置图纸参数。

操作 03：视图布局

选定视图类型并进行视图布局，可生成一个俯视图、一个全剖视图和一个位于旋钮中心的横剖（局部）视图。

操作04：标注尺寸

根据个人的判断，标注配合尺寸和总体尺寸。

操作05：零件编号

插入零件明细表并做相应的编辑，对零件进行标号。

操作06：图面处理

绘制图框，插入标题栏，填写技术要求。

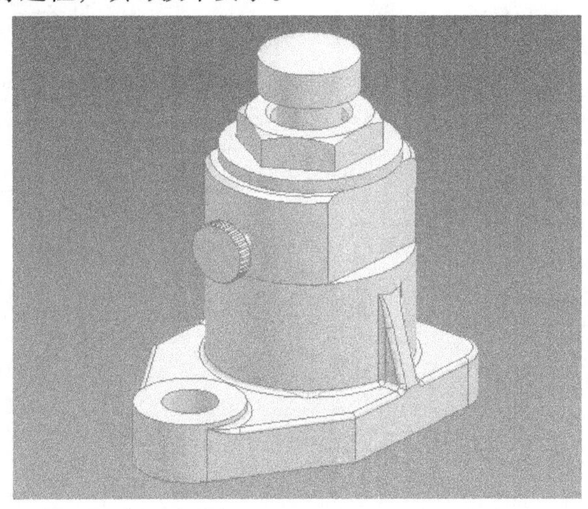

图3-79 微型支撑调节机构

训 练 作 业

用所学的制图知识和操作命令，完成下面的训练作业项目的工程图设计。

【3-01】完成第一单元训练作业【1-01-02】芯杆的零件图设计。

【3-02】完成第一单元训练作业【1-01-04】阀体的零件图设计。

【3-03】完成第二单元训练作业【2-01-01】底座的零件图设计。

【3-04】完成第二单元训练作业【2-02-01】底座的零件图设计。

【3-05】完成第一单元项目1-3 托脚支架的零件图设计。

【3-06】完成第二单元项目2-1 手动气阀的装配图设计。

【3-07】完成第二单元训练作业【2-01】螺旋千斤顶的工程装配图设计。

【3-08】“滑动轴承”组件的设计：

完成【3-08-01】~【3-08-07】各个零件的实体建模设计。

完成“滑动轴承”组件的实体装配设计，其装配结构如图3-80所示。

完成“滑动轴承”组件的装配图设计及零件明细表。

【3-08-01】轴承座，如图3-81所示。

【3-08-02】下衬套，如图3-82所示。

【3-08-03】轴承盖，如图3-83所示。

【3-08-04】上衬套，如图3-84所示。

【3-08-05】轴衬固定套，如图3-85所示。

【3-08-06】螺栓，如图3-86所示。

【3-08-07】螺母，如图 3-87 所示。

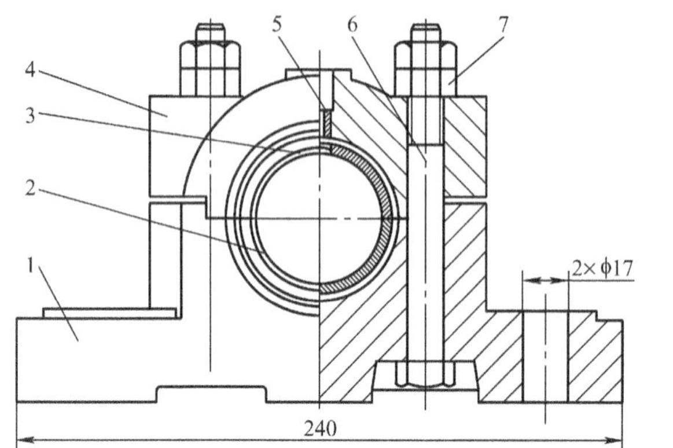

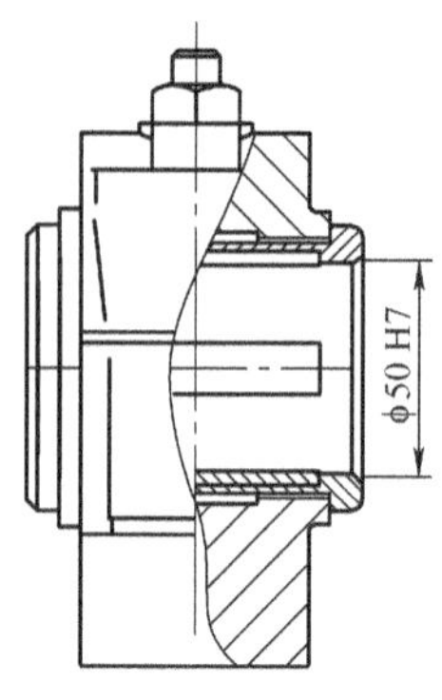

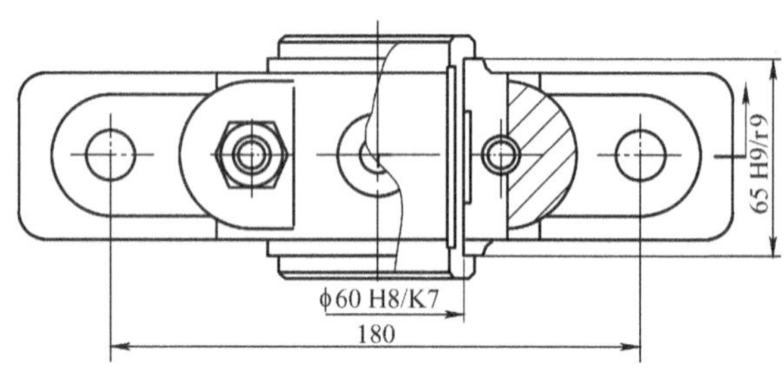

7	2-8-7	螺母	45	4
6	2-8-6	螺栓	45	2
5	2-8-5	轴衬固定套	45	1
4	2-8-3	轴承盖	HT150	1
3	2-8-4	上衬套	黄铜	1
2	2-8-2	下轴衬	黄铜	1
1	2-8-1	轴承座	HT150	1
序号	图号	名称	材料	数量

图 3-80　滑动轴承装配图

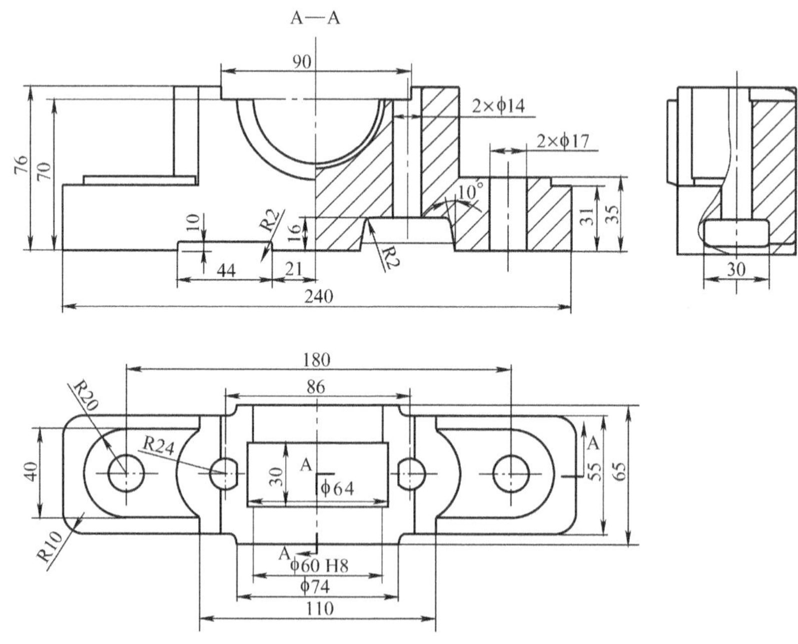

图 3-81　轴承座

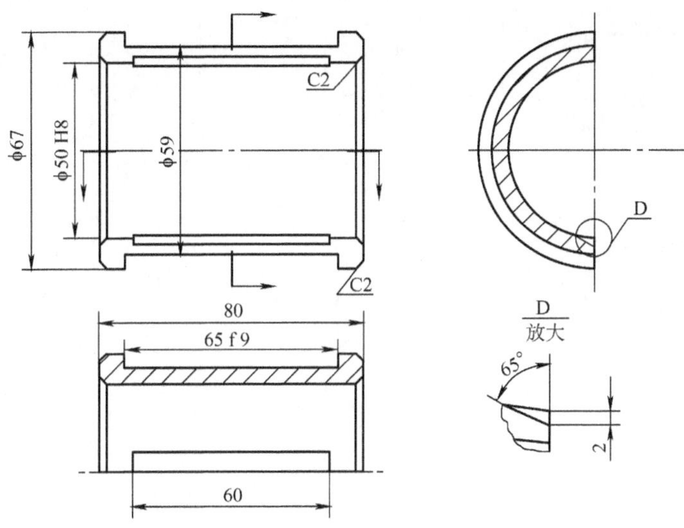

图 3-82　下衬套

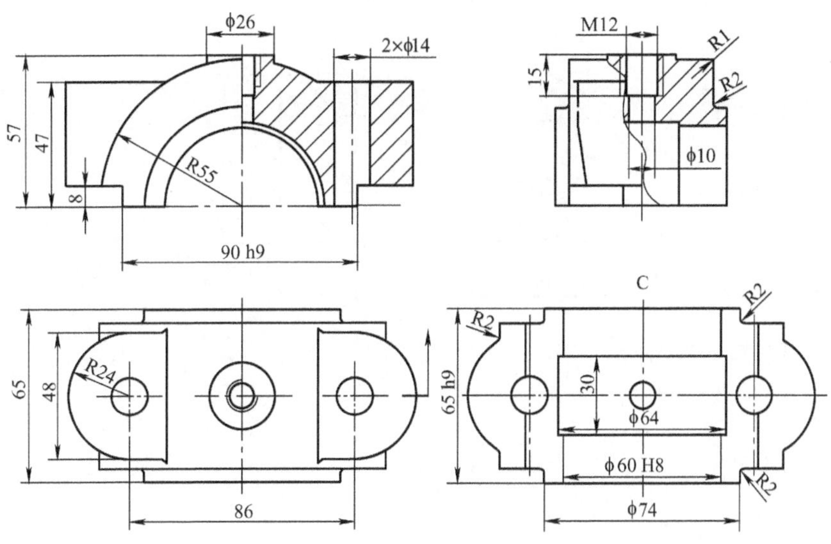

图 3-83　轴承盖

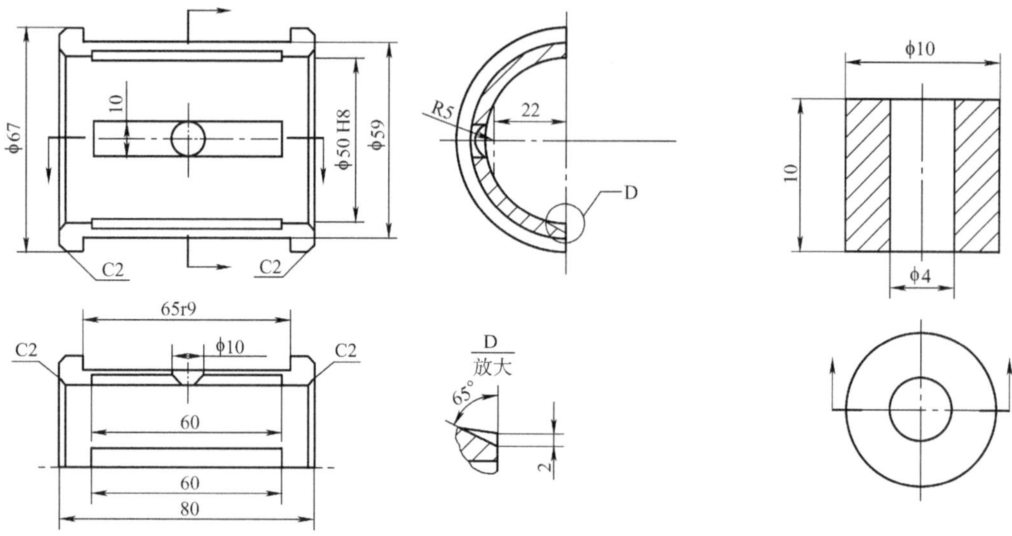

图 3-84　上衬套

图 3-85　轴衬固定套

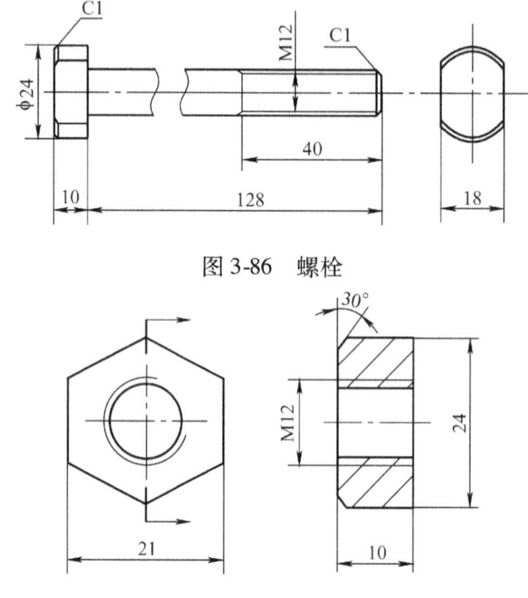

图 3-86　螺栓

图 3-87　螺母

下　篇

UG 加工

- **车削加工**
  - ◇ 限位轴的加工
- **平面铣加工**
  - ◇定心模的加工
- **型腔铣加工**
  - ◇ 鼠标凸模的加工
- **固定轴轮廓铣加工**
  - ◇ 包装瓶凸模的加工
- **孔系加工**
  - ◇ 定位台板的加工

第 4 单元　车 削 加 工

单元要点： 熟悉 UG 加工模块中车削模板的功能，并运用所提供的操作界面、操作命令和加工创建工具对回转体工件的数控加工编程设计。

项目 4-1　限位轴的加工

任务目标：

这是一个轴类加工件，用普通车床也可以完成该零件的加工。但是，由于其几何要素相对比较复杂，上面有圆锥体、大圆角和螺纹，尺寸精度要求也比较高，因此，用数控车床来进行加工比较好。要求对其进行计算机数控编程，设计出加工刀具轨迹，生成 CNC 加工程序。限位轴工件的工程图样如图 4-1 所示。

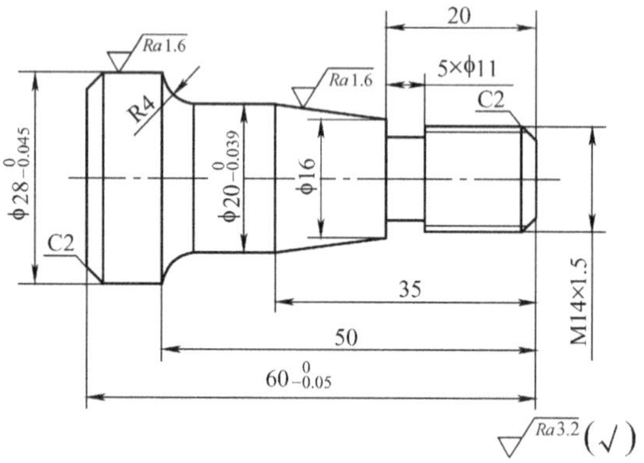

图 4-1　限位轴（材料：45 钢）

工艺分析：

1. 加工条件

工件毛坯：ϕ30mm × 100mm 棒料，45 钢

加工机床：全功能数控车床，后置刀架

左端面加工工步：不在数控车床上加工，用普通车床完成，见［工步 7］。

2. 加工工序　设计 7 个加工工步，在数控车床上完成前 6 个工步。

［工步 1］：精车右端面。

选用 80°外圆偏刀车削，一次切削到位（坐标原点）。

［工步 2］：粗车 ϕ28mm、ϕ20mm、ϕ16mm 锥体、M14 外圆表面、圆角、倒角及长度。

选用 80°外圆偏刀车削，直径方向留加工余量 0. 5mm，长度方向留加工余量 0. 5mm。用三爪自定心卡盘装夹棒料左端，右面留出长度 75。

［工步 3］：精车 5 × ϕ11 退刀槽（不分粗精车）。

选用宽度为 4 的切槽刀，尺寸一次性加工到位。装夹方式不变。

［工步 4］：精车 ϕ28mm、ϕ20mm、ϕ16mm 锥体、R4mm 圆角、两个倒角及相关长度。

选用 80°外圆偏刀车削，所有尺寸一次性加工到位。装夹方式不变。

［工步 5］：精车 M14 ×1. 5 螺纹。

选用 60°螺纹尖刀，尺寸一次性加工到位。装夹方式不变。

［工步 6］：切断工件。

选用宽度为 4 的切断刀，总长度留 60. 5mm，一次性切断。装夹方式不变。

［工步 7］：工件左端面加工。

本工步在普通车床上加工完成，可选用 45°端面车刀，将长度尺寸加工到位（$60_{-0.05}^{\ 0}$mm）。用三爪自定心卡盘夹持 φ20mm 外径，注意不要破坏已加工表面。

操作步骤：

操作 01：设计工件的实体模型

1. 画工件草图　进入建模模块，在 XC-YC 基准平面上，按图 4-2 所示画出工件的纵截面草图，注意要另外画出一条螺纹根线（这条根线在螺纹加工操作设置中会用到），其径向与中心线的距离为 6.188，其长度略长于螺纹部分即可；此外，要求倒角部分必须在草图中预先画出。

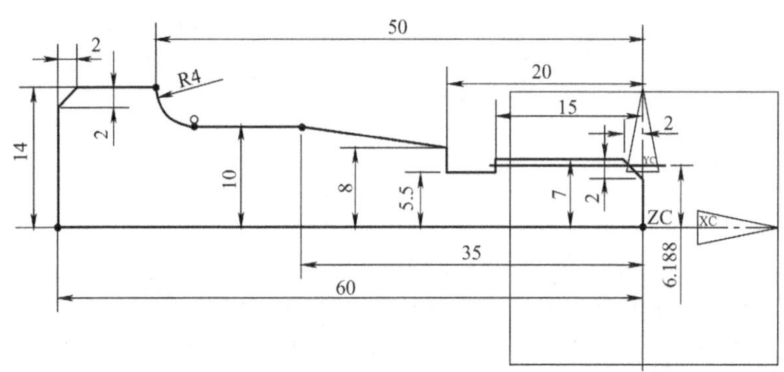

图 4-2　纵截面草图

2. 生成工件实体模型　选中草图轮廓曲线，选择 XC 轴为旋转轴，生成实体模型（见图 4-3），注意草图及基准平面等不必隐藏起来，因为在后面的加工设置中会用到。

提示：对车削加工零件其实体的生成应以旋转拉伸的方式产生为宜，因此，在绘制草图时应选择 XC-YC 基准平面，并画出回转体的纵截面；所有几何体的尺寸公差不必考虑，因为尺寸公差是依靠加工操作来控制的；螺纹实体可以在建模时生成，也可以不生成，而通过螺纹加工操作来控制。

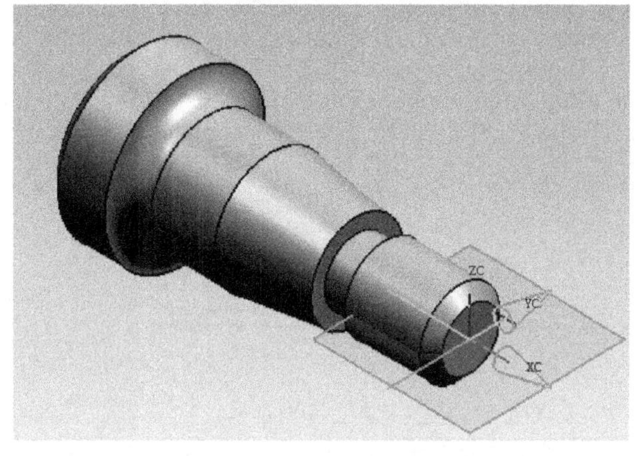

图 4-3　工件实体模型

操作 02：设置加工环境

单击[起始]-[加工]命令，界面上会出现一个“加工环境”对话框（见图 4-4）。将“CAM 会话配置”栏里面的“Lathe”项选中，将“CAM 设置”栏里面的“turning”项选中，此设置是确定使用车床进行车削加工。完成上面的设定后，单击［初始化］命令按钮，结束加工环境设置，进入数控加工操作界面。实际上，这一过程是系统在调入适合本项加工操作所可能用到的各种设计操作的模板。

操作 03：创建几何体

这里的创建几何体，是指将在建模模块已经完成的加工件实体模型引入到指定的加工环境中（如本次的车削加工）。只有在指定的加工环境中，正确地定义好要进行加工的几何体要素，才能生成正确的加工刀具轨迹，因此，这是一个十分重要的操作步骤。

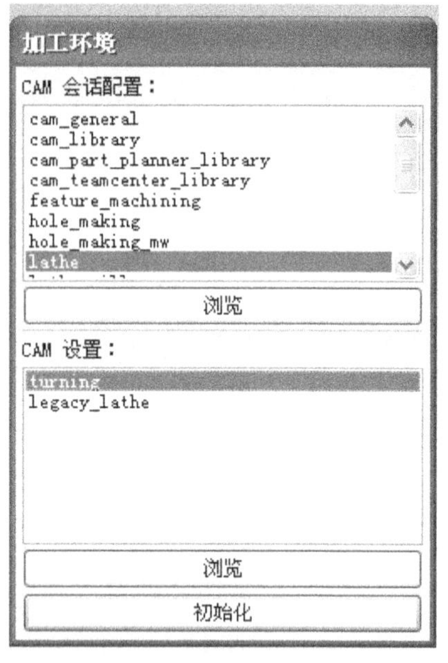

图 4-4 “加工环境”对话框

在创建几何体操作中，包括三项主要内容，即机床坐标系、工件几何和毛坯几何。

单击“加工创建”工具条上的［创建几何体］命令图标，界面上会出现一个“创建几何体”对话框（见图 4-5），首先，将最上面一栏“类型”中选定“turning”（车加工），它决定了所有下面各个选项的加工模板。

1. 设置机床坐标（加工坐标）系　由于在实体建模操作中考虑了与机床坐标系的对应关系，在选择基准平面和绘制草图时将轮廓曲线画在了 XC 轴的上边，因此，在创建几何体的操作中可以不必再重新设置机床坐标系，直接选择默认的坐标系——MCS _ SPINDEL 即可。但是，为了保持与实际加工的状态一致，需要将工件横卧式放置，如图 4-6 所示。

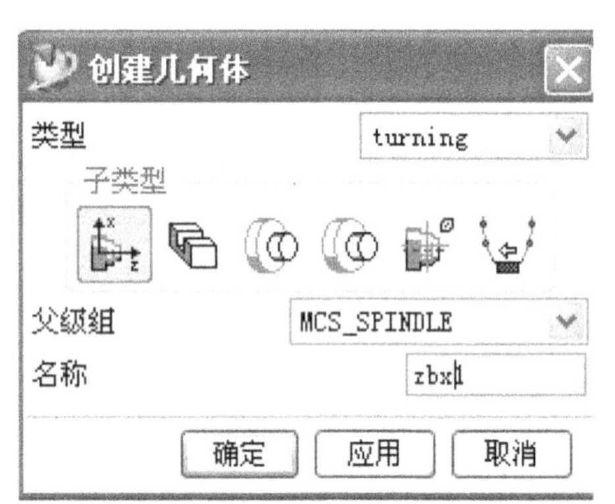

图 4-5 “创建几何体”对话框

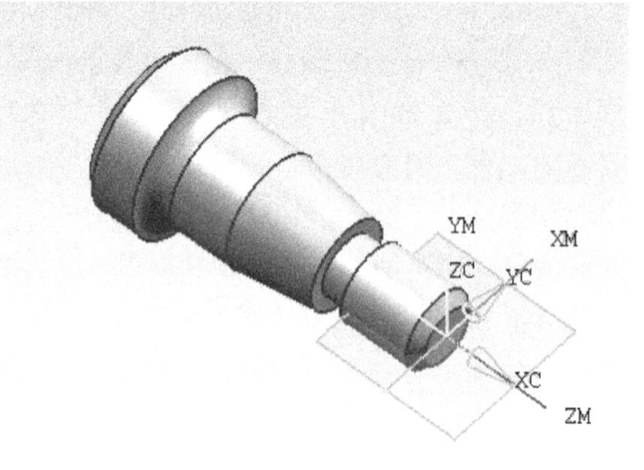

图 4-6 在机床坐标系中的工件

2. 设置工件几何体　在设置工件几何体之前，先将“操作导航器”工具条上的下拉菜单打开，选中其上的“几何视图”，并将它激活，如图 4-7 所示。然后，把右侧的“操作导航器——几何体”界面打开，选中如图 4-8 所示的两项内容，并在快捷菜单上选择删除命令，将这两项删除掉，以免与后面我们设置的几何体相混淆。

单击“加工创建”工具条上的［创建几何体］命令，在弹出的“创建几何体”对话框上，选择第三项［回转工件］命令图标；父级组选择 MCS _ SPINDEL；名称输入 jht，如图 4-9 所示，完成上面的设置后，单击［应用］按钮，此时的对话框变为“TURNING _ WORKPIECE”（回转工件）（见图 4-10）。选择边界几何体下面的第一项［部件］命令，并单击下面的［选择］命令按钮进入下一个对话框。

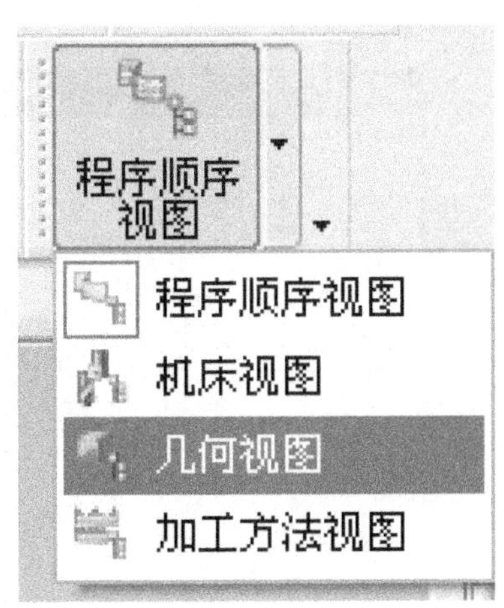

图 4-7 激活几何视图

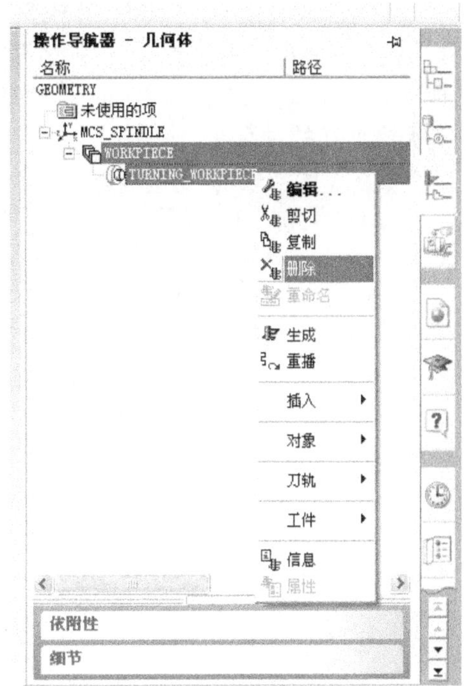

图 4-8 删除原有的几何体

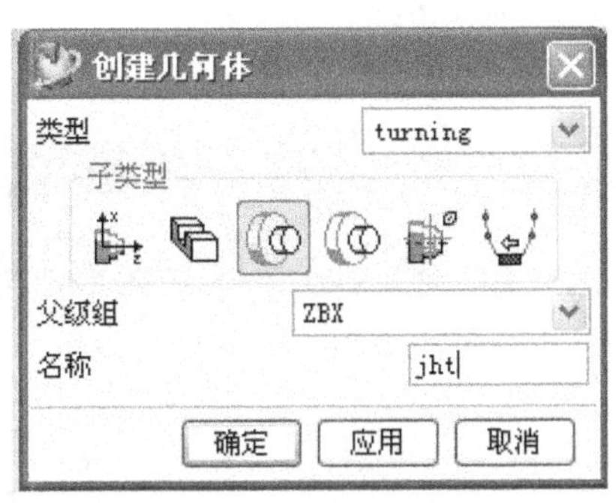

图 4-9 选定回转工件命令

图 4-10 “回转工件”对话框

在新的“工件边界”对话框上（见图 4-11），将“类型”选择为“封闭的”；“材料侧”选择为“内部”；单击“成链”按钮，然后，用鼠标选中工件的草图中的一段轮廓线，并在新出现的对话框上，单击［确定］按钮，又回到此对话框。此时，整个轮廓线都被选中。这样就完成了工件边界（工件几何体）的设置，单击［确定］按钮，结束工件几何体的设置，回到“TURNING_WORKPIECE”对话框。

3. 设置毛坯几何体 选择“边界几何体”下面的第二个命令［毛坯］图标（见图 4-10），单击下面的［选择］按钮，会出现一个“选择毛坯”对话框图 4-12，选择上面第一项

“棒料”，并输入数据：长度 100，直径 30，点位置：在主轴箱处。单击［确定］按钮回到“选择毛坯”对话框。单击图 4-10 对话框上的［材料］命令图标，出现一个“搜索结果”对话框（见图 4-13），选择最上面一行的材料“CARBON STEEL”（碳钢），然后按［确定］按钮返回到前面的对话框。

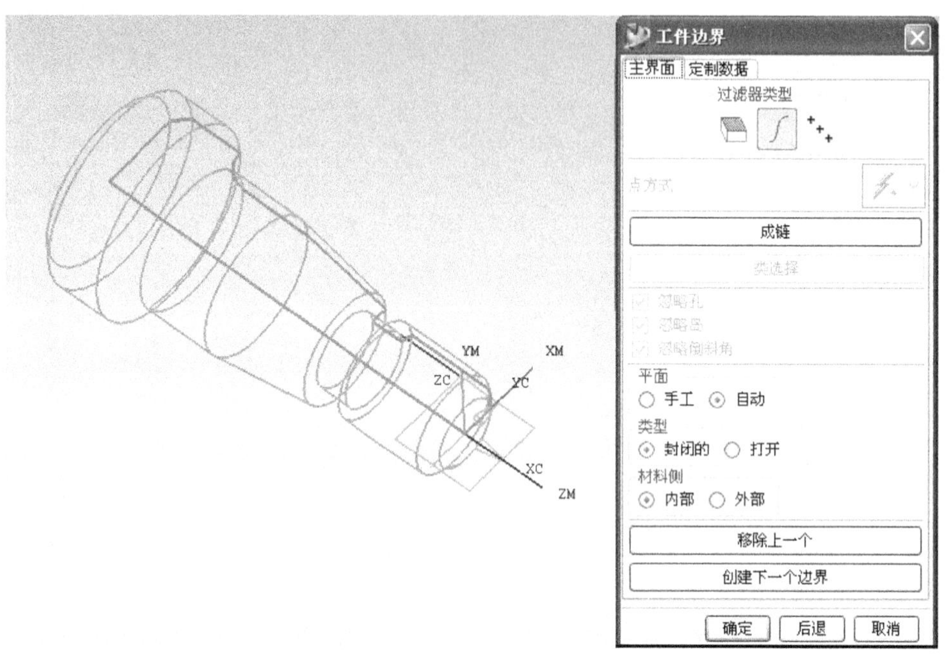

图 4-11 “工件边界”对话框及选择工件的边界

图 4-12 “毛坯选择”对话框

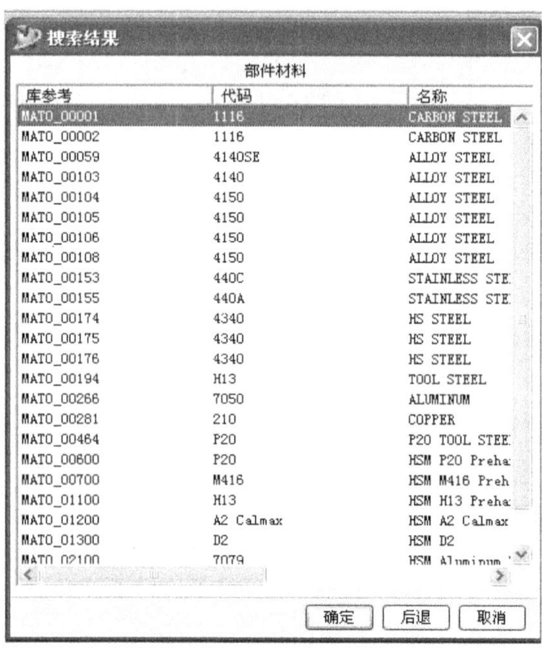

图 4-13 “搜索结果”对话框

然后，单击［选择］命令按钮，进入“点构造器”对话框（见图4-14），在基点的XC数据栏中输入数值－98，再单击一下［显示毛坯］命令按钮，就会在工件的实体模型上出现一个包容矩形框，这个矩形框就代表着毛坯棒料所占据的位置，如图4-15所示。至此，完成了创建几何体的全部操作。这一过程是告诉系统将要进行加工的工件几何体和毛坯的形状、尺寸及空间位置，以便在创建加工时生成正确的刀位轨迹。注意在完成上面的操作后，要针对不同的对话框，连续两次单击［确定］按钮，使全部数据让系统保持下来。

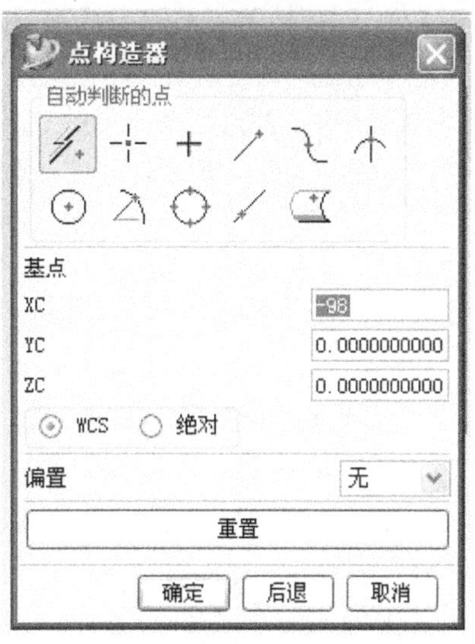

图4-14　设定毛坯基点位置

操作04：创建加工操作

［工步1］：精车右端面

选用80°外圆左偏刀，刀片材料选择YT5，车端面至坐标原点。用三爪自定心卡盘装夹棒料的左端。

单击“加工创建”工具条上的［创建操作］命令，弹出一个“创建操作”对话框（见图4-16）。设置上面的各项参数如下：

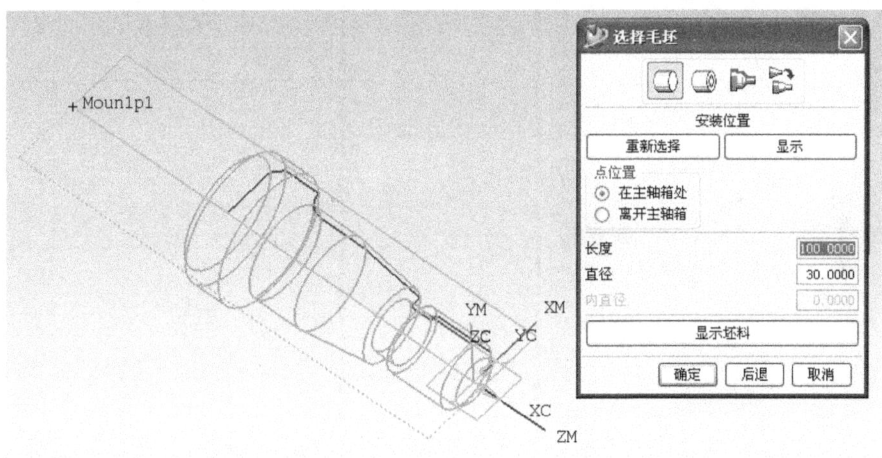

图4-15　显示出的工件和毛坯

类型：turning

子类型：FACING（面车削，第二行第一个图标）。

程序：PROGRAM。

使用几何体：JHT（已设置的工件几何体）

使用刀具：NONE（没有）

使用方法：LATHE FINISH（精车）

名称：gb-1（工步1）

完成上面的设置后，单击［应用］按钮，进入“FACING”（面车削）对话框，如图 4-17 所示，上面有 4 张卡即主界面、更多、组和查看。常用的主要是主界面卡和组卡，所有工步的加工操作都是通过这两张卡上的选项和参数来进行设计。

图 4-16 “创建操作”对话框

1. 设置刀具 激活“组”卡，上面的“⊙刀具：NONE”项，显示没有刀具，如图 4-18 所示。单击下面的［选择］命令图标，进入“选择刀具”对话框，如图 4-19 所示。再单击其上的［新建］命令，进入“新的刀具”对话框，如图 4-20 所示。选中父级组下名称“OD-80-L”，即外圆 80°左偏刀。单击下面的［确定］按钮，出现一个“Turning Tool-Standard”（车削刀具-标准）对话框，如图 4-21 所示，按图所示设置各项参数，其中的刀具号设置为 1，再单击下面的［显示刀具］按钮，在工件实体的坐标原点处会呈现一个刀片图形（见图 4-22）。

图 4-17 “端面车”对话框

图 4-18 组卡

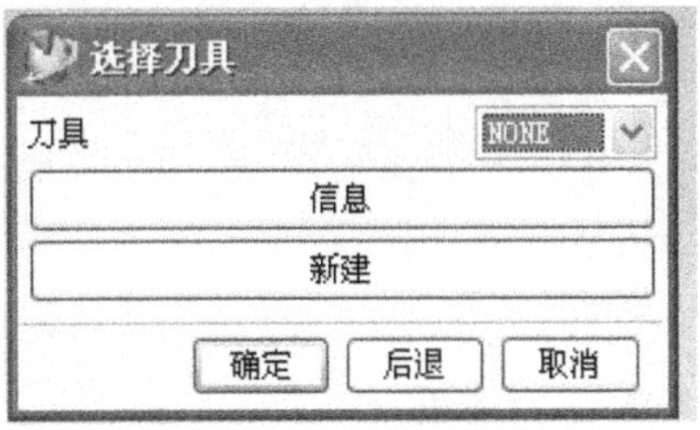

图4-19 “选择刀具”对话框

图 4-20 “新的刀具”对话框

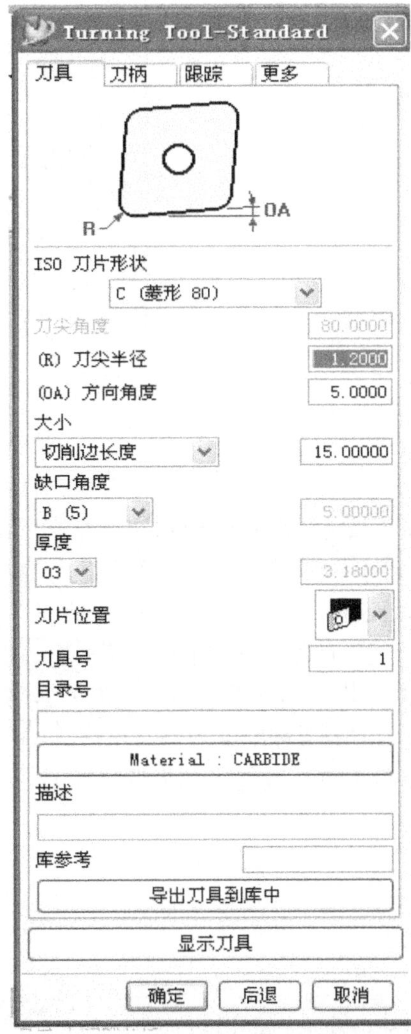

图 4-21 “Turning Tool-Standard”（车削刀具-标准）对话框

在“标准车刀”对话框中共有 4 张卡，即刀具、刀柄、跟踪和更多，常用的是前三张卡。在实际应用中都需要根据现场的加工条件进行设定，使其符合所使用的刀具情况，例如，刀柄的实际尺寸和形状等。需要说明的是“跟踪”这张卡，上面有一项“跟踪点‘P’编号”，其中的下拉列表中有许多选项，本次加工操作选择 P3，如图 4-23 所示。

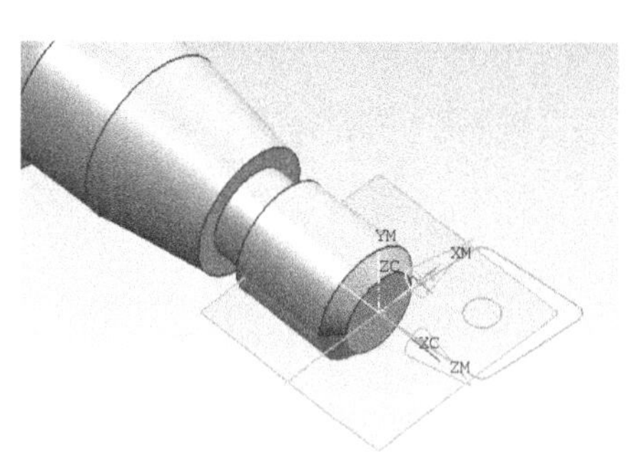

图 4-22 显示刀片状态

图 4-23 设置刀具跟踪点

完成上面的设置后，单击［确定］按钮返回到“面车削”对话框。

2. 设定切削区域　激活（图 4-17 中）“主界面”卡，选中最上面第一行第一个图标［单向线性切削］，再单击“切削区域”栏下的［包容］按钮，弹出“几何体包容”对话框（见图 4-24），将“修剪平面”栏下的第三个“□修剪”选项选中，并在数据栏里输入数值 0，此设置是限定只车削右端面，其它部位不车削。单击下面的［显示切削区域］按钮，会看到在工件的右端面呈现一个小的矩形切削区域。

3. 设定切削方式　各选项及参数设置如下（见图 4-25）：

背吃刀量：平均变量

最小值：0

最大值：1.5

交变模式：忽略

单击［进刀/退刀］命令，会出现“进刀/退刀”对话框（见图 4-26），上面有 2 张卡，即进刀和退刀。这两张卡上的选项和参数都保持不变，使用默认值即可。

4. 设定切削参数　单击［切削］命令，在出现的“切削”对话框中（见图 4-27），将“最小安全距离”设置为 3，其它选项和参数保持默认值不变。

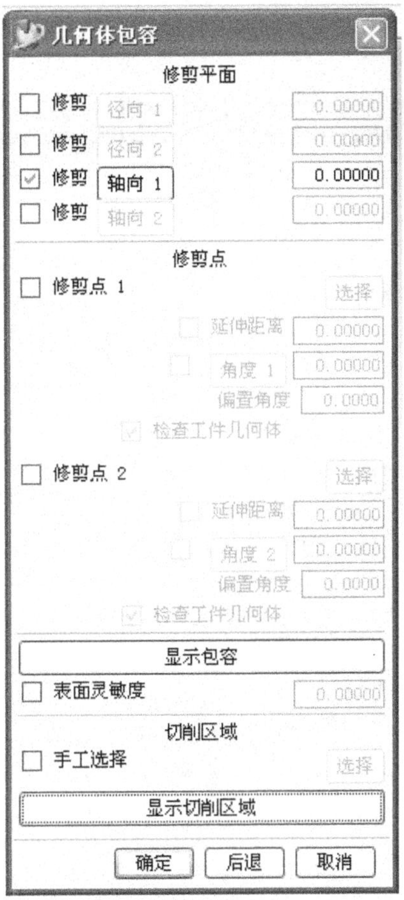

图 4-24 “几何体包容”对话框

图 4-25 设置切削方式

单击图 4-25 上［轮廓加工］命令，在出现的“轮廓加工选项”对话框上（见图 4-28），选中第一行第二个图标［仅面］，其它选项及参数保持不变。

单击图 4-25 中［毛坯］命令，在出现的“毛坯”对话框上（见图 4-29），将“粗加工余量”栏下的等距、面、径向三个参数都设置为 0，其它选项保持不变。

单击图 4-25 中［进给率］命令，会出现的“进给和速度”对话框（见图 4-30），其上共有 5 张卡，即速度、进给、粗略、配置文件和更多，常用的主要是前两张卡。本次操作只需对“速度”和“进给”这两张卡进行设置。在“速度”卡上的“主轴输出模式”设置为 RPM（r/min）；“主轴速度”设置为 800。在“进给”卡上的“剪切”设置为 0.2mmpr（mm/r）。两张卡上的其它选项及参数都可保持不变，如图 4-30 中所示。

图 4-26 “进刀/退刀”对话框

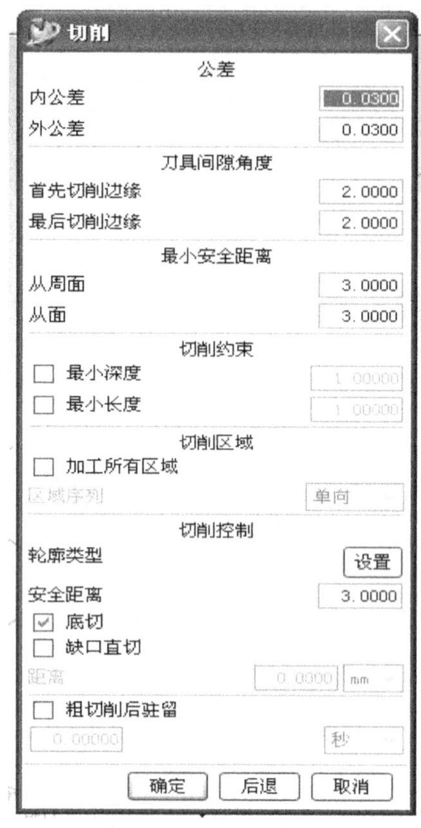

图 4-27　设置安全距离为 3

图 4-28　设置走刀为“仅面”

5. 设定避让参数　单击图 4-17 中［避让］命令，出现图 4-31“避让参数”对话框，在这个对话框中需要设置以下四项参数：从点、运动到起点、运动到返回点/安全平面、运动到回零点。

单击“从点”右侧的［选择］按钮，在出现的“点构造器”对话框中输入数据：XC＝100、YC＝100。

选择“运动到起点”栏下的“运动类型”为“直接的”，单击“起点”右侧的［选择］按钮，在出现的“点构造器”对话框中输入数据：XC＝10、YC＝20。

选择“运动到返回点/安全平面”栏下的“运动类型”为“直接的”，单击“返回点”右侧的［选择］按钮，在出现的“点构造器”对话框中输入数据：XC＝10、YC＝20。

选择“运动到回零点”栏下的“运动类型”为“直接的”，单击“回零点”右侧的［选择］按钮，在出现的“点构造器”对话框中输入数据：XC＝100、YC＝100。完成上面的参数设置后，单击最下面的［显

图 4-29　“毛坯”对话框

示］按钮，在工件实体附近就会显示出这些点。

图 4-30 “进给和速度”对话框

6. 设定机床控制　单击图 4-17 中［机床］命令按钮，会出现一个“机床控制”对话框（见图 4-32），在创建加工操作中主要是通过它来设定主轴停止、切削液的开关等。只要分别单击“开始事件”和“结束事件”栏下所对应的［编辑］按钮，并在弹出的对话框中选择所需的选项即可，本次设置如下：

开始事件：切削液开。

结束事件：切削液关、主轴停止。

设置完毕确定后，返回到主界面对话框。

7. 生成刀具轨迹　完成上面的全部设置后，此时并未生成车刀的加工轨迹，需要在此步骤生成刀具轨迹。单击最下面的第一个命令图标［生成］，在工件实体附近会看到生成的刀具运行轨迹，如图 4-33 所示。

8. 模拟加工　生成刀轨后，就可以进行模拟加工以便进一步观察加工过程。单击“加工操作”工具条上的［确认刀具轨迹］命令图标，弹出“可视化刀具轨迹”对话框（见图 4-34），上面有 2 张操作卡：重播和 3D 动态。

图 4-31　“避让参数”对话框

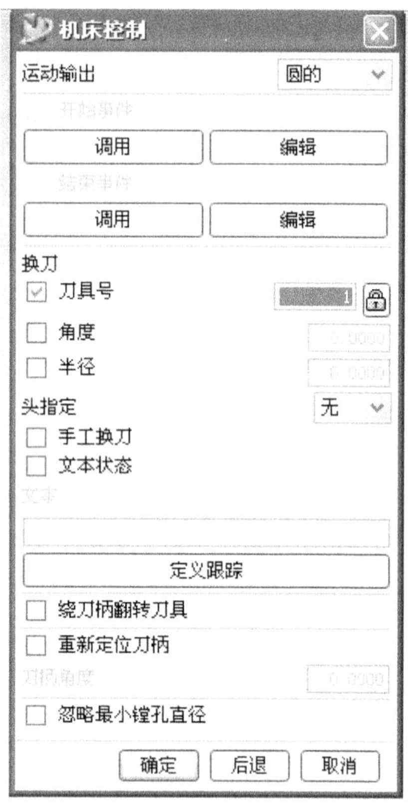

图 4-32　“机床控制”对话框

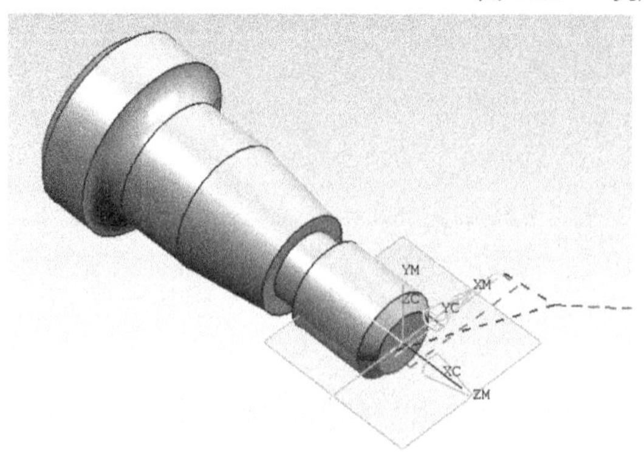

图 4-33　生成的刀具轨迹

在“重播”卡上，可选中“□2D 材料去除”，使毛坯以平面方式显示出来；将“机构运动显示”栏的列表中选择为“警告”，当发生刀具碰撞时提出警告信息；调整“动画速度”指针到合适的位置，即可单击［播放］按钮，进行模拟加工过程，如图 4-34 所示。

在“3D 动态”卡上，其上的参数可保持不变取默认值即可，当确定好播放速度后，单击“播放”按钮时，毛坯会以三维实体形式显示出来，随着加工过程的进行，工件会根据车削进程连续地变化以反映真实的工件形态。

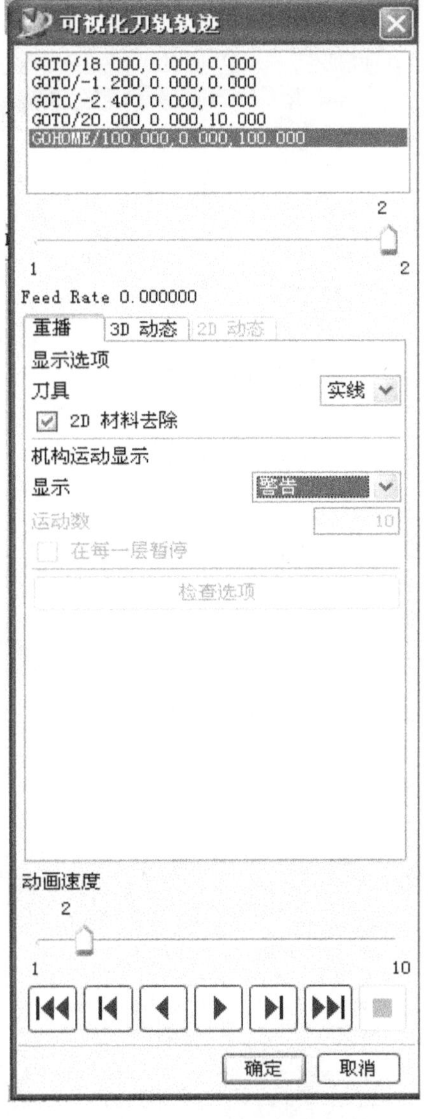

图 4-34 “可视化刀具轨迹”对话框

［工步 2］：粗车外表面

加工内容：粗车 ϕ28mm、ϕ20mm、ϕ16mm 锥体、M14 外圆表面、圆角、倒角及相关长度。仍然选用 80°外圆左偏刀车削，直径方向留加工余量 0.5，长度方向留加工余量 0.5。用三爪自定心卡盘装夹棒料左端，左面留出长度 70。

打开界面右侧的“操作导航器——几何体”，选中前一工步（端面车），单击鼠标右键，在弹出的快捷菜单上选择［插入］-［操作］命令，如图 4-35 所示。此后，会出现一个“创建操作”对话框（见图 4-36），将上面选项及参数选择如下：

类型：车削

子类型：粗车外圆（第二行第二个图标）

程序：NC _ PROGRAM

使用几何体：JHT

使用刀具：OD _ 80 _ L（80°外圆左偏刀，工步 1 所用车刀）

使用方法：LATHE _ ROUGH（粗车）

名称：gb-2（工步 2）

完成上面的设置后，单击下面的［应用］按钮，进入“粗车外圆”对话框。当激活“组”这张卡时，会发现刀具已经选定，这是因为此次在“创建操作”对话框的“使用刀具”一栏里，我们已经选择了前面所用的刀具。首先选择切削类型，选中第一行第一个图标［单向线性切削］。

1. 设定切削区域　单击图 4-25 中“切削区域”栏下的［包容］按钮，弹出“几何体包容”对话框。在这个对话框上（见图 4-37 右图），将“修剪（轴向 1）”设置为 -70，即将工件加工至 70mm 长度（比实际工件长 10mm），以留出后面切断所用的进刀空间。完成设定后，单击一下［显示切削区域］按钮，会看到工件附近出现一个划定的刀具运行区域（见图 4-37 左图）。

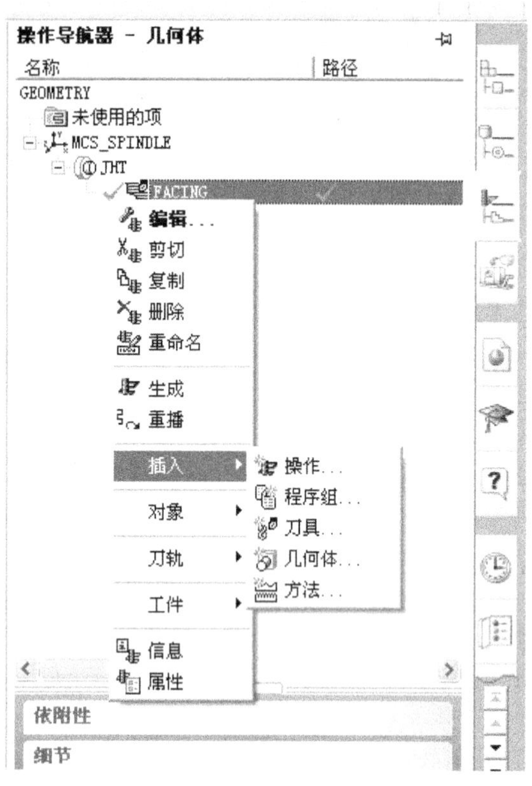

图 4-35　从操作导航器选择［操作］命令

图 4-36　“创建操作”对话框

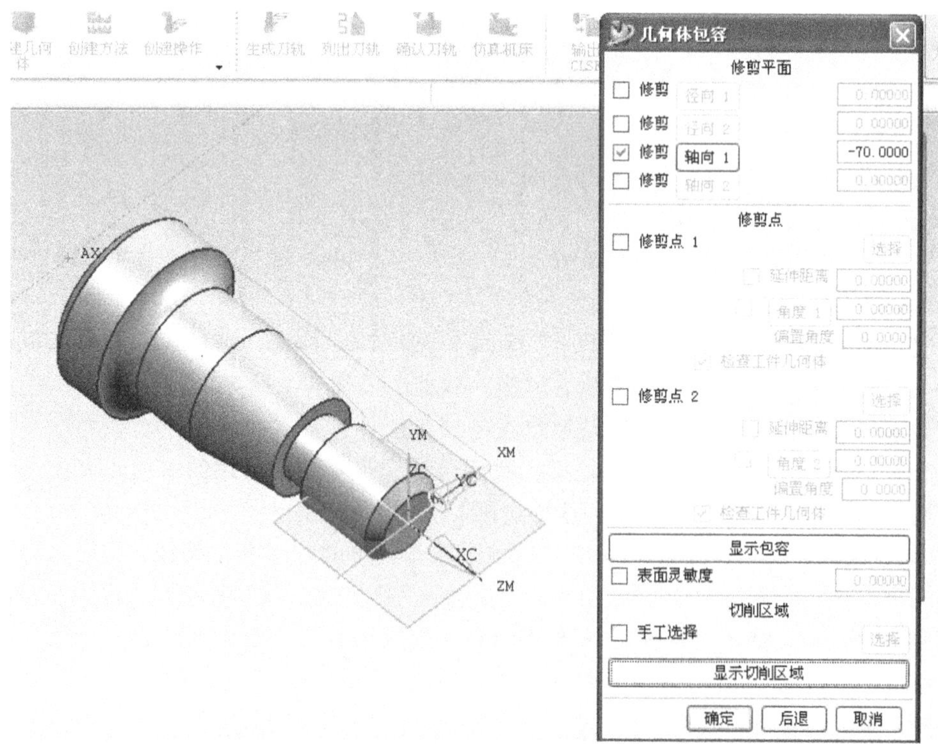

图 4-37　设定切削区域及其显示

2. 设定切削方式

背吃刀量：恒定的

深度：3mm

［进刀/退刀］和［切削］两个对话框上的选项和参数都保持不变，使用默认值即可。

3. 设定切削参数　单击图4-25中［轮廓加工］命令，在出现的“轮廓加工选项”对话框上（见图4-38），选中第二行第四个图标［全部完成］，其它选项及参数保持不变。

图4-38　“轮廓加工选项”对话框

单击图4-25中［毛坯］命令，在出现的“毛坯”对话框上（见图4-29），将“粗加工余量”栏下的等距、面、径向三个参数都设置为0.5，即本次加工后留出0.5mm的余量，以便精加工所用；“毛坯余量”栏下的“等距”设置数值为4；其它选项保持不变。

单击图4-25中［进给率］命令，出现的“进给和速度”对话框（见图4-30）。本次操作只对“速度”和“进给”这两张卡进行设置。在“速度”卡上的“主轴输出模式”设置为RPM（r/min）；“主轴速度”设置为800。在“进给”卡上的“剪切”设置为0.4mmpr（mm/r）。两张卡上的其它选项及参数都可保持不变。

4. 设定避让参数　单击图4-25中［避让］命令，在“避让参数”对话框中（见图4-31）设置以下四项参数：从点、运动到起点、运动到返回点/安全平面、运动到回零点。

单击“从点”右侧的［选择］按钮，在出现的“点构造器”对话框中输入数据：XC=100、YC=100；

选择“运动到起点”栏下的“运动类型”为“直接的”，单击“起点”右侧的［选择］按钮，在出现的“点构造器”对话框中输入数据：XC=10、YC=20；

选择“运动到返回点/安全平面”栏下的“运动类型”为“直接的”，单击“返回点”右侧的［选择］按钮，在出现的“点构造器”对话框中输入数据：XC=10、YC=20；

选择“运动到回零点”栏下的“运动类型”为“直接的”，单击“回零点”右侧的［选择］按钮，在出现的“点构造器”对话框中输入数据：XC=100、YC=100。完成上面的参数设置后，单击最下面的［显示］按钮，在工件实体附近就会显示出这些点。

5. 设定机床控制　一般来说，对碳钢件的加工，采用硬质合金刀片且主轴转速又不是很高，可以不使用切削液，而且本工步的车削也不需要换刀动作，因此，对机床控制操作可不作设置。如果要进行设置，可仿照前面的步骤进行。

6. 生成刀具轨迹和模拟加工　单击图4-25中［生成］命令后，生成的刀具轨迹如图4-39所示；单击［确认］命令后，经3D动态仿真加工得到的工件完成效果如图4-40所示。

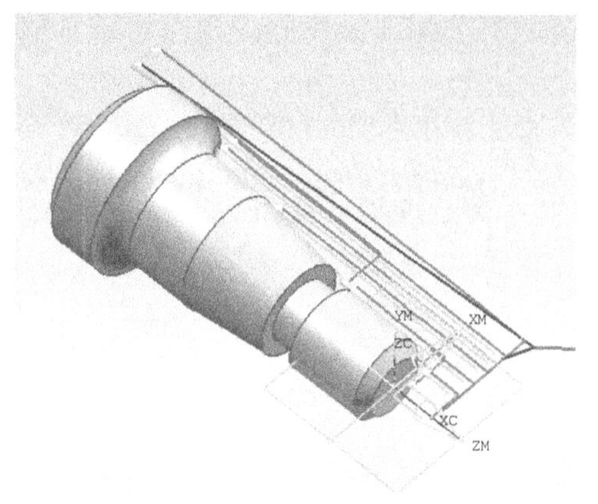

图 4-39　生成的刀具轨迹

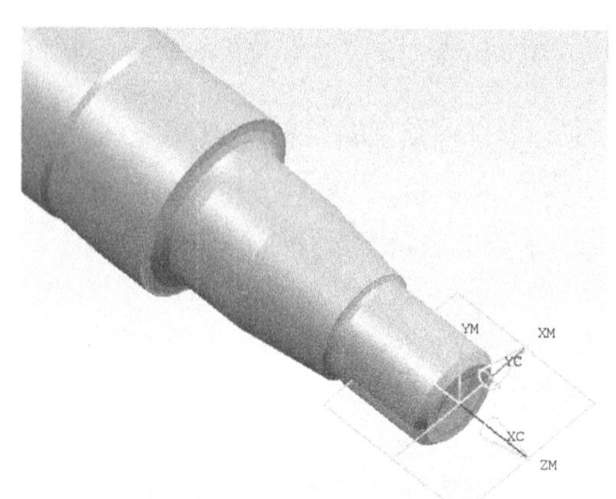

图 4-40　动态加工效果

[工步 3]：精车退刀槽（不分粗精车）。

车削 5 × ϕ11 退刀槽。选用宽度为 4 的切槽刀，尺寸一次性加工到位。

打开界面右侧的“操作导航器——几何体”，选中前一个工步（粗车外圆），单击鼠标右键，在弹出的快捷菜单上选择[插入]-[操作]命令，在出现的“创建操作”对话框（见图 4-41），将上面选项及参数选择如下：

类型：车削

子类型：外圆车槽（第三行第四个图标）

程序：NC _ PROGRAM

使用几何体：JHT

使用刀具：无

使用方法：LATHE _ GROOVE（外圆车槽）

名称：gb-3（工步 3）

完成上面的设置后，单击［应用］按钮进入“GROOVE _ OD（外圆车槽）”对话框。激活“组”卡，看到刀具栏为 NONE（无），需要设置加工刀具。单击下面的［选择］命令图标，进入“选择刀具”对话框，再单击其上的［新建］命令，进入“新的刀具”对话框，如图 4-42 所示。选中上面第二行第二个图标“OD _ GROOVE _ L”，即外圆车槽左偏刀。单击下面的［确定］按钮，出现一个“Grooving Tool-Standard”（车槽刀具-标准）对话框（见图 4-43 右图），按图所示设置各项参数，其中的“刀具号”设置为 2，再单击下面的［显示刀具］按钮，在工件实体的坐标原点处会呈现一个刀片图形（见图 4-43 左图）。完成全部设置后回到图 4-41“主界面”卡，首先选择切削类型，选中第一行第四个图标［单向直切］。

创建操作
类型 turning
子类型
程序 NC_PROGRAM
使用几何体 JHT
使用刀具 NONE
使用方法 LATHE_GROOVE
名称 gb-3
确定 应用 取消

图 4-41 “创建操作”对话框

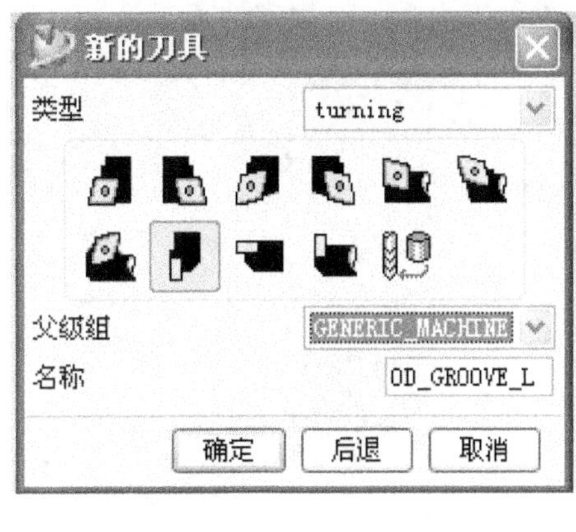

图 4-42 “新的刀具”对话框

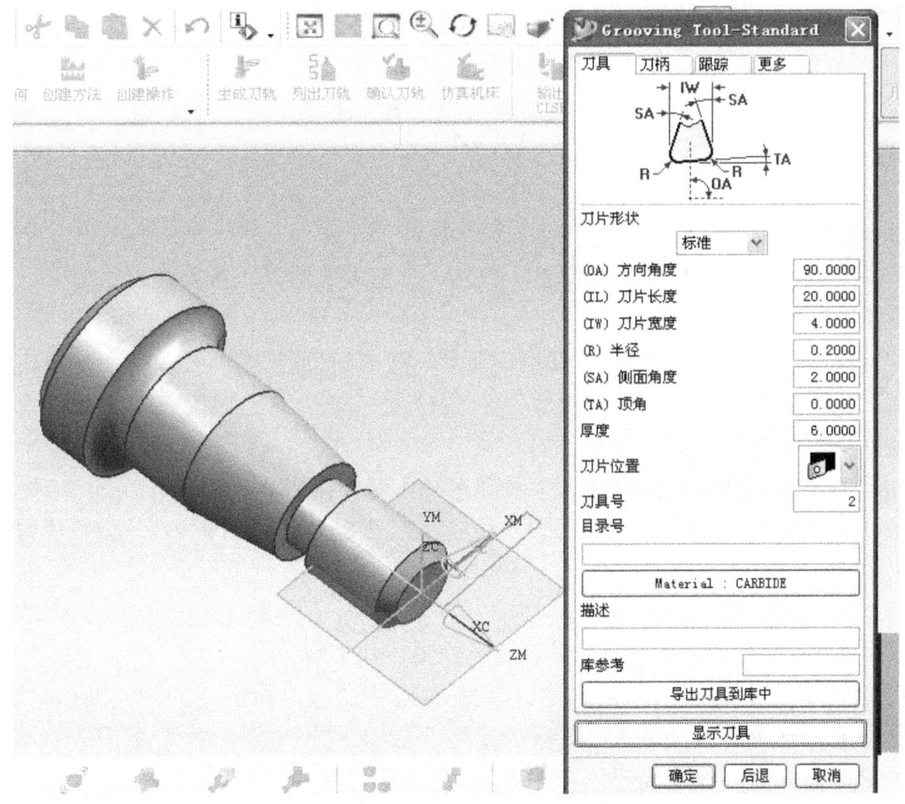

图 4-43 设置切槽刀参数及刀具的显示

1. 设定切削区域　单击图4-25中“切削区域”栏下的［包容］按钮，弹出“几何体包容”对话框（见图4-37右图）。在这个对话框上，将“□修剪”两项分别选中，并分别单击［轴向1］和［轴向2］按钮，然后，用鼠标分别选择沟槽两侧的边界线，此步骤是限定刀具只对这个狭窄的区域进行加工。完成设定后，单击一下［显示切削区域］按钮，会看到工件附近出现一个划定的刀具运行区域，如图4-44所示。

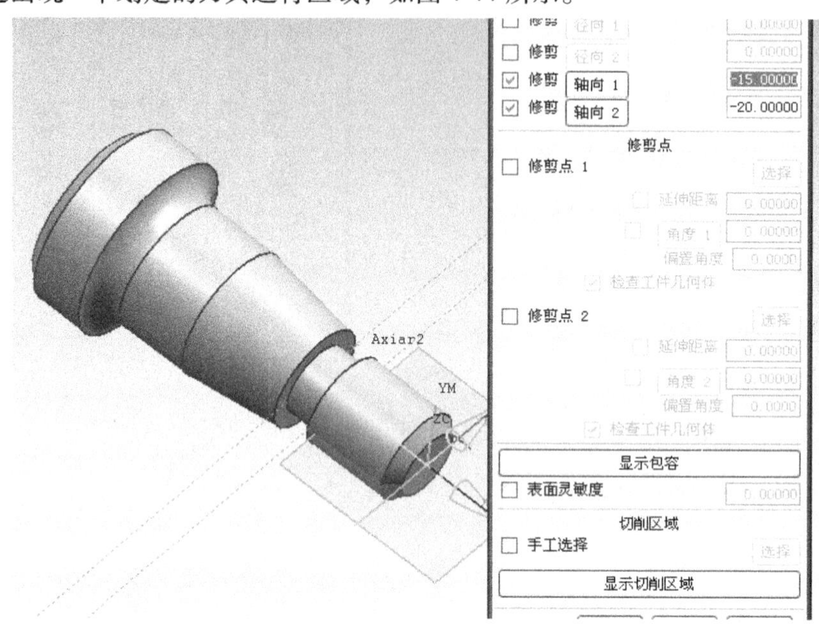

图4-44　设置切削区域

2. 设定切削方式

步进：恒定的

步进：75%

再单击下面带有绝色▼符号的按钮，展开一个更多选项栏。各参数设置如下：

步进角度：180

将“清理”项选中，并选择“仅仅向下”；将“切削控制”项选中，并单击［设置］命令图标，在弹出的图4-45“切削控制”对话框上，将“固定的增量”设置为0.4；其余各项保持默认值不变。

［进刀/退刀］对话框上的选项和参数都保持不变，使用默认值即可。

单击［切削］命令按钮，在出现的“切削”对话框上（见图4-46），设置参数如下：

安全距离：3mm

底切：✓

粗切后驻留：2、回转✓，全部设置情况如图4-46所示。

3. 设定切削参数　单击图4-25中［轮廓加工］命令，在出现的图4-28“轮廓加工选项”对话框上，选中第二行第三个图标［仅向下］，其它选项及参数保持不变。

单击图4-25中［毛坯］命令，在出现的图4-29“毛坯”对话框上，将“粗加工余量”栏下的等距、面、径向三个参数都设置为0，即一次加工到位；“毛坯余量”栏下的“等距”设置数值为4；其它选项保持不变。

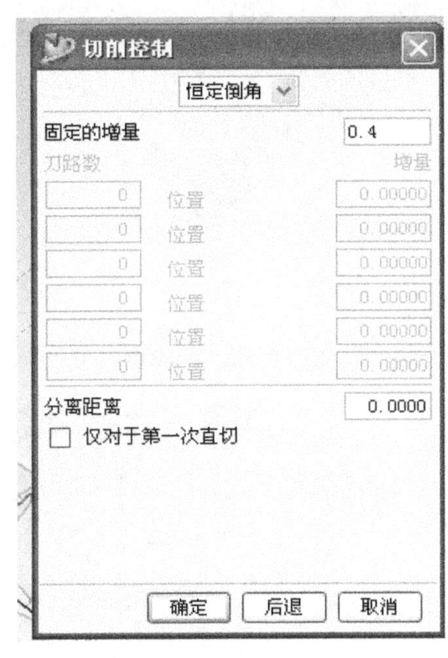

图 4-45 “切削控制”对话框

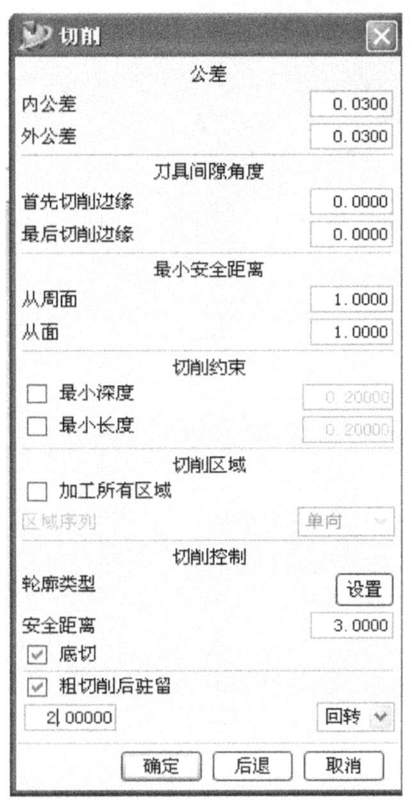

图 4-46 “切削”对话框

单击图 4-25 中［进给率］命令，出现的“进给和速度”对话框（见图 4-30）。本次操作只对“速度”和“进给”这两张卡进行设置。在“速度”卡上的“主轴输出模式”设置为 RPM（r/min）；“主轴速度”设置为 400。在“进给”卡上的“剪切”设置为 0.2mmpr（mm/r）。两张卡上的其它选项及参数都可保持不变。

4. 设定避让参数　在“避让参数”对话框中（见图 4-31）设置如下：

“从点”和“运动到回零点”：XC = 100、YC = 100。

“运动到起点”和“运动到返回点”：XC = －20、YC = 20。

5. 设定机床控制　本次操作只需设置换刀的“刀具号”为 2 即可（见图 4-32），切削液可不使用。

6. 生成刀具轨迹和模拟加工　单击［生成］命令后，生成刀具轨迹；单击［确认］命令后，经 3D 动态仿真加工得到工件的加工效果，情况如图 4-47 所示。

［工步 4］：精车外表面

选用 80°外圆偏刀车削，精车 ϕ28、ϕ20、ϕ16 锥体、R4 圆角、两个倒角及相关长度，所有尺寸一次性加工到位。

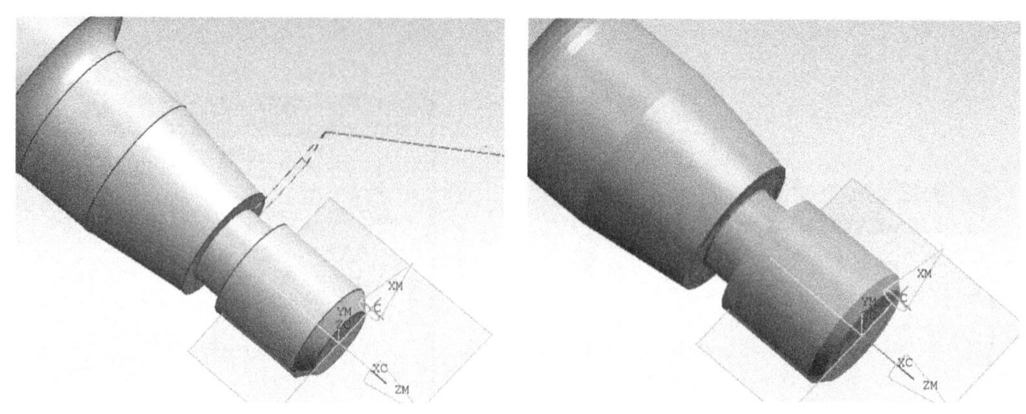

图 4-47　生成的刀具轨迹和仿真加工效果

打开界面右侧的“操作导航器——几何体”，选中前一工步（gb-3 外圆车槽），单击鼠标右键，在弹出的快捷菜单上选择［插入］-［操作］命令。出现“创建操作”对话框（见图4-48），将上面选项及参数选择如下：

图 4-48　“创建操作”对话框

类型：车削

子类型：精车外圆（第二行第六个图标）

程序：PROGRAM

使用几何体：JHT

使用刀具：NONE

使用方法：LATHE _ FINISH（精车）

名称：gb-4（工步 4）

完成上面的设置后，单击［应用］按钮进入“FINISH _ TURN _ OD（精车外圆）”对话框。激活“组”卡，看到刀具栏为 NONE（无），需要设置加工刀具。单击下面的［选择］命令图标，进入“选择刀具”对话框，再单击其上的［新建］命令，进入“新的刀具”对话框，如图 4-49 所示。

选中上面第一行第三个图标“OD _ 55 _ L”，即外圆 55°左偏刀。单击下面的［确定］按钮，出现一个“Turning Tool-Standard”（车削刀具-标准）对话框（见图 4-21），除刀具号设置为 3，其余选项及参数均可保持默认值。再单击下面的［显示刀具］按钮，在工件实体的坐标原点处会呈现一个刀片图形（见图 4-50）。完成全部设置后回到图 4-48“主界面”卡，首先选择切削类型，选中第二行第四个图标［全部完成］。

1. 设定切削区域　单击图 4-17 中“切削区域”栏下的［包容］按钮，弹出“几何体包容”对话框（见图 4-24）。在这个对话框上，将“修剪（轴向 1）”设置为 -62，即将工件加工至 62 长度（比实际工件长 2mm），以保证工件全长都加工到；将“修剪（径向 1）”选中，并单击此按钮，在出现“点构造器”对话框后用鼠标选择最右端处的倒角点，完成设定后，单击一下图 4-24 中［显示切削区域］按钮，会看到工件附近出现一个划定的刀具运行区域，如图4-51所示。

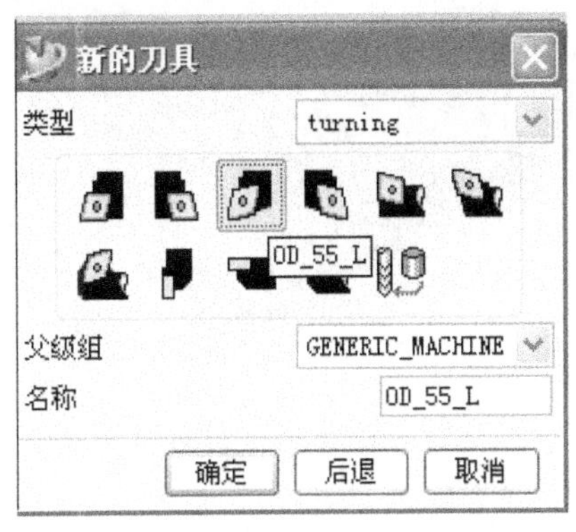

图4-49 “新的刀具”对话框

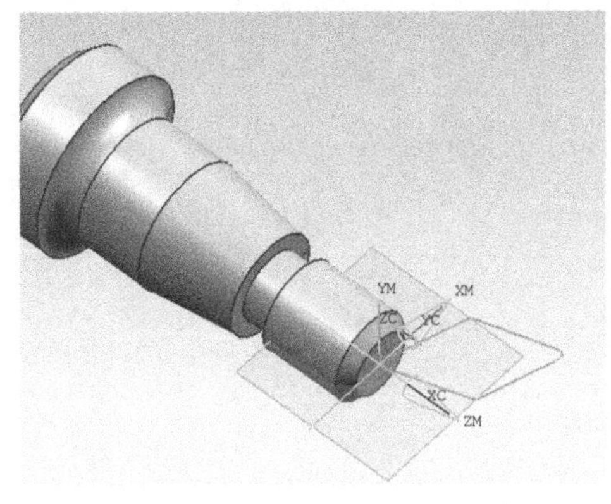

图4-50 显示出刀片形状及位置

2. 设定切削方式

切削角：保持默认值（180°）

方向｛向前｝：保持默认值

［进刀/退刀］和［切削］两个对话框上的选项和参数都保持不变，使用默认值。

3. 设定切削参数　单击图4-17中［毛坯］命令，在出现的“毛坯”对话框上，将“精加工余量”栏下的等距、面、径向三个参数都设置为0，即一次加工到位；“毛坯余量”栏下的“等距”设置数值为4；其它选项保持不变。

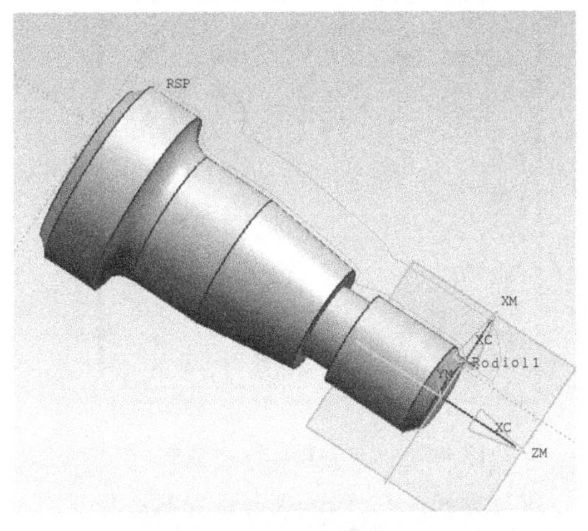

图4-51 显示出的切削区域

单击图4-17中［进给率］命令，出现的“进给和速度”对话框。本次操作只对“速度”和“进给”这两张卡进行设置。在“速度”卡上的“主轴输出模式”设置为RPM（r/min）；“主轴速度”设置为1200。在“进给”卡上的“剪切”设置为0.2mmpr（mm/r）。两张卡上的其它选项及参数都可保持不变。

4. 设定避让参数　在图4-31“避让参数”对话框中设置如下：

“从点”和“运动到回零点”：XC=100、YC=100。

“运动到起点”和“运动到返回点”：XC=－20、YC=20。

5. 设定机床控制　本次操作只需设置换刀的“刀具号”为3即可，切削液可不使用。

6. 生成刀具轨迹和模拟加工　单击［生成］命令后，生成刀具轨迹；单击［确认］命令后，经3D动态仿真加工得到工件的加工效果，情况如图4-52所示。

［工步5］：精车外螺纹

选用60°螺纹刀车削，将M14×1.5的外螺纹加工完成。

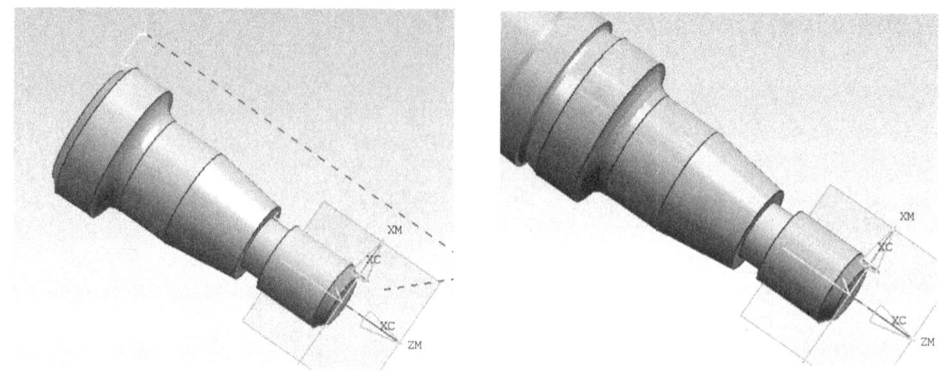

图 4-52　生成的刀具轨迹和仿真加工效果

图 4-53　“创建操作”对话框

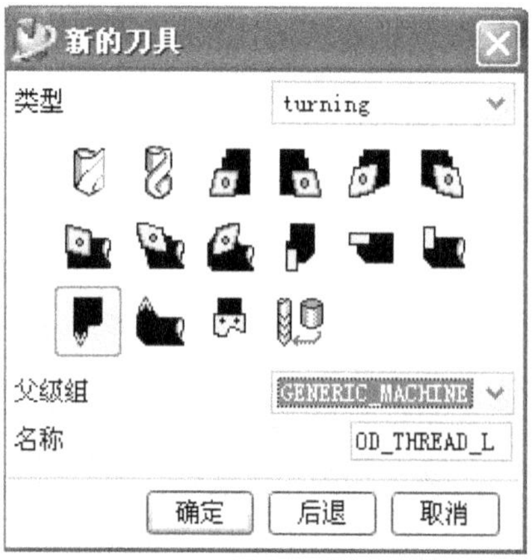

图 4-54　“新的刀具”对话框

图 4-55　“Threading Tool-Standard”对话框

打开界面右侧的“操作导航器——几何体”，选中前一工步（gb-4 精车外圆），单击鼠标右键，在弹出的快捷菜单上选择［插入］-［操作］命令。出现“创建操作”对话框，将上面选项及参数选择如下（见图 4-53）：

类型：车削

子类型：车外螺纹（第四行第一个图标）

程序：PROGRAM

使用几何体：JHT

使用刀具：NONE

使用方法：LATHE _ THREAD（车外螺纹）

名称：gb-5（工步 5）

完成上面的设置后，单击［应用］按钮进入“LATHE _ THREAD（车外螺纹）”对话框。激活“组”卡，看到刀具栏为 NONE（无），需要设置加工刀具。单击下面的［选择］命令图标，进入“选择刀具”对话框，再单击其上的［新建］命令，进入“新的刀具”对话框，如图 4-54 所示。选中上面第三行第一个图标“OD-THREAD-L”，即车外螺纹左偏刀。单击下面的［确定］按钮，出现一个“Threading Tool-Standard”（车螺纹刀具-标准）对话框（见图 4-55），按图所示设置各项参数，其中的刀具号设置为 4，再单击下面的［显示刀具］按钮，在工件实体的坐标原点处，会呈现一个刀片图形，如图 4-56 所示，完成全部设置后回到“主界面”卡。

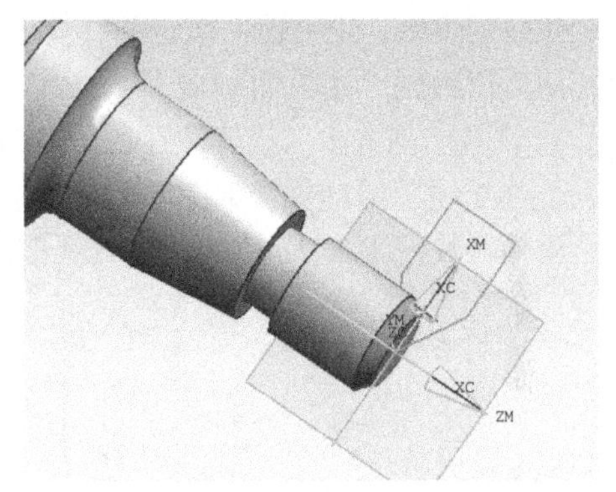

图 4-56　显示刀具形状及位置

1. 设置螺纹加工区域　在“螺纹几何体”栏下，单击［选择］按钮，设置要加工的外螺纹圆柱体，在线框模式下选中外圆柱草图曲线（M14）。提请注意的是要将光标选定在靠近右端面处，这样才能保证螺纹加工的起刀点在端面附近。

单击对话框下面的［设置］按钮，进行螺纹加工深度的设置，此时，弹出一个“总的

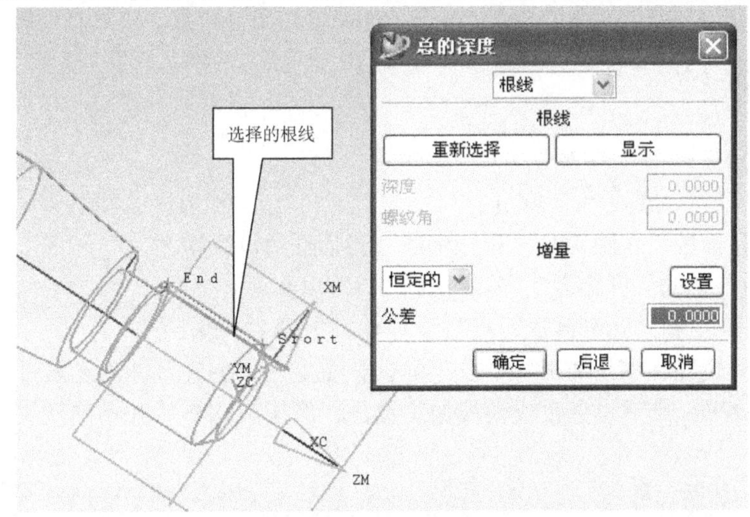

图 4-57　选择根线及设置加工深度

深度”对话框，如图4-57所示。通过这个对话框来设定加工螺纹的总深度和各刀的加工深度。单击“根线”栏下的［选择］按钮，选定螺纹的总深度线，这根线就是螺纹的底径，在构造三维实体模型时，已经事先画出来了（绘制该直线时，需要根据图纸要求查相关的设计手册来确定其直径大小）。选中后返回到对话框，通过单击右侧的［显示］按钮，可以观察选择的正确性。然后，将“增量”栏的下拉列表选择为“恒定的”，再单击［设置］按钮，在出现的“固定的增量”对话框中（见图4-58），将“增量”值设定为0.3，返回本对话框。

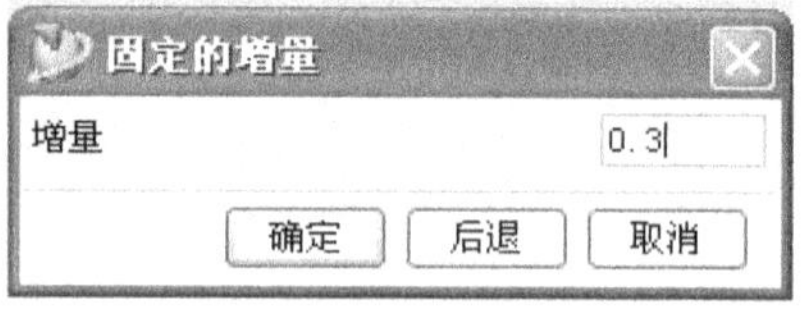

图4-58 “固定的增量”对话框

2. 设置螺纹加工参数　在“主界面”卡上，设置螺纹的螺距，单击“螺距/头数/Tpmm”右侧的［指定］按钮，弹出“可变节距/前角/Tpmm”对话框，通过这个对话框来设定螺纹的参数，定义值：恒定的；输入单位：螺距；螺距：1.5；其它如图4-59所示。设置完毕后返回到“主界面”卡。

3. 设置切削方式　设置螺纹切削的起刀点和退刀点，单击［偏置/终止线］按钮，出现“偏置/终止线”对话框，如图4-60所示。在这个对话框中分别对“起始”和“结束”的数据栏里输入数值2，表示刀具运行的提前量和延迟量。

图4-59 设置螺纹参数

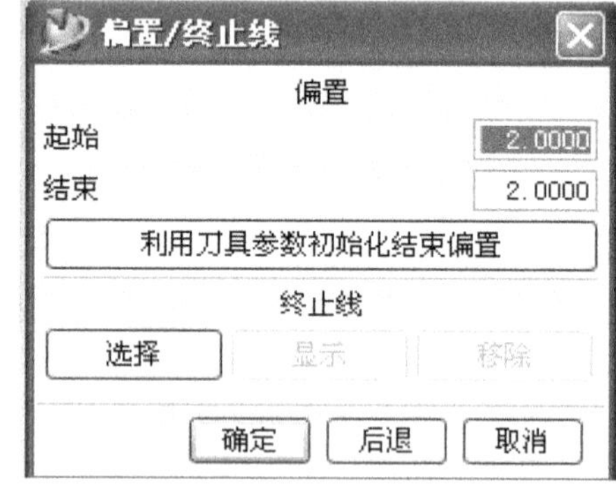

图4-60 “偏置/终止线”对话框

4. 设置切削参数

主轴转速：300r/min

剪切：1.5mm/r

机床控制只设置刀具号为4即可。

5. 设定避让参数　在图4-31“避让参数”对话框中设置如下：

“从点”和“运动到回零点”：XC=100、YC=100。

“运动到起点”和“运动到返回点”：XC=−20、YC=20。

6. 生成刀具轨迹和模拟加工　单击［生成］命令后，生成刀具轨迹如图4-61所示；单击［确认］命令后，虽然也会生成模拟加工过程，但切削完毕后并不能产生真实感的螺纹特征。

［工步6］：切断工件

选用宽度为4的切断刀，总长度留61，将工件切断。

打开界面右侧的“操作导航器——几何体”，选中前一工步（gb-5 车外螺纹），单击鼠标右键，在弹出的快捷菜单上选择［插入］-［操作］命令。出现“创建操作”对话框（见图4-62），将上面选项及参数选择如下：

类型：车削

子类型：车外槽（第三行第四个图标）

程序：PROGRAM

使用几何体：JHT

使用刀具：OD _ GROOVE _ L

使用方法：METHOD（方法）

名称：gb-6（工步6）

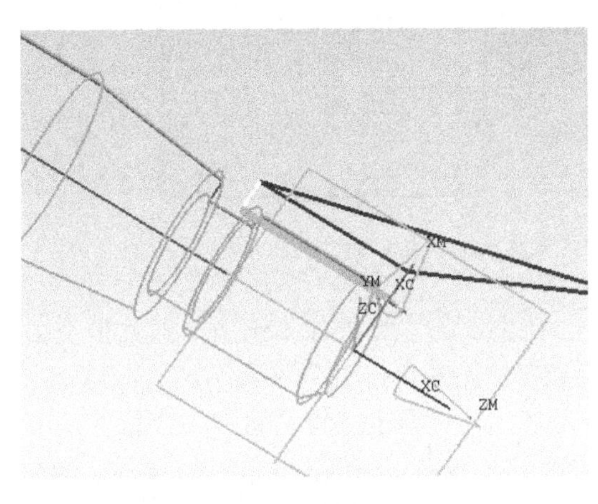

图 4-61　生成螺纹切削轨迹

图 4-62　“创建操作”对话框

单击［应用］按钮进入车外槽对话框。“组”卡上的所有参数项都已设置好了，主要对“主界面”卡进行设置。首先，设定切削类型，选中第一行第四个图标（单向直切）。

1. 设定切削区域　单击图 4-17“切削区域”栏下的［包容］按钮，弹出图 4-24“几何体包容”对话框。在这个对话框上，将“修剪（轴向 1）”设置为 -61，即保留工件为 61 长度（比实际工件长 1mm），将“修剪（轴向 2）”设置为 -65，这两个轴向点之间的距离为 4，即切断刀的宽度；将“修剪（径向 1）”选中，并在数据栏里输入 3，表示刀具行进到直径 6mm 时退回，不让刀具直接切断工件，而是保留一个小轴柄，然后在主轴停转后用手将其折断，这样会更安全。完成设定后，单击一下［显示切削区域］按钮，会看到工件附近出现一个划定的刀具运行区域，如图 4-63 所示。

2. 设定切削方式

步进：恒定的 75%；

［进刀/退刀］和［切削］两个对话框上的选项和参数都保持不变，使用默认值即可。

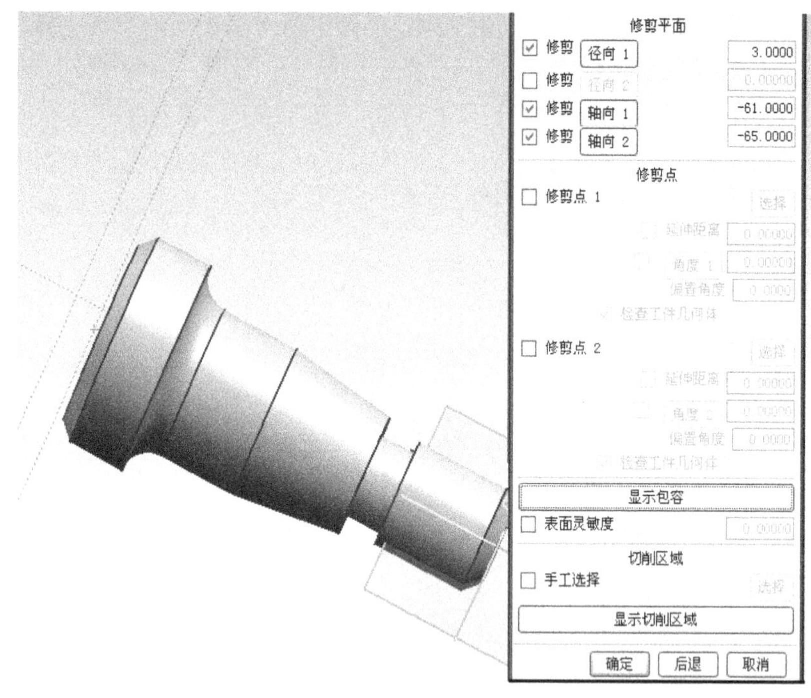

图 4-63　设定切削区域及显示情况

3. 设定切削参数　单击［轮廓加工］命令，在出现的“轮廓加工选项”对话框上，选中第二行第三个图标［仅向下］，其它选项及参数保持不变，如图 4-64 所示。

单击图 4-17 中［毛坯］命令，在出现的“毛坯”对话框上，将“粗加工余量”栏下的等距、面、径向三个参数都设置为 0；“毛坯余量”栏下的“等距”设置数值为 4；其它选项保持不变。

单击图 4-17 中［进给率］命令，出现的“进给和速度”对话框。本次操作只对“速度”和“进给”这两张卡进行设置。在“速度”卡上的“主轴输出模式”设置为 RPM（r/min）；“主轴速度”设置为 300。在“进给”卡上的“剪切”设置为 0. 2mmpr（mm/r）。两张卡上的其它选项及参数都可保持不变。

4. 设定避让参数　在图 4-31“避让参数”对话框中设置如下：

“从点”和“运动到回零点”：XC = 100、YC = 100。

“运动到起点”和“运动到返回点”：XC = －65、YC = 20。

5. 设定机床控制　本次对机床的控制设置如下：

刀具号：2

开始事件：切削液开

结束事件：切削液关、主轴停止。

图 4-64　“轮廓加工选项”对话框

6. 生成刀具轨迹和模拟加工　单击［生成］命令后，生成刀具轨迹；单击［确认］命令后，经3D动态仿真加工得到工件的加工效果，情况如图4-65所示。

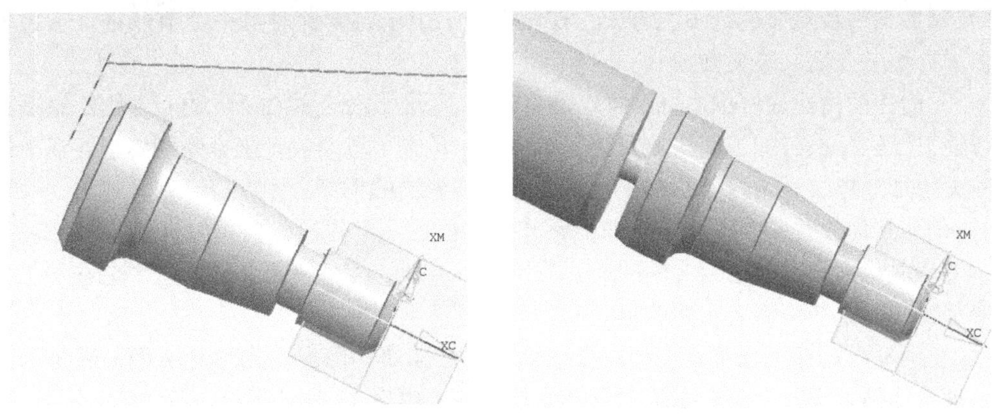

图4-65　生成的刀具轨迹和仿真加工效果

操作05：生成CNC程序（数控加工程序）

通过操作导航器，用鼠标将6个工步即gb-1～gb-6的刀具轨迹全部选中，然后，单击"加工操作"工具条上［后处理］命令图标，会出现一个"后处理"对话框。选择上面"可用机床"栏中的"LATHE_2_AXIS_TOOL_TIP"选项，即2轴后置刀架车床；给文件起个名字，如图4-66所示。完成上面的设置后，单击［应用］按钮，出现一个"信息"对话框，这个对话框中列出了所有工步的加工程序，如图4-67所示。其实，由于我们选择了从工步1到工步6的刀具轨迹文档，它所生成的是一个程序组。需要说明的是，在实际生产中要根据具体机床的数控系统设定，对程序中的个别命令或语句要进行修改和编辑，才能输入到数控车床中使用。

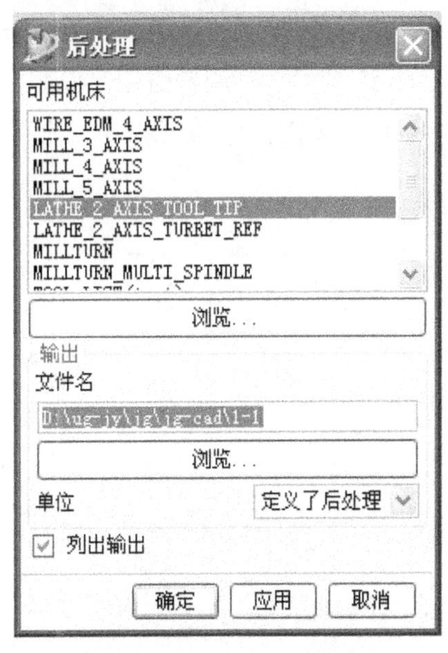

图4-66　"后处理"对话框

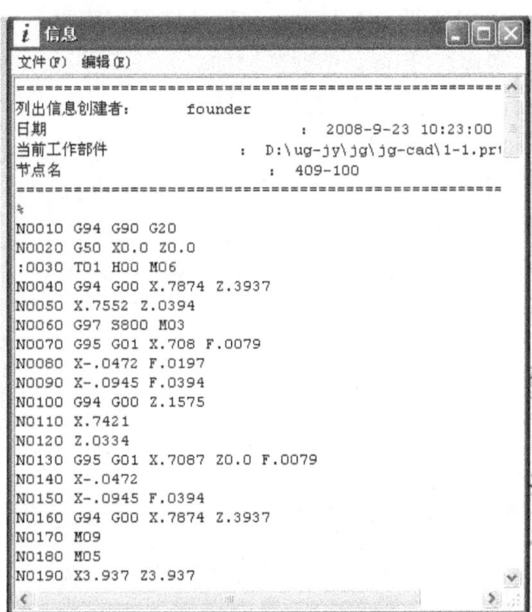

图4-67　"信息"对话框

要点归纳：

通过“限位轴”的加工操作设计，可以概括出以下几项知识和操作要点：

1）对加工件首先要进行工艺分析，在制订加工工步时要针对每个细节特征，考虑如何选用刀具、切削方法、装夹方式等。

2）车削件的构建最好像本例那样，在 XC-YC 基准平面上并在 XC 轴上方绘制纵截面草图，以使工作坐标系与加工模块的系统保持一致，免去了重新设定坐标系的麻烦，遇有螺纹特征时无论是外螺纹还是内螺纹都需要事先绘制好螺纹的根线。

3）创建几何体是一项极其重要的步骤，通过创建几何体操作要将工件的坐标系、工件界面、毛坯形状大小以及它们之间的相互位置告诉系统，使计算机知道哪些部分在加工过程中是要保留的，哪些是需要去除的。

4）正确地设定加工环境是保证可靠地创建加工操作的前提，无论是类型，还是子类型都要合理地选择，实际上这是在选定具体操作的加工模板。

5）合理地选择切削所用的刀具类型和参数，这是保证有效加工的基础，如刀具的形状、尺寸、刀具的编号等，在实际生产中还要注意所设置的刀具全部参数必须与真正使用的刀具完全保持一致。

6）在每个工步的操作设计中，要特别注意切削区域地选择，一般来说，每个工步只完成某一区域的切削加工，以保证加工的有效性和可靠性，勿使刀具与工件的非切削区域发生碰撞。

7）切削方式、切削参数、机床控制等的设置，可根据实际工件的特点和经验进行具体的设置，如某些选项和参数值没有把握时，可取系统的默认值。

8）对避让参数的设定要特别小心，主要是出发点、结束点、起刀点和退刀点的设置一定要精心安排，重点考虑两点：不要发生刀具碰撞，同时缩短加工行程。

9）每一工步的创建操作完成后，一定要生成刀具轨迹，并通过动态仿真验证，反复观察切削过程的有效性和可靠性，最后，别忘记单击确定按钮将设计好的操作保存起来。

10）全部加工创建操作设计好后，可将所有工步选中一次性地生成数控加工程序。

实操演练 08：止动套的加工

【止动套】的加工编程设计

止动套如图 4-68 所示，是一个典型的盘套类加工件，其外表面已经加工完毕，而孔及内表面还未进行加工。工件的左端面也已经加工至要求尺寸，右端面还留有 2mm 的余量，需要先钻孔操作，然后再进行内表面的车削。

工艺分析：

用自动定心卡盘夹紧 ϕ35 外圆表面，用百分表找正 ϕ62 表面，径向跳动控制在 0. 02mm 以内。

［工步 1］：钻孔

选用 ϕ24 钻头，设定为 1 号刀具，钻头长度至少要大于 60，保证钻透工件的总长度。

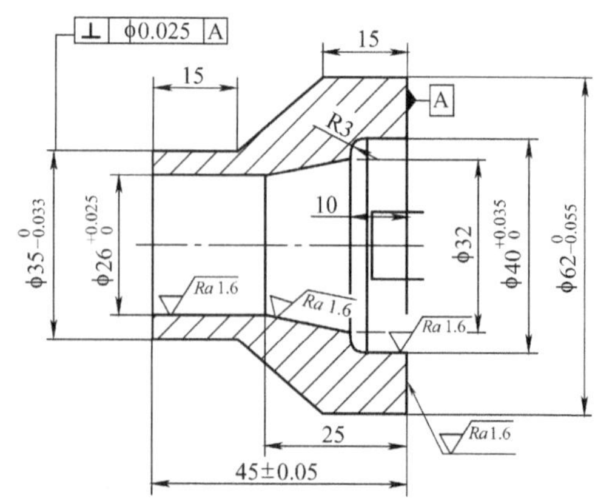

图 4-68　止动套（材料：45 钢）

［工步 2］：车削右端面

选用 80°外圆偏刀，设定为 2 号刀具，一次加工到尺寸及公差要求。

［工步 3］：粗车内孔

选用 55°内孔偏刀，设定为 3 号刀具，加工所有内孔表面，轴向和径向分别留 0.5mm 的加工余量。

［工步 4］：精车内孔

仍选用 3 号刀具，加工所有内孔表面至尺寸要求，注意保证公差和粗糙度要求。

除钻孔工步的加工特别提示外，用户可按提示的操作步骤和各阶段生成的刀具轨迹、仿真加工效果图，自行完成整个加工设计任务。

操作 01：构建工件实体模型

可仿照“限位轴”的建模方法，建好的实体如图 4-69 所示。

操作 02：设置加工环境

启动加工模块，设置加工环境：车削。

操作 03：设置工件坐标系、工件几何体和毛坯几何体

毛坯是外表面已经加工好的工件，只是右端面尚留有 2mm 的余量，在设定毛坯位置是一定要注意这一点，设置情况如图 4-70 所示。

图 4-69　构建的工件实体

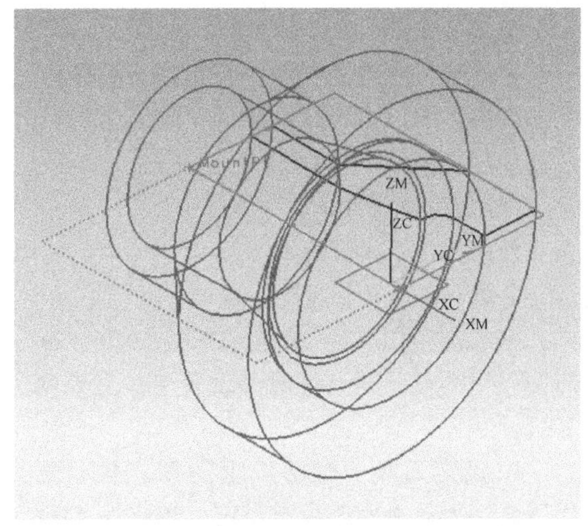

图 4-70　设置的工件几何体

操作 04：调整工件（工作）坐标系

由于刀具的安装是以工件坐标系来确定，在使用钻削工具时，会发现钻头是以 ZC 轴方向放置的，因此，需要在钻削加工时将其调整过来。

单击［格式］-［WCS］-［旋转］命令，在出现的“旋转 WCS 绕….”对话框上，选中“⊙ + YC 轴：ZC—> XC”选项（见图 4-71），再单击［确定］按钮，完成工件坐标系的调整，如图 4-72 所示。

操作 05：创建各工步加工操作

［工步 1］钻孔

用 ϕ24mm 钻头钻出一个通孔，钻深为 62mm。

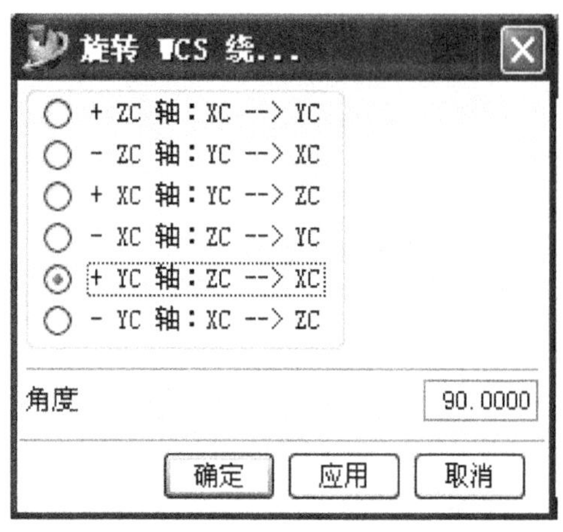

图 4-71 “旋转 WCS 绕…”对话框

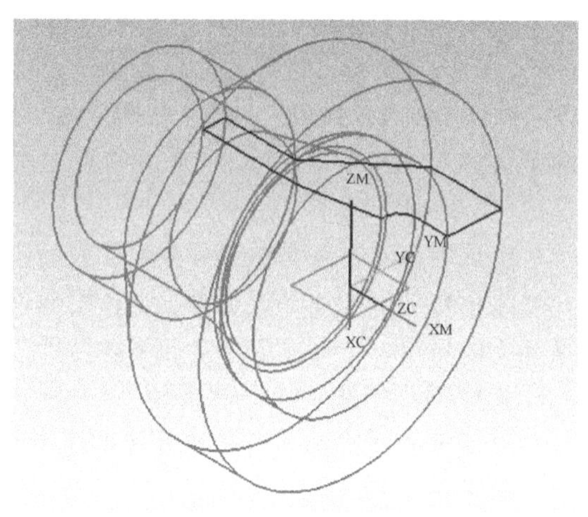

图 4-72 重新调整的工件坐标系

单击［创建操作］命令，在出现的“创建操作”对话框上设置各选项及参数如下（见图 4-73）：

类型：车削

子类型：断屑钻（第一行第四个图标）

程序：NC _ PROGRAM

使用几何体：JHT

使用刀具：NONE

使用方法：METHOD

名称：gb-1（工步 1）

完成后单击［应用］按钮，进入图 4-74“断屑钻”对话框。其上有两个设置卡：主界面和组。

1. 设定刀具　激活“组”卡，从上面可以看到刀具一栏还没有设定。单击图 4-74 下面的［选择］按钮，出现“选择刀具”对话框；再单击［新建］按钮，进入“新的刀具”对话框，如图 4-75 所示。选择上面第二个图标［钻削刀具］，在名称栏里输入 D24（ϕ24 钻头），单击［确定］按钮又进入图 4-76“钻刀”对话框。在这个对话里需要设置的参数如下：

图 4-73 “创建操作”对话框

直径：24

刃口长度：100

刀具号：1

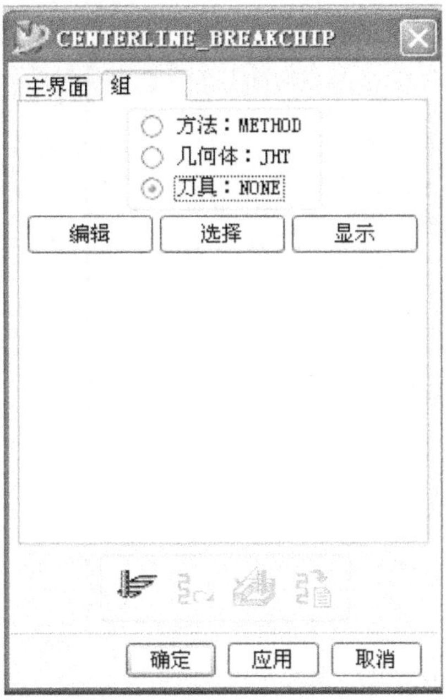

图 4-74 “断屑钻”对话框

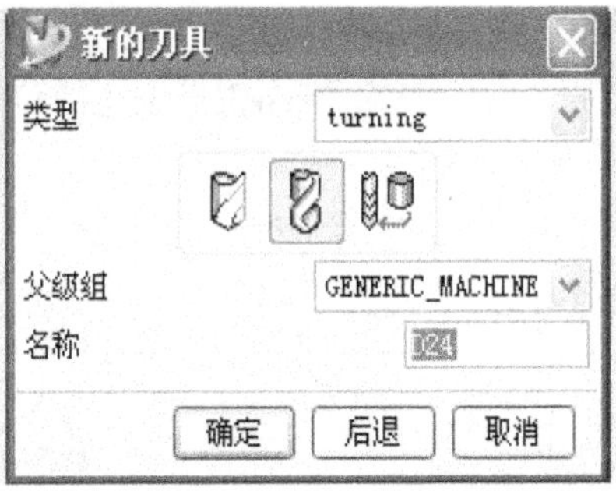

图 4-75 “新的刀具”对话框

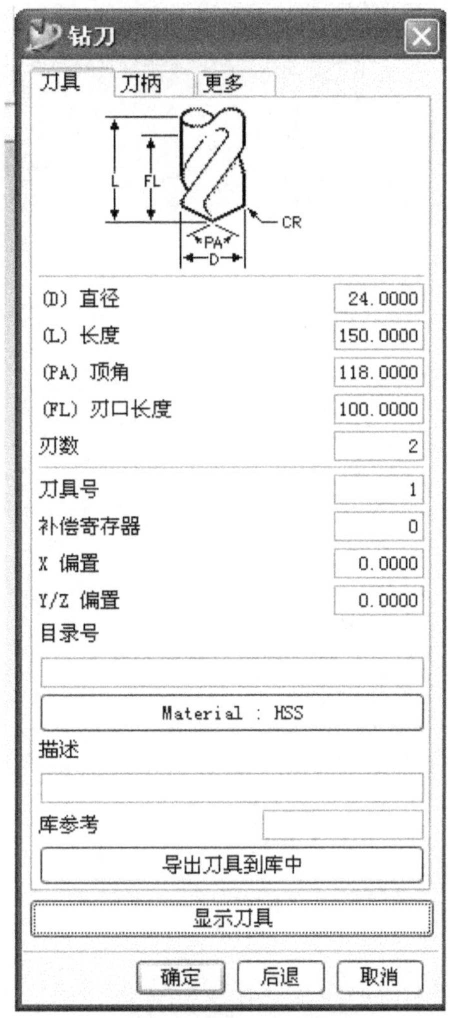

图 4-76 “钻刀”对话框

其它参数可取默认值，设置结果如图 4-76 所示。参数设置好后，单击一下［显示刀具］图标，会看到在工件附近出现一个刀具轮廓图形，如图 4-77 所示。

完成了刀具设置后，单击［确定］按钮，回到“创建操作”对话框，并将“主界面”卡激活。

2. 设置钻削方式　将“循环”栏下的下拉列表打开，选择“钻、断屑”，单击右侧的［设置］按钮，出现一个图 4-78“循环参数”对话框，上面有“主界面”和“排屑”两张卡，分别设置如下：

安全距离：3

增量类型：恒定的

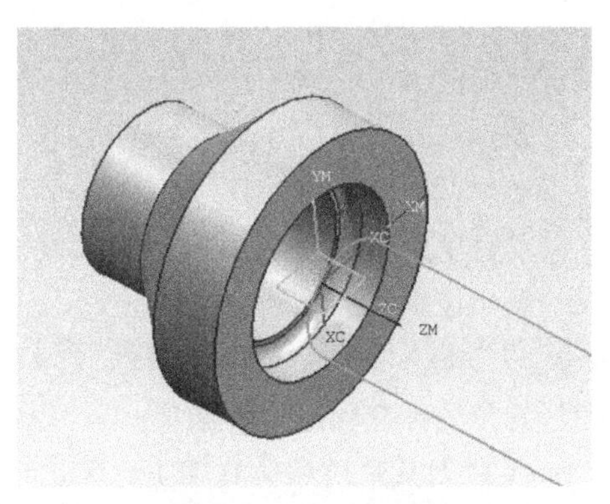

图 4-77 显示刀具轮廓

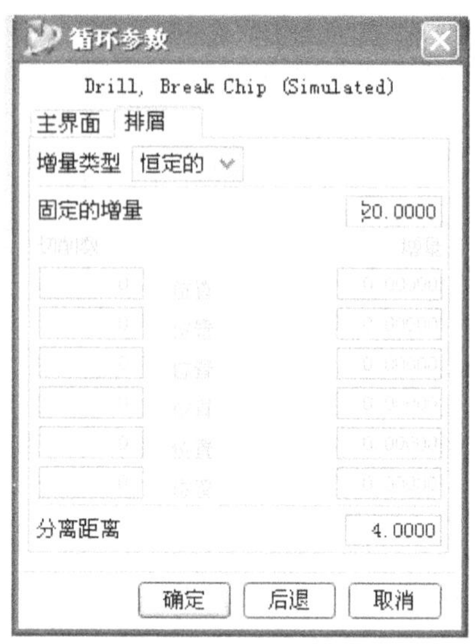

图 4-78 “循环参数”对话框

固定的增量：20

分离距离：4

其它参数可保持默认值，如图 4-78 所示。设置完毕后，单击［确定］按钮返回原对话框。

单击“主界面”对话框上［总的深度］按钮，在出现的“总的深度”对话框上（见图 4-79），设置：

深度：47

突破：2

设置完成后返回主界面对话框。

3. 设置切削参数　打开“进给和速度”对话框后，设置：主轴速度 = 500r/min、剪切 = 0.5mm/r。

4. 设置避让参数（参见图 4-31）

从点：XC = 0、YC = 100、ZC = 100；

运动到回零点：XC = 0、YC = 100、ZC = 100；

运动到起点：XC = 0、YC = 0、ZC = 5；

运动到返回点：XC = 0、YC = 0、ZC = 5。

设置完毕后，单击［显示］图标可以观察各参数点的确切位置。

图 4-79 “总的深度”对话框

5. 设置机床控制　可以依照前面的方法，设定切削液的开关和主轴停止等选项。

6. 生成刀具轨迹和仿真加工　单击［生成］和［确认］两个按钮可以生成钻削的轨迹和产生模拟加工过程，其刀具轨迹和仿真加工效果如图 4-80 所示。

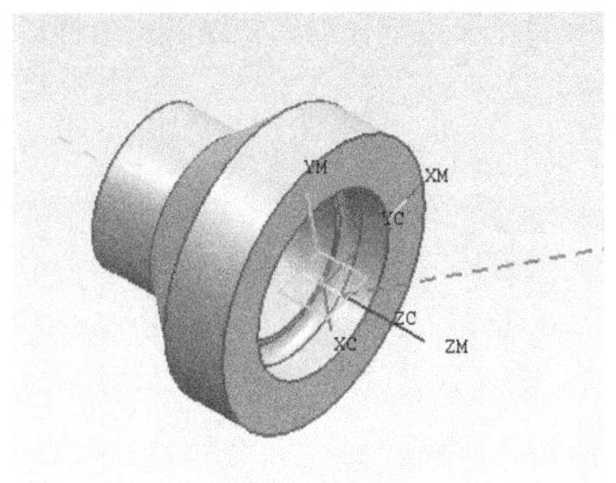

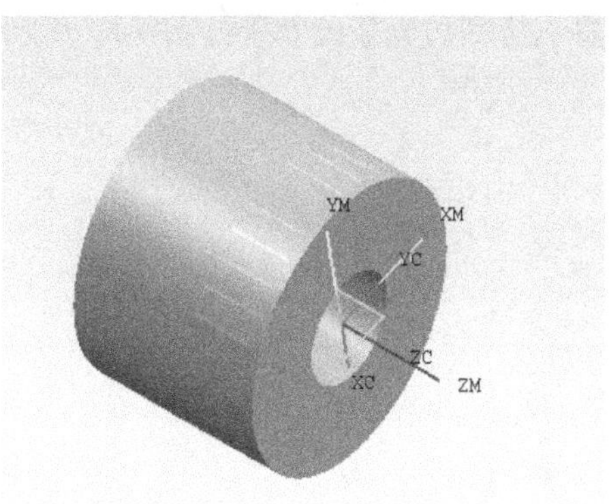

图 4-80　生成的刀轨和仿真加工效果

完成前面的钻孔操作后，需要重新将工件（工作）坐标系调整到原始状态，即选中“⊙-YC 轴：XC-- > ZC”选项，将“角度”设为 90°，如图 4-81 所示，单击［确定］按钮，结束坐标系的设定。

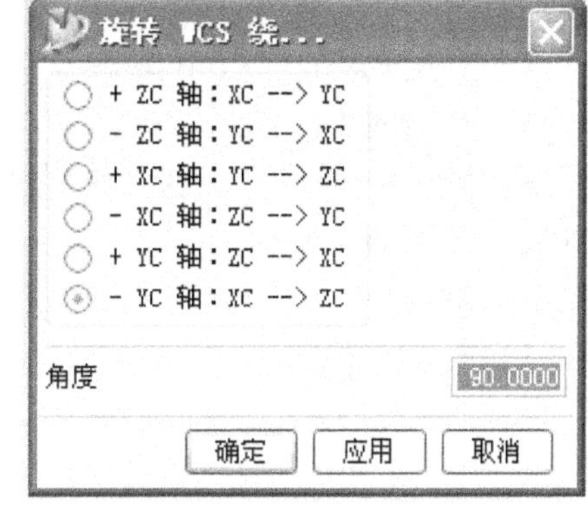

图 4-81　重新调整工件坐标系

［工步 2］：车削右端面

选用 80°外圆偏刀，设定为 2 号刀具，一次加工完成。

［工步 3］：粗车内孔

选用 55°内孔偏刀，设定为 3 号刀具，加工所有内孔表面，轴向和径向分别留 0.5mm 的加工余量，生成的刀具轨迹和仿真加工效果如图 4-82 所示。

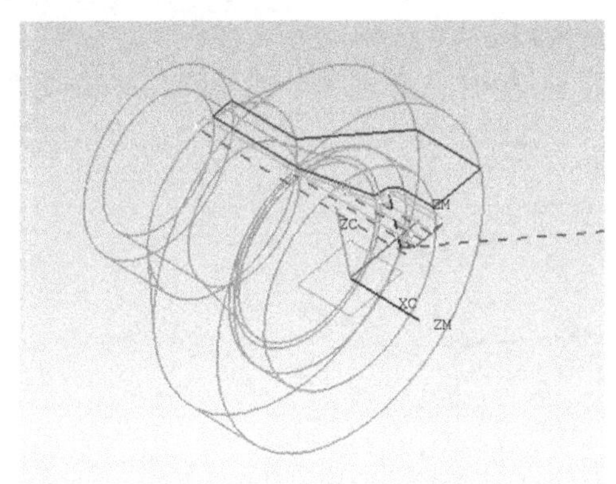

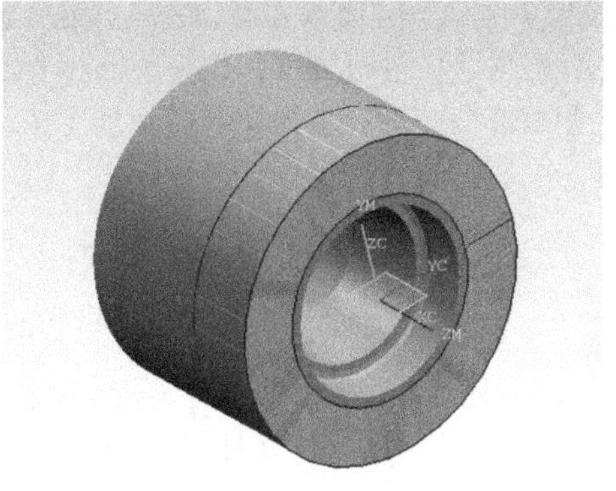

图 4-82　生成的内孔刀轨和仿真加工效果

需要特别指出的是，内表面的车削要注意刀柄的精心设置，勿使刀具碰撞到工件，车刀的宽度不能大于所钻孔的直径。

［工步 4］：精车内孔

仍选用 3 号刀具，加工所有内孔表面至尺寸要求，注意保证公差和表面粗糙度要求，生成的刀具轨迹和仿真加工效果如图 4-83 所示。用户自己完成数控加工程序的生成操作。

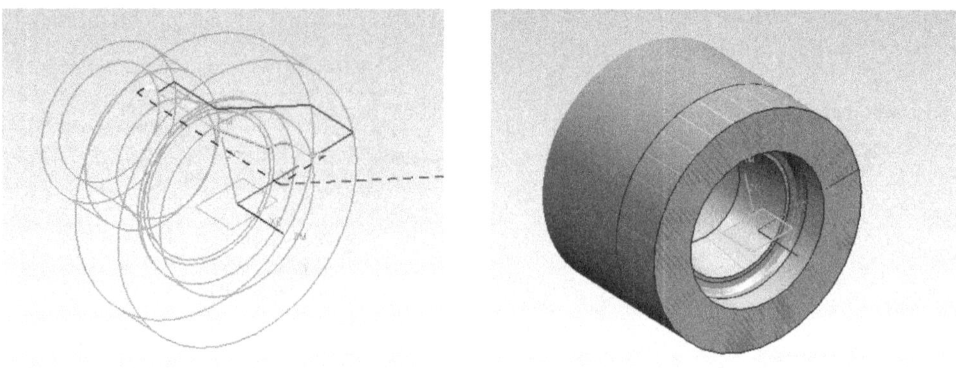

图 4-83　生成的内孔精加工刀轨和仿真加工效果

训 练 作 业

用所学的创建加工知识和操作命令，完成下面的训练作业项目的编程设计：

【4-01】螺纹轴的加工

选用 ϕ35 棒料加工，一次装夹完成全部加工表面后将工件切断。将加工坐标系设定在轴线右端面处，如图 4-84 所示。

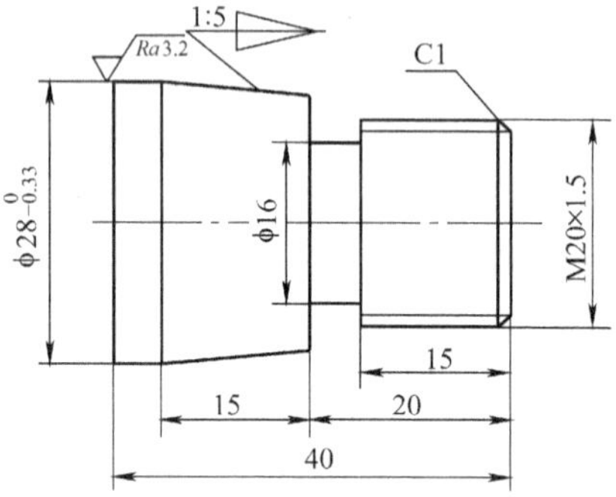

【4-02】导轴的加工

导轴的零件图如图 4-85 所示，选用 ϕ55 棒料加工。先进行工艺分析，设计出各个加工工步，并创建全部车加工操作。

【4-03】手摇把的加工

手摇把的零件图如图 4-86 所示，选用 ϕ45 棒料加工。分两次装夹进行加工：先完成 ϕ24 圆柱和 M12 ×1. 5 螺纹部分的车削；后装夹此部分再加工曲面部分；设计出具体的各个加工工步，并创建全部车加工操作，完成后生成数控加工程序。

图 4-84　螺纹轴与加工坐标系

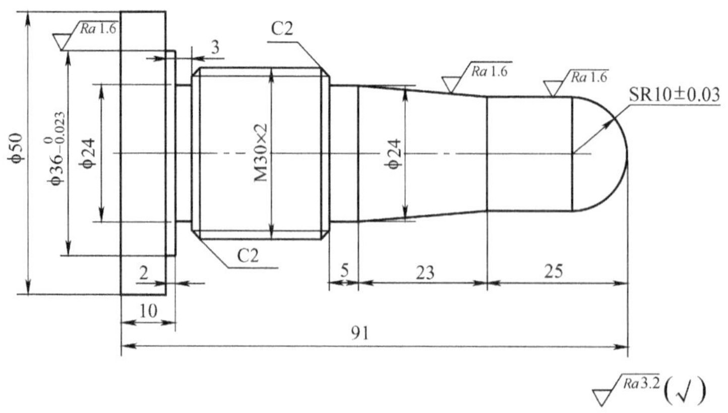

图 4-85　导轴（材料：45 钢）

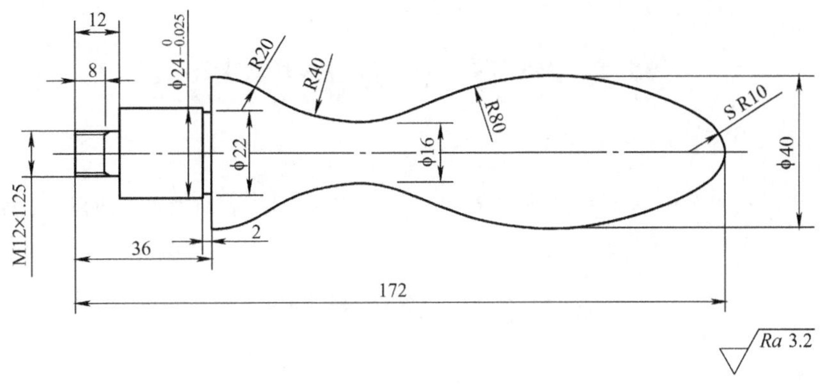

图 4-86 手摇把（材料：45 钢）

【4-04】固定套的加工

固定套的零件图如图 4-87 所示，选用 ϕ50 棒料加工。设计出加工工步，完成加工操作的创建，并生成数控加工程序。此件的左端面及 2 ×45°倒角的加工不在数控机床上进行，工件切断后用卧式车床加工完成。

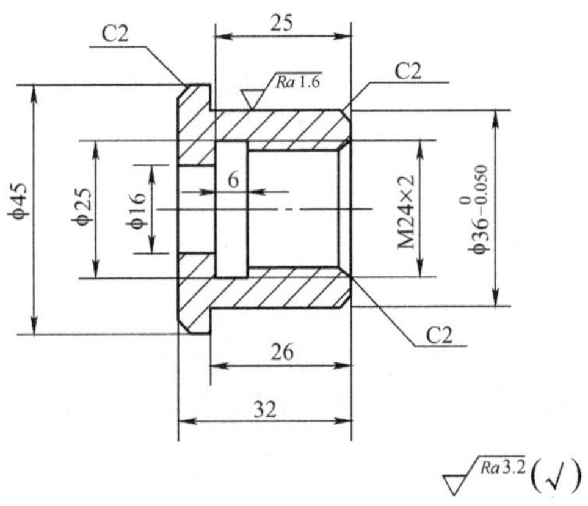

图 4-87 固定套（材料：45 钢棒料）

第5单元　平面铣加工

单元要点：熟悉UG加工模块中平面铣模板的功能，并运用所提供的操作界面、操作命令和加工创建工具对直壁型工件的凸台面、凹槽的数控加工编程设计。

项目5-1　定心模的加工

任务目标：

定心模是模具中用于定位的一个模座，如图5-1所示。此加工件有一个凹槽，凹腔边缘由直线和圆弧线构成，凹槽中有一个直径为24的圆凸台，高度为10，左右两端各有一个半圆凹槽。此件精度虽不是很高，但边界轮廓比较复杂，宜采用数控铣床或立式加工中心机床加工。要求对其进行计算机数控编程，设计出加工刀具轨迹，并生成CNC加工程序。

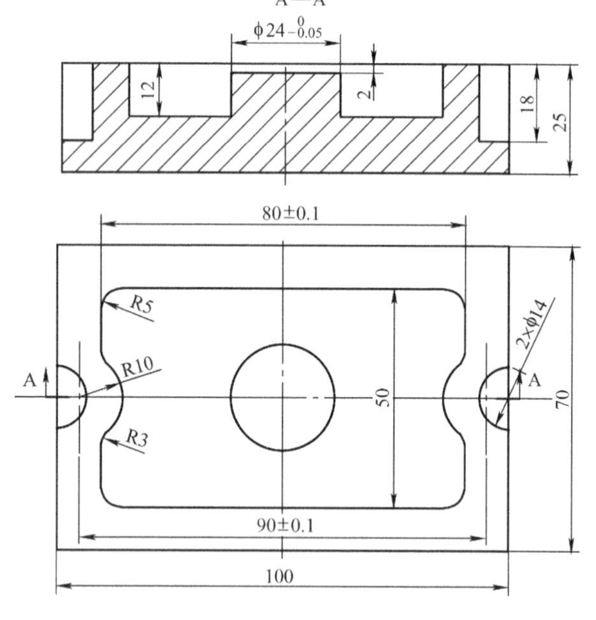

图5-1　定心模（材料：45钢）

工艺分析：

1. 加工条件

工件毛坯：100×70×27板料，底平面及周边已加工完毕。

加工机床：立式加工中心。

2. 加工工序　以底平面及两个相互垂直的侧表面进行定位和装夹，一次性装夹后，完成全部切削操作。共设计5个加工工步如下：

[工步1]：铣削工件顶面

选用ϕ30端铣刀，刀具号设定为1。用“面铣”方式加工，分两次铣削，加工至高度尺寸要求。

[工步2]：粗铣大凹槽和圆柱台

选用ϕ10端铣刀，刀具号设定为2。用“平面铣”方式加工，槽内周边及底平面分别留0.5mm的余量，用于精铣加工。

[工步3]：粗铣半圆柱槽

仍用2号铣刀，用“平面铣”方式加工，周边及底平面各留0.5mm余量，用于精加工。

[工步4]：精铣大凹槽和圆柱台

选用ϕ5端铣刀，刀具号设定为3。用“平面铣”方式精加工至尺寸要求。

[工步5]：精铣半圆柱槽

仍用3号铣刀，用“平面铣”方式精加工至尺寸要求。

操作步骤：

操作01：设计工件的实体模型

用建模模块构建工件实体模型时，在XC-YC基准平面上绘制轮廓草图；在实体拉伸时注意将坐标原点设定在工件上平面的中心点处；建好实体模型后，不必把草图、基准及坐标系隐藏起来，因为，在创建工件几何体时要用到这些要素，创建的工件实体及相关要素如图5-2所示。

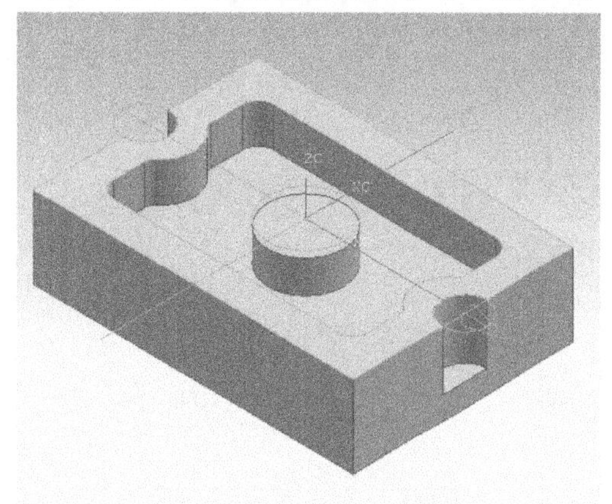

图5-2 构建出的工件实体

操作02：设置加工环境

单击［起始］-［加工］命令，界面上会出现一个“加工环境”对话框，如图5-3所示。将“CAM会话配置”栏里面的“cam-general”项选中，将“CAM设置”栏里面的“mill _ planar”项选中，此设置是确定使用数控铣床进行平面铣削加工。完成上面的设定后，单击［初始化］按钮，结束加工环境设置，进入数控加工操作界面。这个过程是让系统调入适合本项加工操作所可能用到的各种设计操作的模板。

操作03：创建几何体

单击“加工创建”工具条上的［创建几何体］命令图标，在出现的“创建几何体”对话框中（见图5-4），首先，将最上面一栏“类型”中选定“mill _ planar”（平面铣），它决定了所有下面各个选项的加工模板。

加工环境

CAM 会话配置：

cam_general
cam_library
cam_part_planner_library
cam_teamcenter_library
feature_machining
hole_making
hole_making_mw
lathe

浏览

CAM 设置：

mill_planar
mill_contour
mill_multi-axis
drill
hole_making
turning
wire_edm

浏览

初始化

图5-3 “加工环境”对话框

图5-4 “创建几何体”对话框

1. 设置机床坐标（加工坐标）系　如图5-5所示，在子类型中选中第六个图标［MCS］（加工坐标系）；父级组中选择MCS-MILL；名称输入zbx字符。单击［应用］按钮，进入“MCS”对话框，此时观察工件实体上的加工坐标系（MCS），会发现它与工件坐标系完全吻合，如图5-6所示，因此，可以保持对话框上全部选项为默认状态，直接单击［确定］按钮，返回到“创建几何体”对话框。

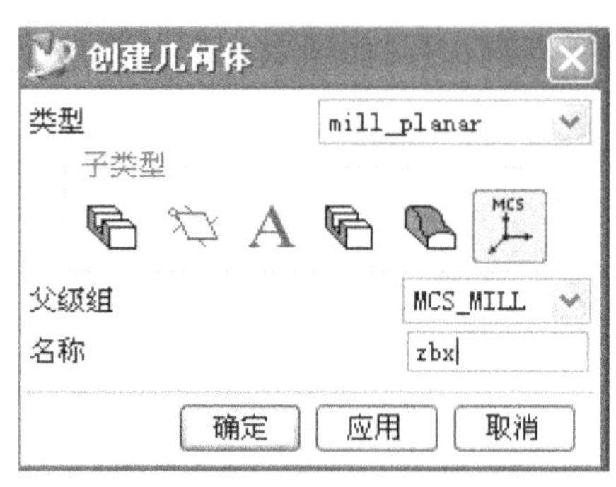

图5-5　设置加工坐标系

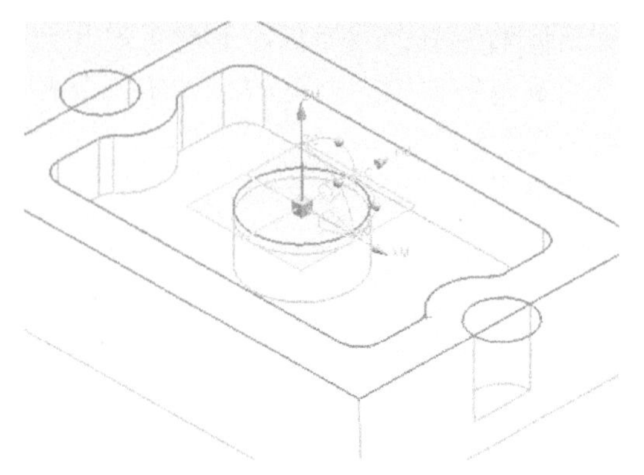

图5-6　观察两个坐标系的吻合情况

2. 设置工件几何体　在设置工件几何体之前，先将“操作导航器”工具条上的下拉菜单打开，选中其上的“几何视图”，并将它激活。然后，把右侧的“操作导航器——几何体”界面打开，选中如图5-7所示的两项内容，并在快捷菜单上选择删除命令，将这两项删除掉，以免与后面我们设置的几何体相混淆。

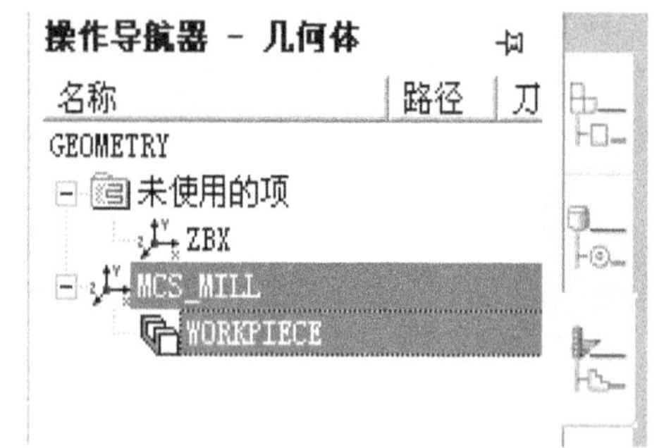

图5-7　“操作导航器——几何体”界面

单击“加工创建”工具条上的［创建几何体］命令，在弹出的“创建几何体”对话框上（见图5-8），选择第一项［工件］命令图标；父级组选择ZBX；名称输入jht，完成上面的设置后，单击［应用］按钮，此时的对话框变为“工件”。选择几何体下面的第一项［部件］命令，如图5-9所示，并单击下面的［选择］命令按钮进入下一个“工件几何体”对话框（见图5-10）。选中“选择选项”下面的“几何体”这一项，并将“过滤方式”设定为“体”，再单击下面的［全选］命令按钮，此时，会看到整个工件实体都变成红色，表示全部选中。按［确定］按钮结束这一设置，返回到“工件”对话框。从对话框中的材料图标上可以看到为碳钢，这正与需要相符，保持默认状态即可。

3. 设置毛坯几何体　选择“几何体”下面的第二个命令［毛坯］图标，单击下面的［选择］命令，会出现一个“毛坯几何体”对话框（见图5-11），选中“选择选项”下面的“自动块”这一项，并将ZM+栏中输入数值2。这里的自动块表示生成的毛坯几何体正好包容整个工件几何体。ZM+栏中的数值2表示在工件的高度方向上（工件顶面）增加2mm，作为面铣加工所预留的余量。完成上面的设置后，单击［确定］按钮，在工件周边会看到出现一个包容整个工件的矩形体，这就是毛坯几何体。

图 5-8 “创建几何”对话框

图 5-9 “工件”对话框

图 5-10 “工件几何体”对话框

图 5-11 “毛坯几何体”对话框

操作 04：创建刀具

在工艺分析中已经明确了所使用的刀具，可以事先将刀具全部选定好，以便在创建加工操作时直接调用。

设定 1 号刀具：

单击“加工创建”工具条上的［创建刀具］命令，在出现图5-12“创建刀具”对话框上，选择“类型”为“平面铣（mill _ planar)”；“子类型”为第一行第一图标“铣刀”；名称设为d30，即直径30的端铣刀。单击［应用］按钮进入“Milling Tool-5 Parame…（5参数铣刀)”对话框，具体参数设定如下（见图5-13)：

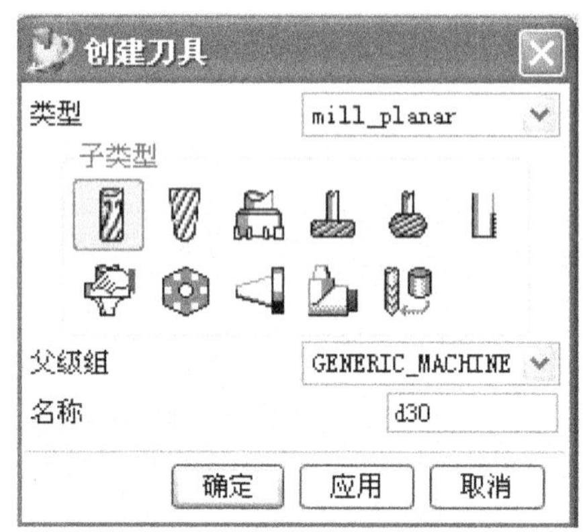

图5-12 “创建刀具”对话框

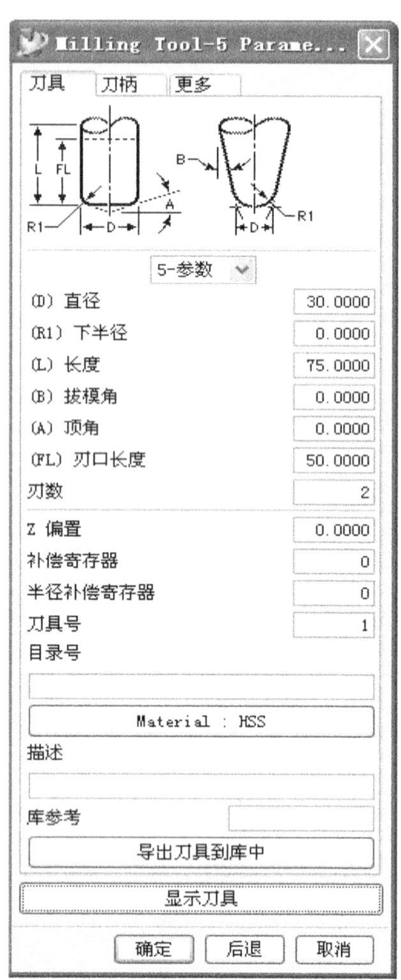

图5-13 “Milling Tool-5 Parame…”对话框

直径：30

长度：75

刃口长度：50

刀具号：1

完成设置后，单击下面的［显示刀具］图标，会看到在工件实体模型上面出现一个端铣的图形轮廓，如图5-14所示。再按［确定］按钮返回“创建刀具”对话框，再设定下一把铣刀。按上述步骤和方法，设置其它铣刀如下（参见图5-13)：

设定2号刀具：

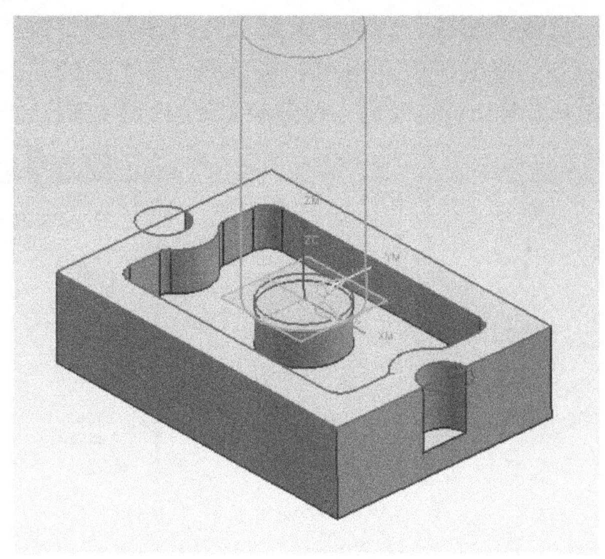

图 5-14　显示出铣刀外形

直径：10

长度：50

刃口长度：35

刀具号：2

设定 3 号刀具：

直径：5

长度：50

刃口长度：35

刀具号：3

3 号铣刀的直径之所以设置的很小，是因为刀具的半径必须小于型腔槽侧壁的半径值（R3）。

操作 05：创建加工操作

［工步 1］：铣削上表面

单击［创建操作］命令，在出现的“创建操作”对话框上（见图 5-15），“类型”选择为“平面铣”；“子类型”选择为第一行第二个图标“面铣”；其它选项如下设置：

程序：NC _ PROGRAM

使用几何体：JHT

使用刀具：D30（1 号铣刀）

使用方法：METHOD

名称：gb-1（工步 1）

全部设置如图 5-15 所示，完成上面的设置后，单击［应用］按钮，进入“面铣”对话框。

图 5-15　“创建操作”对话框

1. 设定面铣边界　选择“面铣”对话框上面“几何体”栏下的第二个图标［面铣］，单击下面的［选择］命令，弹出“面几何体”对话框。将上面的“过滤器类型”选择为［面边界］，然后，用鼠标选择工件的顶面，以限定面铣的加工范围，如图 5-16 所示。

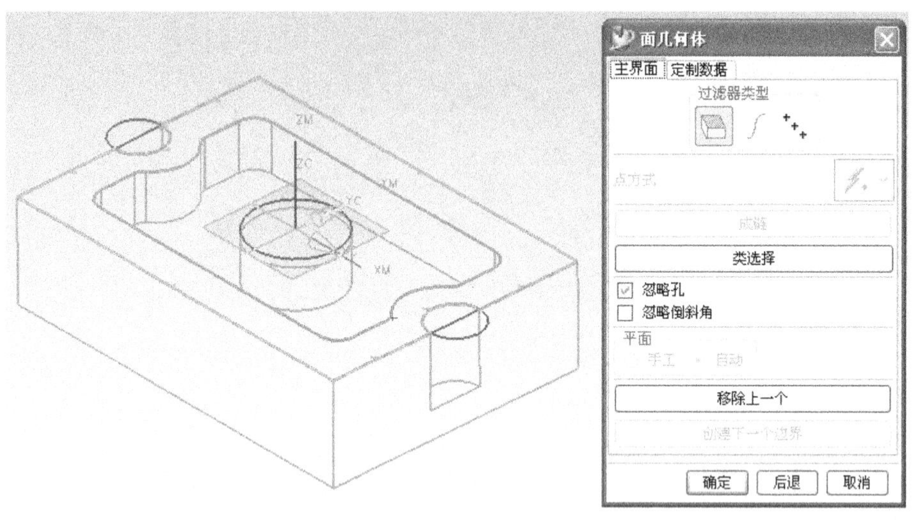

图 5-16　设定面铣范围

2. 设定切削方式　在对话框的“主界面”卡上，设定切削方式如下（见图 5-17）：

切削方式：Zig-Zag（往复式走刀）

步进：刀具直径

百分比：75

毛坯距离：2

每一刀的深度：1.5

最终底面余量：0

“进刀/退刀”下面两个选项可取默认状态，不必设置。单击［切削］命令，在出现的“切削参数”对话框上有四张设置卡，只对“策略”这张卡进行设置，将“切削方向”选定为“顺铣切削”，其它参数保持不变，如图 5-18 所示。

3. 设定切削参数　单击［进给率］命令，设定：

主轴转速 =600r/min

剪切 =0.4mm/r

其它参数可取默认值。

图 5-17　设定切削方式

4. 设定避让参数　单击［避让］命令，设定安全距离参数。此步骤只设定一个安全平面高度。在弹出的如图 5-19 所示的对话框上，选择第五个图标［Clearance Plane］（安全平面），会出现“安全平面”对话框，单击上面的［指定］按钮，又出现一个“平面构造器”对话框，将上面的“偏置”数据栏里输入 20，选定下面的 XC-YC 选项，如图 5-20 所示。设置完毕后，连续单击［确定］按钮返，回到“主界面”卡。用同样的方法设置“从点”和

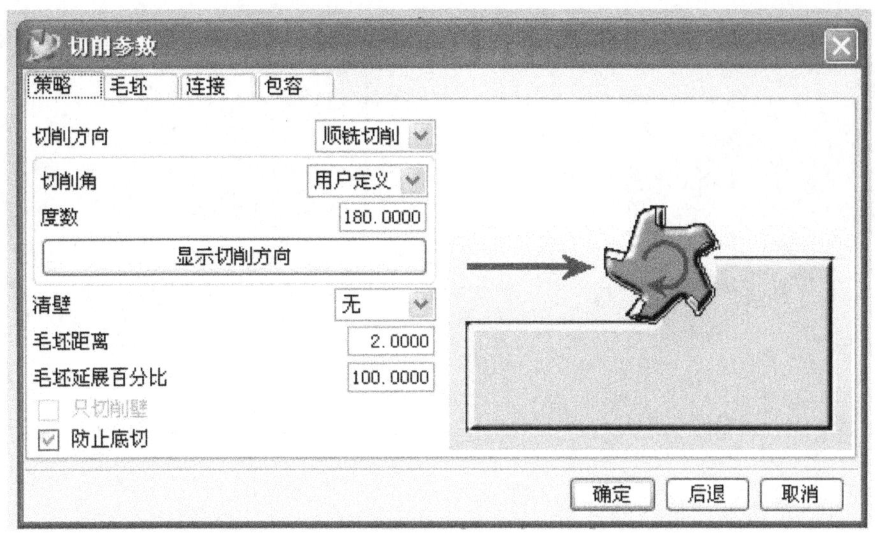

图 5-18　设定切削方向

“返回点”，其坐标点都是 XC = 0、YC = 100、ZC = 100。

机床等选项可保持原来的设置，不必改动。

图 5-19　“安全平面”对话框

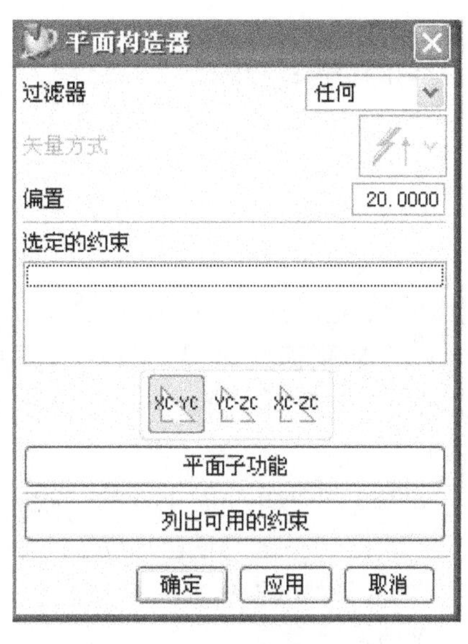

图 5-20　“平面构造器”对话框

5. 生成刀具轨迹　完成上面的全部设置后，此时并未生成铣刀的加工轨迹，需要在此步骤生成刀具轨迹。单击最下面的第一个命令图标［生成］，在工件实体附近会看到生成的铣刀运行轨迹，如图 5-21 所示。

6. 模拟加工　生成刀具轨迹后，就可以进行模拟加工以便进一步观察加工过程。单击［确认］命令图标，弹出“可视化刀具轨迹”对话框，激活上面的“3D 动态”卡，设定好“动画速度”，单击［播放］按钮就可以观看整个仿真切削过程，完成后的工件效果如图 5-22所示。

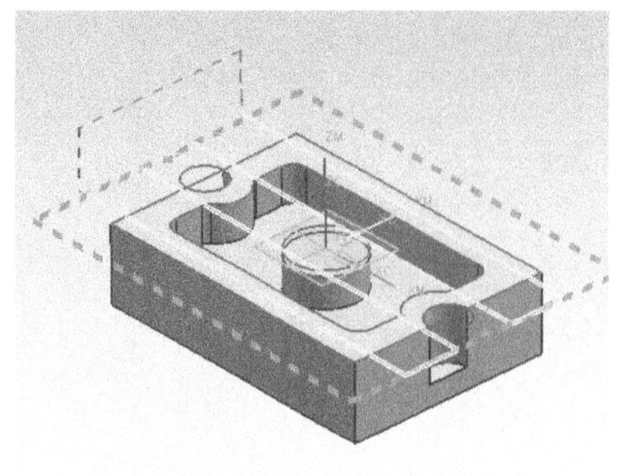

图 5-21　生成的刀具轨迹

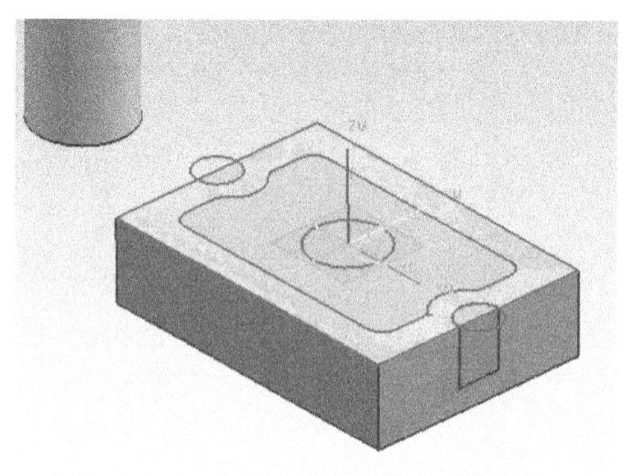

图 5-22　完成模拟加工后的工件

［工步 2］：粗铣大凹槽和圆柱台

单击［创建操作］命令，在弹出的“创建操作”对话框上，“类型”选择“Mill-Planar”；“子类型”选择第一行第四个命令图标［PLANAR-MILL］（平面铣），其它各选项设置如下（见图 5-23）：

图 5-23　创建平面铣操作

程序：NC _ PROGRAM

使用几何体：JHT

使用刀具：D10（2 号刀具）

使用方法：MILL _ ROUGH（粗铣）

名称：gb-2

设置完毕，按［确定］或［应用］按钮，进入“平面铣”对话框。

1. 设定平面铣边界　选择“平面铣”对话框“主界面”卡上面的第一个命令图标［部件］，单击下面的［选择］命令，弹出“边界几何体”对话框，如图 5-24 所示。将上面的“模式”选择为“曲线/边”，又会弹出“创建边界”对话框，在这个对话框上设置各选项如下（见图 5-25）：

类型：封闭的

平面：自动

材料侧：外部

刀具位置：相切于

完成设置后，单击下面的［成链］按钮，会出现“成链”对话框，在这个对话框状态下，用鼠标选中工件实体上大凹槽轮廓曲线中的某一段（变成红色），然后，单击对话框上的［确定］按钮，整个轮廓曲线就会全部被选中。这条封闭的曲线就控制了铣刀的运行轨迹边界。

接下来要设定圆柱凸台的铣削边界。单击图 5-26“创建边界”对话框上的［创建下一个边界］命令按钮，然后，将上面的各个选项重新设置为

图 5-24 “边界几何体”对话框

图 5-25 “创建边界”对话框

类型：封闭的

平面：用户定义

材料侧：内部

刀位：相切于

打开“平面”栏的下拉列表，选择“用户定义”，如图 5-26 所示。此时，又弹出一个“平面”对话框如图 5-27 所示，在其上，将“主平面”选定为“ZC 常数”，并在数值栏里输入-2，按［确定］键返回到“创建边界”对话框。用鼠标选中凸台上面的圆曲线，按［确定］键再返回到图 5-24“边界几何体”对话框。再单击［确定］按钮，结束工件几何铣削边界的设定，返回到“主界面”卡。

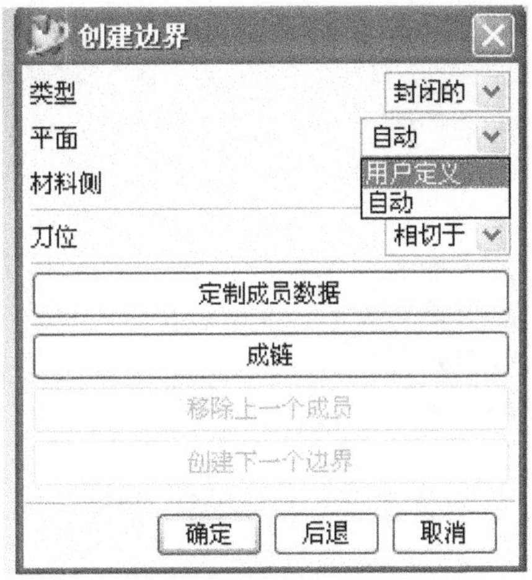

图 5-26 选择用户自定义

图 5-27 “平面”对话框

选中“主界面”卡上的［底面］图标，单击下面的［选择］按钮，弹出“平面构造器”对话框。将对话框上面的“过滤器”选择为“面”，用鼠标选中大凹槽的底平面，如图 5-28 所示。这个底平面将作为本次平面铣加工的最终底面。选择成功后，按［确定］键，返回到“主界面”卡。

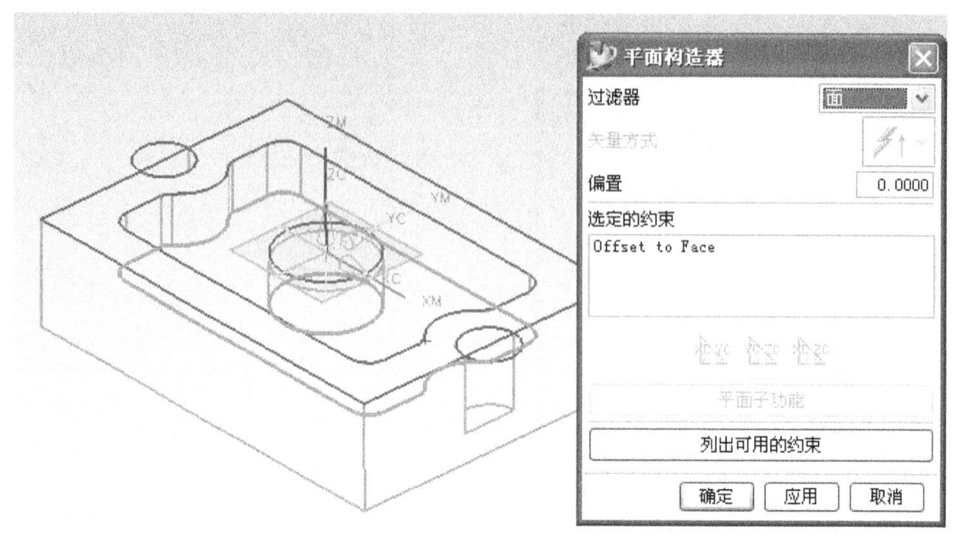

图 5-28　设定本次铣削的底平面

2. 设定切削方式　在“主界面”卡上，设置切削方式如下（参见图 5-17）：

切削方式：跟随工件

步进：刀具直径

百分比：50

单击“进刀/退刀”栏下的［自动］命令，在出现的图 5-29“自动进刀/退刀”对话框上，设置各个选项如下：

倾斜类型：螺旋的

斜角：5

其余各选项的设定如图 5-29 所示。设置完毕后返回到“主界面”卡。

图 5-29　“自动进刀/退刀”对话框

3. 设定切削参数　单击［切削］命令，在弹出的“切削参数”对话框上（对三张卡设置），主要参数设置如下（参见图 5-18）：

切削顺序：层优先

切削方向：顺铣切削

区域排序：优化

部件余量：0.5

最终底面余量：0.5

打开刀路：保持切削方向

完成设置后，返回到“主界面”卡。

单击［切削深度］命令，在出现的“切削深度参数”对话框上（见图 5-30），设置各项参数如下：

类型：用户自定义

最大：3

最小：1

其余参数：0

激活“顶面岛”，完成设置后，返回到“主界面”卡。

单击［进给率］命令，在“进给和速度”对话框上，设置参数如下：

主轴速度：1000r/min

剪切：0.3mm/r

其余参数可保持默认值，完毕后返回到“主界面”卡。

4. 设定避让参数　避让参数的设定，可参照工步1的操作步骤和方法进行，将安全平面高度设定为20，从点和返回点设为：XC＝0、YC＝100、ZC＝100即可。

机床参数用户可根据实际情况自行设定。

图5-30　“切削深度参数”对话框

5. 生成刀具轨迹和仿真加工　分别单击［生成］和［确认］命令来生成铣刀运行轨迹，产生仿真切削过程，其刀具轨迹和仿真加工后的效果如图5-31所示。

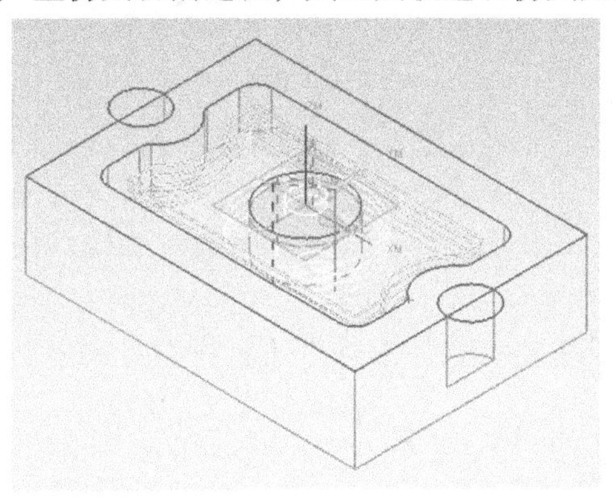

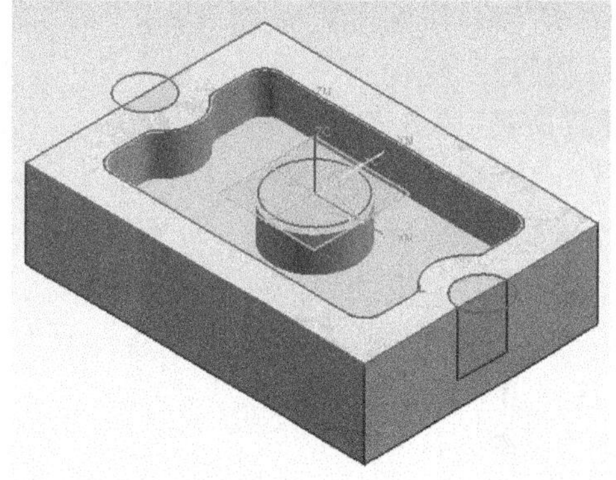

图5-31　生成的刀轨和完成加工后的效果

［工步3］：粗铣半圆柱槽

单击［创建操作］命令，在弹出的“创建操作”对话框上，“类型”选择“Mill_Planar”；“子类型”选择第一行第四个命令图标［PLANAR_MILL］（平面铣），各选项的设置，除名称输入gb-3外，其它与前一工步完全相同。

1. 设定平面铣边界　选择“平面铣”对话框“主界面”卡上面的第一个命令图标［部件］，单击下面的［选择］命令，弹出“边界几何体”对话框。将上面的“模式”选择为“曲线/边”，弹出“创建边界”对话框，在这个对话框上设置各选项如下：

类型：封闭的

平面：自动

材料侧：外部

刀具位置：相切于

以上设置与前面一样。用鼠标选中左侧的半圆槽轮廓曲线（变成红色），然后，单击一下［创建下一个边界］命令按钮，再用鼠标选中右侧的半圆槽轮廓曲线。单击［确定］按钮，两个轮廓曲线都被选中。这两条封闭的圆轮廓曲线就控制了铣刀的运行轨迹边界。

接下来用前面讲述的方法确定加工底面，用鼠标选中其中一个半圆槽的底平面即可，因为，两者的底面深度是一致的。完成设置后按［确定］键返回到“主界面”卡。

2. 设定切削方式　在“主界面”卡上，设置切削方式如下（参见图5-17）：

切削方式：跟随工件

步进：刀具直径

百分比：50

单击“进刀/退刀”栏下的［自动］命令，在出现的“自动进刀/退刀”对话框上（参见图5-29），设置各个选项如下：

倾斜类型：螺旋的

斜角：5

其余各选项的设定同前面的相同。设置完毕后返回到“主界面”卡。

3. 设定切削参数　单击［切削］命令，在弹出的“切削参数”对话框上（对三张卡设置），主要参数设置如下：

切削顺序：深度优先（注意：此处与前一工步不同）

切削方向：顺铣切削

区域排序：优化

部件余量：0.5

最终底面余量：0.5

打开刀路：保持切削方向

完成设置后，返回到“主界面”卡。

单击［切削深度］命令，在出现的“切削深度参数”对话框上，设置各项参数如下（参见图5-30）：

类型：用户自定义

最大：3

最小：1

其余参数：0

激活“顶面岛”，完成设置后，返回到“主界面”卡。

单击［进给率］命令，在“进给和速度”对话框上，设置参数如下：

主轴速度：1200r/min

剪切：0.3mm/r

其余参数可保持默认值，完毕后返回到“主界面”卡。

4. 设定避让参数　避让参数的设定，与前面的完全相同，将安全平面高度设定为20，从点和返回点设为：XC＝0、YC＝100、ZC＝100即可。

机床参数用户可根据实际情况自行设定。

5. 生成刀具轨迹和仿真加工　分别单击［生成］和［确认］命令来生成铣刀运行轨迹，产生仿真切削过程，其刀具轨迹和仿真加工后的效果如图5-32所示。

［工步4］：精铣大凹槽和圆柱台

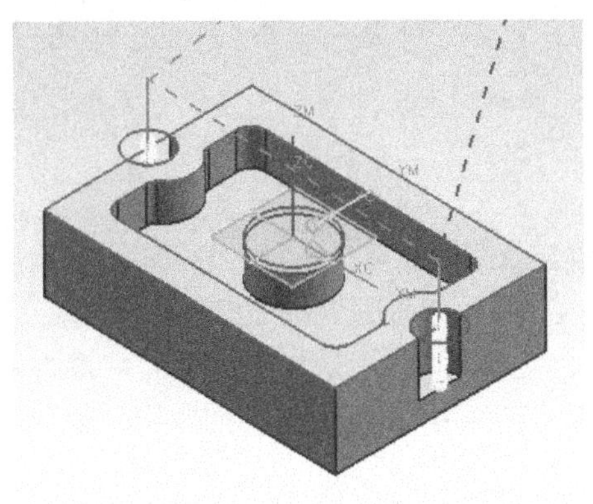
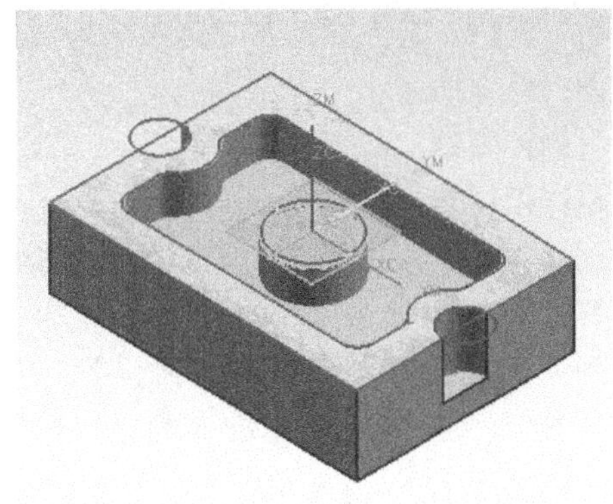

图 5-32　生成的刀轨和完成加工后的效果

单击［创建操作］命令，在弹出的“创建操作”对话框上，“类型”选择“Mill _ Planar”；“子类型”选择第一行第四个命令图标［PLANAR _ MILL］（平面铣），其它各选项设置如下（见图 5-33）：

程序：NC _ PROGRAM

使用几何体：JHT

使用刀具：D5（3 号刀具）

使用方法：MILL _ FINISH（精铣）

名称：gb-4

设置完毕，按［确定］或［应用］按钮，进入“平面铣”对话框。

图 5-33　设置精铣操作

1. 设定平面铣边界　选择“平面铣”对话框“主界面”卡上面的第一个命令图标［部件］，单击下面的［选择］命令，弹出“边界几何体”对话框（参见图 5-24）。将上面的“模式”选择为“曲线/边”，又弹出“创建边界”对话框，在这个对话框上设置各选项如下（参见图 5-25）：

类型：封闭的

平面：自动

材料侧：外部

刀位：相切于

从上面的设置情况可以看出，这些步骤和方法与粗加工操作的完全一样，可参照［工步 2］来进行。

完成设置后，单击下面的［成链］按钮，会出现“成链”对话框，在这个对话框状态下，用鼠标选中工件实体上大凹槽轮廓曲线中的某一段（变成红色），然后，单击对话框上的［确定］按钮，整个轮廓曲线就会全部被选中。这条封闭的曲线就控制了铣刀的运行轨迹边界。

接下来要设定圆柱凸台的铣削边界。单击“创建边界”对话框上的［创建下一个边界］

命令按钮，然后，将上面的各个选项重新设置为：

类型：封闭的

材料侧：内部

刀位：相切于

打开“平面”栏的下拉列表，选择“用户自定义”，又弹出一个“平面”对话框（参见图5-27）。在其上，将“主平面”选定为“ZC常数”，并在数值栏里输入-2，按［确定］键返回到“创建边界”对话框。用鼠标选中凸台上面的圆曲线，按［确定］键再返回到“边界几何体”对话框。再单击［确定］按钮，结束工件几何铣削边界的设定，返回到“主界面”卡。

选中“主界面”卡上的［底面］图标，单击下面的［选择］按钮，弹出图5-28“平面构造器”对话框。将对话框上面的“过滤器”选择为“面”，用鼠标选中大凹槽的底平面。这个底平面将作为本次平面精铣加工的最终底面。选择成功后，按［确定］键，返回到“主界面”卡。

2. 设定切削方式　在“主界面”卡上，设置切削方式如下（见图5-34）：

切削方式：跟随周边

步进：刀具直径

百分比：50

单击“进刀/退刀”栏下的［自动］命令，在出现的“自动进刀/退刀”对话框上，设置各个选项如下（见图5-29）：

倾斜类型：螺旋的

斜角：5

其余各选项的可保持默认状态，设置完毕后返回到“主界面”卡。

图5-34　设置精铣切削方式

3. 设定切削参数　单击［切削］命令，在弹出的“切削参数”对话框上（对三张卡设置），主要参数设置如下：

切削顺序：层优先

切削方向：顺铣切削

区域排序：优化

部件余量：0

最终底面余量：0

清壁：在终点

内公差：0

切出公差：0.05

打开刀路：保持切削方向

完成设置后，返回到“主界面”卡。

单击［切削深度］命令，在出现的“切削深度参数”对话框上（参见图5-30），设置各项参数如下：

类型：用户自定义

最大：3

最小：0.5

其余参数：0

激活“顶面岛”，完成设置后，返回到“主界面”卡。

单击［进给率］命令，在“进给和速度”对话框上，设置参数如下：

主轴速度：1800r/min

剪切：0.2mm/r

其余参数可保持默认值，完毕后返回到“主界面”卡。

4. 设定避让参数　可参照［工步 2］进行设置。

5. 生成刀具轨迹和仿真加工　分别单击［生成］和［确认］命令来生成铣刀运行轨迹，产生仿真切削过程，其刀具轨迹和仿真加工后的效果如图 5-35 所示。前面在进行仿真加工中都是使用的［3D 动态］命令，如果使用［2D 动态］命令，当加工结束后，单击上面的［显示］按钮，还能真实地反映出加工件各轮廓边界是否达到了加工要求。绿色表面表示已经加工至尺寸要求；白色表面表示尚未达到尺寸要求；而红色则表示产生了过切现象。对于后一种情况可以通过改进切入或切出公差值来进行调整。

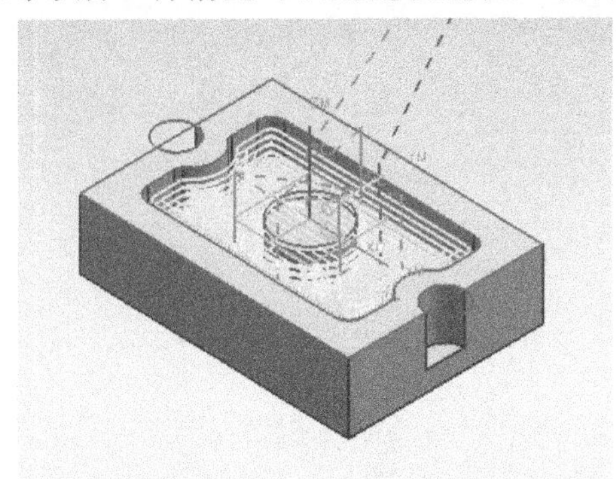
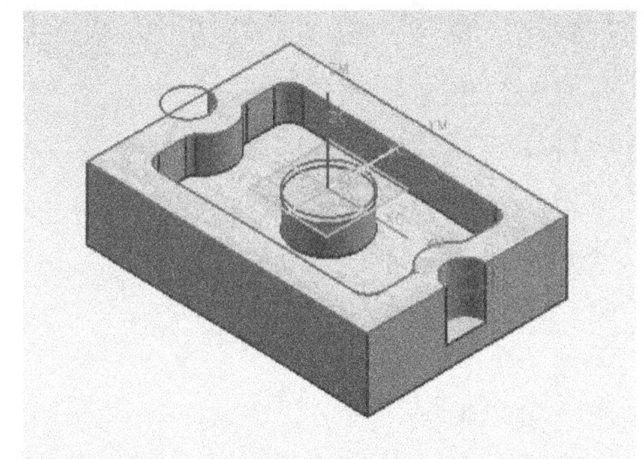

图 5-35　生成的刀轨和完成精加工后的效果

［工步 5］：精铣半圆柱槽

单击［创建操作］命令，在弹出的“创建操作”对话框上，“类型”选择“Mill _ Planar”；“子类型”选择第一行第四个命令图标［PLANAR _ MILL］（平面铣），各选项的设置，除名称输入 gb-5 外，其它与前一工步完全相同。

1. 设定平面铣边界　选择“平面铣”对话框“主界面”卡上面的第一个命令图标［部件］，单击下面的［选择］命令，弹出“边界几何体”对话框（参见图 5-24 及图 5-25）。将上面的“模式”选择为“曲线/边”，弹出“创建边界”对话框，在这个对话框上设置各选项如下：

类型：封闭的

平面：自动

材料侧：外部

刀位：相切于

以上设置与前面一样。用鼠标选中左侧的半圆槽轮廓曲线（变成红色），然后，单击一下［创建下一个边界］命令按钮，再用鼠标选中右侧的半圆槽轮廓曲线。单击［确定］按钮，两个轮廓曲线都被选中。这两条封闭的圆轮廓曲线就控制了铣刀的运行轨迹边界。

接下来用前面讲述的方法确定加工底面，用鼠标选中其中一个半圆槽的底平面即可，因为，两者的底面深度是一致的。完成设置后按［确定］键返回到“主界面”卡。

2. 设定切削方式　在“主界面”卡上，设置切削方式如下（参见图5-17）：

切削方式：跟随周边

步进：刀具直径

百分比：50

单击“进刀/退刀”栏下的［自动］选项，在出现的图5-59“自动进刀/退刀”对话框上，设置各个选项如下：

倾斜类型：螺旋的

斜角：5

其余各选项的可保持默认状态，设置完毕后返回到“主界面”卡。

3. 设定切削参数　单击［切削］命令，在弹出的“切削参数”对话框上（对三张卡设置），主要参数设置如下：

切削顺序：深度优先（此处与前一个工步不同）

切削方向：顺铣切削

区域排序：优化

部件余量：0

最终底面余量：0

清壁：在终点

内公差：0

切出公差：0.05

打开刀路：保持切削方向

完成设置后，返回到“主界面”卡。

单击［切削深度］命令，在出现的图5-30“切削深度参数”对话框上，设置各项参数如下：

类型：用户自定义

最大：3

最小：0.5

其余参数：0

激活“顶面岛”，完成设置后，返回到“主界面”卡。

单击［进给率］按钮，在“进给和速度”对话框上，设置参数如下：

主轴速度：1800r/min

剪切：0.2mm/r

其余参数可保持默认值，完毕后返回到“主界面”卡。

4. 设定避让参数　可参照前一工步进行设置。

5. 生成刀具轨迹和仿真加工　分别单击［生成］和［确认］按钮来生成铣刀运行轨

迹，产生仿真切削过程，其刀具轨迹和仿真加工后的效果如图 5-36 所示。

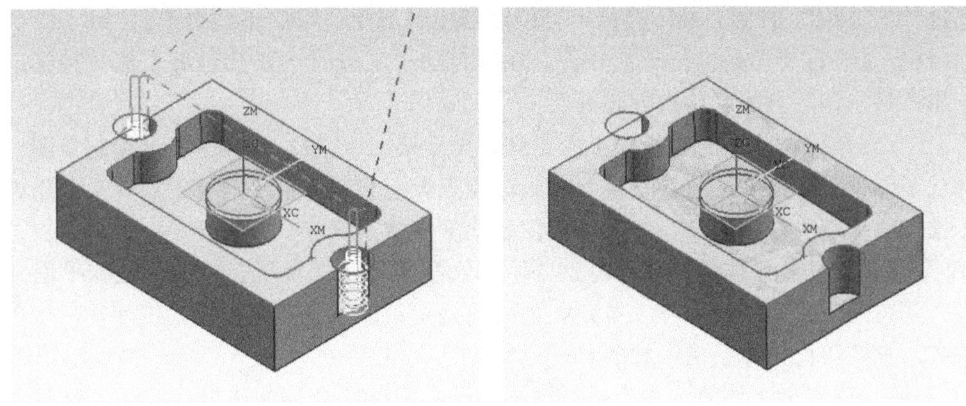

图 5-36　生成的刀轨和完成精加工后的效果

操作 06：生成 CNC 程序（数控加工程序）

通过操作导航器，用鼠标将 5 个工步即 gb-1 ~ gb-5 的刀具轨迹全部选中，然后，单击“加工操作”工具条上［后处理］命令图标，会出现一个“后处理”对话框（见图 5-37）。选择上面“可用机床”栏中的“MILL _ 3 _ AXIS”选项，即 3 轴立式铣床；给文件起个名字。完成上面的设置后，单击［应用］按钮，出现一个“信息”对话框，如图 5-38 所示，这个对话框中列出了所有工步的加工程序。同车削加工相似，由于我们选择了从工步 1 到工步 5 的刀具轨迹文档，它所生成的是一个程序组。需要说明的是，在实际生产中也要根据具体机床的数控系统设定，对程序中的个别命令或语句要进行修改和编辑，才能输入到数控机床中使用。

后处理
可用机床
WIRE_EDM_4_AXIS
MILL_3_AXIS
MILL_4_AXIS
MILL_5_AXIS
LATHE_2_AXIS_TOOL_TIP
LATHE_2_AXIS_TURRET_REF
MILLTURN
MILLTURN_MULTI_SPINDLE
浏览...
输出
文件名
D:\ug-jy\jg\jg-cad\2-1
浏览...
单位　定义了后处理
列出输出
确定　应用　取消

图 5-37　“后处理”对话框

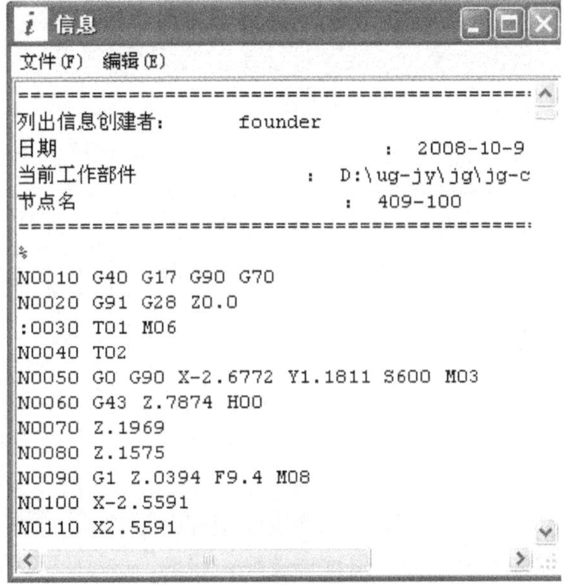

图 5-38　“信息”对话框

要点归纳：

通过“定心模”的加工操作设计，可以概括出以下几项知识和操作要点：

1）对加工件首要的是进行工艺分析，在制订加工工步时，要针对每个细节特征，考虑如何选用刀具、切削方法、装夹方式等。

2）在立式数控铣或加工中心加工的工件，可直接在 XC-YC 基准平面上绘制草图，并垂直拉伸成实体模型。需要注意的是最好将坐标原点设定在工件顶面对称中心点上，这样在创建加工操作时会减少很多麻烦，并且易于控制切削参数。

3）要重视工件几何体的创建，特别要明确铣削边界、材料所在方向、铣削平面和加工的底面；要正确定位毛坯的尺寸、位置和预留的余量；加工坐标系在立式铣削加工中可保持默认状态，它与工件坐标系是一致的。

4）正确地设定加工环境，无论是类型还是子类型都要合理地选择，实际上这是在选定具体操作的加工模板。

5）合理地选择切削所用的刀具类型和参数，这是保证有效加工的基础，如刀具的形状、尺寸、刀具的编号等，可以在创建每一具体操作前事先设置好所用的全部刀具，这样在创建操作中更方便些。同时，要注意在实际生产中所设置的刀具全部参数必须与真正使用的刀具完全保持一致。

6）切削方式、切削参数、机床控制等的设置，可根据实际工件的特点和经验进行具体的设置，如果某些选项和参数值没有把握时，可取系统的默认值。

7）要精心设置避让参数，在平面铣操作中主要是安全平面高度、出发点和返回点。重点也是要考虑两个方面：不要发生刀具碰撞，同时缩短加工行程。

8）每一工步的创建操作完成后，一定要生成刀具轨迹，并通过动态仿真验证，观察切削过程的有效性和可靠性，最后，别忘记单击确定按钮将设计好的操作保存起来。

9）全部加工创建操作设计好后，可将所有工步选中一次性地生成数控加工程序。

10）平面铣只适用于直壁型，即各截面形状与尺寸一致工件的铣削加工。

实操演练 09：卡座的加工

【卡座】的加工编程设计

卡座如图 5-39 所示，是一个典型的板座类零件。在正方形底板上凸起一个异形台，台上有一个弧形槽和一个倒圆角的矩形槽。此工件的底板（100 × 100）已经加工到位，需要对凸台及上面的两个凹槽进行铣削加工。创建加工操作并生成数控程序。

工艺分析：

工件所用毛坯为 100 × 100 × 37 板料，四周边及底面已经加工完成，只在顶面留有 2mm 的余量。因此，以底平面为基准，用百分表找正将其固定在机床工作台上，并从周边夹紧。设计铣削加工工步如下：

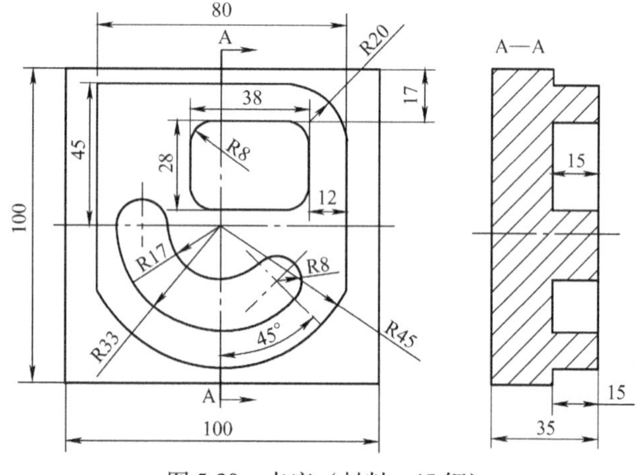

图 5-39 卡座（材料：45 钢）

[工步1]：铣削顶面

选用 ϕ30 端铣刀，设定为1号刀具，一次加工至尺寸要求。

[工步2]：粗铣外表面

仍选用1号刀具，粗加工出异形台，侧壁和平面留0.5mm精加工余量。

[工步3]：粗铣两个凹槽

选用 ϕ15 端铣刀，设定为2号刀具，粗铣出两个凹槽，侧壁和平面留出0.5mm的精加工余量。

[工步4]：精铣所有表面

选用 ϕ12 端铣刀，设定为3号刀具，精铣所有工件表面，一次加工至尺寸要求。

用户可按提示的操作步骤和各阶段生成的刀具轨迹、仿真加工效果图，自行完成整个加工设计任务。建议事先将全部刀具设置好再进行创建操作，完成全部工步后，一次性生成一个程序组。

操作01：设计工件的实体模型

可参照前面的实体构建方法进行设计，建好的工件模型如图5-40所示。

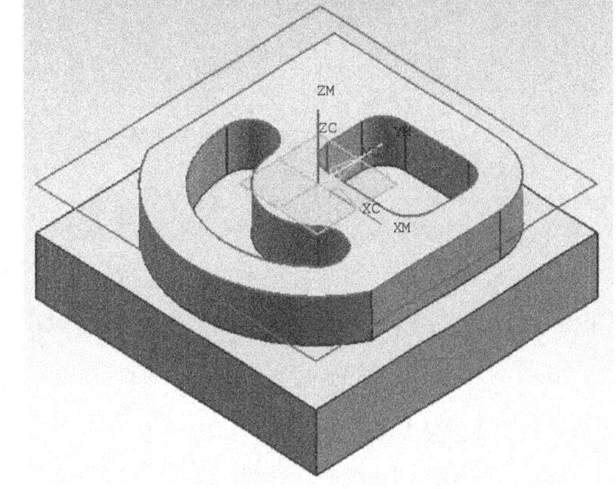

图5-40 构建的工件实体模型

操作02：设置加工环境

在“加工环境”对话框上，将“CAM会话配置”栏里面的“cam _ general”项选中，将“CAM设置”栏里面的“mill _ planar”项选中。

操作03：创建几何体

单击“加工创建”工具条上的[创建几何体]命令图标，在出现的“创建几何体”对话框中，首先，将最上面一栏“类型”中选定“mill _ planar”（平面铣），单击[确定]按钮，进入“工件”对话框。按照前面步骤和方法分别创建工件和毛坯几何体。

操作04：创建刀具组

按照前面的方法创建3把铣刀，参数如下：

1号刀具：ϕ30 端铣刀

2号刀具：ϕ14 端铣刀

3号刀具：ϕ10 端铣刀

操作05：创建各工步加工操作

[工步1]：铣削顶面

选择1号铣刀，参照“定心模”的“面铣”创建过程，选择“卡座”工件上的正方形轮廓作为铣削界面进行面铣加工，生成的刀具轨迹如图5-41所示。

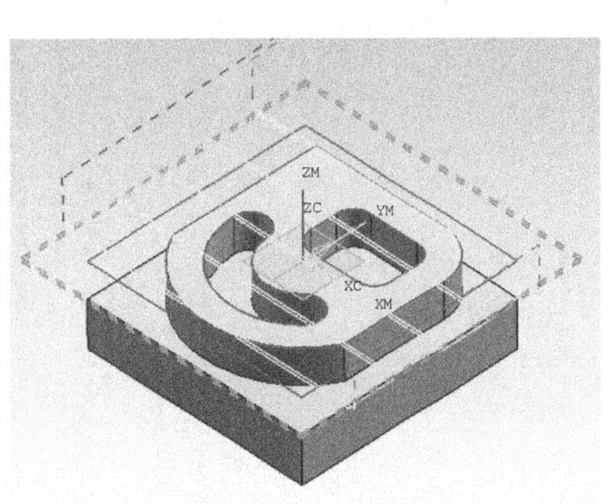

图5-41 生成的面铣刀轨

[工步2]：粗铣外表面

仍选择1号铣刀，用“平面铣”方式进行加工，在“平面铣”对话框上，分别选择异形凸台的轮廓曲线和矩形轮廓曲线作为工件与毛坯的铣削边界，材料侧都是内部的。其它选项及参数的设置可参照前面的方法，注意所有本次的加工表面要留有0.5的余量，最后生成的刀具轨迹及仿真加工后的效果如图5-42所示。

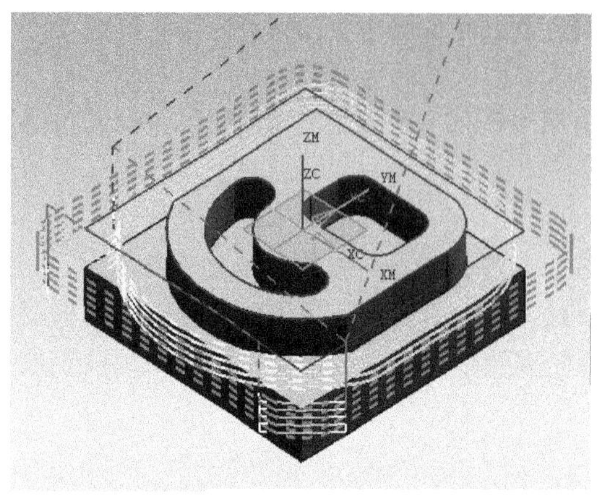

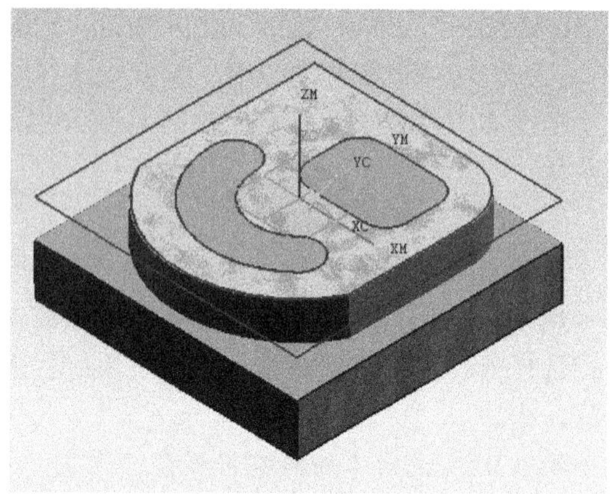

图5-42　生成的外轮廓平面铣刀具轨迹和完成加工的效果

[工步3]：粗铣两个凹槽

选择ф14端铣刀（2号铣刀），用“平面铣”方式进行加工，在“平面铣”对话框上，分别选择两个各自封闭的凹槽轮廓曲线，作为铣削边界，材料侧都是外部的。其它选项及参数的设置可参照前面的方法，本次加工表面留有0.5的余量，最后生成的刀具轨迹及仿真加工后的效果如图5-43所示。

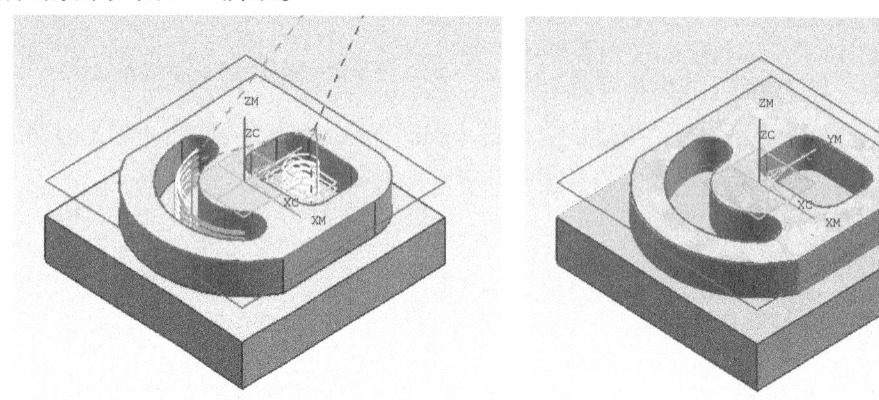

图5-43　生成的凹槽平面铣刀具轨迹和完成加工的效果

[工步4]：精铣所有表面

选择ф10端铣刀（3号刀具），精铣所有工件表面，一次加工至尺寸要求。注意，本工步的加工边界比较复杂，在选择边界时，异形凸台轮廓曲线的材料侧为内部；两个凹槽轮廓曲线的材料侧为外部，同时，还需要重新选择一下毛坯边界。建议“切削方式”设定为“跟随周边”；“切削顺序”设定为“深度优先”。最后生成的刀具轨迹及仿真加工后的效果如图5-44所示，这也是完成全部加工的最后结果。

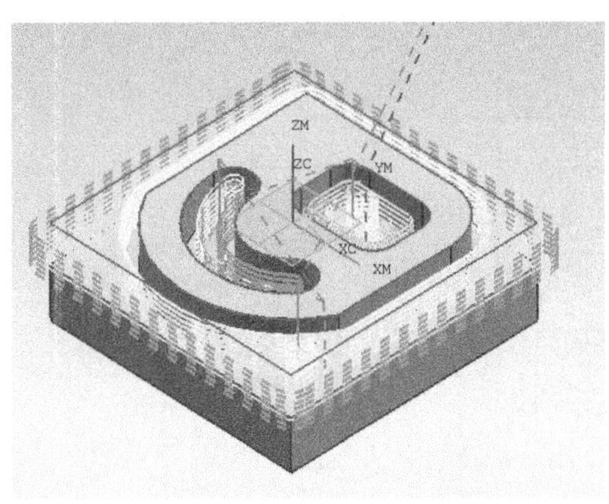

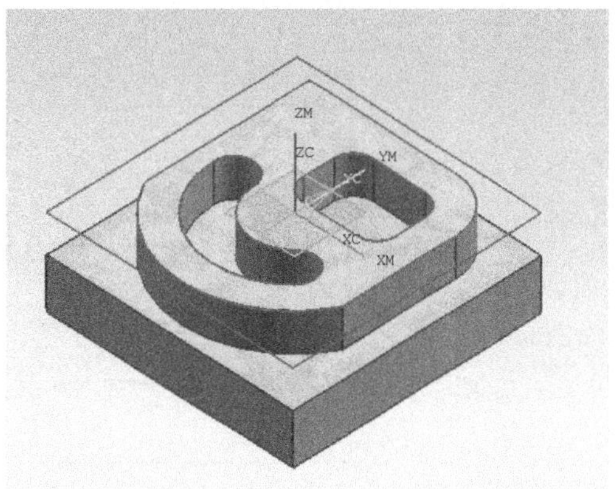

图 5-44　生成的精铣刀具轨迹和完成加工的效果

操作 06：生成 CNC 程序

通过操作导航器，用鼠标将 4 个工步即 gb-1 ~ gb-4 的刀具轨迹全部选中，然后，运用“加工操作”工具条上［后处理］命令生成数控加工程序，如图 5-45 所示。

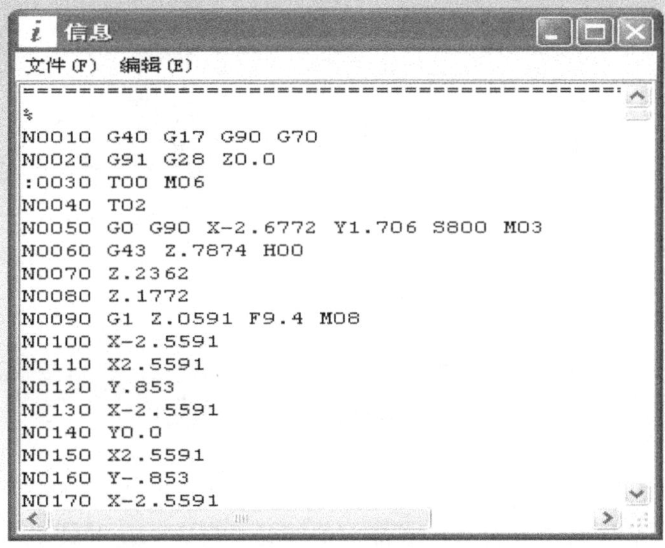


```
=============================================
%
N0010 G40 G17 G90 G70
N0020 G91 G28 Z0.0
:0030 T00 M06
N0040 T02
N0050 G0 G90 X-2.6772 Y1.706 S800 M03
N0060 G43 Z.7874 H00
N0070 Z.2362
N0080 Z.1772
N0090 G1 Z.0591 F9.4 M08
N0100 X-2.5591
N0110 X2.5591
N0120 Y.853
N0130 X-2.5591
N0140 Y0.0
N0150 X2.5591
N0160 Y-.853
N0170 X-2.5591
```

图 5-45　生成的数控程序组

训 练 作 业

用所学的创建加工知识和操作命令，完成下面的训练作业项目的编程设计。

【5-01】滑动卡板的加工

该零件为模具上的一个配件，已经完成外形的尺寸加工 96 × 70 × 27，在高度方向上尚留有 2mm 的余量。用平面铣方式创建此工件的加工操作，4 个 ϕ10 通孔不用加工（见图5-46）。

【5-02】花形冲模的加工

该零件是冷冲模具中的一个切料冲头，正方形的坯料已经初步加工完成为 100 × 100 × 27，高度方向上留有 2mm 的余量。用平面铣切削方式创建加工操作，4 个台阶孔不需要加工（见图 5-47）。

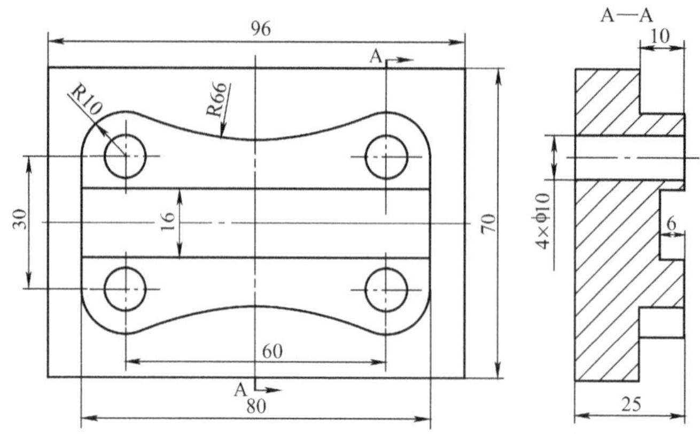

图 5-46　滑动卡板（材料：45 钢）

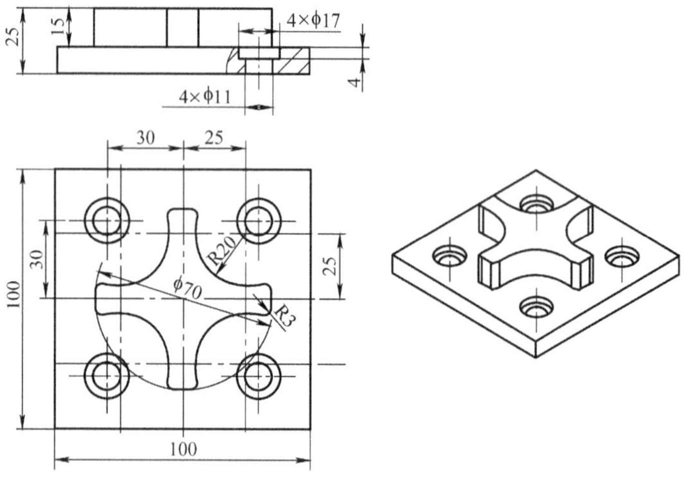

图 5-47　花形冲模（材料：工具钢）

【5-03】凸轮的加工

此工件是机械控制机构中的凸轮零件，毛坯是 ϕ110 × 10 的圆形板料，ϕ20 的中心孔已经加工完成，可以用它进行定位和装夹。用平面铣切削方式创建加工操作（见图 5-48）。

【5-04】异型座板的加工

异型座板的外形尺寸为 160 × 120 × 40，高度方向上留有 2mm 的加工余量。用户自行选择合适的切削方式创建加工操作，ϕ12 的台阶孔不用加工，该工件的工程图如图 5-49 所示。完成刀具轨迹创建后，生成整个加工的数控程序。

【5-05】三槽凹板的加工

三槽凹板的毛坯尺寸 80 × 80 × 24，底平面已

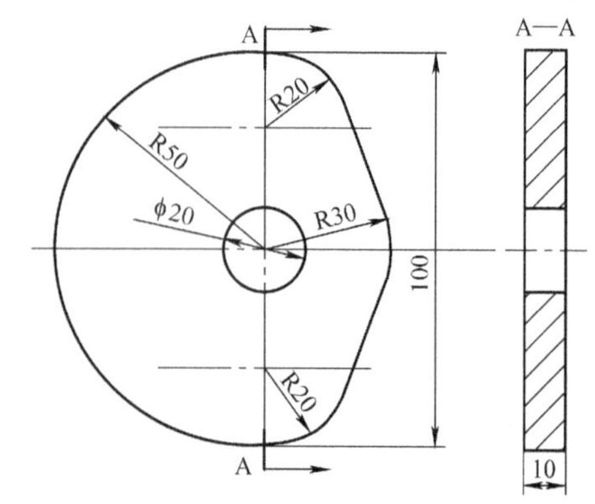

图 5-48　凸轮（材料：45 钢）

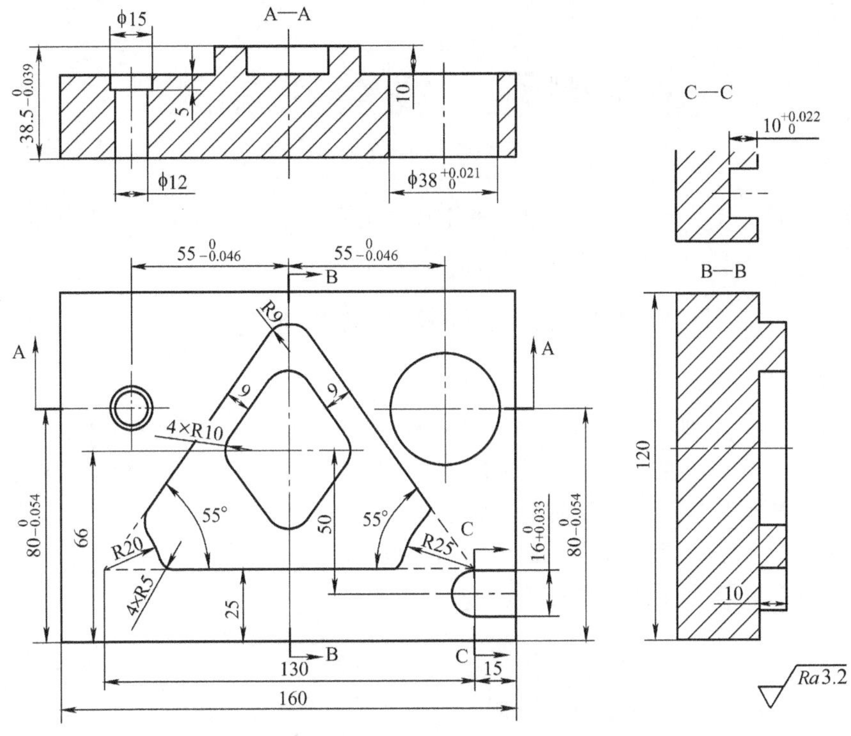

图 5-49　异型座板（材料：45 钢）

经加工完毕。创建此工件的全部加工操作（包括三个 ϕ8 通孔），并生成数控程序（见图 5-50）。

【5-06】双心座的加工

双心座的毛坯尺寸为 220 × 120 × 30，底平面已加工完成。创建此工件的全部加工操作，并生成数控程序（见图 5-51）。

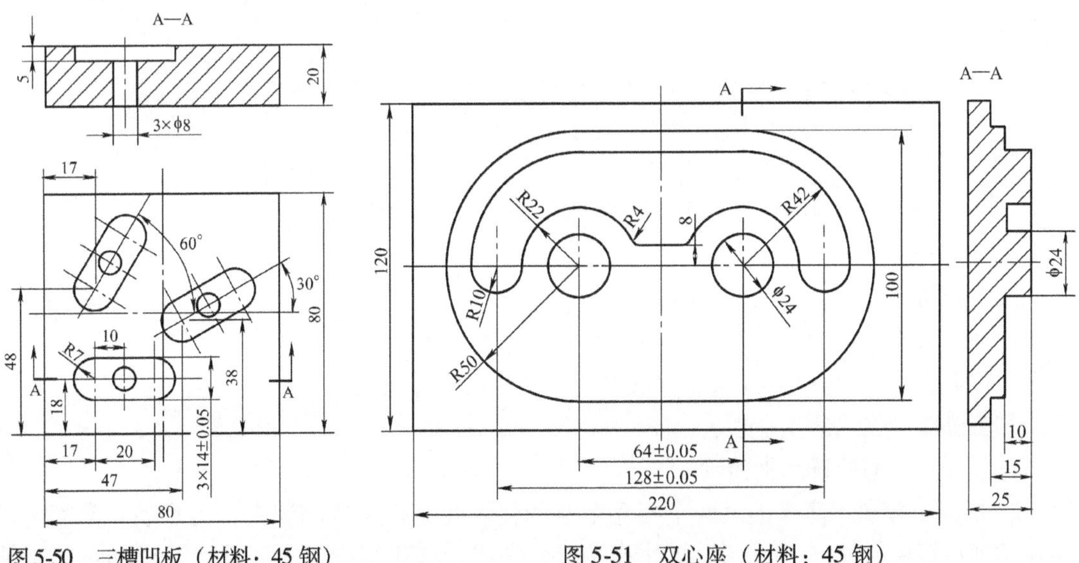

图 5-50　三槽凹板（材料：45 钢）

图 5-51　双心座（材料：45 钢）

第6单元　型腔铣加工

单元要点： 熟悉UG加工模块中型腔铣模板的功能，并运用所提供的操作界面、操作命令和加工创建工具对型腔或曲面工件的数控加工编程设计。

项目6-1　鼠标凸模的加工

任务目标：

鼠标凸模是一个典型的多曲面工件，如图6-1所示。它由多个曲面轮廓复合而成，底座是一个矩形板台。此工件由UG建模模块构建出三维实体模型，工作坐标系原点建立在模型的顶面中心处。矩形底座已经加工到位，但顶面尚留有2mm的加工余量。此工件宜选用立式加工中心机床来加工，因其外表面多由曲面构成，因此必须利用计算机进行数控编程，并实行计算机与数控机床连接的在线加工。

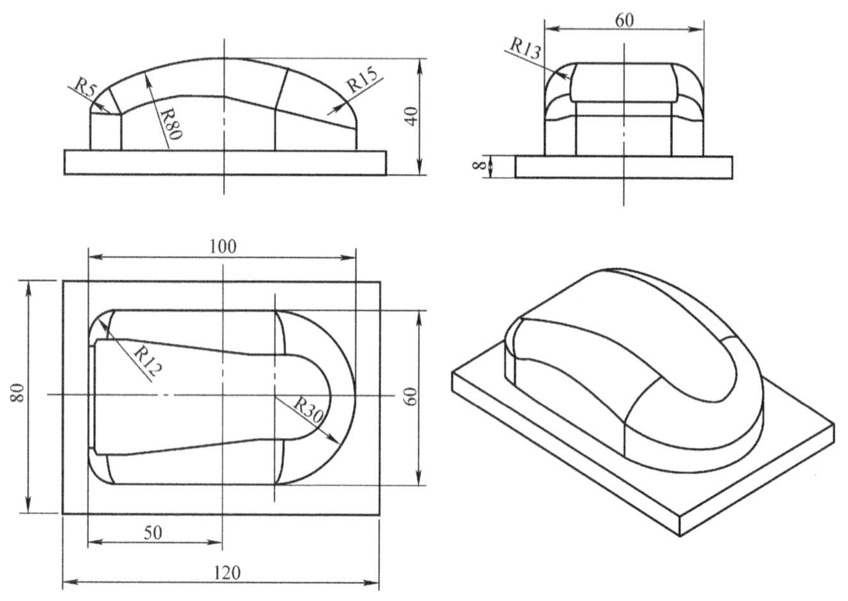

图6-1　鼠标凸模（材料：45钢）

工艺分析：

1. 加工条件

工件毛坯：120×80×45板料，底平面及周边已加工完毕。

加工机床：立式加工中心。

铣削方式：型腔铣和平面铣。

2. 加工工序　以底平面及两个相互垂直的侧表面进行定位和装夹，注意装夹高度，不能在切削过程中碰撞到工件，一次性装夹后，完成全部切削操作。共设计5个加工工步如下：

［工步1］：粗铣外表面

选用D30R5鼓形刀，即直径30，圆角半径5的平底铣刀，刀具号设定为1。用“型腔铣”方式进行粗加工，粗铣后底座平面与侧表面均留1mm余量。

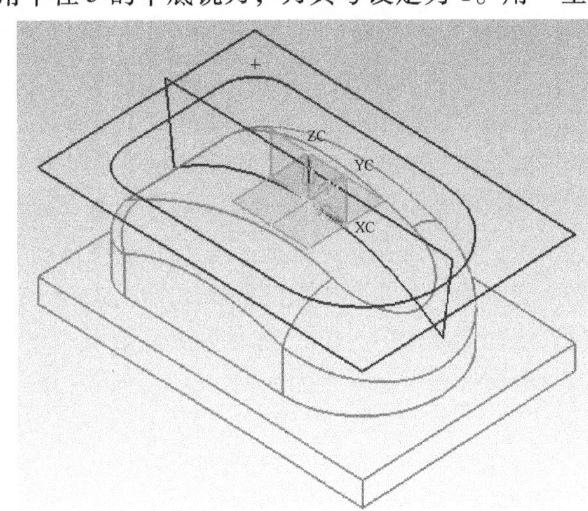

图6-2　构建出的工件实体模型

［工步2］：半精铣外表面

选用D16R4鼓形刀，刀具号设定为2。用“型腔铣”方式进行半精加工，加工后所有外表面留有0.5mm余量。

［工步3］：精铣底座平面

选用D20端铣刀，即直径20，圆角半径0的平底铣刀，刀具号设定为3。用“平面铣”方式进行精加工，将尺寸一次加工到位。

［工步4］：精铣外表面

仍选用2号刀具。用“等高轮廓铣”方式进行精加工，全部表面加工至尺寸要求。

操作步骤：

操作01：设计工件的实体模型

用建模模块构建工件实体模型时，分别在XC-YC和XC-ZC基准平面上绘制轮廓草图；在实体拉伸时注意将坐标原点设定在工件上平面的中心点处；建好实体模型后，不必把草图、基准及坐标系隐藏起来，可能在创建工件几何体时要用到这些要素，创建的工件实体及相关要素如图6-2所示。

图6-3　“加工环境”对话框

操作02：设置加工环境

单击［起始］-［加工］命令，界面上会出现一个“加工环境”对话框。将“CAM会话配置”栏里面的“cam_general”项选中；“CAM设置”栏中的“mill_contour”项选中，如图6-3所示。然后，单击［初始化］命令按钮，进入型腔铣模块界面。

操作03：创建几何体

单击“加工创建”工具条上的［创建几何体］命令图标，在出现的“创建几何体”对话框中，首先，将最上面一栏“类型”中选定“mill_contour”（型腔铣），它决定了所有下面各个选项的加工模板，如图6-4所示。

1. 设置机床坐标（加工坐标）系　在子类型中选中第一个图标［MCS］（加工坐标

系）；父级组中选择 MCS_ MILL；名称输入 zbx 字符，如图 6-4 所示。单击［应用］按钮，进入“MCS”对话框，此时观察工件实体上的加工坐标系（MCS），会发现它与工件坐标系完全吻合，因此，可以保持对话框上全部选项为默认状态，单击［确定］按钮，返回到“创建几何体”对话框。

2. 设置工件几何体　单击“加工创建”工具条上的［创建几何体］命令，在弹出的“创建几何体”对话框上，选择第五项［工件］命令图标；父级组选择 zbx；名称输入 jht，如图 6-5 所示，完成上面的设置后，单击［应用］按钮，此时的对话框变为“工件”。选择几何体下面的第一项［部件］命令，并单击下面的［选择］命令按钮进入下一个“工件几何体”对话框，如图 6-6 所示。选中“选择选项”下面的“几何体”这一项，并将“过滤方式”设定为“体”，再单击下面的［全选］命令按钮，此时，会看到整个工件实体都变成红色，表示全部选中。按［确定］按钮结束这一设置，返回到“工件”对话框。从对话框中的材料图标上可以看到为碳钢，这正与需要相符，保持默认状态即可。

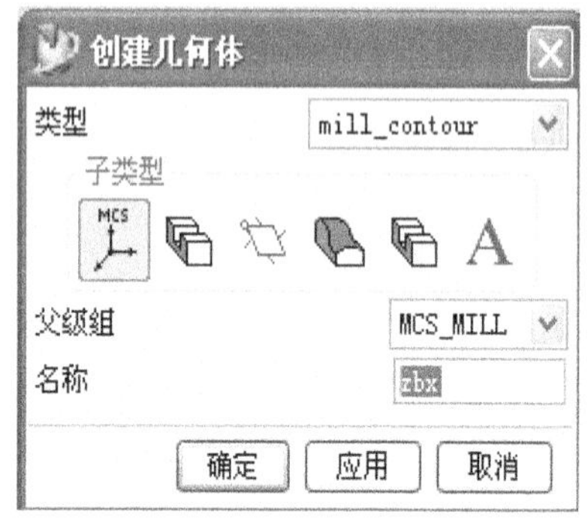

图 6-4　创建工件几何

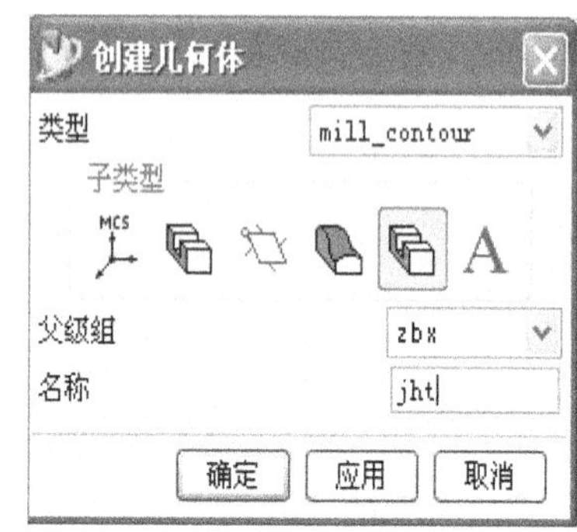

图 6-5　“创建几何体”对话框

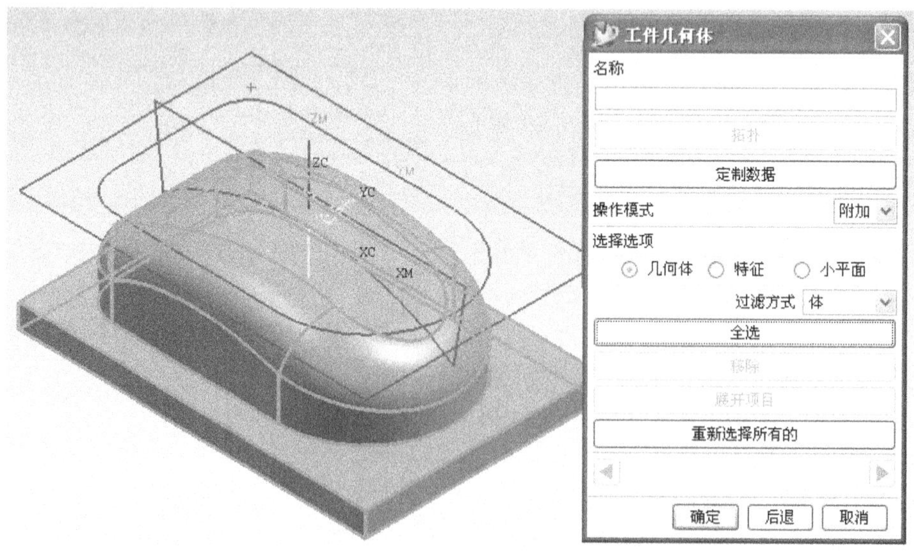

图 6-6　使用“全选”命令设定工件几何体

3. 设置毛坯几何体　选择“几何体”下面的第二个命令［毛坯］图标，单击下面的［选择］命令，会出现一个“毛坯几何体”对话框，如图 6-7 所示，选中“选择选项”下面的“自动块”，并将 ZM + 栏中输入数值 5。这里的自动块表示生成的毛坯几何体正好包容整个工件几何体。ZM + 栏中的数值 5 表示在工件的高度方向上（工件顶面）增加 5mm，作为面铣加工所预留的余量。完成上面的设置后，单击［确定］按钮，在工件周边会看到出现一个包容整个工件的矩形体，这就是毛坯几何体。

图 6-7　“毛坯几何体”对话框

操作 04：创建刀具

在工艺分析中已经明确了所使用的刀具，可以事先将刀具全部设定好，以便在创建加工操作时直接调用。

设定 1 号刀具：

单击“加工创建”工具条上的［创建刀具］命令，在出现“创建刀具”对话框上，如图 6-8 所示，选择“类型”为“型腔铣（mill_contour)”；“子类型”为第一行第个一图标“铣刀”；名称设为 D30R5，即直径 30 底角半径为 5 的鼓形铣刀。单击［应用］按钮，进入“Milling Tool-5 Parame⋯.（5 参数铣刀）”对话框，具体参数设定如下（见图 6-9）：

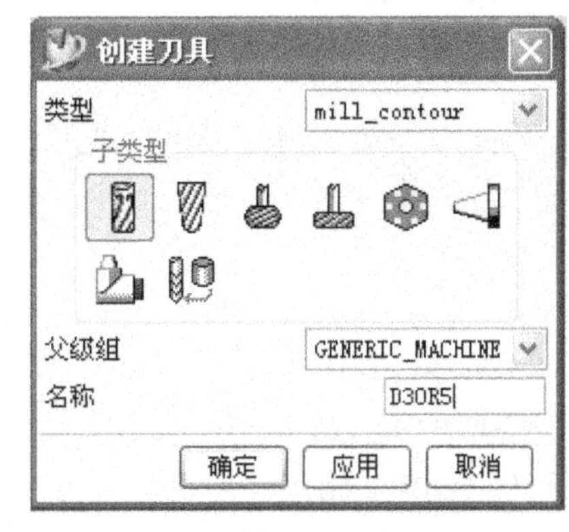

图 6-8　“创建刀具”对话框

直径：30

下半径：5

长度：75

刃口长度：50

刀具号：1

完成设置后，单击下面的［显示刀具］图标，会看到在工件实体模型上面出现一个鼓形铣刀的图形轮廓，如图 6-10 所示。再按［确定］按钮，返回“创建刀具”对话框，再设定下一把铣刀。

按上述步骤和方法，设置其它铣刀如下：

设定 2 号刀具：

直径：16

下半径：4

长度：50

刃口长度：35

刀具号：2

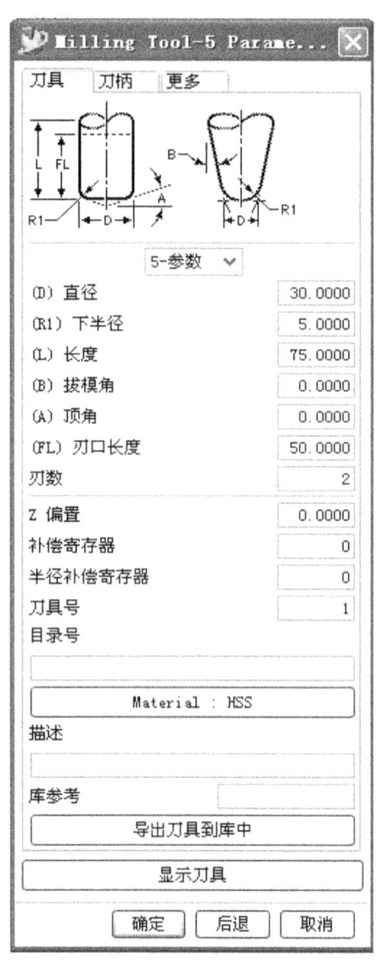

图 6-9 设置鼓形铣刀参数

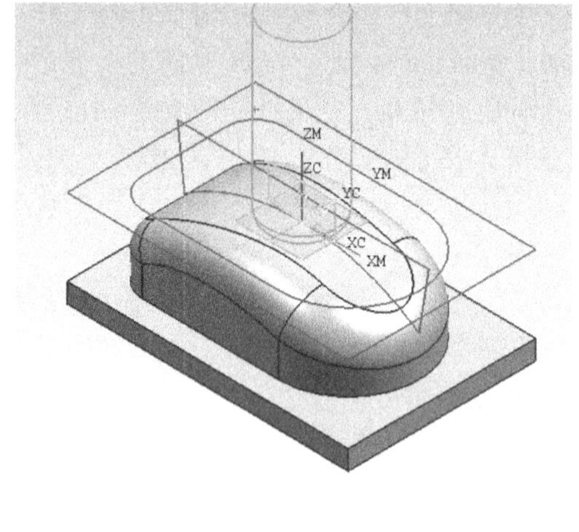

图 6-10 显示刀具形状

设定 3 号刀具：

直径：20

下半径：0

长度：75

刃口长度：50

刀具号：3

操作 05：创建加工操作

［工步 1］：粗铣外表面

单击［创建操作］命令，在出现的“创建操作”对话框上，“类型”选择为“型腔铣”；“子类型”选择为第一行第一个图标“型腔铣”（CAVITY_MILL）；其它选项如下设置（见图 6-11）：

程序：NC_PROGRAM

使用几何体：JHT

使用刀具：D30R5（1 号铣刀）

使用方法：MILL-ROUGH

名称：gb-1（工步1）

全部设置如图6-11所示，完成上面的设置后，单击［应用］按钮，进入“型腔铣”对话框。

1. 设定切削方式　在“型腔铣”对话框的“主界面”卡上，设定切削方式如下（见图6-12）：

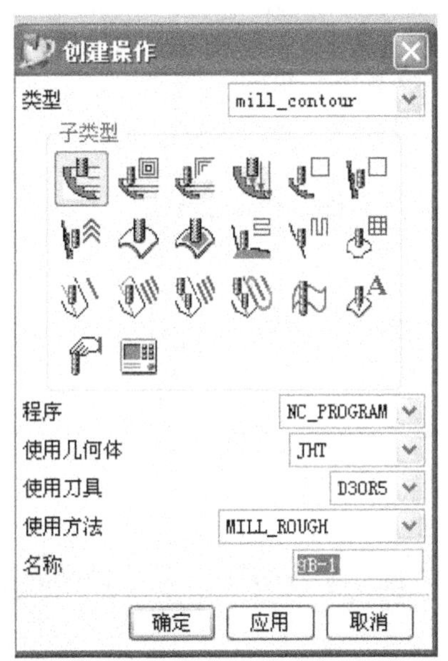

图6-11　创建型腔铣操作

图6-12　型腔铣对话框

切削方式：跟随工件

步进：刀具直径

百分比：50

每一刀的全局深度：1

2. 设置切削层　单击［切削层］按钮，在出现的“切削层”对话框上，将“范围深度”栏中输入数值37，并按回车键；将“每一刀的局部深度”栏中输入数值3，并按回车键，如图6-13所示。至此，所设置的是切削范围深度1的参数，还需要增设一个切削范围深度2。单击［插入范围］命令图标，在“范围深度”栏中输入数值12，并按回车键；将

“每一刀的局部深度”栏中输入数值1，并按回车键，如图6-14所示。用同样的方法再增加一个范围深度3，“范围深度”为5，“每一刀的局部深度”为2。

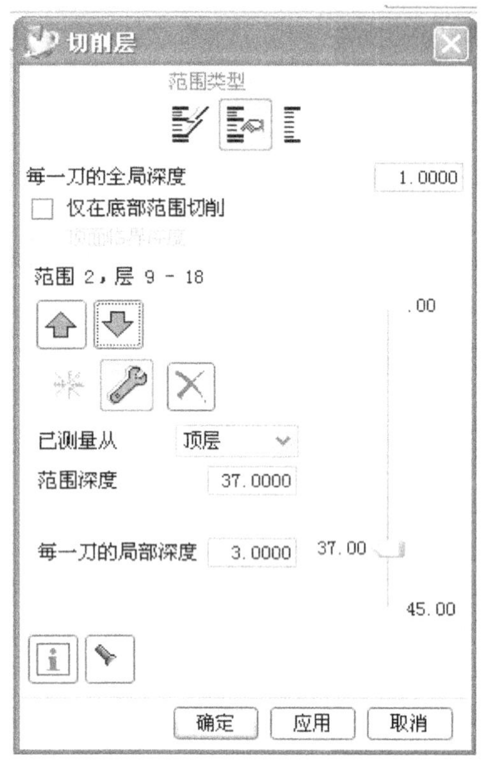

图6-13　设置范围1的参数

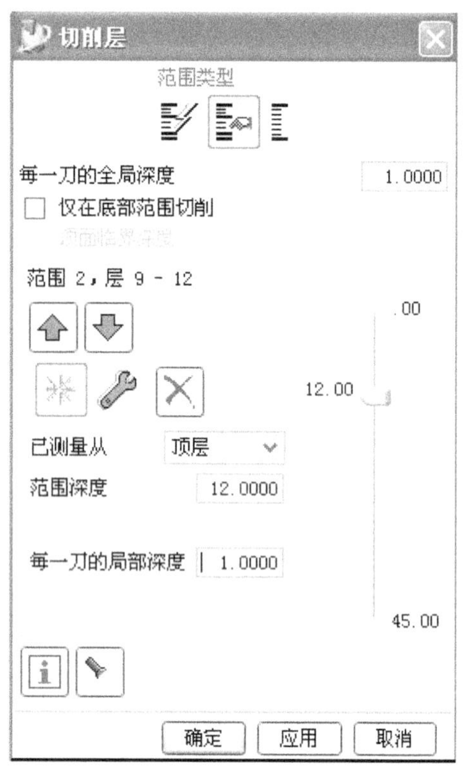

图6-14　设置范围2的参数

3. 设置进刀/退刀参数　单击［自动］命令，将“自动进刀/退刀”对话框中的各项参数设置如下：

倾斜类型：螺旋的

斜角：5

螺旋的直径%：90

自动类型：圆的

圆弧半径：5

激活区间：3

重叠距离：3

退刀间距：2

设置后的情况如图6-15所示。

图6-15　设置进退刀参数

4. 设置切削参数　单击［切削］命令按钮，进入“切削参数”对话框，具体各项参数设置如下：

切削顺序：层优先

切削方向：顺铣切削

区域排序：优化/✓区域连接/✓跟随检查几何体

打开刀路：保持切削方向

部件侧面余量：1

部件底部面余量：1

容错加工：选中

5. 设置进给率参数　单击［进给率］命令按钮（参见图6-12），在“进给和速度”对话框中，设置各项参数如下：

主轴速度：1000r/min

剪切：0.4mm/r

其余选项和参数可保持默认值。

6. 设置避让参数　单击［避让］命令，将安全平面高度设定为20，从点和返回点设为：XC=0、YC=100、ZC=100即可。

机床参数用户可根据实际情况自行设定。

7. 生成刀具轨迹和仿真加工　分别单击［生成］和［确认］按钮来生成铣刀运行轨迹，产生仿真切削过程，其刀具轨迹和仿真加工后的效果如图6-16所示。

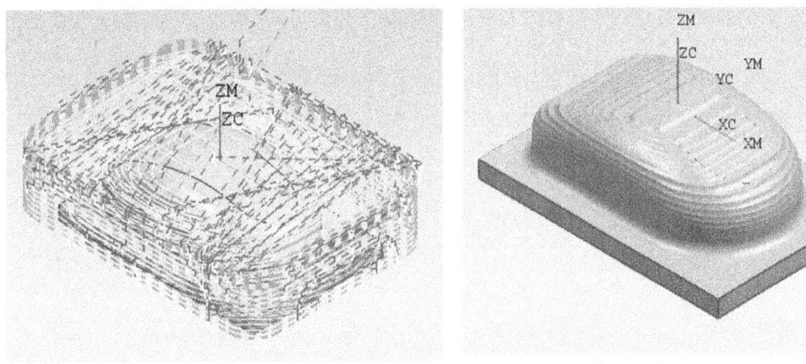

图6-16　生成的刀轨和完成加工后的效果

［工步2］：半精铣外表面

选用2号刀具，用“等高轮廓铣”方式对整个表面进行半精加工，加工后所有外表面留0.5mm余量。

单击［创建操作］按钮，在图6-17“创建操作”对话框上，“类型”选择为“型腔铣”；“子类型”选择为第一行第五个图标“等高轮廓铣”（ZLEVEL_PROFILE）；其它选项如下设置：

程序：NC_PROGRAM

使用几何体：JHT

使用刀具：D16R4（2号铣刀）

使用方法：MILL_SEMI_FINISH

名称：gb-2（工步2）

全部设置如图6-17所示，完成上面的设置后，单击［应用］按钮，进入“等高轮廓铣”对话框（见图6-18）。

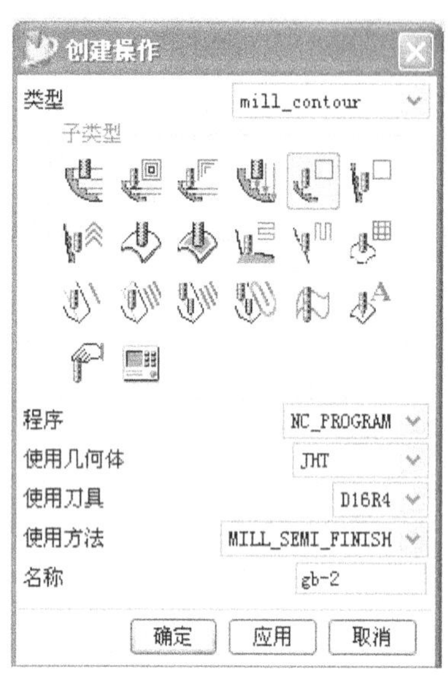

图6-17 “创建操作”对话框

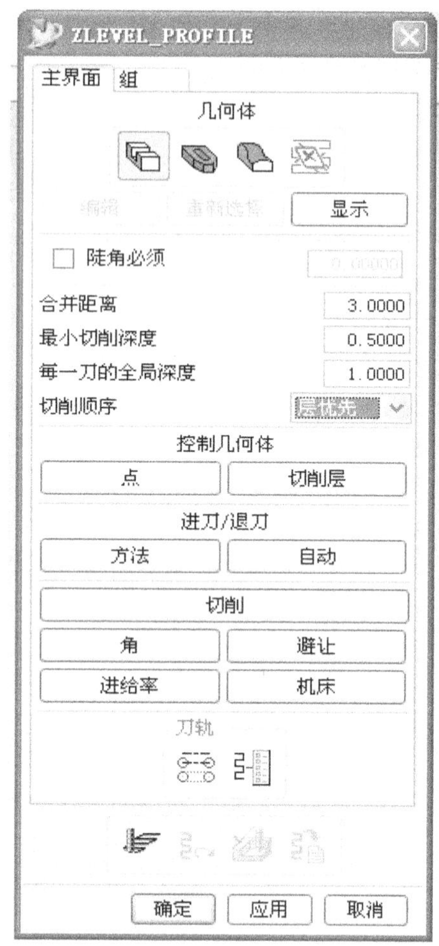

图6-18 “等高轮廓铣”对话框

1. 设定切削方式　在“等高轮廓铣”对话框的“主界面”卡上，设定切削方式如下：
合并距离：3
最小切削深度：0.5
每一刀的全局深度：1
切削顺序：层优先

2. 设置切削层　单击［切削层］按钮，在出现的“切削层”对话框上（参见图6-13），将“范围深度”栏中输入数值32，并按回车键；将“每一刀的局部深度”栏中输入数值1，并按回车键。再增设一个切削范围深度2。单击［插入范围］命令图标，在“范围深度”栏中输入数值10，并按回车键；将“每一刀的局部深度”栏中输入数值0.5，并按回车键，结束切削层的设置。

3. 设置进刀/退刀参数　此项的全部参数与前一工步的完全一样，可参照上面进行设置。

4. 设置切削参数　单击［切削］命令按钮，进入“切削参数”对话框，具体各项参数设置如下（见图6-18）：

切削顺序：层优先

切削方向：顺铣切削

层到层：使用传递方法

部件侧面余量：0.5

部件底部面余量0.5

5. 设置进给率参数　单击［进给率］命令按钮（参见图6-12），在“进给和速度”对话框中，设置各项参数如下：

主轴速度：1200r/min

剪切：0.3mm/r

其余选项和参数可保持默认值。

6. 设置避让参数　避让和机床的参数均可按照前一工步的数据进行设置。

7. 生成刀具轨迹和仿真加工　分别单击［生成］和［确认］命令来生成铣刀运行轨迹，产生仿真切削过程，其刀具轨迹和仿真加工后的效果如图6-19所示。

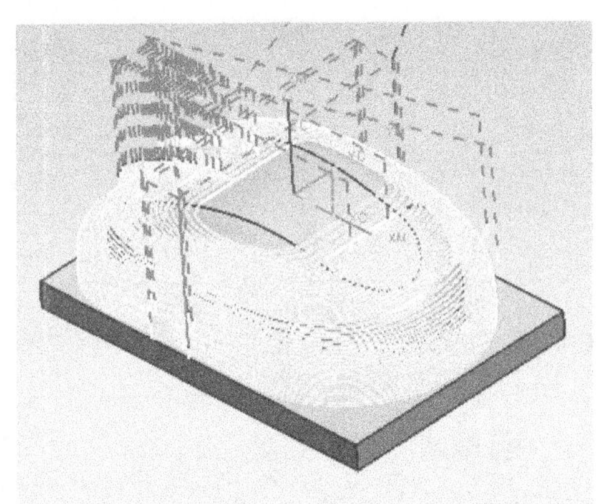

图6-19　生成的刀具轨迹和完成加工后的效果

［工步3］：精铣底座平面

选用3号端铣刀，用“底面铣”方式进行精加工，将底座平面尺寸一次加工到位。

单击［创建操作］命令，在图6-20“创建操作”对话框上，“类型”选择为“平面铣”；“子类型”选择为第二行第五个图标“底面铣”；其它选项如下设置：

程序：NC_PROGRAM

使用几何体：JHT

使用刀具：D20（3号铣刀）

使用方法：MILL_FINISH

名称：gb-3（工步3）

全部设置完成后，单击［应用］按钮，进入“平面铣”对话框。

1. 设定底面铣边界　选择“底面铣”对话框“主界面”卡上面的第一个命令图标［部件］，单击下面的［选择］命令，弹出“边界几何体”对话框。将上面的“模式”选择为

“曲线/边”，又会弹出“创建边界”对话框（见图 6-21），在这个对话框上设置各选项如下：

图 6-20 “创建操作”对话框

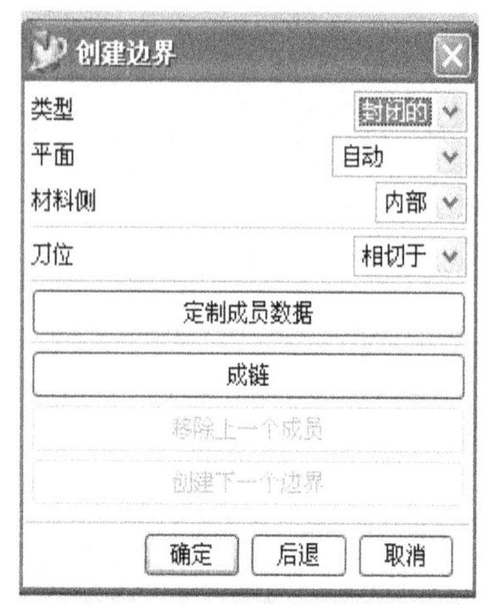

图 6-21 “创建边界”对话框

类型：封闭的

平面：自动

材料侧：内部

刀位：相切于

完成设置后，单击下面的［成链］按钮，会出现“成链”对话框，在这个对话框状态下，用鼠标选中工件实体上带有圆弧轮廓曲线中的某一段（变成红色），然后，单击对话框上的［确定］按钮，整个轮廓曲线就会全部被选中。这条封闭的曲线就控制了铣刀的运行轨迹边界，如图 6-22 所示。完成设置后，连续两次单击［确定］按钮，返回到“主界面”卡。

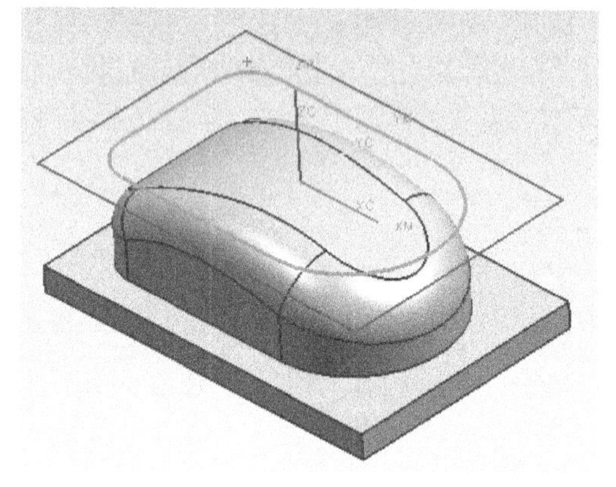

图 6-22 设置工件加工边界

选择第二个命令图标［毛坯］，单击下面的［选择］命令，又弹出“边界几何体”对话框，仿照上面的方法，设定毛坯几何体边界，其选项和参数如下：

类型：封闭的

平面：自动

材料侧：外部

刀位：相切于

完成设置后，选择最外面的矩形轮廓曲线作为毛坯的边界。确定后返回到“主界面”卡。

选择第五个命令图标［底面］，单击下面的［选择］命令，弹出“平面构造器”对话框，将“过滤器”设定为“面”，用鼠标选中底座的上平面，如图6-23所示。

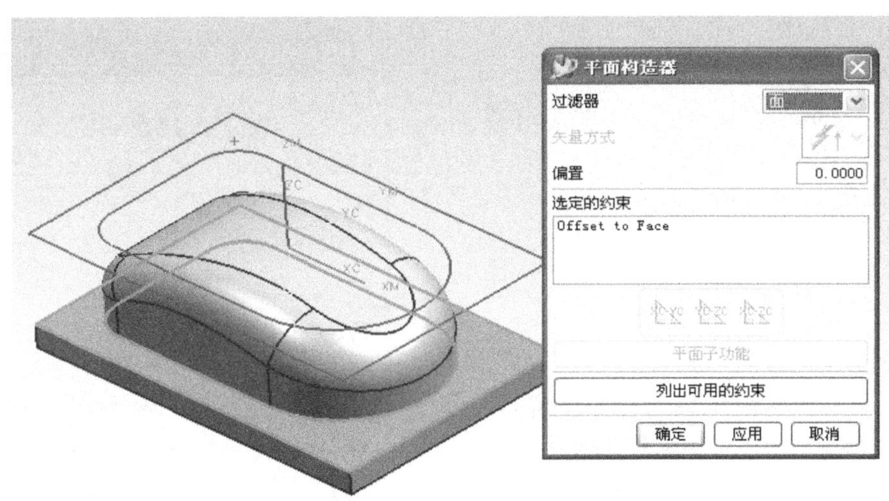

图6-23　设置底平面

2. 设定切削方式　在“主界面”卡上，设置切削方式如下：

切削方式：跟随工件

步进：刀具直径

百分比：50

单击图6-18“进刀/退刀”栏下的［自动］命令，在出现的“自动进刀/退刀”对话框上（见图6-24），设置各个选项如下：

倾斜类型：螺旋的

斜角：5

退刀间距：2

其余各选项的设定。设置完毕后返回到“主界面”卡。

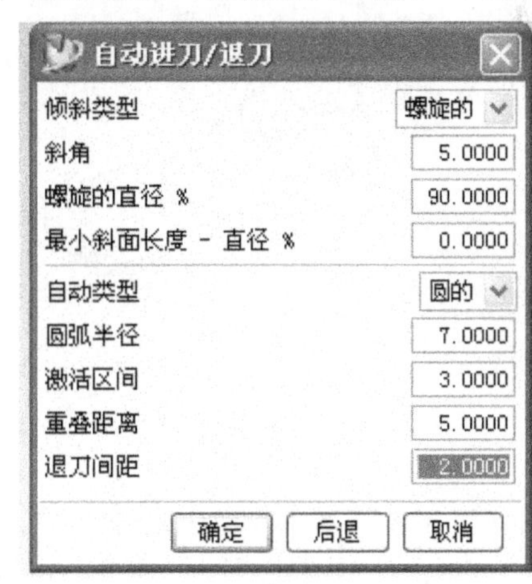

图6-24　“进刀/退刀”对话框

3. 设定切削参数　单击［切削］命令，在弹出的“切削参数”对话框上（对三张卡设置），主要参数设置如下：

切削顺序：层优先

切削方向：顺铣切削

区域排序：优化/✓区域连接/✓跟随检查几何体

打开刀路：保持切削方向

部件余量：0

最终底面余量：0

完成设置后，返回到“主界面”卡。

单击［切削深度］命令，在出现的“切削深度参数”对话框上（见图6-25），设置各项参数如下：

类型：仅底面

完成设置后，返回到“主界面”卡。

单击［进给率］命令，在“进给和速度”对话框上，设置参数如下：

主轴速度：1200r/min

剪切：0.3mm/r

其余参数可保持默认值，完毕后返回到“主界面”卡。

4. 设定避让参数　避让参数的设定，可参照前一工步的操作步骤和方法进行，将安全平面高度设定为20，从点和返回点设为：XC=0、YC=100、ZC=100即可。

机床参数用户可根据实际情况自行设定。

图6-25　“切削深度参数”对话框

5. 生成刀具轨迹和仿真加工　分别单击［生成］和［确认］命令来生成铣刀运行轨迹，产生仿真切削过程，其刀具轨迹和仿真加工后的效果如图6-26所示。

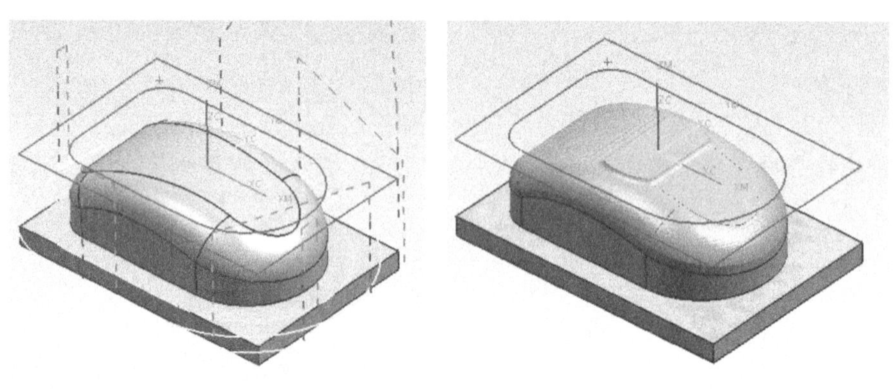

图6-26　生成的刀具轨迹和完成加工后的效果

［工步4］：精铣外表面

仍选用2号刀具，用“等高轮廓铣”方式进行精加工，全部表面加工至尺寸要求。

单击［创建操作］命令，在图6-27“创建操作”对话框上，“类型”选择为“型腔铣”；“子类型”选择为第一行第五个图标“等高轮廓铣”（ZLEVEL_PROFILE）；其它选项如下设置：

程序：NC_PROGRAM

使用几何体：JHT

使用刀具：D16R4（2 号铣刀）

使用方法：MILL_FINISH

名称：gb-4（工步 4）

全部设置，完成上面的设置后，单击［应用］按钮，进入“等高轮廓铣”对话框。

1. 设定切削方式　在“等高轮廓铣”对话框的“主界面”卡上，如图 6-28 所示。设定切削方式如下：

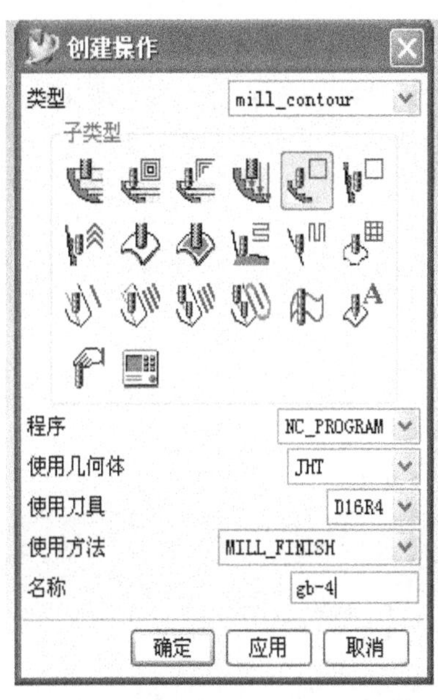

图 6-27　“创建操作”对话框

图 6-28　设定切削方式

合并距离：3

最小切削深度：0.2

每一刀的全局深度：1

切削顺序：层优先

2. 设置切削层　单击［切削层］按钮，在出现的“切削层”对话框上，将“范围深度”栏中输入数值28，并按回车键；将“每一刀的局部深度”栏中输入数值1，并按回车键。再增设一个切削范围深度2。单击［插入范围］命令图标，在“范围深度”栏中输入数值10，并按回车键；将“每一刀的局部深度”栏中输入数值0.4，并按回车键，结束切削层的设置。

3. 设置进刀/退刀参数　此项的全部参数与［工步3］的完全一样，可参照前面进行设置。

4. 设置切削参数　单击［切削］命令按钮，进入“切削参数”对话框，具体各项参数设置如下：

切削顺序：层优先

切削方向：顺铣切削

层到层：使用传递方法

部件侧面余量：0

部件底部面余量0

5. 设置进给率参数　单击［进给率］命令按钮，在“进给和速度”对话框中，设置各项参数如下：

主轴速度：1800r/min

剪切：0.2mm/r

其余选项和参数可保持默认值。

6. 设置避让参数　避让和机床的参数均可按照前面工步的数据进行设置。

7. 生成刀具轨迹和仿真加工　分别单击［生成］和［确认］命令来生成铣刀运行轨迹，产生仿真切削过程，其刀具轨迹和仿真加工后的效果如图6-29所示。

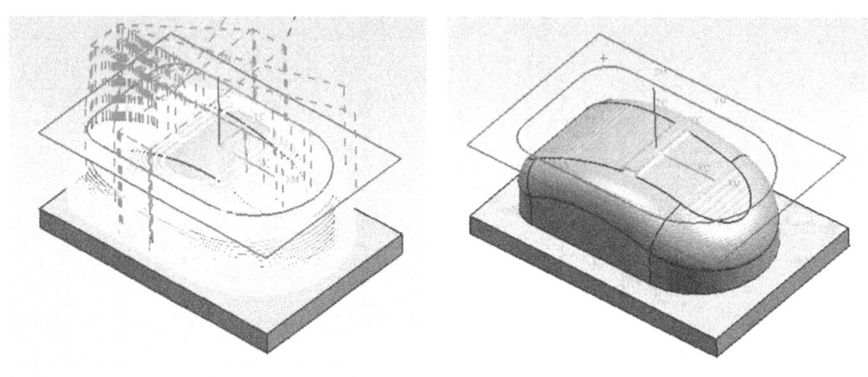

图6-29　最后生成的刀具轨迹和完成加工后的效果

操作06：生成CNC程序（数控加工程序）

通过操作导航器，用鼠标将4个工步即gb-1～gb-4的刀具轨迹全部选中，然后，单击“加工操作”工具条上［后处理］命令图标，在出现的“后处理”对话框上，选择上面

“可用机床”栏中的“MILL_3_AXIS”选项，即3轴立式铣床；给文件起个名字，单击［应用］按钮，即可生成全部刀具轨迹的数控加工程序，如图6-30所示。

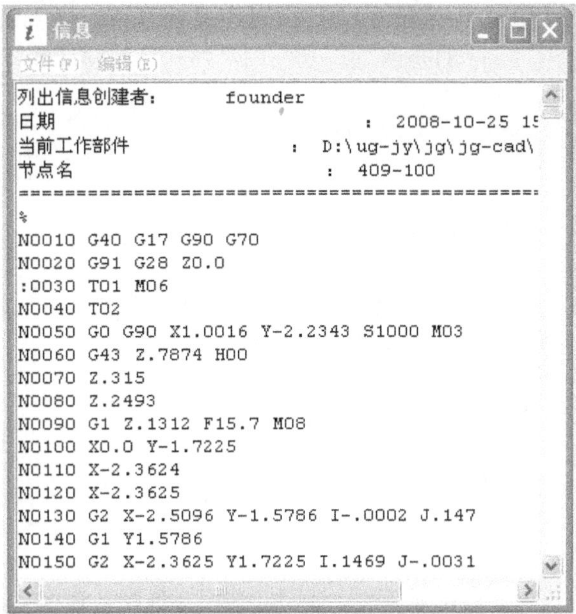

图6-30 生成的数控程序组

要点归纳：

通过“鼠标凸模”的加工操作设计，可以概括出以下几项知识和操作要点：

1）对用型腔铣方式加工的工件，其实体模型的构建与用平面铣方式加工的工件是一样的，可直接在XC-YC基准平面上绘制草图，并垂直拉伸成实体模型。提醒注意的是，最好将工作坐标系的原点设在工件曲面的最高点上，以便于控制切削过程。

2）工件几何体的创建也与平面铣的构建方法相同，加工坐标系可保持默认状态；在创建加工操作中，如果不是只加工某个局部曲面，就不必选择加工边界，也不需要选择加工底面。

3）型腔铣主要用于带有曲面工件的加工，因此在设置刀具时一般要选用鼓形铣刀进行加工，而需要对根部清根加工时则仍选用端铣刀来加工。

4）在创建型腔铣操作中，切削层的设置十分重要，它关系到切削质量和切削效率，可根据工件的曲面的大小和曲度来设定若干个范围深度，并针对每个范围设定具体的深度和每一刀的局部深度；总体来说，平缓的曲面局部进刀深度应小一些，反之，可大一些；在实际应用中，可反复试验几次以确定比较合适的切削参数。

5）型腔铣与平面铣的加工特点是一致的，都是分层切削，属于2.5轴联动加工；不同的是，平面铣只适用于直壁型工件，而型腔铣可适用于曲面和直壁型工件；型腔铣中的等高轮廓铣加工比较特殊，它只对工件表面的最外层切削，适用于精加工或半精加工。

实操演练10：鼠标凹模的加工

【鼠标凹模】的加工编程设计

鼠标凹模也是一个典型的多曲面工件，如图6-31所示。其外形为矩形体120×80×40，腔体由多个曲面轮廓复合而成。此工件由UG建模模块构建的三维实体模型，工作坐标系原点建立在模型的顶面中心处。外表面矩形体已经加工到位，要求使用加工中心机床加工腔体部分，试创建加工操作并生成数控程序。

工艺分析：

工件所用毛坯为120×80×40板料，六个面已经全部加工完成，只加工腔体部分。因此，以底平面为基准，用百分表找正将其固定在机床工作台上，并从周边夹紧。设计铣削加工工步如下：

［工步 1］：粗铣内腔

选用 D16R4 鼓形铣刀，设定为 1 号刀具，用型腔铣方式进行粗加工，粗铣后底面与侧面均留有 1mm 的余量。

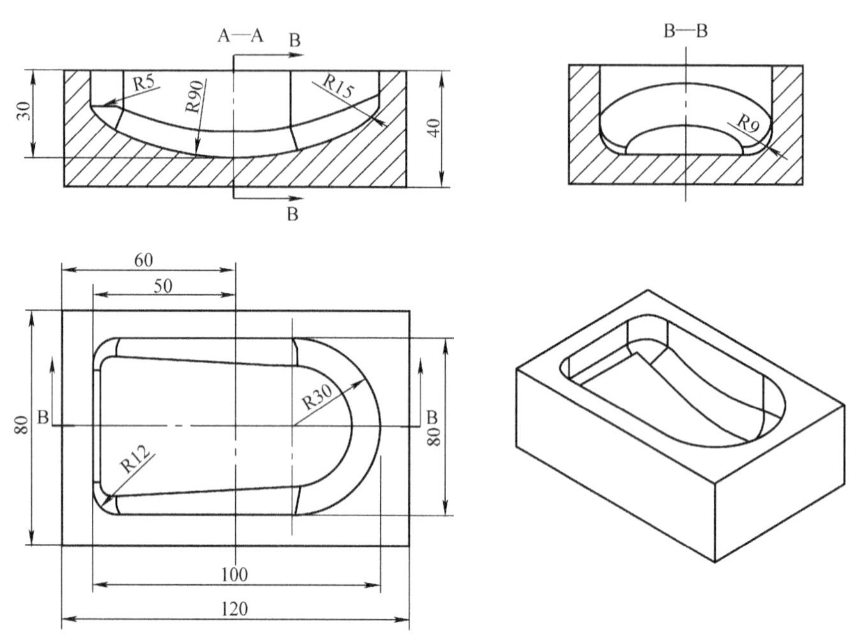

图 6-31　鼠标凹模（材料：45 钢）

［工步 2］：半精铣内腔

选用 D10R2 鼓形铣刀，设定为 2 号刀具，用等高轮廓铣方式进行半精加工，加工后底面与侧面留 0.5mm 的余量。

［工步 3］：精铣内腔

选用 D8R4 球头铣刀，设定为 3 号刀具，用等高轮廓铣方式进行最后的精加工，全部尺寸加工至要求。

用户可按提示的操作步骤和各阶段生成的刀具轨迹、仿真加工效果图，自行完成整个加工设计任务。建议事先将全部刀具设置好再进行创建操作，完成全部工步后，一次性生成一个程序组。

操作 01：设计工件的实体模型

可参照前面的实体构建方法进行设计，建好的工件模型如图 6-32 所示。

操作 02：设置加工环境

在“加工环境”对话框上，将“CAM 会话配置”栏里面的“cam_general”项选中，将“CAM 设置”栏里面的“mill_contour”项选中，如图 6-33 所示。完成设置后，单击下面的［初始化］按钮，进入型腔铣工作界面。

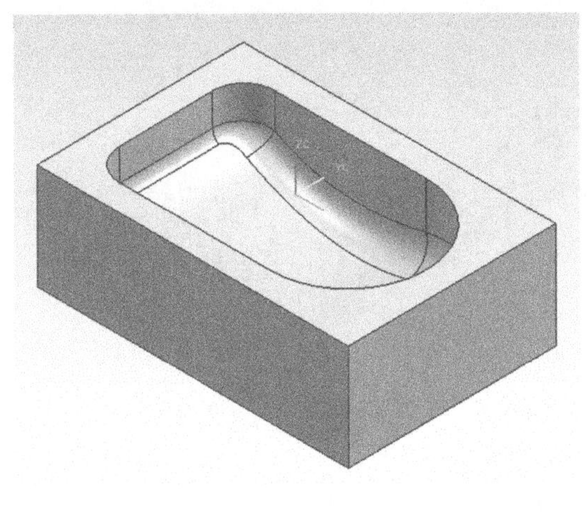

图 6-32　构建的鼠标凹模实体

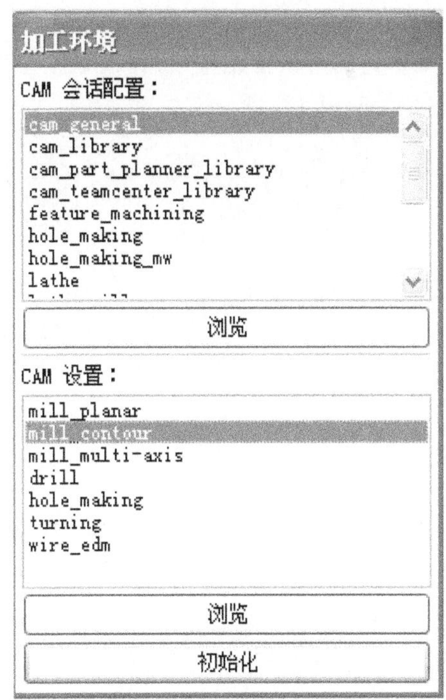

图 6-33　设定加工环境

操作 03：创建几何体

单击“加工创建”工具条上的［创建几何体］命令图标，在出现的“创建几何体”对话框中，首先，将最上面一栏“类型”中选定“mill_contour”（型腔铣），单击［确定］按钮，进入“工件”对话框。按照前面步骤和方法分别创建工件和毛坯几何体。

操作 04：创建刀具组

按照前面的方法创建 3 把铣刀，参数如下：

1 号刀具：D16R4 鼓形铣刀

2 号刀具：D10R2 鼓形铣刀

3 号刀具：D8R4 球头铣刀

操作 05：创建各工步加工操作

［工步 1］：粗铣内腔

选择 1 号刀具，用型腔铣方式进行粗加工，粗铣余量 1mm。建议在设置切削层时，设定 2 个范围深度。生成的刀具轨迹及仿真加工后的效果如图 6-34 所示。

［工步 2］：半精铣内腔

选择 2 号刀具，用等高轮廓铣方式进行半精加工，留 0.5mm 余量。注意：本次加工需要设定切削区域，通对话框上的［切削区域］按钮来选择内腔的所有表面，否则，会在矩形体的外表面也生成刀具轨迹。完成创建操作后，生成的刀具轨迹及仿真加工后的效果如图 6-35 所示。

［工步 3］：精铣内腔

选择 3 号刀具，用等高轮廓铣方式进行最后的精加工，所有尺寸加工到位。注意：本次加工仍需要设定切削区域，通对话框上的［切削区域］按钮来选择内腔的所有表面，否则，会在矩形体的外表面也生成刀具轨迹。完成创建操作后，最后生成的刀具轨迹及仿真加工后的效果如图 6-36 所示。

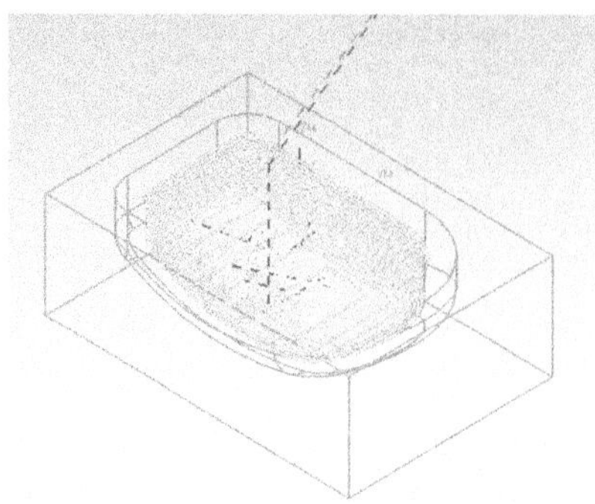
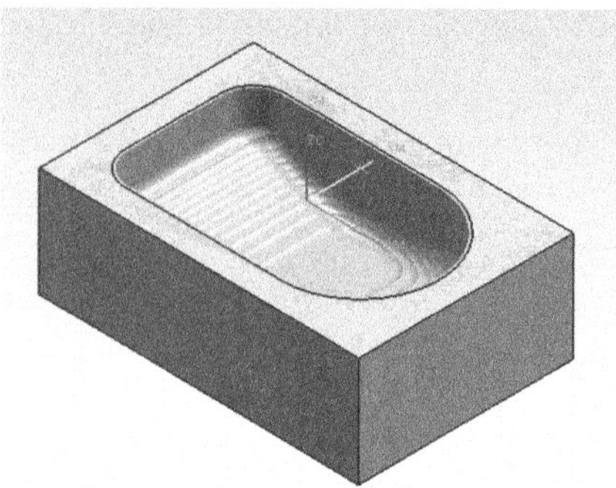

图 6-34　生成的粗加工刀具轨迹和完成加工后的效果

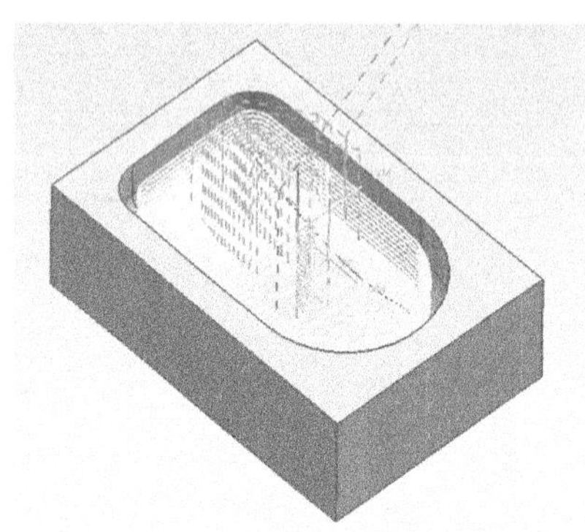
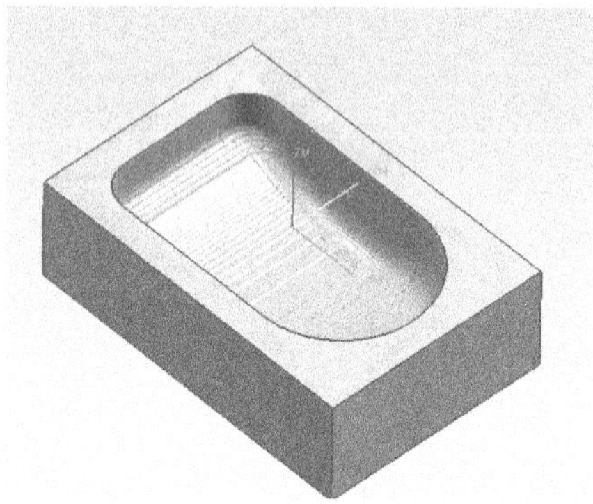

图 6-35　生成的半精加工刀具轨迹和完成加工后的效果

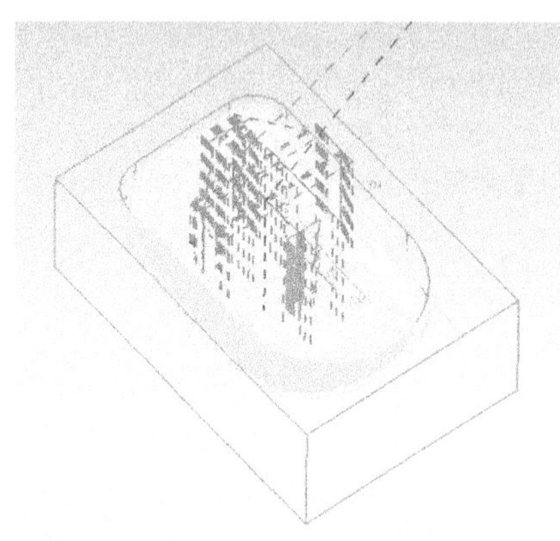
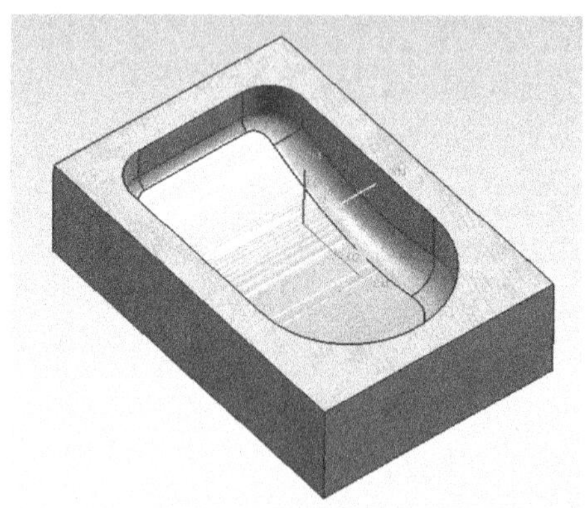

图 6-36　最后生成的精加工刀具轨迹和完成加工后的效果

操作 06：生成 CNC 程序

通过操作导航器，用鼠标将 3 个工步即 gb-1 ~ gb-3 的刀具轨迹全部选中，然后，运用“加工操作”工具条上［后处理］命令生成数控加工程序，如图 6-37 所示。

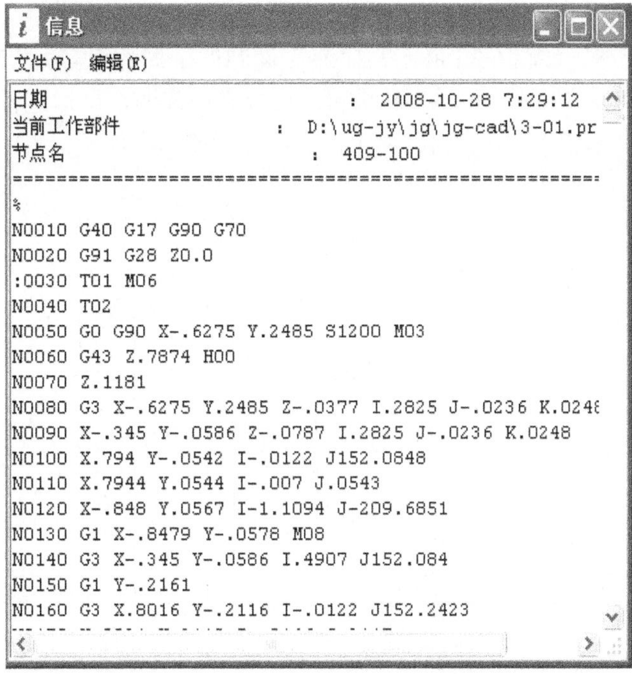

图 6-37 生成的数控程序组

训 练 作 业

用所学的创建加工知识和操作命令，完成下面的训练作业项目的编程设计。

【6-01】花壳座的加工

花壳座呈圆饼状，有一个六辨形曲面凹腔，顶面上均布 6 个 ϕ15 不通孔，如图 6-38 所示。毛坯为 ϕ130 × 30 圆板料，外形尺寸已经加工到位，可选用自动定心卡盘进行定位和装夹。试用型腔铣和等高轮廓铣方式创建加工操作，并生成刀具轨迹。

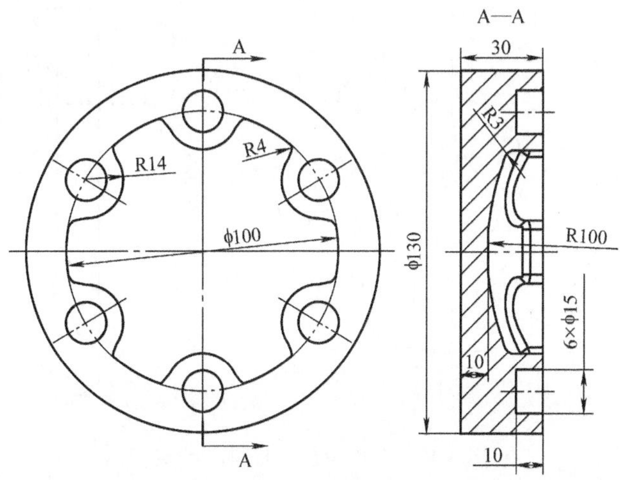

图 6-38 花壳座（材料：45 钢）

【6-02】凸心模板的加工

凸心模板的工程图，如图 6-39 所示，底座平面和四个周边已经加工至尺寸，顶面尚留有 3mm 的余量，毛坯为 100×100×40 的板料。可以底面和四个周边进行定位和装夹。试用平面铣、型腔铣和等高轮廓铣方法创建加工操作，并生成刀具轨迹。

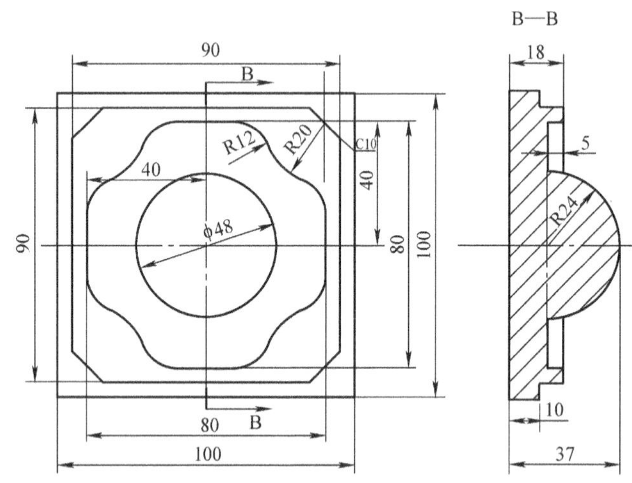

图 6-39　凸心模板（材料：45 钢）

【6-03】三星轮盘的加工

三星轮盘的工程图，如图 6-40 所示，轮盘外径已经加工完成，厚度尚有 2mm 余量，毛坯尺寸 ϕ100×22。可以选用定心卡盘定位和装夹。用平面铣、型腔铣和等高轮廓铣方法创建加工操作，并生成刀具轨迹。

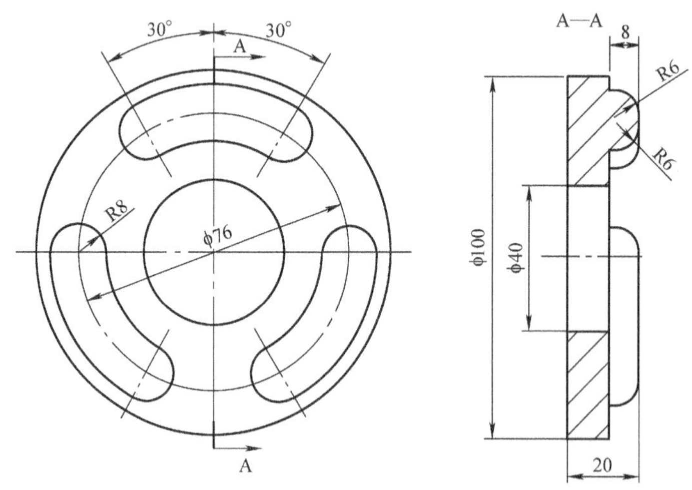

图 6-40　三星轮盘（材料：45 钢）

【6-04】旋钮的加工

旋钮的工程图，如图 6-41 所示，毛坯尺寸 φ80×35。此件的加工需要两次定位和装夹：一是，用定心卡盘定位并夹紧，加工出六方体和底平面；二是，用底平面和六方体面，高度不超过 15，定位并夹紧，加工出旋钮上部分的所有曲面表面。可综合选用平面铣、型腔铣和等高轮廓铣方法创建加工操作，并生成刀具轨迹。

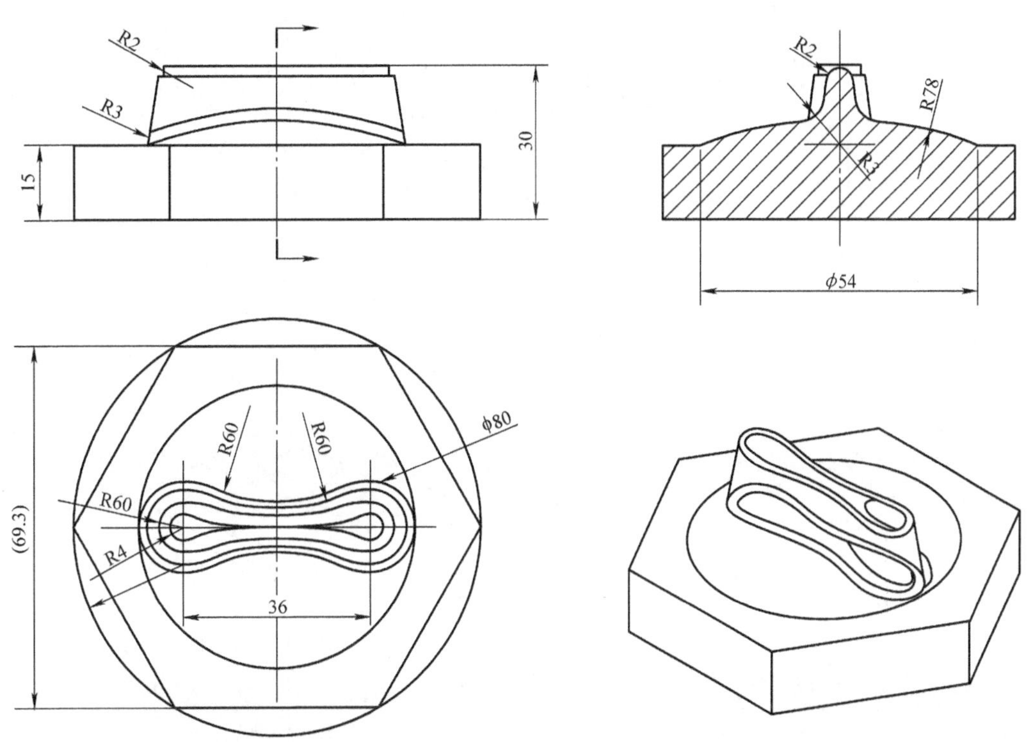

图 6-41　旋钮（材料：铝合金）

【6-05】化妆瓶型模的加工

化妆瓶型模的工程图，如图 6-42 所示，底座平面和四个周边已经加工至尺寸，顶面尚留有 2mm 的余量，毛坯为 120×100×32 的板料。可以底面和四个周边进行定位和装夹。综合运用平面铣、型腔铣和等高轮廓铣方法创建加工操作，生成刀具轨迹，并后处理出加工程序。

【6-06】节拐凸模的加工

节拐凸模的工程图，如图 6-43 所示，底座平面和四个周边已经加工至尺寸，顶面尚留有 5mm 的余量，毛坯为 250×250×75 的板料。可以底面和四个周边进行定位和装夹。综合运用平面铣、型腔铣和等高轮廓铣方法创建加工操作，生成刀具轨迹，并后处理出加工程序。

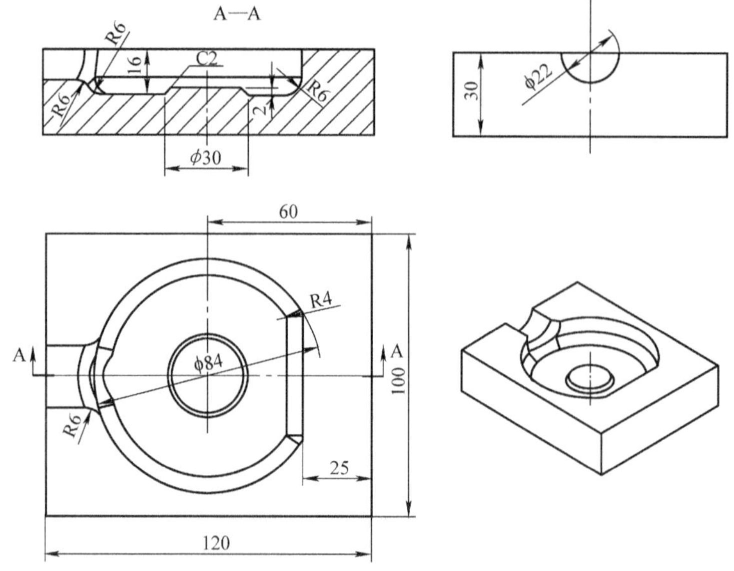

图 6-42　化妆瓶型模（材料：45 钢）

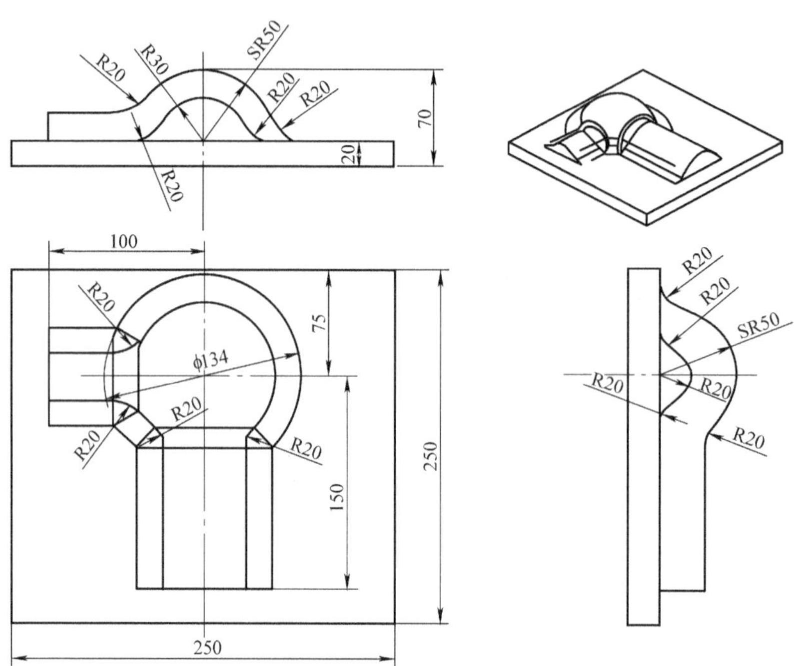

图 6-43　节拐凸模（材料：45 钢）

第 7 单元　固定轴轮廓铣加工

单元要点：熟悉 UG 加工模块中固定轴轮廓铣模板的功能，并运用所提供的操作界面、操作命令和加工创建工具对曲面工件的数控加工编程设计。

项目 7-1　包装瓶凸模的加工

任务目标：

包装瓶凸模是一个多曲面工件，如图 7-1 所示。它由多个曲面轮廓复合而成，底座是一个矩形板台。此工件由 UG 建模模块构建的三维实体模型，工作坐标系原点建立在模型的顶面中心处。矩形底座已经加工到位，但顶面尚留有 2mm 的加工余量。此工件宜选用立式加工中心机床来加工，因其外表面多由曲面构成，因此必须利用计算机进行数控编程，并实行计算机与数控机床连接的在线加工。

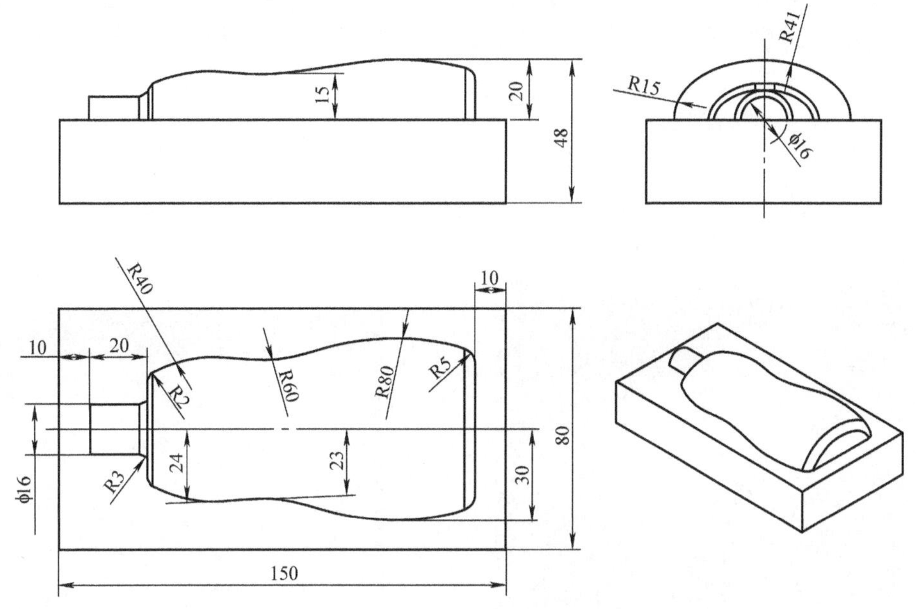

图 7-1　包装瓶凸模（材料：45 钢）

工艺分析：

1. 加工条件

工件毛坯：150 × 80 × 50 板料，底平面及周边已加工完毕。

加工机床：立式加工中心。

铣削方式：型腔铣、固定轴轮廓铣和清根铣。

2. 加工工序　以底平面及两个相互垂直的侧表面进行定位和装夹，注意装夹高度，不能在切削过程中碰撞到工件，一次性装夹后完成全部切削加工。共设计4个加工工步如下：

[工步1]：粗铣外表面

选用D30R5鼓形刀，即直径30，底圆角半径5，刀具号设定为1。用“型腔铣”方式进行粗加工，粗铣后底座上平面与曲面的侧表面均留1mm余量。

[工步2]：半精铣外表面

选用D12R3鼓形刀，即直径12，底圆角半径3，刀具号设定为2。用“等高轮廓铣”方式进行半精加工，加工后所有外表面留有0.5mm余量。

[工步3]：精铣外表面

选用D8R4球头铣刀，即直径8，底圆角半径4，刀具号设定为3。用“固定轴轮廓铣”方式进行精加工，将所有曲面表面尺寸一次加工到位。

[工步4]：精铣曲面与底座平面边界

选用D5端铣刀，即直径5，底圆角半径0，刀具号设定为4。用“轮廓铣”中的“清根铣”方式进行精加工，将工件曲面与底座上平面的边界处加工至尺寸要求。

操作步骤：

操作01：设计工件的实体模型

用建模模块构建工件实体模型时，分别在XC-YC和XC-ZC基准平面上绘制轮廓草图；在实体拉伸时注意将坐标原点设定在工件上平面的中心点处；创建的包装瓶凸模工件实体如图7-2所示。

操作02：设置加工环境

单击[起始]-[加工]命令，界面上会出现一个“加工环境”对话框。将“CAM会话配置”栏里面的“cam_general”项选中；“CAM设置”栏中的“mill_contour”项选中。然后，单击[初始化]命令按钮，进入型腔铣模块界面。

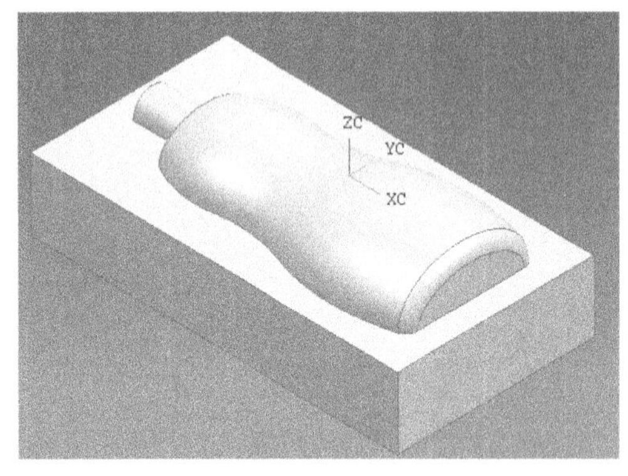

图7-2　构建出的工件实体模型

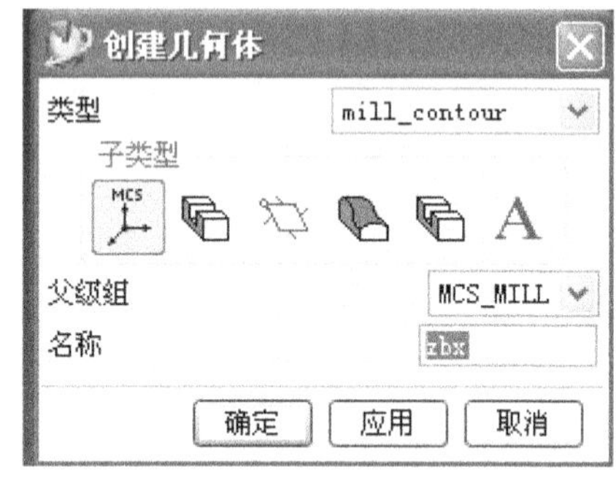

图7-3　“创建几何体”对话框

操作03：创建几何体

单击“加工创建”工具条上的[创建几何体]命令图标，在出现的“创建几何体”对话框中，首先，将最上面一栏“类型”中选定“mill_contour”（型腔铣），它决定了所有下面各个选项的加工模板。

1. 设置机床坐标（加工坐标）系　在子类型中选中第一个图标[MCS]（加工坐标

系)；父级组中选择 MCS_ MILL；名称输入 zbx 字符，如图 7-3 所示。单击［应用］按钮，进入“MCS”对话框，此时观察工件实体上的加工坐标系（MCS)，会发现它与工件坐标系完全吻合，因此，可以保持对话框上全部选项为默认状态，单击［确定］按钮，返回到“创建几何体”对话框。

2. 设置工件几何体　单击“加工创建”工具条上的［创建几何体］命令，在弹出的“创建几何体”对话框上（见图 7-4)，选择第五项［工件］命令图标；父级组选择 ZBX；名称输入 jht，完成上面的设置后，单击［应用］按钮，此时的对话框变为“工件”。选择几何体下面的第一项［部件］命令，并单击下面的［选择］命令按钮进入下一个“工件几何体”对话框（见图 7-5)。选中“选择选项”下面的“几何体”这一项，并将“过滤方式”设定为“体”，再单击下面的［全选］（见图 7-5）按钮，此时，会看到整个工件实体都变成红色，表示全部选中。按［确定］按钮，结束这一设置，返回到“工件”对话框。从对话框中的材料图标上可以看到为碳钢，这正与需要相符，保持默认状态即可。

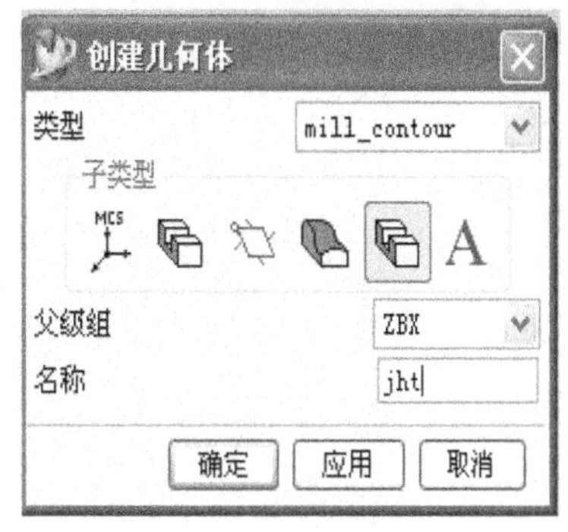

图 7-4 “创建几何体”对话框

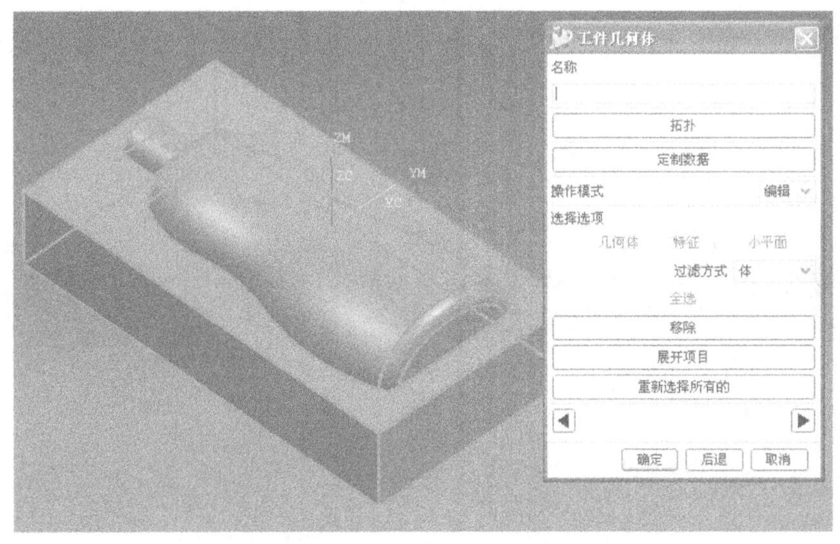

图 7-5 使用“全选”命令设定工件几何体

3. 设置毛坯几何体　选择“几何体”下面的第二个命令［毛坯］图标，单击下面的［选择］命令，会出现一个“毛坯几何体”对话框，如图 7-6 所示。选中“选择选项”下面的“自动块”这一项，并将 ZM + 栏中输入数值 2。这里的自动块表示生成的毛坯几何体正好包容整个工件几何体。ZM + 栏中的数值 2 表示在工件的高度方向上（工件顶面）增加 2mm，作为面铣加工所预留的余量。完成上面的设置后，单击［确定］按钮，在工件周边会看到出现一个包容整个工件的矩形体，这就是毛坯几何体。

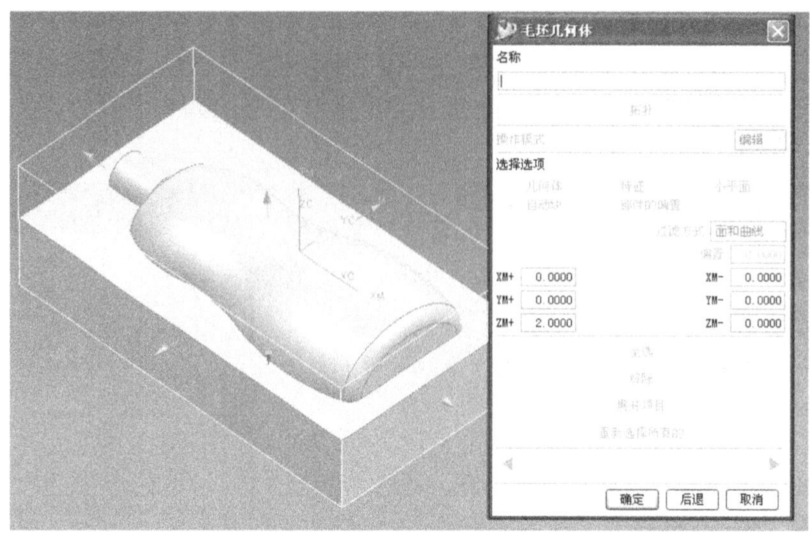

图 7-6 “毛坯几何体”对话框

操作 04：创建刀具

在工艺分析中已经明确了所使用的刀具，可以事先将刀具全部选定好，以便在创建加工操作时直接调用。

设定 1 号刀具：

单击“加工创建”工具条上的［创建刀具］命令，在出现“创建刀具”对话框上，如图 7-7 所示。选择“类型”为“型腔铣（mill_contour)”；“子类型”为第一行第一个图标“铣刀”；名称设为 D30R5，即直径 30 底角半径为 5 的鼓形铣刀。单击［应用］按钮进入“Milling Tool-5 Parame….（5 参数铣刀)”对话框，具体参数设定如下（见图 7-8)：

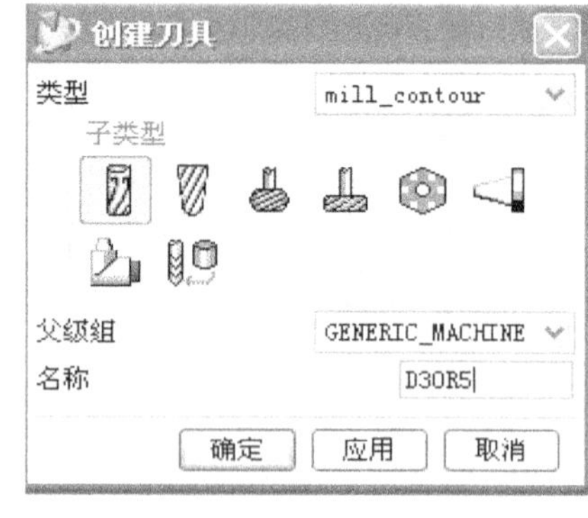

图 7-7 “创建刀具”对话框

直径：30

下半径：5

长度：75

刃口长度：50

刀具号：1

完成设置后，单击下面的［显示刀具］图标，会看到在工件实体模型上面出现一个端铣的图形轮廓，如图 7-9 所示。再按［确定］按钮返回“创建刀具”对话框，再设定下一把铣刀。

按上述步骤和方法，设置其它铣刀如下：

设定 2 号刀具：

直径：12

下半径：3

Milling Tool-5 Parame...

刀具 刀柄 更多

L FL B A R1 D R1 D

5-参数

(D) 直径	30.0000
(R1) 下半径	5.0000
(L) 长度	75.0000
(B) 拔模角	0.0000
(A) 顶角	0.0000
(FL) 刃口长度	50.0000
刃数	2
Z 偏置	0.0000
补偿寄存器	0
半径补偿寄存器	0
刀具号	1

目录号

Material : HSS

描述

库参考

导出刀具到库中

显示刀具

确定 后退 取消

图 7-8　Milling Tool-5Parame 对话框

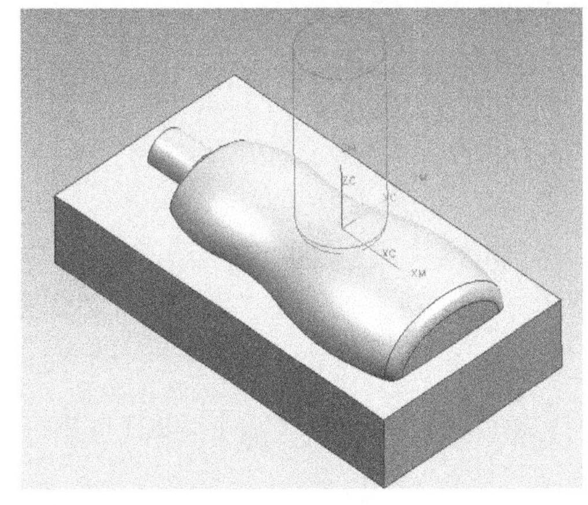

图 7-9　显示刀具形状

长度：75

刃口长度：50

刀具号：2

设定 3 号刀具：

直径：8

下半径：4

长度：75

刃口长度：50

刀具号：3

设定 4 号刀具：

直径：5

下半径：0

长度：75

刃口长度：50

刀具号：4

操作 05：创建加工操作

[工步 1]：粗铣外表面

单击［创建操作］命令，在出现的“创建操作”对话框上，如图 7-10 所示。“类型”选择为“型腔铣”；“子类型”选择为第一行第一个图标“型腔铣”（CAVITY_MILL）；其它选项如下设置：

程序：NC_PROGRAM

使用几何体：JHT

使用刀具：D30R5（1 号铣刀）

使用方法：MILL_ROUGH

名称：gb-1（工步 1）

全部设置完成上面的设置后，单击［应用］按钮，进入“型腔铣”对话框。

1. 设定切削方式　在“型腔铣”对话框的“主界面”卡上，设定切削方式如下（见图 7-11）：

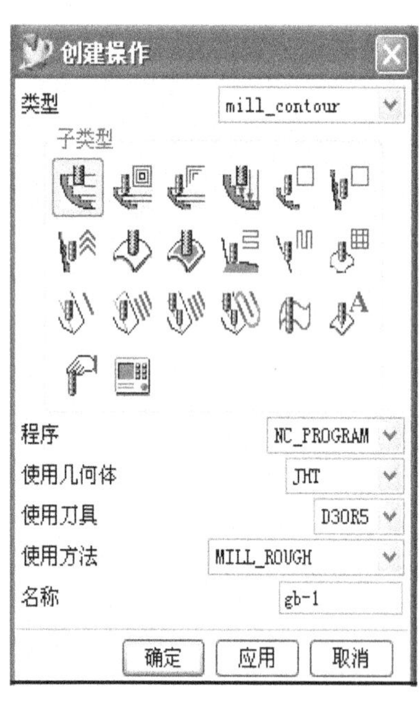

图 7-10　“创建操作”对话框

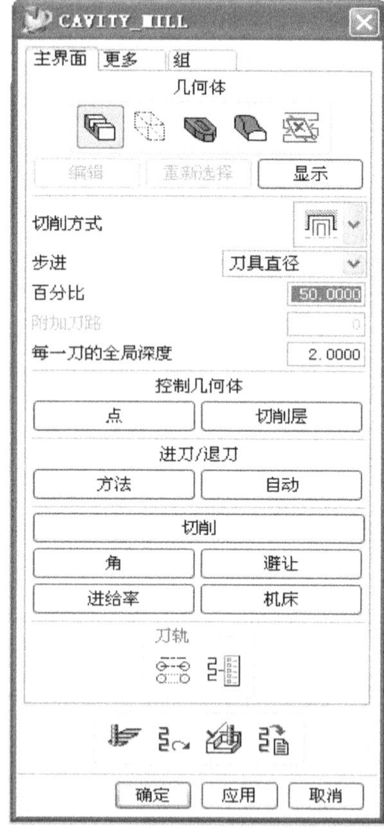

图 7-11　“型腔铣”对话框主界面

切削方式：跟随工件

步进：刀具直径

百分比：50

每一刀的全局深度：2

2. 设置切削层　单击［切削层］按钮，在出现的图7-12“切削层”对话框上，将“范围深度”栏中输入数值22，并按回车键；将“每一刀的局部深度”栏中输入数值2，并按回车键。至此所设置的是切削范围深度1的参数，还需要增设一个切削范围深度2。单击［插入范围］命令图标，在“范围深度”栏中输入数值8，并按回车键；将“每一刀的局部深度”栏中输入数值1，并按回车键，如图7-13所示。

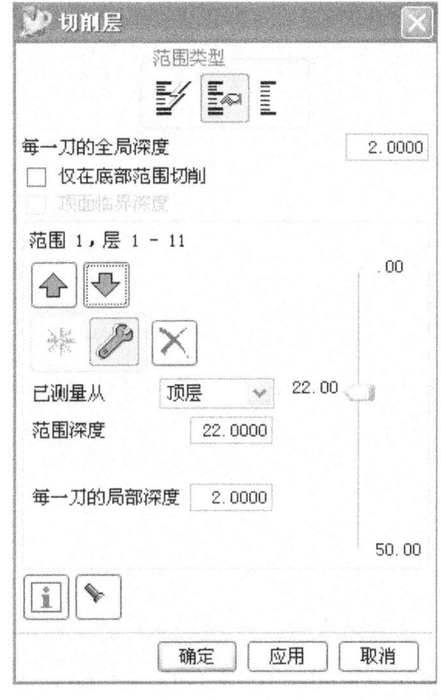

图7-12　“切削层”对话框（设置范围1参数）

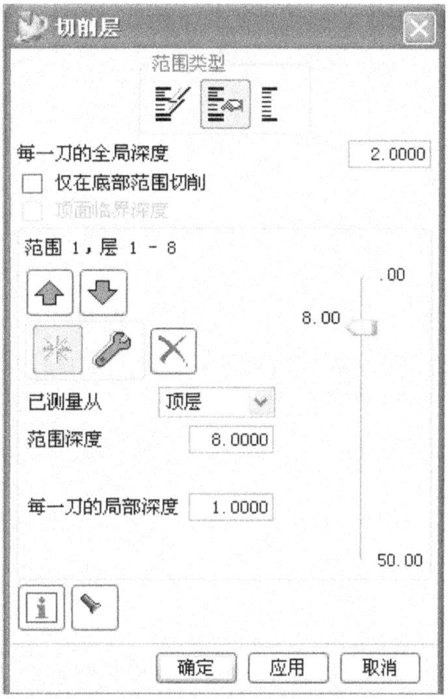

图7-13　“切削层”对话框（设置范围2参数）

3. 设置进刀/退刀参数　单击［自动］命令，将“自动进刀/退刀”对话框中的各项参数设置如下（见图7-14）：

倾斜类型：螺旋的

斜角：5

螺旋的直径%：90

自动类型：圆的

圆弧半径：5

激活区间：3

重叠距离：3

退刀间距：2

4. 设置切削参数　单击［切削］命令按钮，进入“切削参数”对话框，具体各项参数设置如下：

图7-14　设置进退刀参数

切削顺序：层优先

切削方向：顺铣切削

区域排序：优化/✓区域连接/✓跟随检查几何体

打开刀路：保持切削方向

部件侧面余量：1

部件底部面余量：1

边界近似：选中

容错加工：选中

5. 设置进给率参数　单击［进给率］命令按钮，在“进给和速度”对话框中，设置各项参数如下：

主轴速度：1200r/min

剪切：0.4mm/r

其余选项和参数可保持默认值。

6. 设置避让参数　单击［避让］命令，将安全平面高度设定为20，从点和返回点设为：XC = 0、YC = 100、ZC = 100 即可。

机床参数用户可根据实际情况自行设定。

7. 生成刀具轨迹和仿真加工　分别单击［生成］和［确认］命令来生成铣刀运行轨迹，产生仿真切削过程，其刀具轨迹和仿真加工后的效果如图7-15所示。

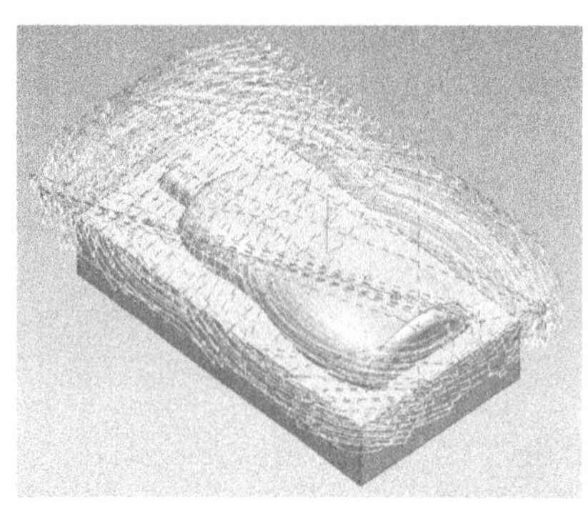

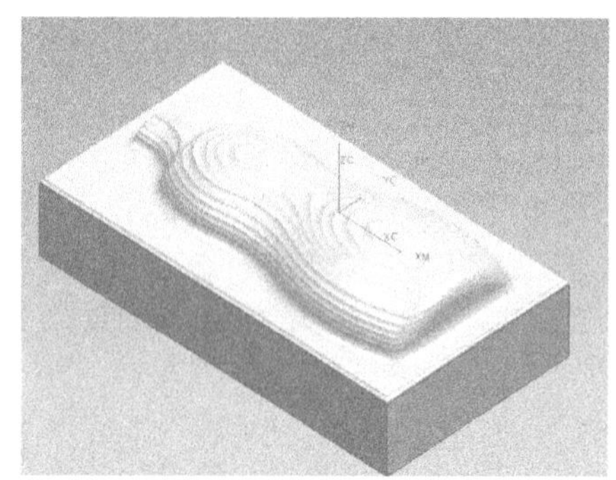

图7-15　生成的粗铣刀轨和完成加工后的效果

［工步2］：半精铣外表面

选用2号刀具，用“等高轮廓铣”方式对整个表面进行半精加工，加工后所有外表面留0.5mm余量。

单击［创建操作］命令，在“创建操作”对话框上（见图7-16），“类型”选择为“型腔铣”；“子类型”选择为第一行第五个图标“等高轮廓铣”（ZLEVEL_PROFILE）；其它选项如下设置：

程序：NC_PROGRAM

使用几何体：JHT

使用刀具：D12R3（2 号铣刀）

使用方法：MILL_SEMI_FINISH

名称：gb-2（工步 2）

全部设置完成上面的设置后，单击［应用］按钮，进入“等高轮廓铣”对话框。

1. 设定切削方式　在“等高轮廓铣”对话框的“主界面”卡上，设定切削方式如下（见图 7-17）：

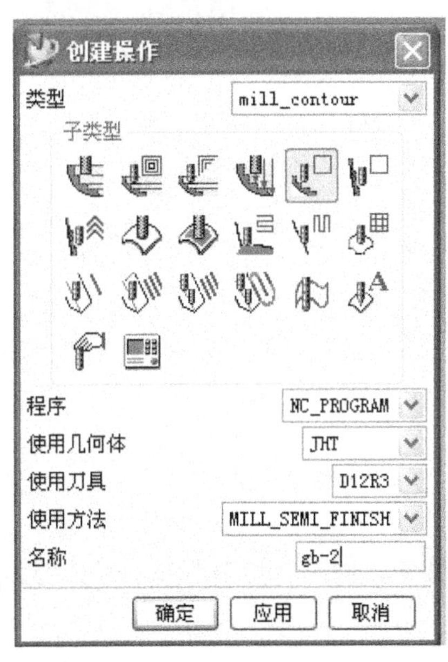

图 7-16　“创建操作”对话框

图 7-17　设定切削方式

合并距离：3

最小切削深度：0.5

每一刀的全局深度：1

切削顺序：层优先

2. 设定切削区域　因为是等高轮廓铣，需要限定实际要切削的范围，否则，会对工件的所有表面进行切削。选中“几何体”下面的［切削区域］图标，再单击下面的［选择］按钮，弹出“切削区域”对话框，将上面的“选择选项”中的“几何体”项选中；将“过滤方式”选定为“面”，如图 7-18 所示。用鼠标将除底座之外所有工件上的曲面表面一一选中，使其变成红色，以确定实际的切削范围，如图 7-19 所示。完成设置后，单击［确定］按钮返回到“主界面”卡。

图 7-18　切削区域对话框

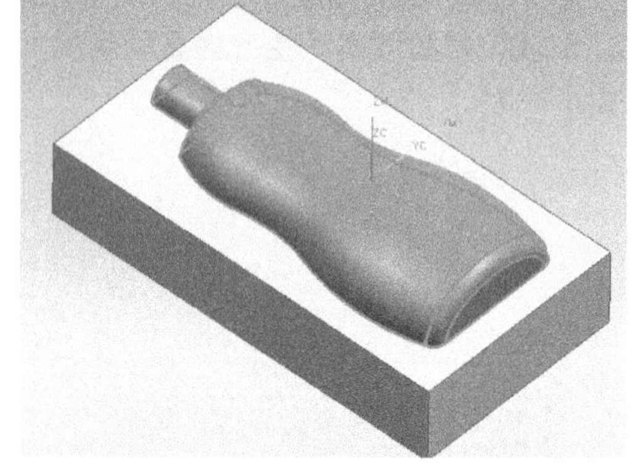

图 7-19　设定实际切削范围

3. 设置切削层　单击图 7-11 中［切削层］按钮，在出现的“切削层”对话框上（参见图 7-12），将“范围深度”栏中输入数值 21，并按回车键；将“每一刀的局部深度”栏中输入数值 1，并按回车键。再增设一个切削范围深度 2。单击［插入范围］命令图标，在“范围深度”栏中输入数值 10，并按回车键；将“每一刀的局部深度”栏中输入数值 0.5，并按回车键，结束切削层的设置。

4. 设置进刀/退刀参数　此项的全部参数与前一工步的完全一样，可参照上面进行设置。

5. 设置切削参数　单击图 7-11 中［切削］命令按钮，进入“切削参数”对话框，具体各项参数设置如下：

切削顺序：层优先

切削方向：顺铣切削

层到层：使用传递方法

部件侧面余量：0.5

部件底部面余量 0.5

6. 设置进给率参数　单击［进给率］命令按钮，在“进给和速度”对话框中，设置各项参数如下：

主轴速度：1400r/min

剪切：0.3mm/r

其余选项和参数可保持默认值。

7. 设置避让参数　避让和机床的参数均可按照前一工步的数据进行设置。

8. 生成刀具轨迹和仿真加工　分别单击［生成］和［确认］命令来生成铣刀运行轨迹，产生仿真切削过程，其刀具轨迹和仿真加工后的效果如图 7-20 所示。

［工步 3］：精铣外表面

选用 3 号刀具，用“固定轴轮廓铣”方式进行精加工，除底座平面外，全部曲面表面加工至尺寸要求。

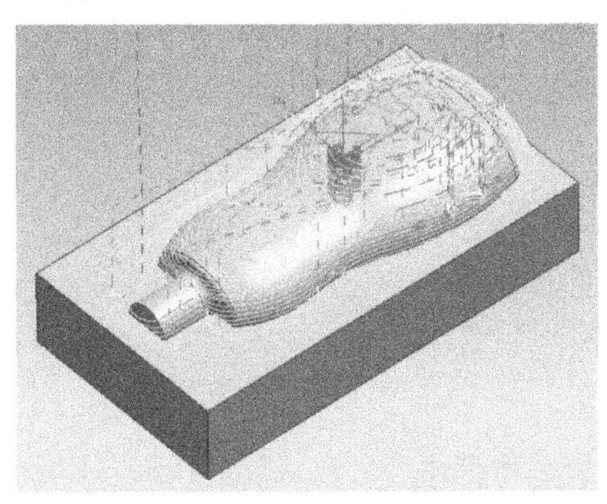
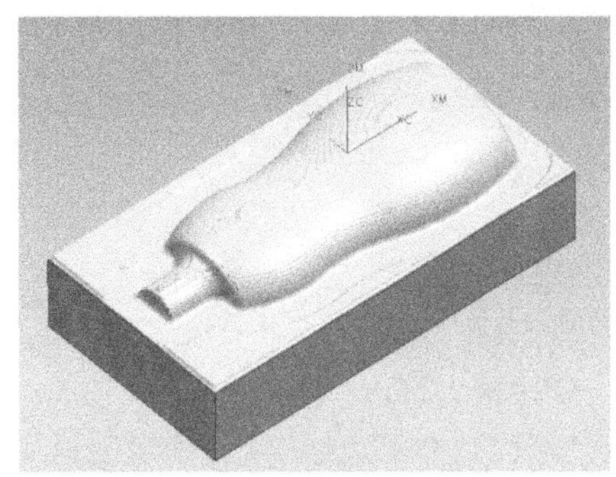

图 7-20　生成的半精加工刀具轨迹和完成加工后的效果

单击［创建操作］命令，在“创建操作”对话框上，“类型”选择为“型腔铣”；“子类型”选择为第二行第二个图标“固定轴轮廓铣”（FIXED_ CONTOUR）；其它选项如下设置（见图 7-21）：

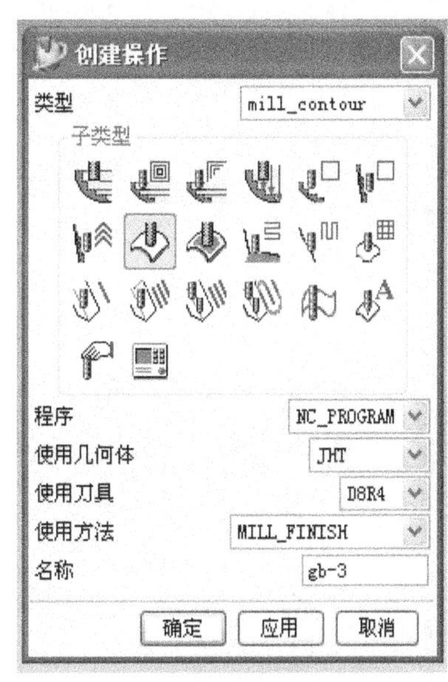

图 7-21　创建精铣加工操作

程序：NC_ PROGRAM

使用几何体：JHT

使用刀具：D8R4（3 号铣刀）

使用方法：MILL_ FINISH

名称：gb-3（工步 3）

全部设置完成上面的设置后，单击［应用］按钮，进入“固定轴轮廓铣”对话框。

1. 设定驱动方式　将“驱动方式”栏中的列表打开，选中其中的“区域铣削”选项，会出现一个“区域铣削驱动方式”对话框，如图 7-22 所示。将上面的选项及参数设置如下：

陡峭包含：无

图样：跟随周边

切削方向：向内/顺铣切削

步进：恒定的

距离：2

应用：在部件上

其它设置完成设定后，返回到“固定轴轮廓铣”对话框。

2. 设定切削区域　选中图 7-17 中“几何体”下面的［切削区域］图标，再单击下面的［选择］按钮，弹出“切削区域”对话框（见图 7-18），将上面的“选择选项”中的“几何体”项选中；将“过滤方式”选定为“面；用鼠标将除底座四个周边平面之外所有工件上的曲面表面一一选中（包括底座的上平面），使其变成红色，以确定实际的切削范围。完成设置后，单击［确定］按钮，返回到“主界面”卡。

3. 设定切削参数　单击［切削］按钮，进入“切削参数”对话框。各选项及参数设置如下：

切削方向：顺铣切削/向内

工件内/外公差：0.03mm

部件余量：0

过切检查时：警告

工件安全间距：3mm

检查安全距离：3mm

其它选项及参数都取默认值，确定后返回主界面对话框。

4. 设定非切削参数　单击［非切削］按钮，进入“非切削移动”对话框，如图 7-23 所示。具体设置如下：

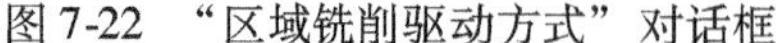

图 7-22　“区域铣削驱动方式”对话框　　　图 7-23　“非切削移动”对话框

对工况的设置：默认

出现新的“非切削移动”对话框，如图 7-24 所示，选中“从”图标后，单击“状态”栏下面的［指定点］按钮，会弹出一个“点构造器”对话框，如图 7-25 所示。将上面的 XC、YC、ZC 值都设置成 100。

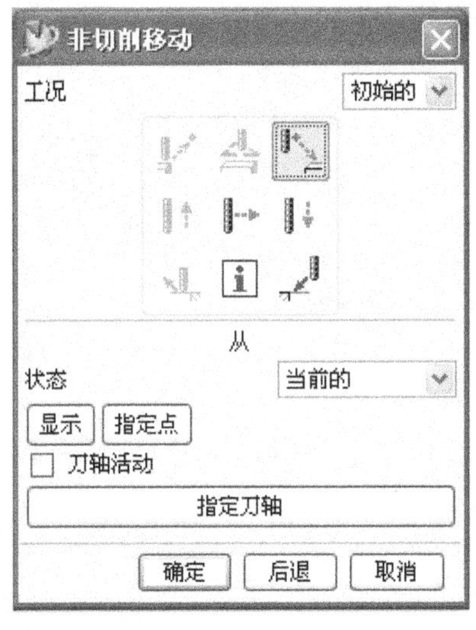

图 7-24　新的对话框

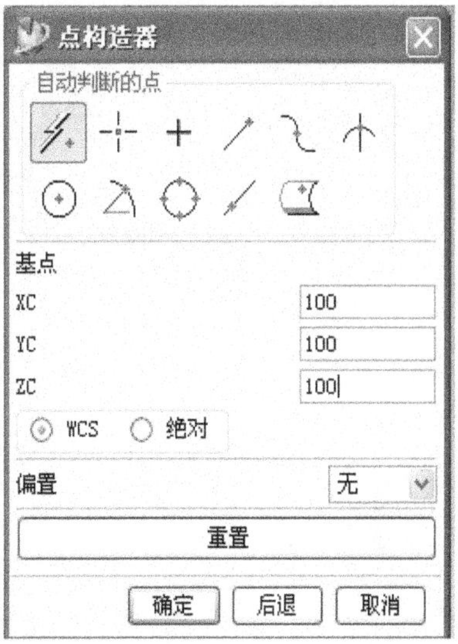

图 7-25　“点构造器”对话框

单击自动判断的点下第一行第一个［逼近］图标，当出现新的对话框时，设置如下：

状态：自动间隙

方向：刀轴

距离：10

再对工况进行设置：最终

出现新的“非切削移动”对话框，选中“停止点”图标后，将“状态”栏设置成“用从点”，表示停止点与从点参数一样。

单击［分离］图标，当出现新的对话框时，设置如下：

状态：自动间隙

方向：刀轴

距离：10

其它选项及参数可保持默认状态，确定后返回到主对话框。

5. 设定进给率　单击［进给率］按钮，进入“进给和速度”对话框，只设置如下参数：

主轴转速：2200r/min

剪切：0. 2mm/r

其它参数可取默认值，确定后返回到主对话框。机床可根据实际情况自行设定。

6. 生成刀具轨迹和仿真加工　分别单击［生成］和［确认］命令来生成铣刀运行轨迹，产生仿真切削过程，其刀具轨迹和仿真加工后的效果如图 7-26 所示。

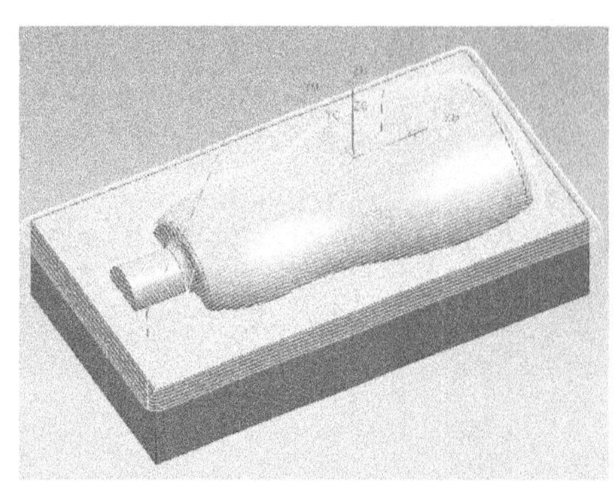

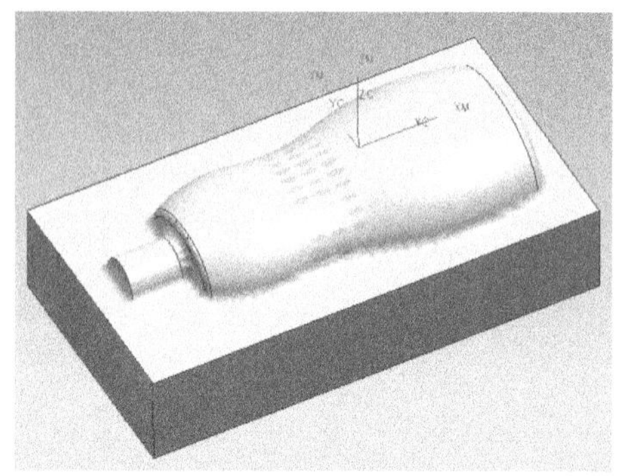

图 7-26　生成的精铣加工刀具轨迹和仿真加工效果

［工步 4］：清根铣

选用 4 号刀具，用轮廓铣中的“多重清根铣”方式，对曲面与底座上平面交界处的残留量进行清根加工。

单击［创建操作］命令，在“创建操作”对话框上，如图 7-27 所示。“类型”选择为“型腔铣”；“子类型”选择为第三行第二个图标“多重精根铣”（FIOWCUT-MULTIPLE）；其它选项如下设置：

程序：NC-PROGRAM

使用几何体：JHT

使用刀具：D5（4 号铣刀）

使用方法：METHOD

名称：gb-4（工步 4）

全部设置完成上面的设置后，单击［应用］按钮，进入“多重清根铣”对话框。

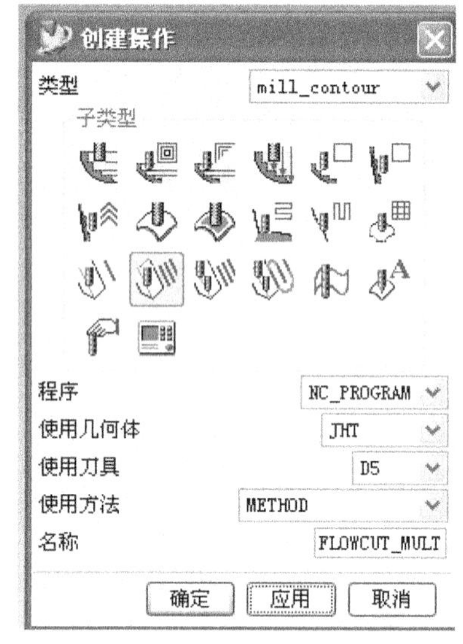

图 7-27　创建清根加工操作

1. 设定切削方式　在“多重清根铣”对话框上（见图 7-28），设定各切削方式选项及参数如下：

切削类型：单向切削

切削方向：顺铣

步进距离：1

偏置数：3

顺序：由外向内

2. 设定切削参数　单击［切削］按钮，进入“切削参数”对话框。各参数设置如下：

切削方向：顺铣切削

部件偏置余量：0

多重深度切削：选中

步进方式：刀路

刀路数：3

部件余量：0

工件内公差：0.03mm

工件外公差：0.03mm

工件安全间距：3mm

检查安全距离：3mm

图 7-28　设定切削方式

3. 设定非切削参数　完全按照前一工步的参数设定进行即可。

4. 设定进给率　单击［进给率］按钮，进入“进给和速度”对话框，只设置如下参数：

主轴转速：2200r/min

剪切：0.2mm/r

其它选项及参数可取默认值，返回到主对话框。

5. 生成刀具轨迹和仿真加工　分别单击［生成］和［确认］命令来生成铣刀运行轨迹，产生仿真切削过程，其刀具轨迹和仿真加工后的效果如图 7-29 所示。

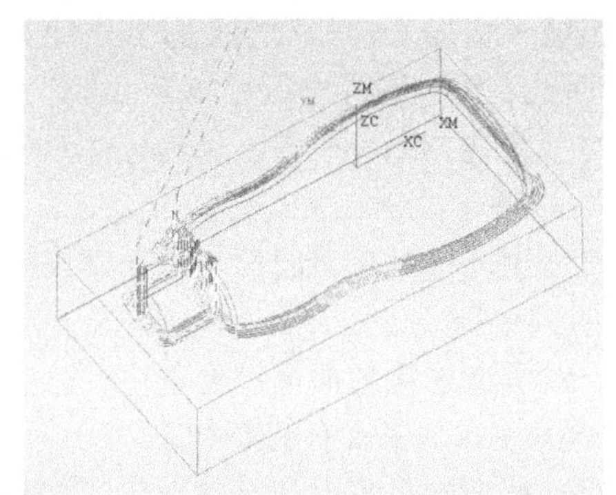

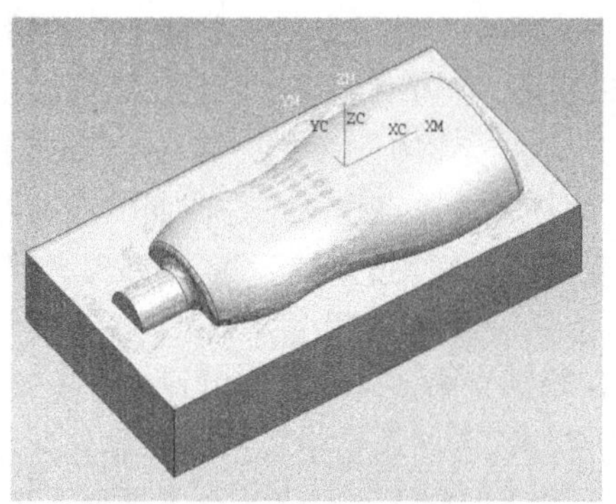

图 7-29　最后生成的清根铣刀刀具轨迹和完成加工后的效果

操作06：生成CNC程序

本次任务不仅要创建加工刀具轨迹、生成数控加工程序，还要实际加工此零件，因此，只生成工步1的加工程序，然后根据具体使用的机床要求，对程序进行局部修改和编辑，与机床进行数据连接，实现在线加工。

用鼠标选中工步1的刀具轨迹，单击［后处理］合命令，生成此工步的数控加工程序，如图7-30所示。

图7-30　生成第一工步的加工程序

操作07：连线加工

在连线加工之前，要事先做好以下事项：

1）阅读所用机床的技术说明书，查看各项数控代码的具体规定，并以此对生成的数控程序进行修改，特别是其中的G、M代码。

2）认真检查实际所使用的刀具、夹具、机床相关技术参数是否与本次加工的要求相符。

3）确定安装在机床工件台上的工件的定位是否准确、可靠，可用专用的检测工具进行检验和调整。

4）要注意所选用的刀具是否需要使用切削液，如果需要就要检查本工步对机床控制的具体设置情况。

完成上面的所有步骤后，就可将装载此程序的计算机与所用机床进行数据连接，进行实际加工了。

要点归纳：

通过“包装瓶凸模”的加工操作设计，可以概括出以下几项知识和操作要点：

1）固定轴轮廓铣只适用于曲面工件的精加工或半精加工，其背吃刀量和进给量都不能过大。在使用这种切削方式之前，一般需要用平面铣、型腔铣等进行粗加工。

2）其实体模型的设计、工件几何体的创建与型腔铣的完全一样。仍提醒注意的是，最好将工作坐标系的原点设在工件曲面的最高点上，以便于控制切削过程。

3）轮廓铣所使用的刀具多以鼓形刀、球头刀为主，只有在对曲面与平面交接处的清根铣时，可能要用到端铣刀。

4）在轮廓铣中，切削区域的设定十分重要，对所有连接的曲面都要选中，刀具轨迹就是根据确定的切削区域来生成的，除非只针对特定某个单一的曲面进行加工。

5）除切削参数外，提醒注意的是不要忘记对非切削参数也要认真的设定，它关系到刀具的运行顺序和安全的加工过程。

6）平面铣、型腔铣和固定轴轮廓铣三者之间的异同点概括如下表：

切削方式 特　点	平面铣	型腔铣	轮廓铣
联动轴	2.5 轴	2.5 轴	3 轴
铣削面特征	横截面不变	横截面变化	横截面变化
工件边界的选择	曲线/边界	曲面/实体	曲面/实体
加工层次	粗、半精、精铣	粗、半精铣	半精、精铣
使用刀具	平端刀、鼓形刀	鼓形刀、球头刀	鼓形刀、球头刀
可编程方式	手工、计算机	计算机	计算机

实操演练 11：瓶底座型模的加工

【可乐瓶底座型模】的加工编程设计

可乐瓶底座型模是一个比较复杂的曲面工件，如图 7-31 所示。上部是一个多曲面轮廓复合体，下部是一个正方形底座，整个工件的包容体为 140×140×55。底座的底平面和四个周边已经加工到位，顶面尚有 2mm 的余量。此工件由 UG 建模模块构建的三维实体模型，工作坐标系原点建立在模型的顶面中心处。要求使用加工中心机床加工此工件，试创建加工操作，并生成数控程序。

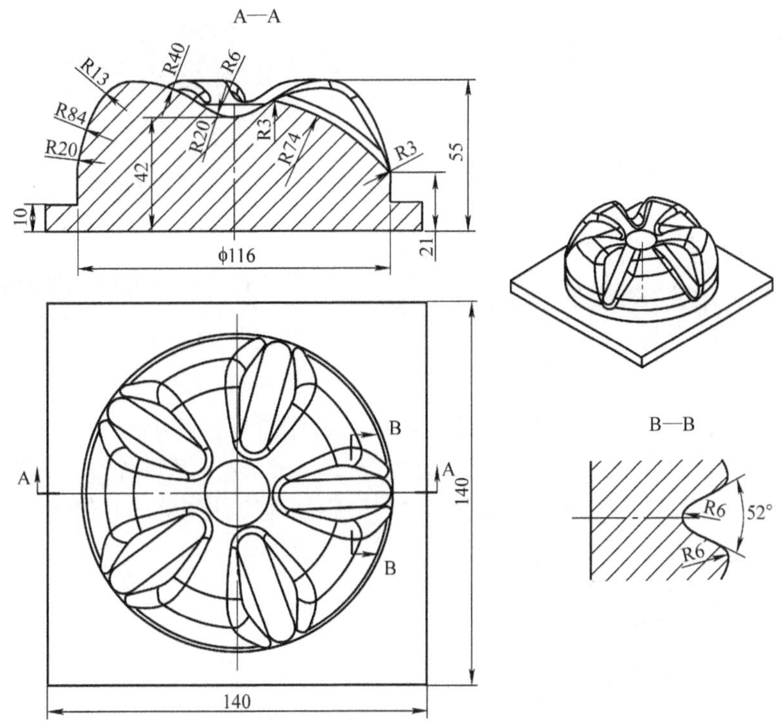

图 7-31　可乐瓶底座型模（材料：45 钢）

工艺分析：

工件所用毛坯为 140×1400×57 板料，四个垂直面和底平面已经加工完成，只加工底座方形台以上部分。因此，以底平面为基准，用百分表找正将其固定在机床工作台上，并从周边夹紧，注意夹紧高度，刀具运行时不能碰撞到工件和夹具。设计铣削加工工步如下：

［工步1］：粗铣圆柱体

选用D30端铣刀，设定为1号刀具，用平面铣方式进行粗加工，粗铣后底面不留余量，侧面留0.5mm的余量。

［工步2］：粗铣曲面

选用D12R4鼓形刀，设定为2号刀具，用型腔铣方式进行粗加工，粗铣后曲面表面留1mm的余量。

［工步3］：精铣曲面

选用D8R4球头刀，设定为3号刀具，用轮廓铣方式进行精加工，除圆柱体表面外，所有曲面加工到位。

［工步4］：精铣圆柱表面

选用D20端铣刀，设定为4号刀具，用等高轮廓铣方式进行精加工到位。

用户可按提示的操作步骤和各阶段生成的刀具轨迹、仿真加工效果图，自行完成整个加工设计任务。建议事先将全部刀具设置好再进行创建操作，完成全部工步后，一次性生成一个程序组。

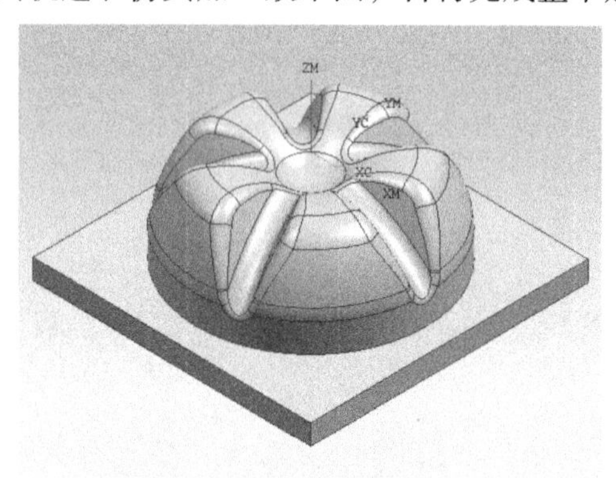

图7-32　构建的实体模型

操作01：设计工件的实体模型

可参照前面的实体构建方法进行设计，建好的工件模型如图7-32所示。

操作02：设置加工环境

在“加工环境”对话框上，将“CAM会话配置”栏里面的“cam_general”项选中，将“CAM设置”栏里面的“mill_contour”项选中。完成设置后，单击下面的［初始化］按钮，进入型腔铣工作界面。

操作03：创建几何体

单击“加工创建”工具条上的［创建几何体］命令图标，在出现的“创建几何体”对话框中，首先，将最上面一栏“类型”中选定“mill_contour”（型腔铣），单击［确定］按钮，进入“工件”对话框。按照前面步骤和方法分别创建工件和毛坯几何体。

操作04：创建刀具组

按照前面的方法创建4把铣刀，参数如下：

1号刀具：D30端铣刀

2号刀具：D12R4鼓形刀

3号刀具：D8R4球头刀

4号刀具：D20端铣刀

操作05：创建各工步加工操作

［工步1］：粗铣圆柱体

选用1号刀具，用平面铣方式进行粗加工，粗铣后底平面不留余量，侧面留0.5mm余量。注意在设定切削范围时，无论是工件边界，还是毛坯边界都需要通过“用户自定义”

的方式将平面设定在工件最顶层面上；同时别忘记设定加工底面。创建操作完成后，生成的刀具轨迹及仿真加工后的效果如图 7-33 所示。

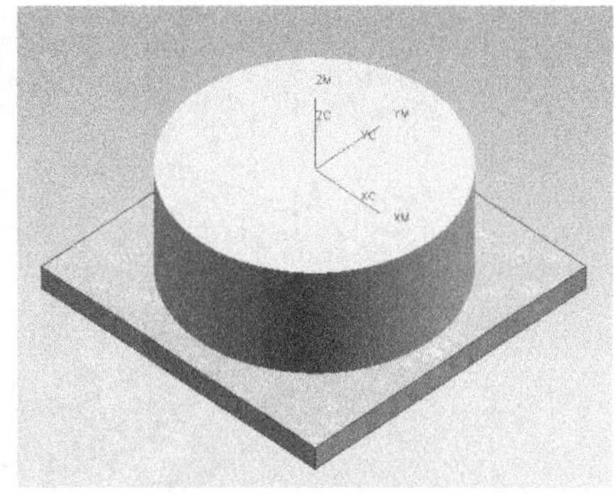

图 7-33　生成的粗铣圆柱体刀具轨迹和完成加工后的效果

［工步 2］：粗铣曲面

选用 2 号刀具，用型腔铣方式进行粗加工，粗铣后曲面表面留 1mm 的余量。注意，要用［切削区域］命令，将需要加工的曲面全部选中，底座平面不加工。创建操作完成后，生成的刀具轨迹及仿真加工后的效果如图 7-34 所示。

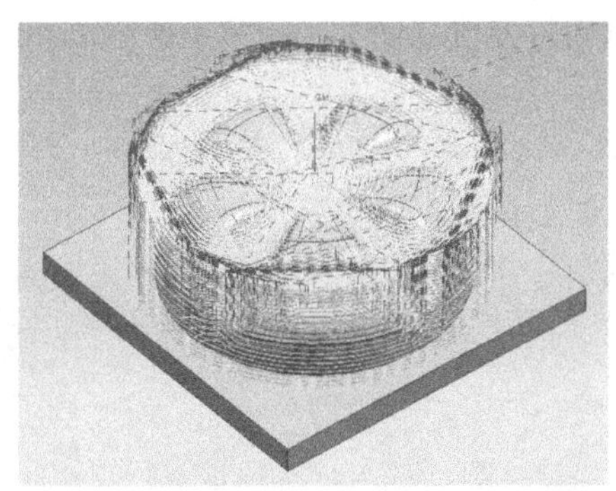
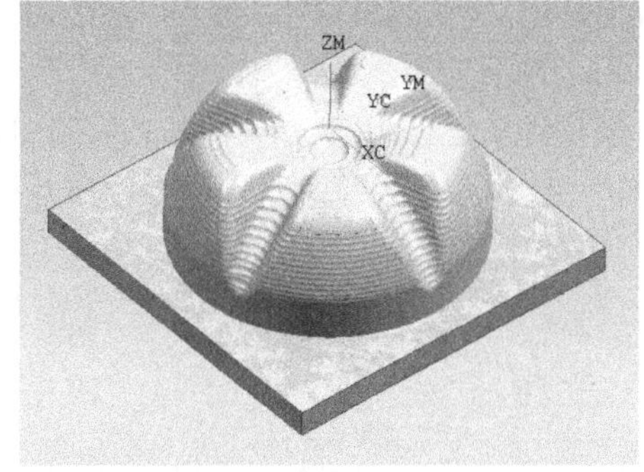

图 7-34　生成的粗铣曲面刀具轨迹和完成加工后的效果

［工步 3］：精铣曲面

选用 3 号刀具，用轮廓铣方式进行精加工，除圆柱体表面外，所有曲面加工到位。提示：在驱动方式上选择“区域铣削”，在“区域铣削驱动方式”对话框上设置选项及参数如下：

图样：跟随周边

切削方向：向内

步进：恒定的

距离：0.5

应用：在部件上

注意在主对话框上，切削与非切削参数都要进行设置，具体设置内容可参照前面的进行。创建操作完成后，生成的刀具轨迹及仿真加工后的效果如图 7-35 所示。

图 7-35　完成精铣曲面加工的效果

［工步 4］：精铣圆柱表面

选用 4 号刀具，用等高轮廓铣方式对圆柱体进行精加工到位。对切削区域的选择只选中圆柱体表面即可。创建操作完成后，生成的刀具轨迹及仿真加工后的效果如图 7-36 所示。

操作 06：生成 CNC 程序

通过操作导航器，用鼠标将 4 个工步即 gb-1 ~ gb-4 的刀具轨迹全部选中，然后，运用“加工操作”工具条上［后处理］命令生成数控加工程序，如图 7-37 所示。

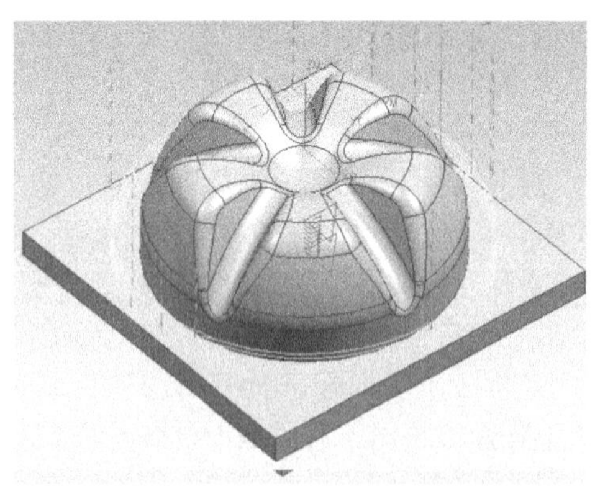

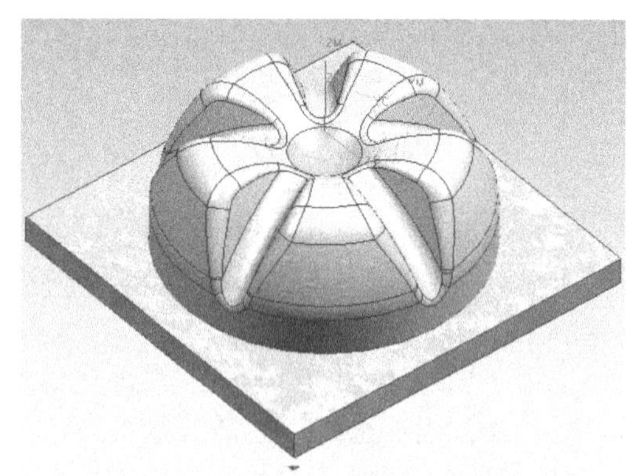

图 7-36　最后生成的精铣圆柱表面刀轨和完成加工后的效果

实操演练 12：十字定位座的加工

【十字定位座】的加工编程设计

十字定位座是某装置上一个用于坐标定位的零件。从俯视图看，外轮廓呈十字形，是一个凹槽，底部是一个球面并在所有边角都为圆角，半径为5；座板上有6个ϕ12通孔和4个ϕ10通孔；在球形凹槽底部有一个ϕ30通孔，如图7-38所示。工件的6个面都已加工到位，毛坯尺寸为120×120×30。此工件由UG建模模块构建的三维实体模型，工作坐标系原点建立在模型的顶面中心处。要求使用加工中心机床加工此工件，工件上的6个ϕ12和4个ϕ10通孔在本次设计中不加工，只加工凹槽和中心通孔，试创建加工操作，并生成数控程序。

工艺分析：

工件的6个平面已经加工完成，因此，以底平面为基准，用百分表找正将其固定在机床工作台上，并从周边夹紧，注意工件的底平面需要垫起一定高度，留出一个钻ϕ30通孔的空间，不能让钻头碰到工作台面。此工件的加工比较特殊，由于凹槽的空间狭小，所用刀具的直径较小，需要事先在中心处钻一个通孔，再用铣削方法进行切削加工。

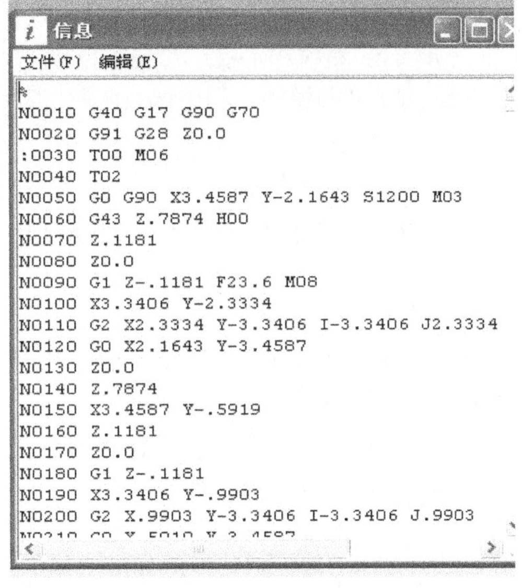

图7-37 生成的数控程序组

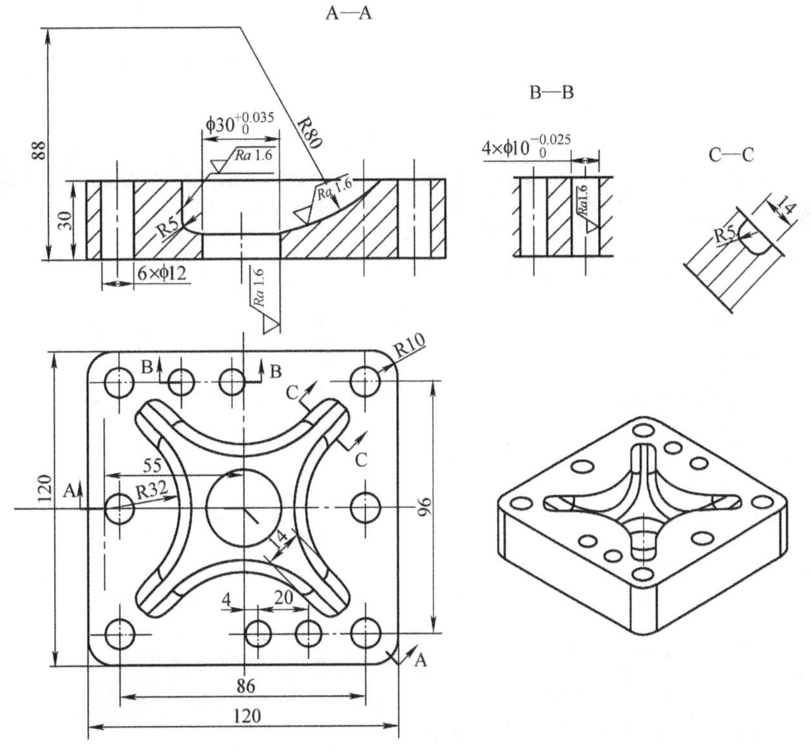

图7-38 十字定位座（材料：铝合金）

设计如下各加工工步：

［工步 1］：中心钻孔

选用 D24 钻头，设定为 1 号刀具，用断屑钻方式进行钻孔加工，将工件钻透。

［工步 2］：精铣中心孔

选用 D20 平端铣刀，设定为 2 号刀具，用平面铣方式，进行中心通孔的精加工至尺寸要求。

［工步 3］：粗铣凹槽

选用 D12R4 鼓形刀，设定为 3 号刀具，用型腔铣方式，对十字凹槽进行粗加工，留 1mm 的余量。

［工步 4］：精铣凹槽

选用 D8R4 球头刀，设定为 4 号刀具，用固定轴轮廓铣方式对十字凹槽进行精加工。

操作 01：设计工件的实体模型

可参照前面的实体构建方法进行设计，建好的工件模型如图 7-39 所示。

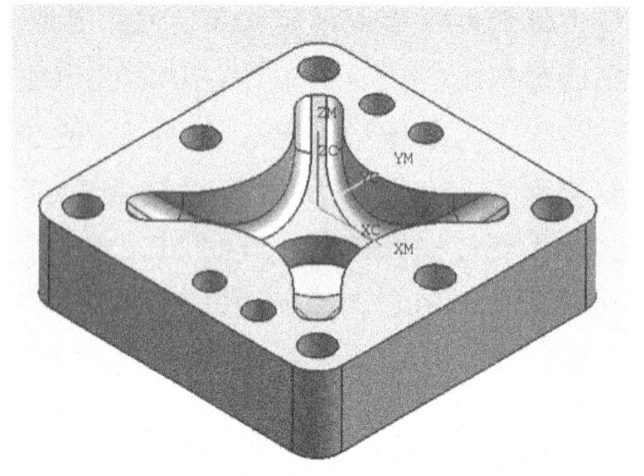

图 7-39　构建的十字定位座实体

操作 02：设置加工环境

在“加工环境”对话框上，将“CAM 会话配置”栏里面的“cam _ general”项选中，将“CAM 设置”栏里面的“mill _ contour”项选中，完成设置后，单击下面的［初始化］按钮，进入型腔铣工作界面。

操作 03：创建几何体

单击“加工创建”工具条上的［创建几何体］命令图标，在出现的“创建几何体”对话框中，首先，将最上面一栏“类型”中选定“mill _ contour”（型腔铣），单击［确定］按钮，进入“工件”对话框。按照前面步骤和方法分别创建工件和毛坯几何体。

操作 04：创建刀具组

按照前面的方法创建 4 把刀具，参数如下：

1 号刀具：D24 标准钻头，参数为：直径 24、长度 80、刃口长度 60

2 号刀具：D20 端铣刀

3 号刀具：D10R4 鼓形刀

4 号刀具：D8R4 球头铣刀

操作 05：创建各工步加工操作

［工步 1］：中心钻孔

选择 1 号刀具，即直径 24 的钻头，用断屑钻方式在工件中心处钻一个通孔。用［创建操作］命令调出“创建操作”对话框。将“类型”选定为“drill（钻削）”，子类型选定为“断屑钻”，其它各个选项如图 7-40 所示。

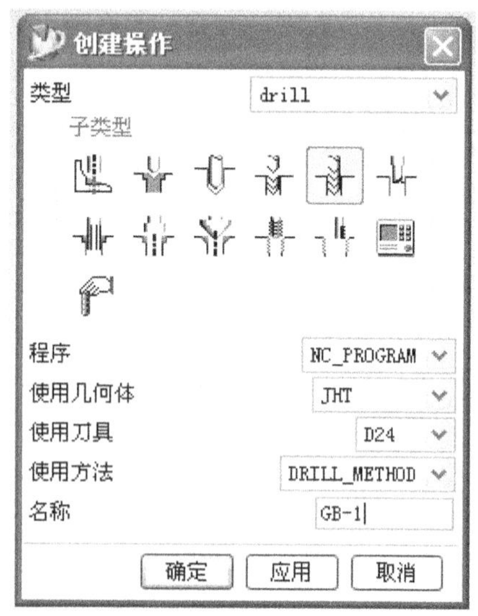

图 7-40　设置钻孔操作选项

进入“断屑钻”对话框，如图7-41所示，有如下几项需要进行设置：

1. “孔”的设置　选中“几何体”下面的［孔］命令，单击下面的［选择］按钮，出现“孔系加工几何体”对话框，如图7-42所示。点选最上面的［选择］按钮，又会出现一个如图7-43所示的对话框，这个对话框没有名称，其上面有“名称＝　”一项，这是需要用户去选择需要进行加工的孔，用鼠标将工件上的中心通孔（ϕ30孔）的边界选中（红色线条显示），完成选择后连续两次单击［确定］按钮，返回到主对话框。

图7-41　“断屑钻”对话框

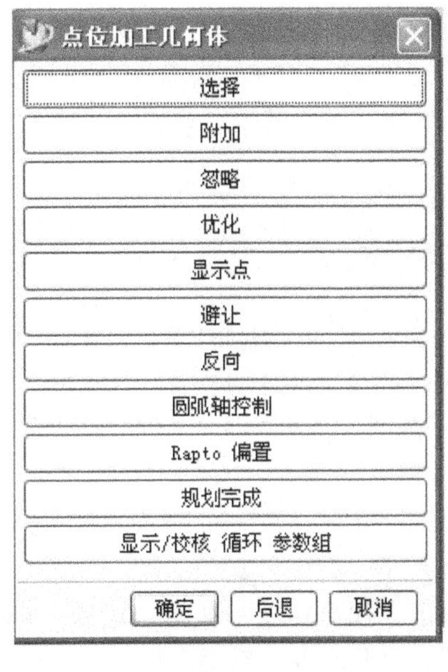

图7-42　“点位加工几何体”对话框

2. “部件表面”的设置　选中图7-41“几何体”下面的第2个图标［部件表面］命令，单击下面的［选择］按钮，出现“部件表面”对话框，如图7-44所示。在“选择类型”下，选中第一个命令图标“面”，再用鼠标将工件的顶面选中（呈红色），单击［确定］按钮返回到主对话框。

3. “底面”的设置

选中“几何体”下面的［底面］命令，单击下面的［选择］按钮，出现“底面”对话框（该对话框与“部件表面”对话框完全一样）。在选择类型下，选中第一个命令图标“面”，再用鼠标将工件的底平面选中（呈红色），单击［确定］按钮，返回到主对话框。

4. 设置“标准钻，断屑”的切削参数　单击“标准钻，断屑”一栏右侧的［编辑参数］按钮，弹出一个“指定参数组”对话框，如图7-45所示，再单击［确定］按钮，又会出现一个“Cycle 参数”对话框，如图7-46所示。在这个对话框上需要设置模型深度、进给率、Rtrcto-无、Step 值几个选项的参数。

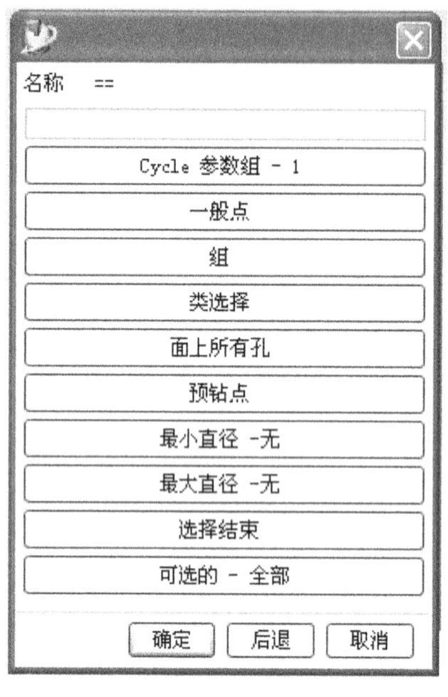

图7-43　由此对话框选择要加工的孔

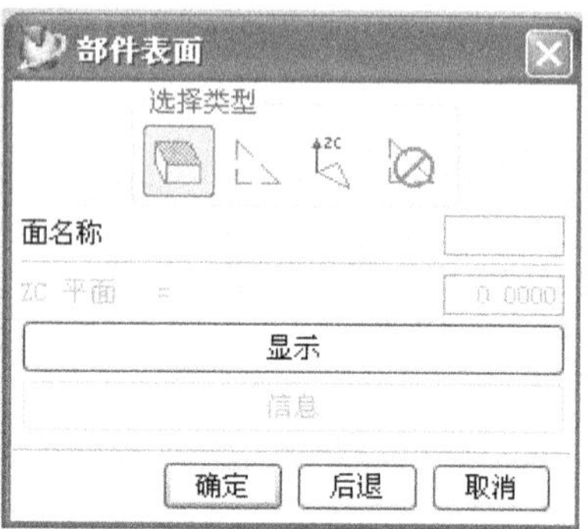

图7-44　“部件表面”对话框

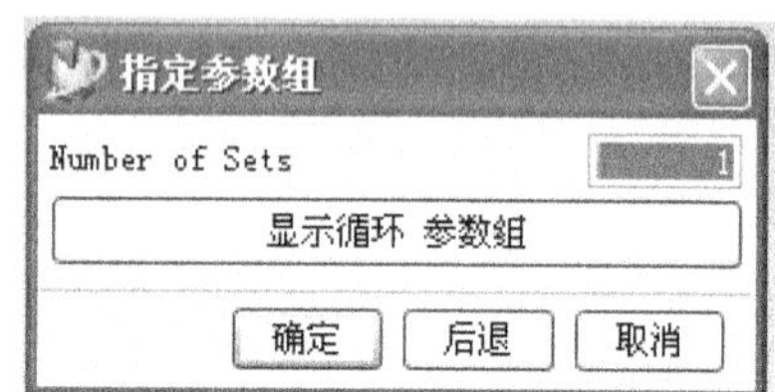

图7-45　“指定参数组”对话框

单击［模型深度］按钮，出现“Cycle 深度”对话框，如图7-47所示。此工件的钻孔是通孔，因此，要求钻透工件的底面。单击［穿过底面］按钮，返回到“Cycle 参数”对话框。

图7-46　“Cycle（循环）参数”对话框

图7-47　“Cycle（循环）深度”对话框

单击图7-41中［进给率］按钮，出现“Cycle 进给率”对话框，如图7-48所示。单击上面的［切换单位至毫米每转］按钮，在“毫米每转”数据栏中输入0.4，即钻头的进刀速度为0.4mm/r。完成后，返回到“Cycle 参数”对话框。

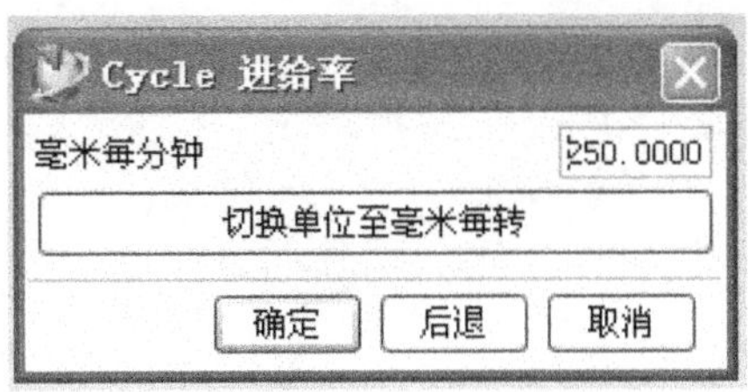

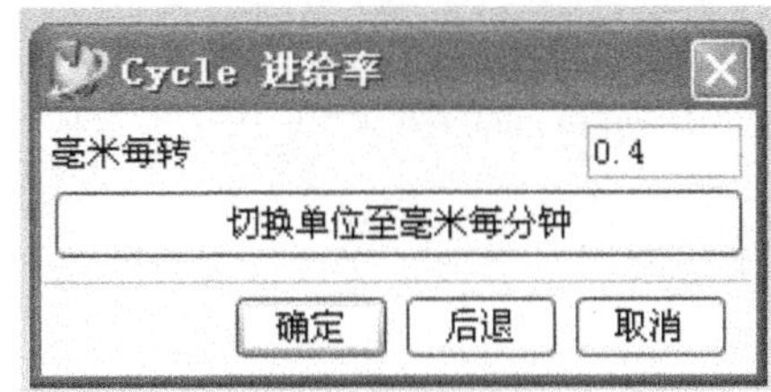

图7-48 “Cycle 进给率”对话框

单击图7-46中［Rtrcto—无］按钮，出现一个如图7-49所示的无名对话框。单击上面的［距离］按钮，在新出现的对话框“退刀”数据栏中输入5，如图7-50所示。完成后，返回到“Cycle 参数”对话框。

单击图7-46中［Step 值—未定义］按钮，出现如图7-51所示的无名对话框，分别在Step #1、Step #2、Step #3三个进刀步骤数据栏里输入数据：10、10、12，即除最后进给量为12外，每次进给量为10。完成设置后，返回到“Cycle 参数”对话框，再单击［确定］按钮，回到图7-41“断屑钻”对话框。在“断屑钻”对话框上，最小安全距离、通孔、不通孔三个选项都可保持默认值。

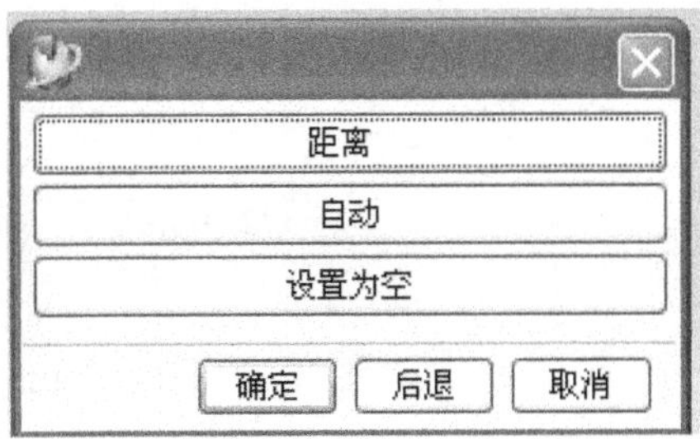

图7-49 设置退刀方式

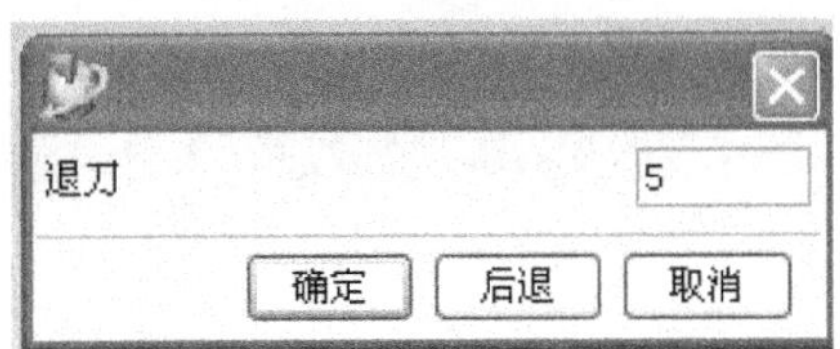

图7-50 设置退刀距离

图7-51 设置三次退刀和距离值

5. 设置“避让”参数 具体参数为：安全平面偏置：20；从点和返回点：CX = YC = ZC = 100。

6. 设置“进给率”参数 具体参数为：主轴速度：600r/min；剪切：0.4mm/r。

完成前面的全部创建操作后，生成的刀具轨迹及仿真加工后的效果如图7-52所示。

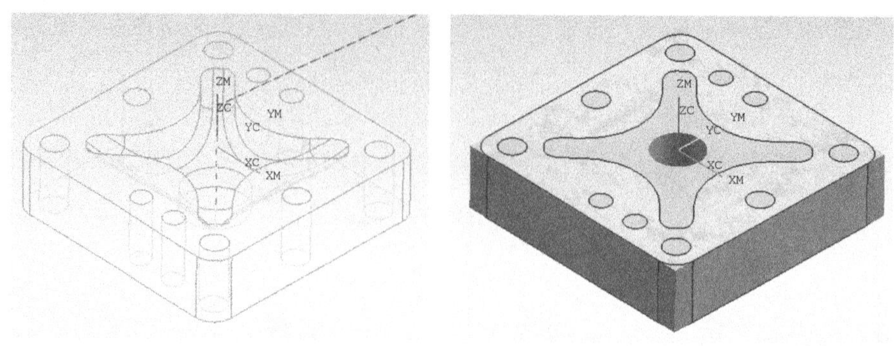

图 7-52　生成的钻孔加工刀具轨迹和完成加工后的效果

[工步 2]：精铣中心孔

选择 2 号刀具，即 D20 端铣刀，用平面铣方式进行中心通孔的精加工至尺寸要求。

用［创建操作］命令调出“创建操作”对话框，如图 7-53 所示。将“类型”选定为“平面铣”，子类型选定为第 1 行第 4 个图标“平面铣”。进入“平面铣”对话框后的各项设置与前面的完全一样，只是进刀点需要特别设定。

图 7-53　“创建操作”对话框

单击对话框上面的［控制点］命令图标，弹出“控制几何体”对话框，如图 7-54 所示。单击“预钻孔进刀点”右侧的［编辑］按钮，又弹出“预钻孔进刀点”对话框，如图 7-55 所示。单击上面的［一般点］按钮，在出现的“点构造器”对话框上分别输入，XC = 0、YC = 0、ZC = 0，完成数据输入后连续两次按［确定］按钮返回到主对话框即可。完成此创建操作后，生成的刀具轨迹及仿真加工后的效果如图 7-56 所示。

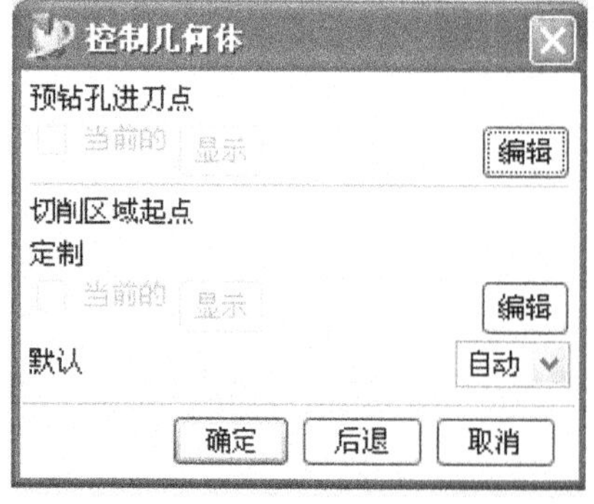

图 7-54　“控制几何体”对话框

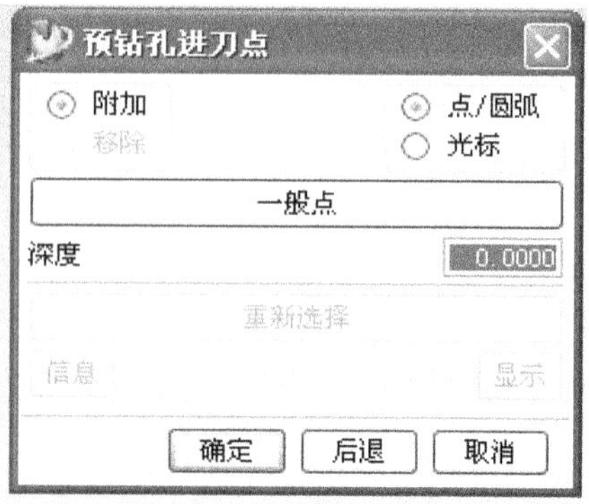

图 7-55　“预钻孔进刀点”对话框

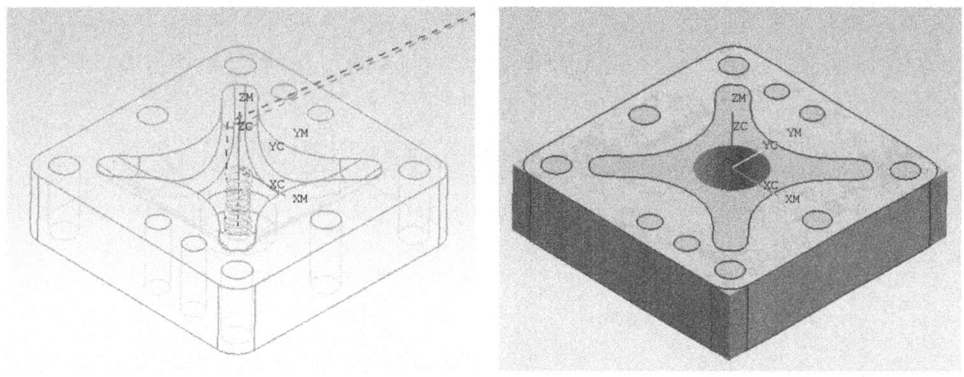

图 7-56　生成的精铣孔加工刀具轨迹和完成加工后的效果

[工步 3]：粗铣凹槽

选择 3 号刀具，即 D10R4 鼓形铣刀，用型腔铣方式进行粗加工，粗铣余量 1mm。建议在设置切削层时，设定 2 个范围深度；进刀点选在中心通孔的中心点处。生成的刀具轨迹及仿真加工后的效果如图 7-57 所示。

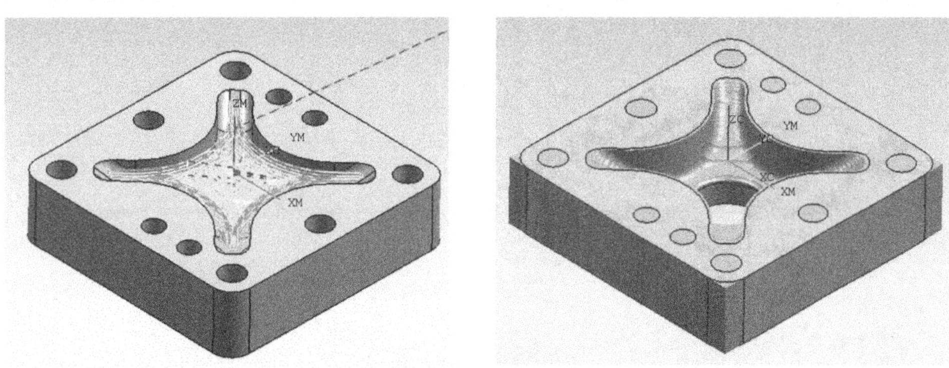

图 7-57　生成的粗铣凹槽加工刀具轨迹和完成加工后的效果

[工步 4]：精铣凹槽

选择 4 号刀具，即 D8R4 球形铣刀，用轮廓铣方式进行精加工至尺寸要求。完成创建操作后，最后生成的刀具轨迹及仿真加工后的效果如图 7-58 所示。

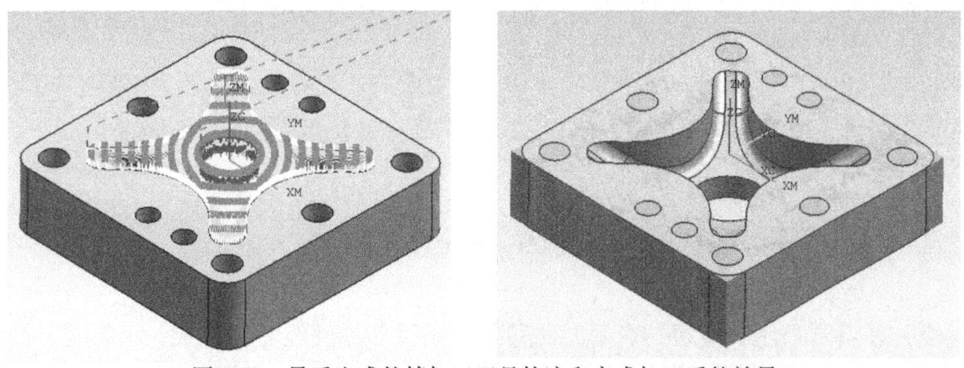

图 7-58　最后生成的精加工刀具轨迹和完成加工后的效果

操作 06：生成 CNC 程序

通过操作导航器，用鼠标将 4 个工步即 gb-1 ~ gb-4 的刀具轨迹全部选中，然后，运用“加工操作”工具条上［后处理］命令生成数控加工程序，如图 7-59 所示。

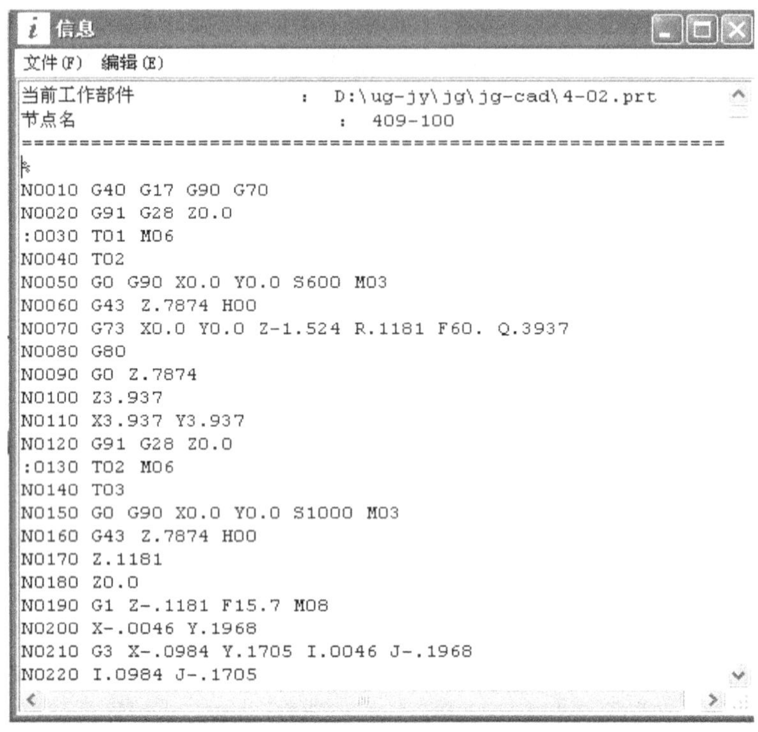

图 7-59 生成的数控程序组

训 练 作 业

用所学的创建加工知识和操作命令，完成下面的训练作业项目的编程设计。

【7-01】 梅花凸模的加工

梅花凸模由两部分组成，底座是一个边长为 100 × 100 的矩形体，上面是五个圆弧花瓣构成的曲面凸模，如图 7-60 所示，周边与底面已经加工完成，毛坯为 100 × 100 × 32 的板料，试用型腔铣和轮廓铣方式创建加工操作，并生成刀具轨迹。

【7-02】 楔形垫板的加工

楔形垫板如图 7-61 所示，四个周边与底板平面已经加工完成，毛坯为 120 × 100 × 42 板料。试用平面铣、型腔铣和轮廓铣方式创建加工操作，并生成刀具轨迹。

【7-03】 轮盘凸模的加工

轮盘凸模如图 7-62 所示，四个周边与底板平面已经加工完成，毛坯为 180 × 180 × 52 板料。试用平面铣、型腔铣和轮廓铣方式创建加工操作，并生成刀具轨迹。

【7-04】 龟板的加工

龟板如图 7-63 所示，龟板的底平面和底孔及螺纹部分已经加工完成，毛坯为 110 × 110 × 35 板料。试用平面铣、型腔铣和轮廓铣方式创建加工操作，并生成刀具轨迹。

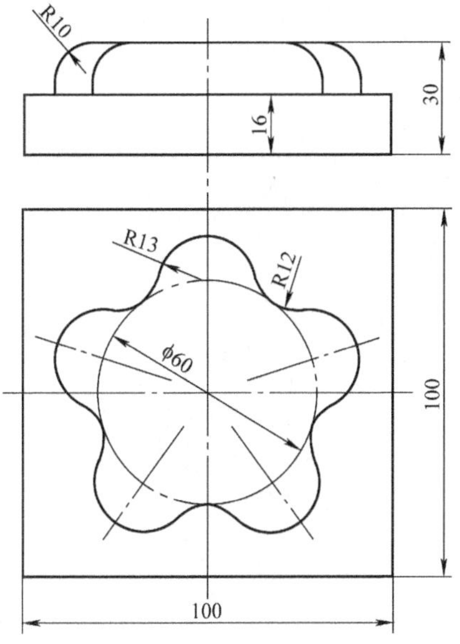

图 7-60　梅花凸模（材料：铝合金）

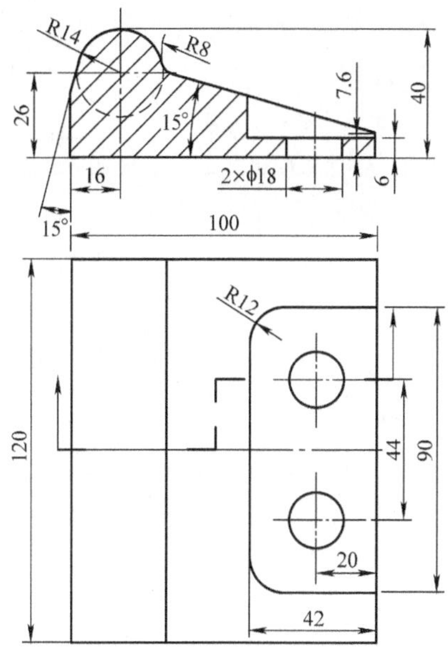

图 7-61　楔形垫板（材料：45 钢）

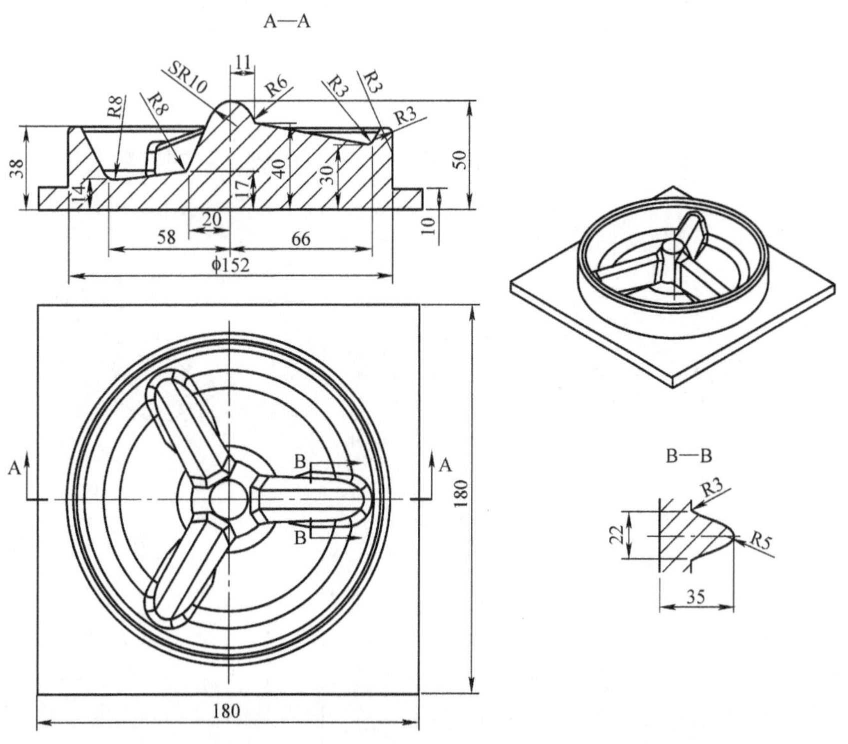

图 7-62　轮盘凸模（材料：铝合金）

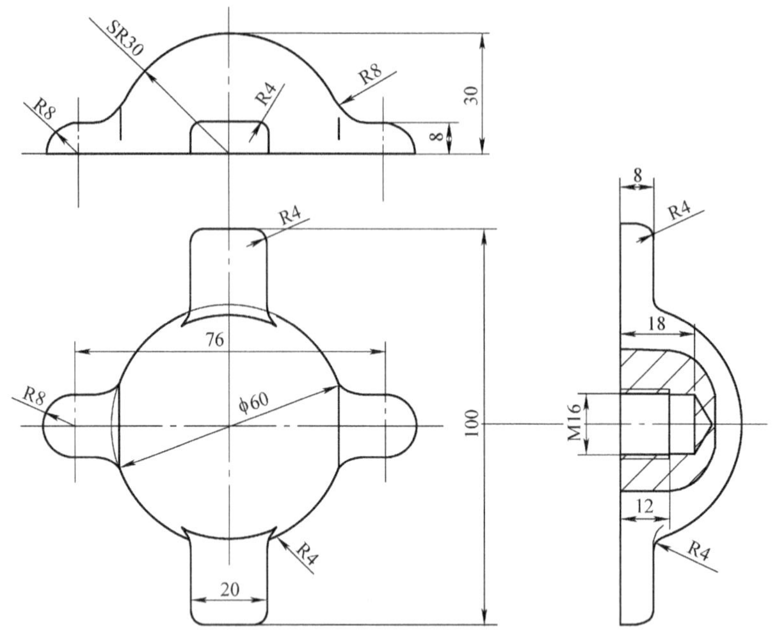

图 7-63　龟板（材料：铝合金）

提示：此工件的定位与装夹比较复杂，需要在底面上一个龟爪处事先钻出定位销孔；然后，用底平面作基准，用一个特制的胎具通过中心处的 M16 螺纹孔将其固定在胎具上，再装夹到机床的工作台面上进行加工。

【7-05】　电话机上、下合模的加工

电话机下合模如图 7-64 所示，电话机上合模如图 7-65 所示。两件配合成一套注塑模具，

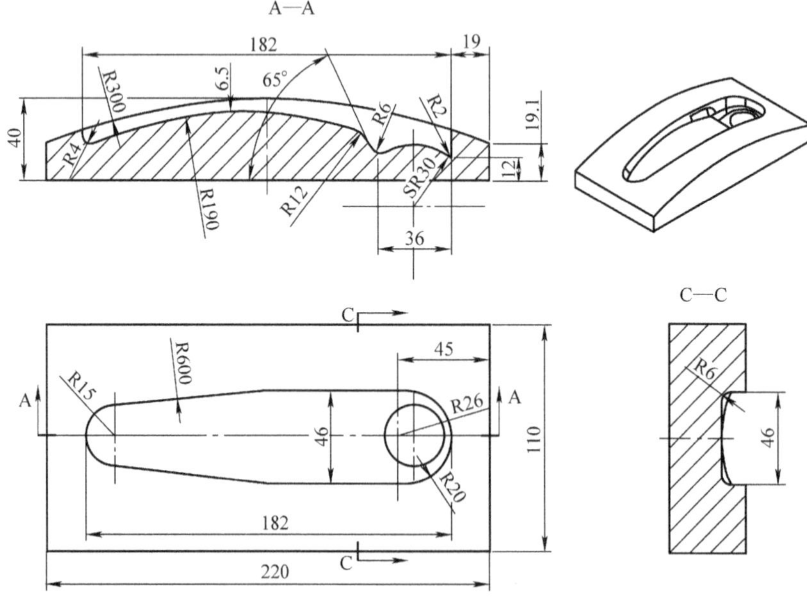

图 7-64　电话机下合模（材料：45 钢）

其合模线呈弧状。下模毛坯尺寸为 220 × 110 × 42，上模毛坯尺寸为 220 × 110 × 55，两个件的底平面和四个周边都已加工完成，可以此定位装夹。试综合运用所学的切削方式创建加工操作，生成刀具轨迹并分别后处理加工程序。

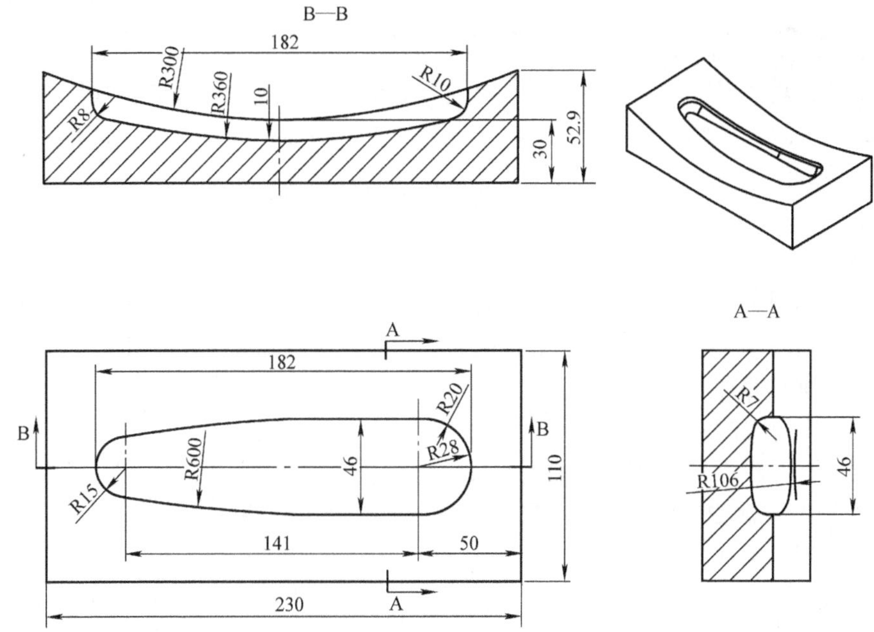

图 7-65　电话机上合模（材料：45 钢）

【7-06】　制动瓦的加工

制动瓦的工程图如图 7-66 所示，四个周边与底平面已经加工完成，毛坯的外形尺寸为 140 × 100 × 42。试综合运用各种方式创建加工操作，并生成刀具轨迹和加工程序。

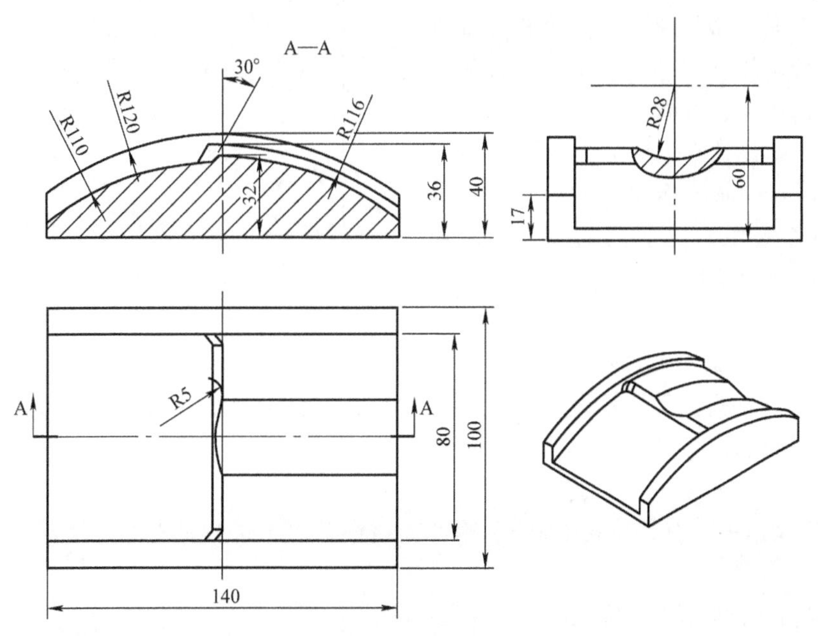

图 7-66　制动瓦（材料：工具钢）

第8单元　孔 系 加 工

单元要点： 熟悉UG加工模块中钻削模板的功能，并运用所提供的操作界面、操作命令和加工创建工具进行钻孔、镗孔、铰孔等数控加工编程设计。

项目8-1　定位台板的加工

任务目标：

定位台板如图8-1所示，是一个典型的孔系加工件。在矩形台面上有各种类型的通孔共计27个，其中ϕ6通孔16个、ϕ13深度孔9个、ϕ16台阶孔2个。此工件的工程图除各类孔外，工件的所有表面都已加工完成。工件由UG建模模块构建的三维实体模型，工作坐标系原点建立在模型的顶面中心处。由于加工孔的数量较多，用计算机进行数控编程，并生成数控加工程序。

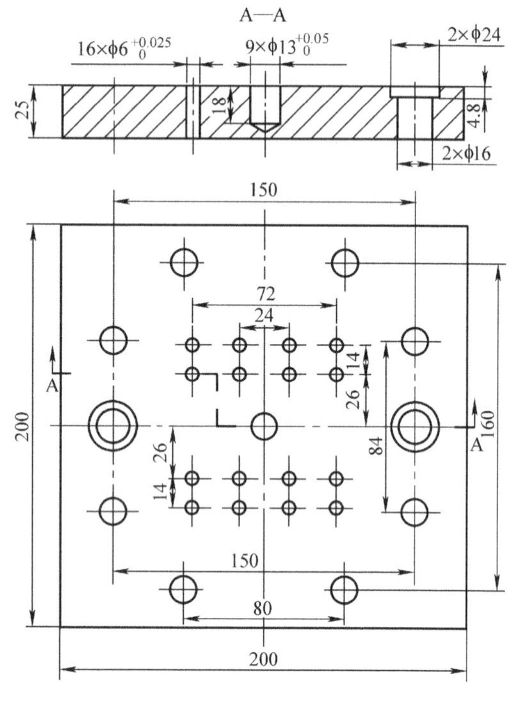

图8-1　定位台板（材料：45钢）

工艺分析：

1. 加工条件　工件毛坯的尺寸为：200mm×200mm×25mm，上、下平面及周边均已加工完毕。

加工机床：立式加工中心

铣削方式：钻削

2. 加工工序　以底平面及两个相互垂直的侧表面进行定位和装夹，以工件中心作为机床坐标系的原点，一次性装夹后，完成全部孔的加工。共设计6个加工工步如下：

［工步1］：钻ϕ16台阶孔

选用ϕ16钻头，刀具号设定为1。用“啄钻”方式进行钻削，一次加工至尺寸要求。

［工步2］：钻ϕ13深度孔

选用ϕ12.6钻头，刀具号设定为2。用“啄钻”方式进行钻孔，加工后直径方向留有0.4mm精加工余量。

［工步3］：钻ϕ6通孔

选用ϕ5.8钻头，刀具号设定为3。用“断屑钻”方式进行钻孔，加工后直径方向留有0.2mm精加工余量。

［工步4］：铣削ϕ24台阶孔

选用D14端铣刀，即直径14，底圆角半径0，刀具号设定为4。用“平面铣”方式进行

铣削 ф24 台阶孔，加工至尺寸要求。

[工步5]：铰 ф13 深度孔

选用 ф13 铰刀，刀具号设定为5。用“铰孔”方式，将 ф13 深度孔加工至尺寸要求。

[工步6]：铰 ф6 通孔

选用 ф6 铰刀，刀具号设定为6。用“铰孔”方式，将 ф6 通孔加工至尺寸要求。

操作步骤：

操作01：设计工件的实体模型

用建模模块构建工件实体模型，在 XC-YC 基准平面上绘制轮廓草图，将工件的中心定位在坐标原点上；构建的定位台板工件实体如图 8-2 所示。

操作02：设置加工环境

单击［起始］-［加工］命令，界面上会出现一个“加工环境”对话框，如图 8-3 所示。将“CAM 会话配置”栏里面的“cam _ general”项选中；“CAM 设置”栏中的“drill”项选中。然后，单击［初始化］命令按钮，进入钻削模块界面。

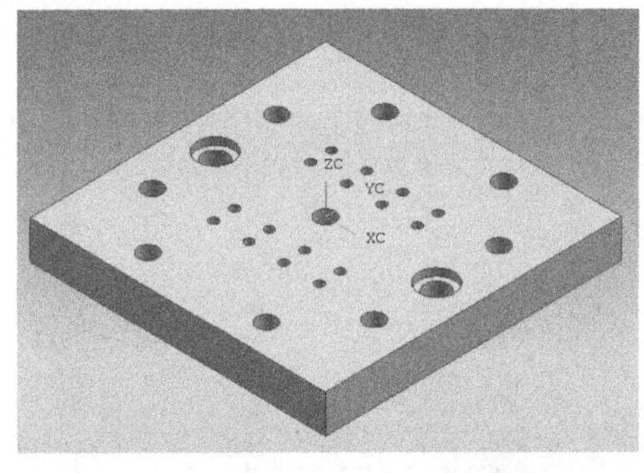

图 8-2　构建出的工件实体模型

图 8-3　“加工环境”对话框

操作03：创建几何体

单击“加工创建”工具条上的［创建几何体］命令图标，在出现图 8-4 的“创建几何体”对话框中，首先，将最上面一栏“类型”中选定“drill”（钻削），它决定了所有后面各个选项的加工模板。

1. 设置机床坐标（加工坐标）系　在子类型中选中第一个图标［MCS］（加工坐标系）；父级组中选择 GEOMETRY；名称输入 zbx 字符。单击［应用］按钮，进入“MCS”对话框，此时观察工件实体上的加工坐标系（MCS），会发现它与工件坐标系完全吻合，因此，可以保持对话框上全部选项为默认状态，单击［确定］按钮，返回到“创建几何体”对话框。

2. 设置工件几何体　单击“加工创建”工具条上的［创建几何体］命令，在弹出图 8-5 所示的“创建几何体”对话框上，选择子类型第三项［工件］命令图标；父级组选择 zbx；名称输入 jht，完成上面的设置后，单击［应用］按钮，此时的对话框变为“工件”。选择几何体下面的第一项［部件］命令，并单击下面的［选择］命令按钮，进入下一个

“工件几何体”对话框，如图8-6右图。选中“选择选项”下面的“几何体”这一项，并将“过滤方式”设定为“体”，再单击下面的［全选］按钮，此时，会看到整个工件实体都变成红色，表示全部选中，如图8-6左图所示。按［确定］按钮结束这一设置，返回到“工件”对话框。从对话框中的材料图标上可以看到为碳钢，这正与需要相符，保持默认状态即可。

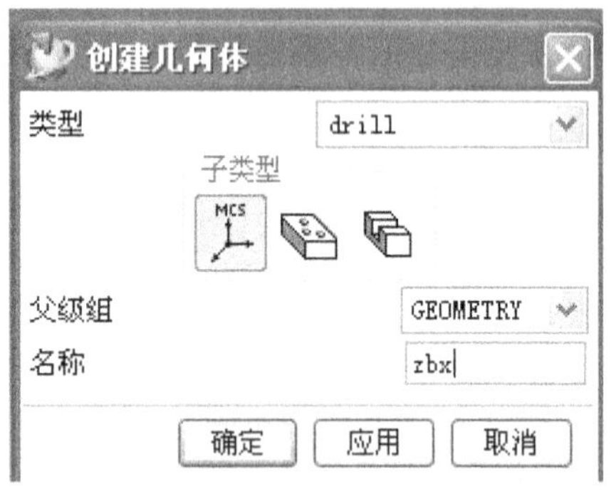

图8-4 “创建坐标系几何体”对话框

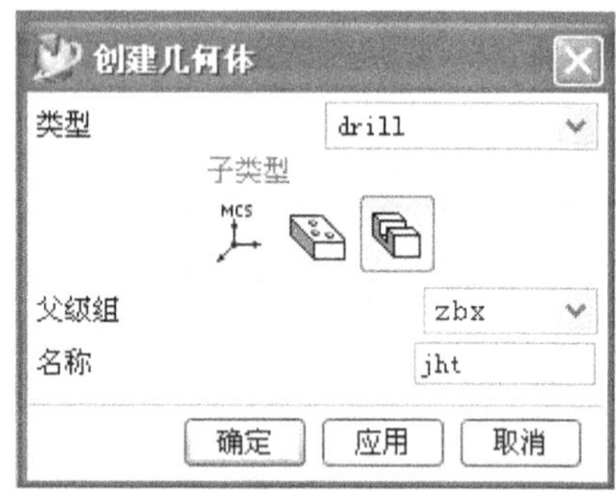

图8-5 “创建工件几何体”对话框

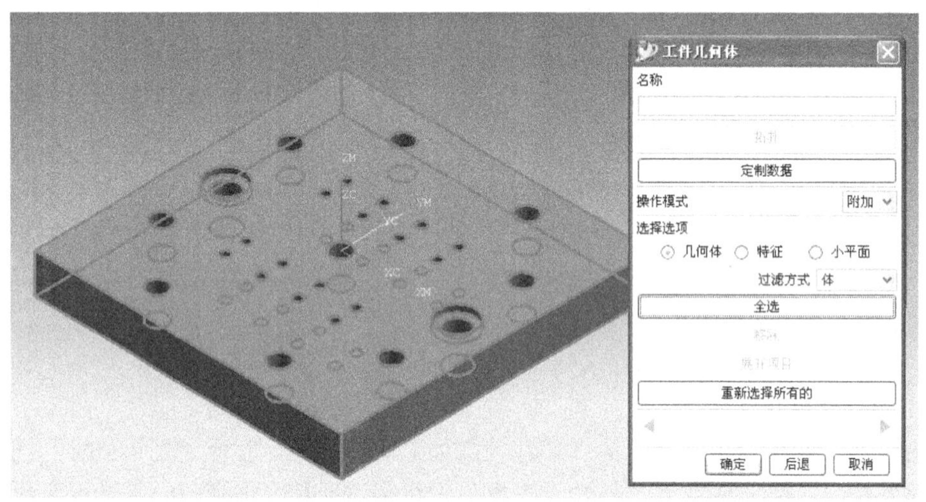

图8-6 使用“全选”命令设定工件几何体

3. 设置毛坯几何体　选择“几何体”下面的第二个命令［毛坯］图标，单击下面的［选择］命令，会出现一个“毛坯几何体”对话框，选中“选择选项”下面的“自动块”这一项，自动块所生成的毛坯几何体正好包容整个工件几何体。完成上面的设置后，单击［确定］按钮，在工件周边会看到出现一个包容整个工件的矩形体，这就是毛坯几何体。

操作04：创建刀具

在工艺分析中已经明确了所使用的刀具，可以事先将刀具全部选定好，以便在创建加工操作时直接调用。

设定1号刀具：

单击“加工创建”工具条上的［创建刀具］命令，在出现图 8-7“创建刀具”对话框上，选择“类型”为“钻削（drill）”；“子类型”为第一行第三个图标“标准钻头”；名称设为 Z16，即直径 16 的标准钻头。单击［应用］按钮进入“钻刀”对话框，具体参数设定如下（见图 8-8）：

直径：16mm

长度：70mm

刃口长度：50mm

刀具号：1

完成设置后，单击下面的［显示刀具］图标，会看到在工件实体模型上面出现一个钻头的图形轮廓。按［确定］按钮，返回图 8-7“创建刀具”对话框，再设定下一把铣刀。

图 8-7 “创建刀具”对话框

按上述步骤和方法，设置其它刀具如下：

设定 2 号刀具：（钻头）

直径：12.6mm

长度：70

刃口长度：50

刀具号：2

设定 3 号刀具：（钻头）

直径：5.8

长度：70

刃口长度：50

刀具号：3

设定 4 号刀具：（端铣刀）

直径：14

下半径：0

长度：75

刃口长度：50

刀具号：4

设定 5 号刀具：（铰刀）

直径：13

刀夹直径：9

长度：80

刃口长度：60

拔模角：0

尖顶长度：1

刃数：6

刀具号：5

5 号铰刀的设置情况如图 8-9 所示。

钻刀
刀具 刀柄 更多
L FL CR PA D
(D) 直径 16.0000
(L) 长度 70.0000
(PA) 顶角 118.0000
(FL) 刃口长度 50.0000
刃数 2
刀具号 1
补偿寄存器 0
X 偏置 0.0000
Y/Z 偏置 0.0000
目录号
Material : HSS
描述
库参考
导出刀具到库中
显示刀具
确定 后退 取消

图 8-8 设置钻头参数

图 8-9 设置铰刀参数

设定 6 号刀具：（铰刀）

直径：6

刀夹直径：4

长度：70

刃口长度：50

拔模角：0

尖顶长度：1

刃数：4

刀具号：6

操作 05：创建加工操作

［工步 1］：钻 ϕ16 台阶孔

单击［创建操作］命令，在出现的图 8-10“创建操作”对话框上，“类型”选择为“drill”（钻削）；“子类型”选择为第一行第四个图标“啄钻”（PECK-DRILLING）；其它选项如下设置：

程序：NC-PROGRAM

使用几何体：JHT

使用刀具：Z16（1 号刀具—钻头）

使用方法：DRILL _ METHOD

名称：gb-1（工步 1）

全部设置完成后，单击［应用］按钮，进入“啄钻”对话框，如图 8-11 所示。

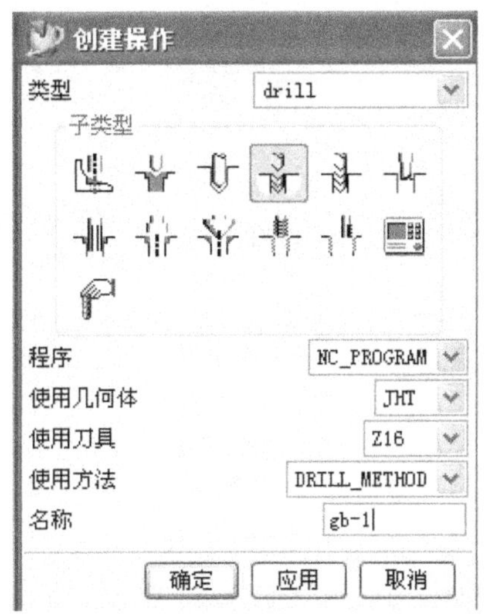

图 8-10 “创建操作”对话框

图 8-11 “啄钻”对话框

1. 设定几何体 设置加工孔：

选中“几何体”下面的第一个图标“孔”，单击［选择］按钮，进入“孔系加工几何体”对话框，如图 8-12 所示。单击［选择］按钮，出现一个无名对话框，如图 8-13 所示。用鼠标分别选中 2 个 φ16 台阶孔，然后，连续两次单击［确定］按钮，返回到“啄钻”主对话框。

（1）设置部件表面：选中“几何体”下面的第二个图标“部件表面”，单击［选择］按钮，进入“部件表面”对话框，如图 8-14 所示。选中“选择类型”下面的第一个图标［面］，用鼠标选中工件的上表面，使之变成红色，单击［确定］按钮，返回到“啄钻”主对话框。

（2）设置底面：选中“几何体”下面的第三个图标“底面”，单击［选择］按钮，进入“底面”对话框，如图 8-14 所示（与部件表面对话框一样）。选中“选择类型”下面的第一个图标［面］，用鼠标选中工件的底面，使之变成红色，单击［确定］按钮，返回到“啄钻”主对话框。

2. 设定钻削方式　将钻削方式的下拉列表打开，如图 8-15 所示，选择其中的“啄钻”选项。会弹出一个如图 8-16 所示的无名对话框，将上面的“距离”输入数据 5。单击［确定］按钮后，又会出现一个“指定参数组”对话框，上面的“Number of Set 1”是指此时为第一参数组，单击上面的［确定］按钮，弹出“Cycle 参数”（循环参数）对话框，如图 8-17 所示。

图 8-12 “孔系加工几何体”对话框

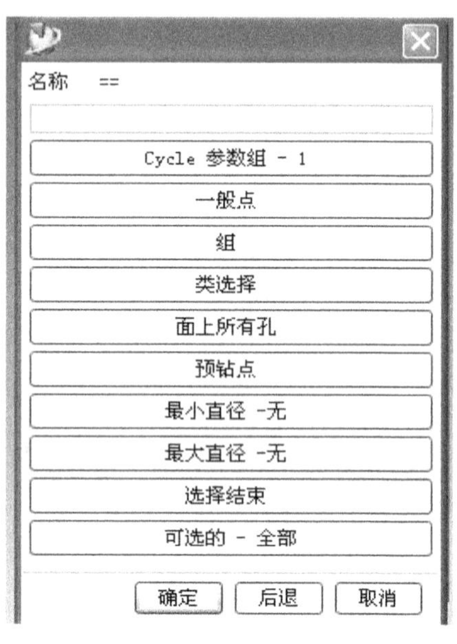

图 8-13 “无名”对话框

此循环参数对话框上共有四项内容：模型深度、进给率、刀具停留（Dwell）和进刀增量（Increment），这四个选项都要一一进行设置。

（1）设置模型深度：单击图 8-17 中［Depth-模型深度］命令图标，出现“Cycle（循环）深度”对话框，如图 8-18 所示，上面有六个选项。由于本次加工的是 ϕ16 通孔，因此，选择第五个命令图标［穿过底面］，然后，单击［确定］按钮，返回到“循环深度”对话框。

（2）设置进给率：单击图 8-17 中［进给率］命令图标，出现图 8-19“循环进给率”对话框，将进给单位切换成“毫米每转”，并在数据栏中输入 0.4，完成后按［确定］按钮返回到“循环参数”对话框。

图 8-14 “部件表面”对话框

（3）设置进刀增量（Increment）：单击图 8-17 中［Increment］命令图标，出现“增量”对话框，如图 8-20 所示。单击上面的［恒定的］命令，在出现的如图 8-21 所示的无名对话框上“增量”数据栏里输入数值 15，即每次进刀 15mm。完成后，返回到“循环参数”对话框。

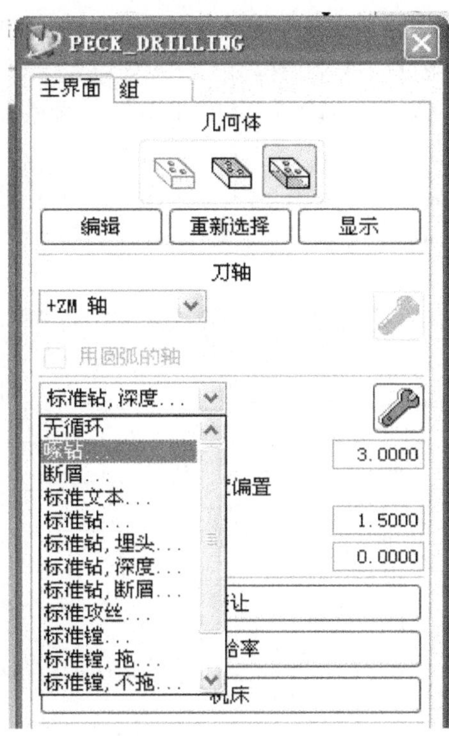

图 8-15　选择“啄钻”选项

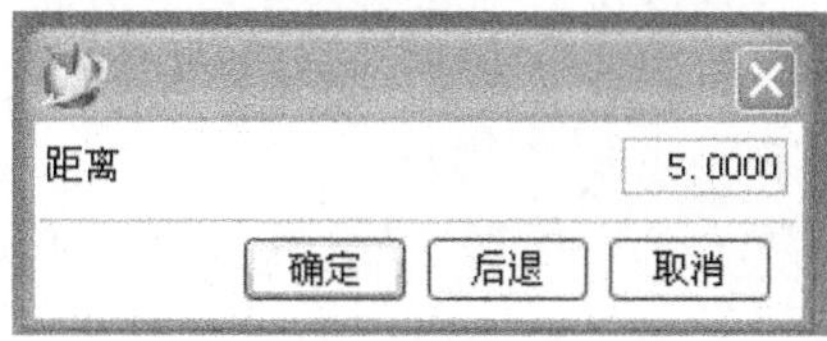

图 8-16　“无名”对话框（设定退刀距离）

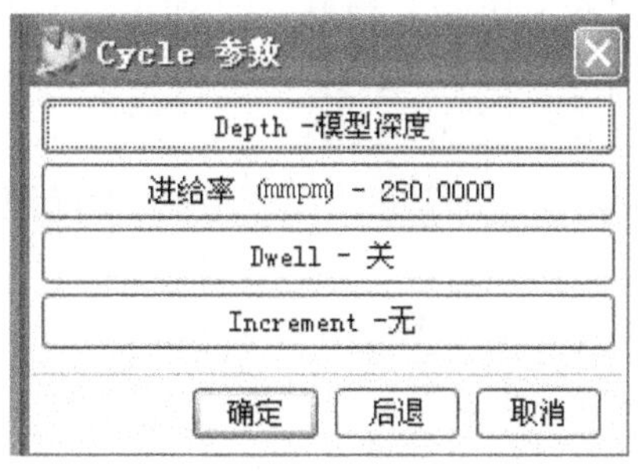

图 8-17　“循环参数”对话框

图 8-18　“循环深度”对话框

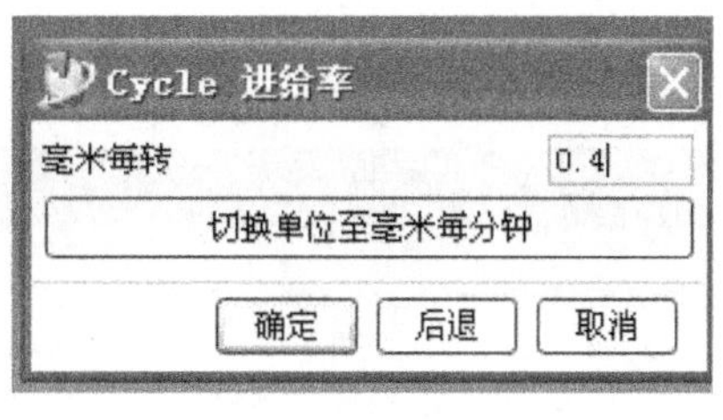

图 8-19　“循环进给率”对话框

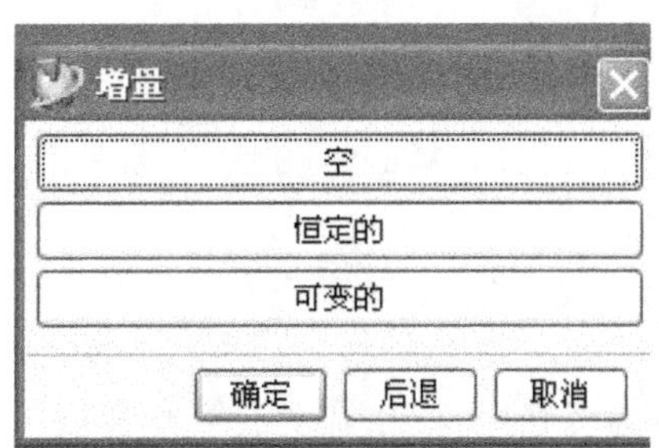

图 8-20　“增量”对话框

图 8-21　设置进刀增量值 15

图 8-17 中循环参数对话框上的第三个命令［Dwell］（刀具停留）本次因是加工通孔不需设置，直接单击［确定］按钮，返回到图 8-15“啄钻”主对话框。

在主对话框上有三个选项：最小安全距离、深度偏置（通孔、盲孔），这些选项及参数可保持默认状态。

3. 设定避让参数　单击主对话框上的［避让］命令图标，出现一个如图 8-22 所示的无名对话框。通过这个对话框，要设置三项参数：From 点（从点）、Return Point（返回点）和 Clearance Plane（安全平面）。

图 8-22　由此对话框设置避让参数

设置从点：

单击［从点］命令，弹出“从点”对话框，单击上面的［指定］按钮，又弹出“点构造器”对话框。将三个坐标参数设置如下：

XC = YC = ZC = 100

完成后返回到图 8-22 所示的对话框。

设置返回点：

设置方法及参数值与上相同。

设置安全平面：

单击［安全平面］命令，弹出“安全平面”对话框，如图 8-23 所示。单击上面的［指定］命令，在出现图 8-24 的“平面构造器”对话框上，选择“XC-YC”选项，并将“偏置”数据栏中输入数值 20。设置完毕后，连续三次单击［确定］按钮，返回到图 8-11“啄钻”主对话框。

图 8-23　“安全平面”对话框

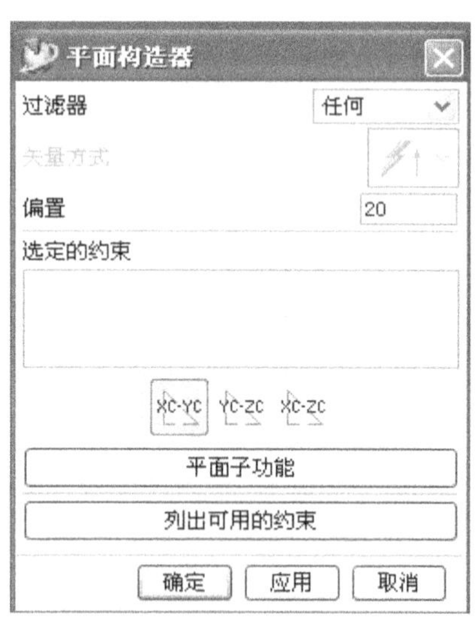

图 8-24　“平面构造器”对话框

4. 设定进给率　单击主对话框上的［进给率］命令图标，出现“进给和速度”对话框。将“主轴速度 rpm”项选中，设定 800（r/min），剪切不必再设定，肯定是 0.4mm/r。确定后，返回到主对话框。

机床的设置可根据具体现场情况而设定。

5. 生成刀具轨迹和仿真加工　分别单击［生成］和［确认］命令来生成钻孔的运行轨迹，产生仿真切削过程，其刀具轨迹和仿真加工后的效果如图 8-25 所示。

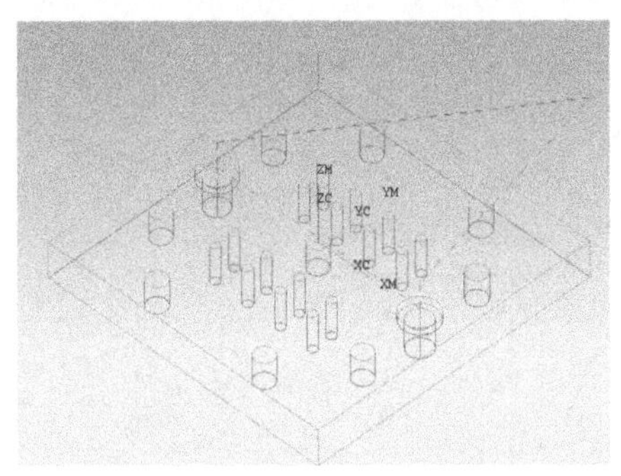

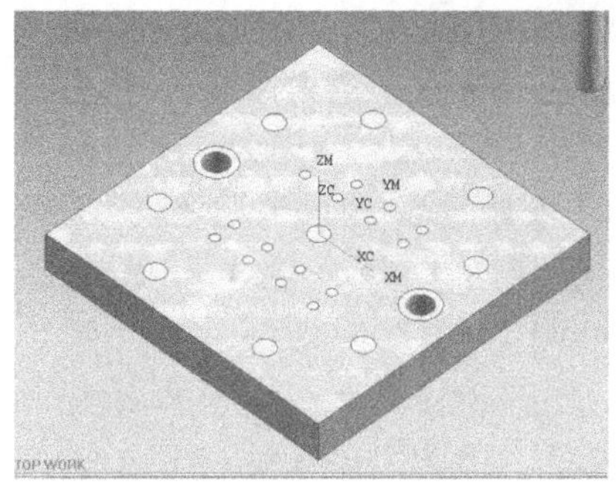

图 8-25　生成的钻孔刀具轨迹和完成加工后的效果

［工步 2］：钻 ϕ13 深度孔

单击［创建操作］命令，在出现的图 8-10“创建操作”对话框上，“类型”选择为“drill”（钻削）；“子类型”选择为第一行第四个图标“啄钻”（PECK _ DRILLING）；其它选项如下设置：

程序：NC _ PROGRAM

使用几何体：JHT

使用刀具：Z12.6（2 号刀具—钻头）

使用方法：DRILL _ METHOD

名称：gb-2（工步 2）

完成上面的设置后，单击［应用］按钮，进入图 8-11“啄钻”对话框。

1. 设定几何体

（1）设置加工孔：选中“几何体”下面的第一个图标“孔”，单击［选择］按钮，进入图 8-12“孔系加工几何体”对话框。单击［选择］按钮，出现一个无名对话框。用鼠标分别选中 9 个 ϕ13 深度孔，注意最好按一定顺序选择。然后，连续两次单击［确定］按钮，返回到图 8-11“啄钻”主对话框。

（2）设置部件表面：选中“几何体”下面的第二个图标“部件表面”，单击［选择］按钮，进入“部件表面”对话框。选中“选择类型”下面的第一个图标［面］，用鼠标选中工件的上表面，使之变成红色，单击［确定］按钮，返回到“啄钻”主对话框。

（3）设置底面：选中“几何体”下面的第三个图标“底面”，单击［选择］按钮，进入“底面”对话框（与部件表面对话框一样）。选中“选择类型”下面的第一个图标［面］，用鼠标选中 ϕ13 深度孔的底面（选中其中一个孔的底面即可），使之变成红色，如图 8-26 所示，单击［确定］按钮，返回到“啄钻”主对话框。

2. 设定钻削方式　本项操作与［工步 1］的完全相同。将钻削方式的下拉列表打开，选择其中的“啄钻”选项。会弹出一个无名对话框，将上面的“距离”输入数据 5。单击［确定］按钮后，会出现“指定参数组”对话框，上面的“Number of Set 1”是指此时为第一参数组，单击上面的［确定］按钮，弹出“Cycle 参数”（循环参数）对话框，如图 8-27 所示。

“循环参数”对话框上有四项内容：模型深度、进给率、刀具停留（Dwell）和进刀增量（Increment），此次，因为加工的是深度孔，这四个选项都要一一进行设置。

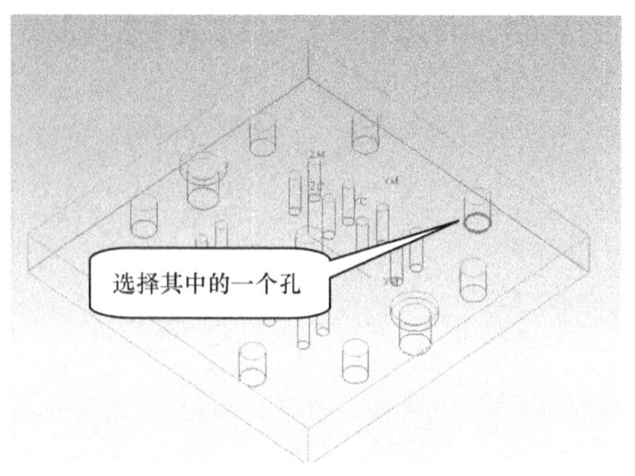

图 8-26　选择孔的底面

（1）设置模型深度：单击图 8-27［Depth-模型深度］命令图标，出现“Cycle（循环）深度”对话框，上面有六个选项，如图 8-28 所示。由于本次加工的是深度孔，因此，选择第三个命令图标［刀肩深度］，在出现的“深度”对话框数据栏里输入数值 18（孔的深度），然后，单击［确定］按钮，返回到“循环深度”对话框。

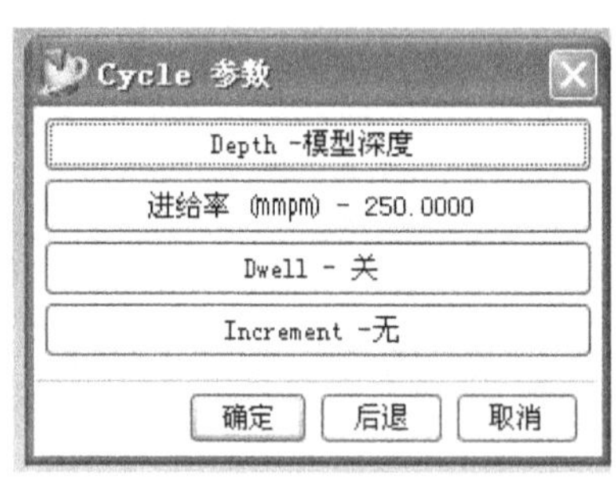

图 8-27　“循环参数”对话框

图 8-28　“循环深度”对话框

（2）设置进给率：单击图 8-11［进给率］图标，出现图 8-19“循环进给率”对话框，将进给单位切换成“毫米每转”，并在数据栏中输入 0.4，完成后按［确定］按钮，返回到“循环参数”对话框。

（3）设置刀具停留：由于这次是加工深度孔，为保证加工孔的底面光滑平整，需要设置钻头在底面的停留时间。单击［Dwell］命令按钮，弹出“Cycle Dwell”对话框，如图 8-29 所示。单击［回转］命令图标，出现一个如图 8-30 所示的无名对话框，在“回转”数据栏中输入 5，表示让钻头在孔的底部不进刀旋转 5r，以便切削的更彻底些。设置好后，按［确定］按钮，返回到图 8-27“循环参数”对话框。

（4）设置进刀增量（Increment）：单击［Increment］图标，出现“增量”对话框。单击上面的［恒定的］命令，在出现的无名对话框上“增量”数据栏里输入数值 10，即每次进刀 10mm。完成后，返回到“循环参数”对话框，再按其上的［确定］按钮，返回到图 8-11“啄钻”主对话框。

图 8-29 “Cycle Dwell” 对话框

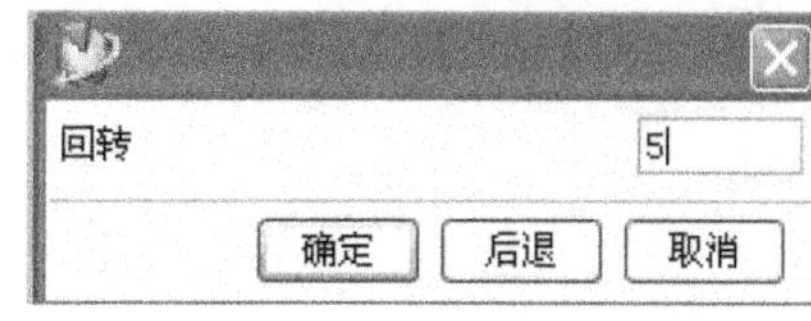

图 8-30 设定停留 5 转

在主对话框上有三个选项：最小安全距离、深度偏置（通孔、盲孔），这些选项及参数可保持默认状态。

3. 设定避让参数　避让参数的设置与前一工步的完全相同。主要设置三项参数：From 点（从点）、Return Point（返回点）和 Clearance Plane（安全平面）。

设置从点和返回点：

两点的三个坐标参数设置如下：

XC = YC = ZC = 100

设置安全平面：

将安全平面高度设置为 20 即可。

4. 设定进给率　单击图 8-11 主对话框上的［进给率］图标，出现“进给和速度”对话框。将“主轴速度 rpm”项选中，设定 800（r/min），剪切不必再设定，肯定是 0.4mm/r。确定后，返回到主对话框。

机床的设置可根据具体现场情况而设定。

5. 生成刀具轨迹和仿真加工　分别单击［生成］和［确认］命令来生成钻孔的运行轨迹，产生仿真切削过程，其刀具轨迹和仿真加工后的效果如图 8-31 所示。

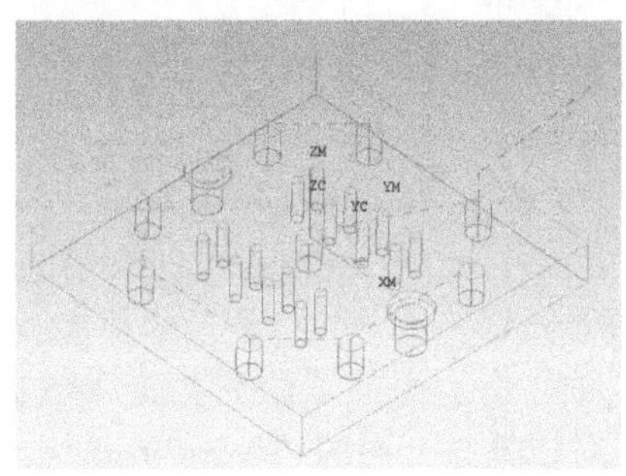

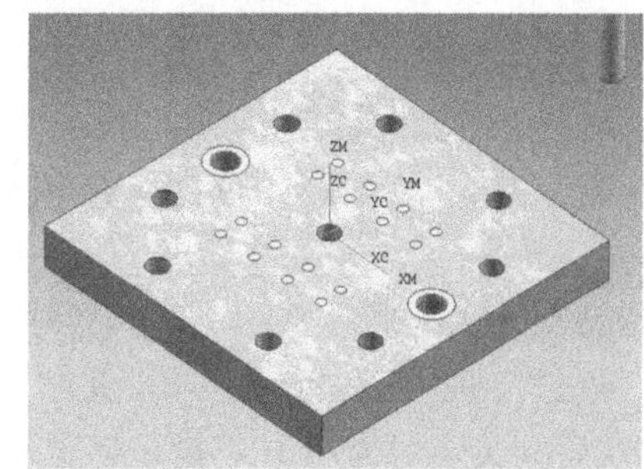

图 8-31 生成的钻孔刀具轨迹和完成加工后的效果

［工步 3］：钻 ϕ6 通孔

单击［创建操作］命令，在出现图 8-10 的“创建操作”对话框上，“类型”选择为 drill（钻削）；“子类型”选择为第一行第四个图标“啄钻”（PECK _ DRILLING）；其它选项如下设置：

程序：NC _ PROGRAM

使用几何体：JHT

使用刀具：Z5.8（3号刀具——钻头）

使用方法：DRILL _ METHOD

名称：gb-3（工步3）

完成上面的设置后，单击［应用］按钮，进入图8-11“啄钻”对话框。

1. 设定几何体　设置加工孔。

选中“几何体”下面的第一个图标“孔”，单击［选择］按钮，进入图8-12“孔系加工几何体”对话框。由于φ6的通孔比较多，采用另一种方式来选择孔。先单击图8-32中［最小直径］按钮，在弹出的如图8-33对话框“直径”数据栏中输入5；返回后，再单击图8-32中［最大直径］按钮，在出现的直径栏中输入7；返回后，再次单击［面上所有孔］按钮，然后，用鼠标选中工件的上平面。以上的设置是将工件表面上所有大于5并小于7的孔选中。完成这些设置后，连续三次按［确定］按钮，回到啄钻主对话框。观察会发现16个φ6的孔都已被选中。

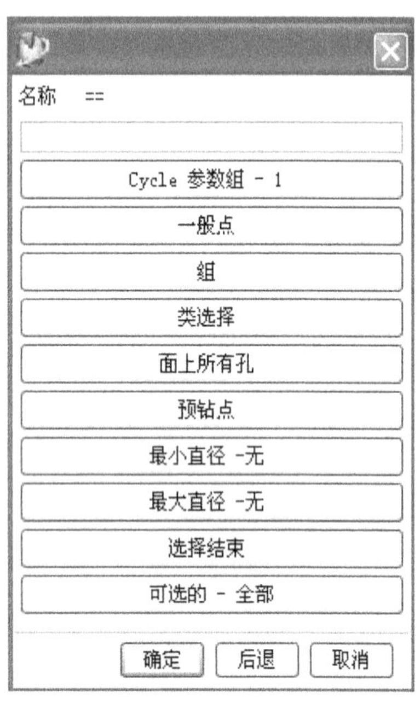

图8-32　通过设定直径选择孔

(1) 设置部件表面：选中“几何体”下面的第二个图标“部件表面”，单击［选择］按钮，进入“部件表面”对话框。选中“选择类型”下面的第一个图标［面］，用鼠标选中工件的上表面，使之变成红色，单击［确定］按钮，返回到“啄钻”主对话框。

(2) 设置底面：选中“几何体”下面的第三个图标“底面”，单击［选择］按钮，进入“底面”对话框（与图8-14“部件表面”对话框一样）。选中“选择类型”下面的第一个图标［面］，用鼠标选中工件的底面，使之变成红色，单击［确定］按钮，返回到“啄钻”主对话框。

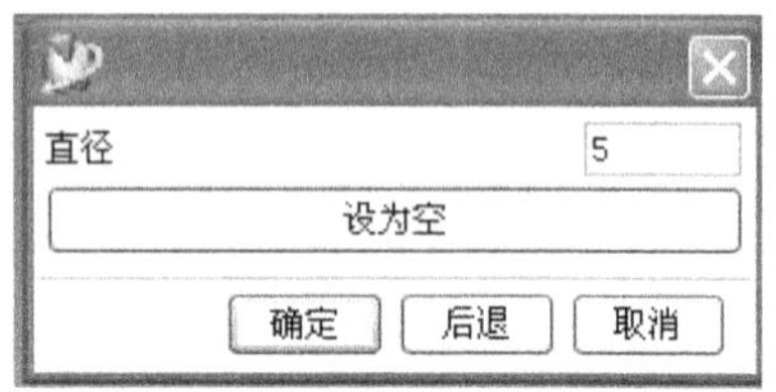

图8-33　设定最小直径值

2. 设定钻削方式　将钻削方式的下拉列表打开，选择其中的“啄钻”选项。弹出图8-16无名对话框，将上面的“距离”输入数据5。单击［确定］按钮后，又会出现一个“指定参数组”对话框，上面的“Number of Set　1　”是指此时为第一参数组，单击上面的［确定］按钮，弹出“Cycle参数”（循环参数）对话框。以下的设置步骤与工步1的完全相同，具体设置如下：

模型深度：穿过底面

进给率：0.2mm/r

增量：恒定的/12

停留：不用设置

3. 设定避让参数　避让参数的设置与前一工步的完全相同。主要设置三项参数：From点（从点）、Return Point（返回点）和Clearance Plane（安全平面）。

设置从点和返回点：

两点的三个坐标参数设置如下：

XC = YC = ZC = 100

设置安全平面：

将安全平面高度设置为 20 即可。

4. 设定进给率　主要设置主轴转速：1000r/min；机床参数可自行设定。

5. 生成刀具轨迹和仿真加工　分别单击［生成］和［确认］命令来生成钻孔的运行轨迹，产生仿真切削过程，其刀具轨迹和仿真加工后的效果分别如图 8-34 和图 8-35 所示。

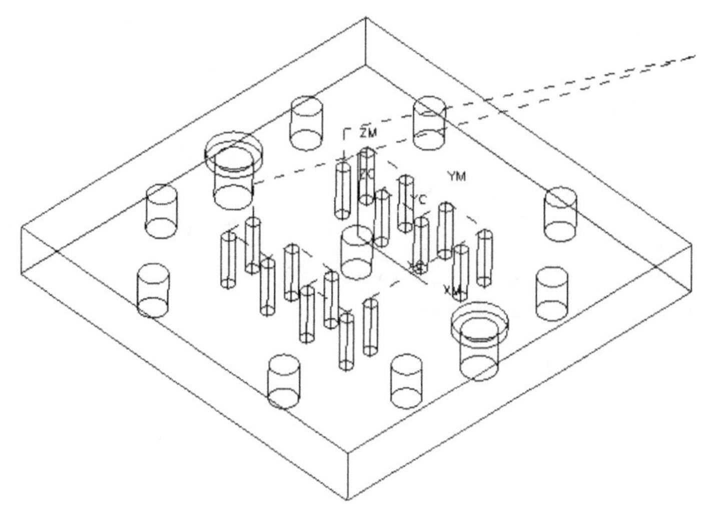

图 8-34　生成的钻 ϕ6 通孔刀具轨迹

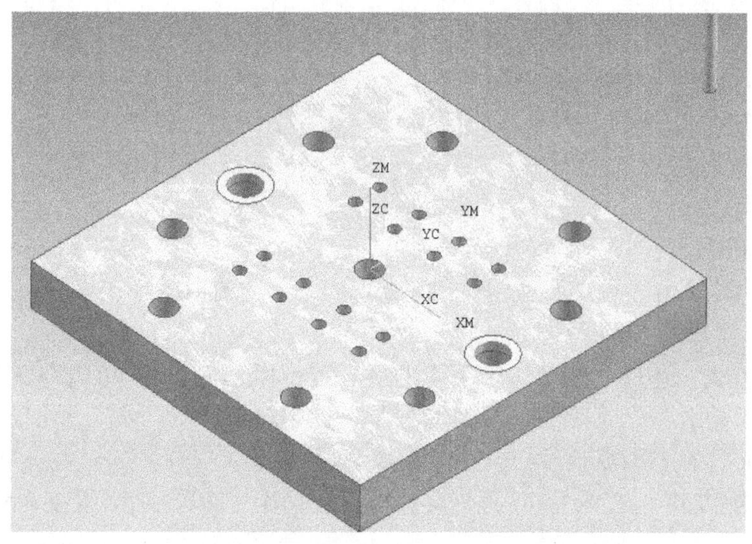

图 8-35　完成仿真加工 ϕ6 通孔的效果

［工步 4］：铣削 φ24 台阶孔

单击［创建操作］命令，在弹出图 8-10 的“创建操作”对话框上，“类型”选择“Mill _ Planar”；“子类型”选择第一行第四个命令图标［PLANAR _ MILL］（平面铣），其它各选项设置如下（见图 8-36）：

程序：NC _ PROGRAM

使用几何体：JHT

使用刀具：D14（4 号刀具——端铣刀）

使用方法：METHOD（方法）

名称：gb-4

设置完毕，按［确定］或［应用］按钮，进入“平面铣”对话框。

图 8-36　创建平面铣操作

1. 设定几何体　共有三个选项需要设定，即部件、毛坯和底面。

（1）设置部件：选择“几何体”下面的第一个图标“部件”，单击下面的［选择］命令，出现“边界几何体”对话框。将“模式”栏中的选项设置为“曲线/边”，对话框变成“创建边界”对话框，如图 8-37 所示。对各项设置如下：

类型：封闭的

平面：自动

材料侧：外部

刀位：相切于

完成设置后，用鼠标先将 1 个 φ24 孔的边界选中；单击［创建下一个边界］按钮，再将另一个 φ24 孔的边界选中；然后，两次按［确定］按钮，回到主对话框。

（2）设置毛坯：选择“几何体”下面的第二个图标“毛坯”，单击下面的［选择］命令，出现“边界几何体”对话框。将“模式”栏中的选项设置为“曲线/边”，对话框变成“创建边界”对话框，如图 8-38 所示。对各项设置如下：

类型：封闭的

平面：自动

材料侧：内部

刀位：相切于

完成设置后，单击［成链］按钮，用鼠标选中工件的两条边（相连的），然后，两次按［确定］按钮，回到主对话框。

（3）设置底面：选择“几何体”下面的第五个图标“底面”，单击下面的［选择］命令，出现“平面构造器”对话框。将“过滤器”栏中选项设为“面”，用鼠标选中其中一个孔的台阶平面，如图 8-39 所示。

2. 设定切削方式　在图 8-40“平面铣”PLANAR _ MILL 对话框上，设置各选项如下：

切削方式：跟随周边

步进：刀具直径

百分比：50

图 8-37 “创建边界”对话框（工件几何体）

图 8-38 “创建边界”对话框（毛坯几何体）

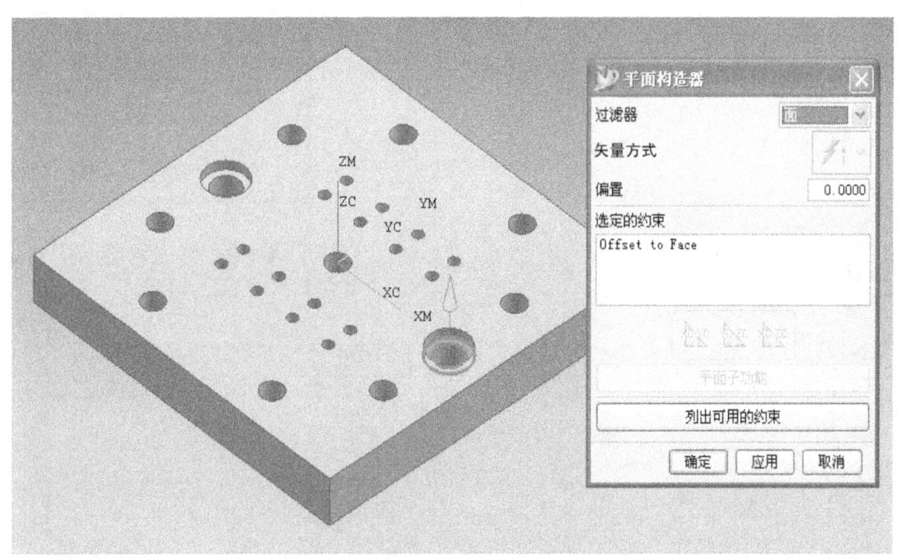

图 8-39 选中 ф24 孔的台阶平面

3. 设置进刀/退刀参数　设置进刀/退刀点：

单击［方法］按钮，出现的“进刀/退刀”对话框上，如图 8-41 所示，选项及参数设置如下：

预钻孔：底部区域

初始进刀：点

出现“点构造器”对话框，如图8-42所示，选中第二行第一个图标［圆弧/椭圆/球中心］，用鼠标选中工件右侧 φ24 孔的边界。设定好后，回到图8-41“进刀/退刀”对话框。

传送方式：安全平面

最后退刀：点

用上面相似的方法，选中工件左侧 φ24 孔的边界，作为退刀点。内部进刀和内部退刀可取默认值，即自动选项。完成设置后，返回到“平面铣”对话框。

图8-40 “PLANAR _ MILL”（平面铣）对话框

图8-41 “进刀/退刀”对话框

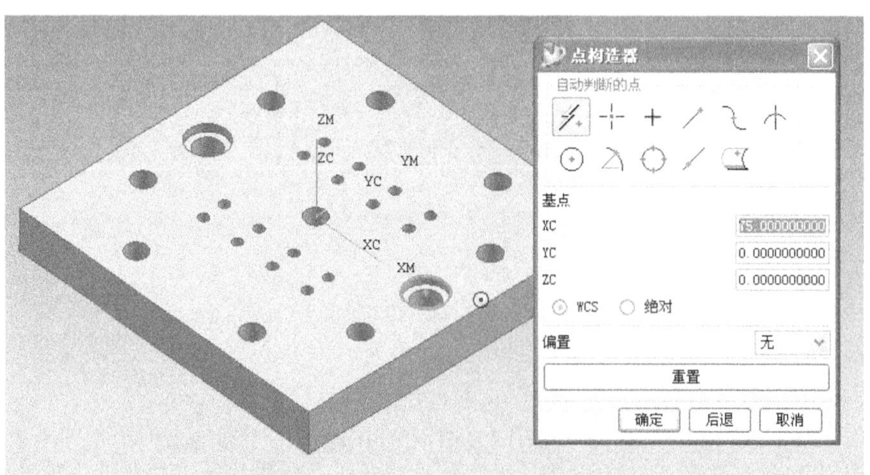

图8-42 设定初始进刀点

设置进刀/退刀方式：

单击［自动］按钮，出现图8-43“自动进刀/退刀”对话框，设置参数如下：

倾斜类型：螺旋的

斜角：5

螺旋的直径%：90

自动类型：圆的

圆弧半径：7

激活区间：3

重叠距离：5

退刀间距：2

图8-43　设置自动进/退刀

4. 设定切削参数　单击［切削］按钮，进入“切削参数”对话框，主要参数设置如下：

切削顺序：深度优先

切削方向：顺铣切削/向外

清根：选中

清壁：在终点

所有余量：0

区域排序：优化

区域连接：选中

重叠距离：2

完成设置后，返回到主对话框。

5. 设定切削深度　单击［切削深度］按钮，进入“切削深度参数”对话框，主要参数设置如下：

类型：用户自定义

最大值：3

最小值：1

完成设置后，返回到主对话框。

6. 设定避让参数　从点/返回点：XC = YC = ZC = 100

安全平面高度：20

7. 设定进给率　主轴速度：1200r/min

剪切：0.3mm/r

机床参数可自行设定。

8. 生成刀具轨迹和仿真加工　生成的刀具轨迹如图8-44所示；完成仿真加工后的效果如图8-45所示。

［工步5］：铰 ϕ13 深度孔

单击［创建操作］命令，在出现的图8-10“创建操作”对话框上，“类型”选择为drill（钻削）；“子类型”选择为第二行第一个图标“铰孔”（REAMING）；其它选项如下设置：

程序：NC_PROGRAM

使用几何体：JHT

使用刀具：J13（5号刀具——铰刀）
使用方法：METHOD
名称：gb-5（工步5）

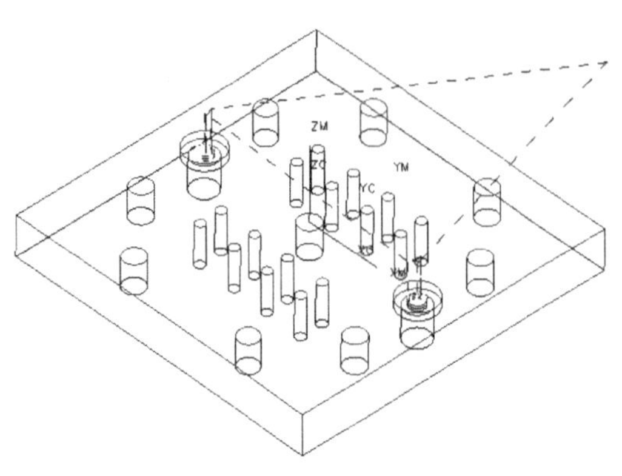

图8-44　生成的铣台阶孔刀轨

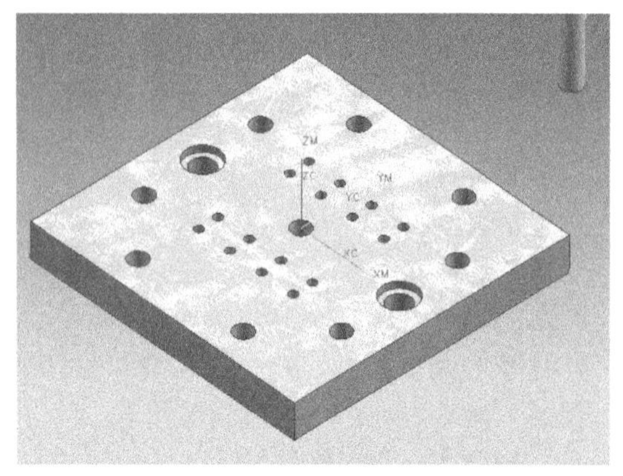

图8-45　完成仿真加工后的效果

具体设置情况如图8-46所示，完成上面的设置后，单击［应用］按钮，进入“铰孔”（REAMING）对话框。

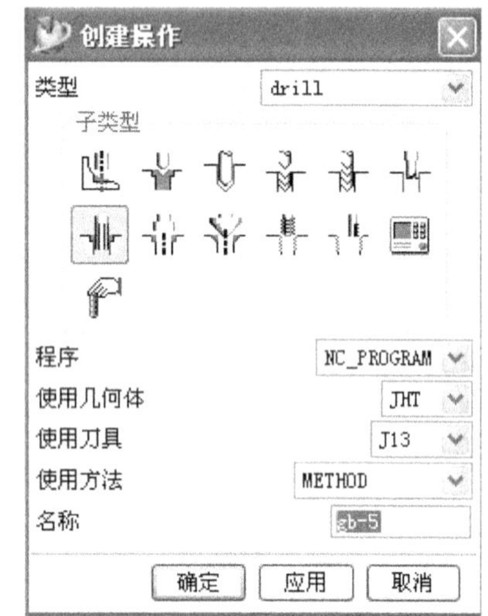

图8-46　创建铰孔操作

1. 设定几何体

（1）设置加工孔：选中“几何体”下面的第一个图标“孔”，单击［选择］按钮，进入“孔系加工几何体”对话框。单击［选择］按钮，出现一个无名对话框。用鼠标分别选中9个φ13深度孔，注意最好按一定顺序选择。然后，连续两次单击［确定］按钮，返回到“铰孔”主对话框。

（2）设置部件表面：选中“几何体”下面的第二个图标“部件表面”，单击［选择］按钮，进入“部件表面”对话框。选中“选择类型”下面的第一个图标［面］，用鼠标选中工件的上表面，使之变成红色，单击［确定］按钮，返回到“啄钻”主对话框。

（3）设置底面：选中“几何体”下面的第三个图标“底面”，单击［选择］按钮，进入“底面”对话框（与部件表面对话框一样）。选中“选择类型”下面的第三个图标［ZC平面］，在数据栏中输入-18，如图8-47所示。单击［确定］按钮，返回到“铰孔”主对话框。

图8-47　设置铰孔的底面

2. 设定钻削方式　将钻削方式的下拉列表打开，选择其中的“标准钻”选项。出现一个“指定参数组”对话框，上面的“Number of Set 1”是指此时为第一参数组，单击上面的［确定］按钮，弹出“Cycle

参数”（循环参数）对话框。以下的设置步骤与工步1的完全相同，具体设置如下：

模型深度：刀肩深度/18

进给率：0.4mm/r

停留：回转/5

返回：自动

单击［确定］按钮，返回到“铰孔”主对话框。主对话框上的其它选项及参数可保持默认状态，如图8-48所示。

图8-48　铰孔对话框

3. 设定避让参数　设置从点和返回点：

两点的三个坐标参数设置如下：

XC = YC = ZC = 100

安全平面高度：20

4. 设定进给率　主轴转速：400r/min

5. 生成铰孔刀具轨迹和仿真加工　分别单击［生成］和［确认］命令来生成钻孔的运行轨迹，产生仿真切削过程，其刀具轨迹和仿真加工后的效果如图8-49所示。

［工步6］：铰 φ6 通孔

单击［创建操作］命令，在出现的图8-10“创建操作”对话框上，“类型”选择为drill（钻削）；“子类型”选择为第二行第一个图标“铰孔”（REAMING）；其它选项如下设置：

程序：NC _ PROGRAM

使用几何体：JHT

使用刀具：J6（6号刀具——铰刀）

使用方法：METHOD

名称：gb-6（工步6）

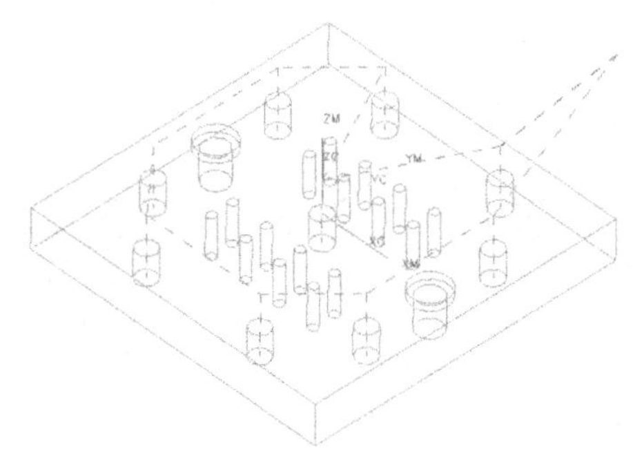

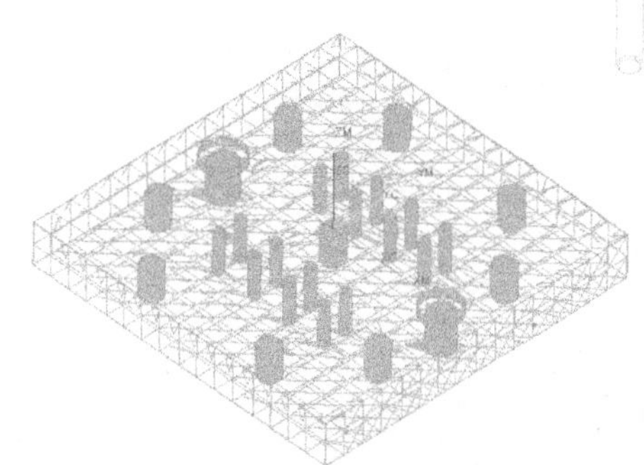

图8-49　生成的铰孔刀具轨迹和完成加工后的效果

具体设置情况如图8-50所示，完成上面的设置后，单击［应用］按钮，进入“铰孔”（REAMING）对话框。

1. 设定几何体

（1）设置加工孔：选中“几何体”下面的第一个图标“孔”，单击［选择］按钮，进入“孔系加工几何体”对话框。单击［选择］按钮，出现一个无名对话框。由于 φ6 的通孔比较多，采用另一种方式来选择孔。先单击［最小直径］按钮（参见图 8-32），在弹出的对话框“直径”数据栏中输入 5；返回后，再单击［最大直径］按钮，在出现的“直径”数据栏中输入 7（参见图 8-33）；返回后，再次单击［面上所有孔］命令按钮，然后，用鼠标选中工件的上平面。以上的设置是将工件表面上所有大于 5 并小于 7 的孔选中。完成这些设置后，连续三次按［确定］按钮，回到“啄钻”主对话框。会看到 16 个 φ6 的孔都已被选中。

（2）设置部件表面：选中“几何体”下面的第二个图标“部件表面”，单击［选择］按钮，进入“部件表面”对话框。选中“选择类型”下面的第一个图标［面］，用鼠标选中工件的上表面，使之变成红色，单击［确定］按钮，返回到“啄钻”主对话框。

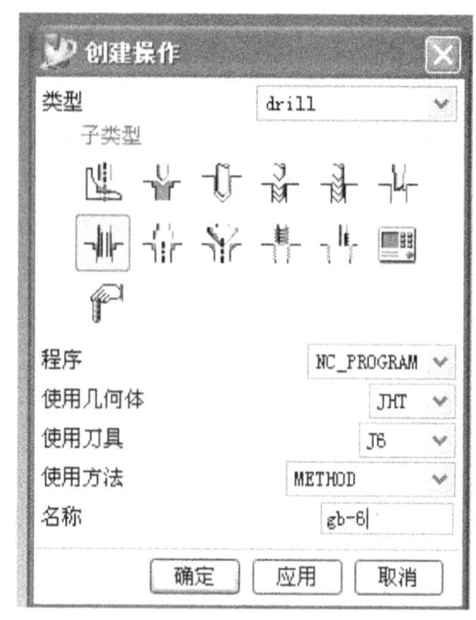

图 8-50　创建铰孔操作

（3）设置底面：选中“几何体”下面的第三个图标“底面”，单击［选择］按钮，进入“底面”对话框（与部件表面对话框一样）。选中“选择类型”下面的第一个图标［面］，用鼠标选中工件的底面，使之变成红色，单击［确定］按钮，返回到“啄钻”主对话框。

2. 设定钻削方式　将钻削方式的下拉列表打开，选择其中的“标准钻”选项。出现一个“指定参数组”对话框，上面的“Number of Set 1”是指此时为第一参数组，单击上面的［确定］按钮，弹出“Cycle 参数”（循环参数）对话框。以下的设置步骤与前面的工步非常相似，具体设置如下：

模型深度：穿过底面

进给率：0.4mm/r

停留：回转/5

返回：自动

单击［确定］按钮，返回到“铰孔”主对话框，主对话框上的其它选项及参数可保持默认状态。

3. 设定避让参数　设置从点和返回点：

两点的三个坐标参数设置如下：

XC = YC = ZC = 100

安全平面高度：20

4. 设定进给率　主轴转速：500r/min

5. 生成铰孔刀具轨迹和仿真加工　单击［生成］命令会生成铰孔的刀具轨迹，如图 8-51 所示。仔细观察会看到这些轨迹并不令人满

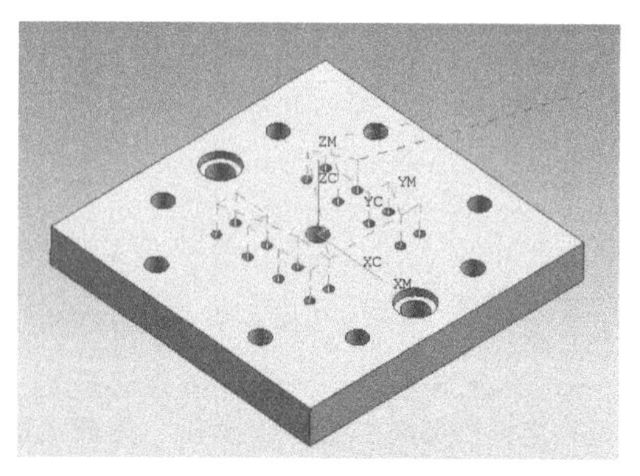

图 8-51　初步生成的刀具轨迹

意，应该重新生成的个比较理想的刀具轨迹。将“几何体”下面的［孔］命令图标选中，单击其下的［编辑］按钮，重新调出“孔系加工几何体”对话框，如图 8-52 所示。单击上面的［优化］按钮，弹出一个如图 8-53 所示的无名对话框，上面有四个命令按钮，点选第一个命令［Shortest Path］（最短路径）按钮，又会出现一个如图 8-54 所示的对话框，上面又有 7 个命令选项，即优化的原则。单击第二个选项命令［基于-距离］，再单击［确定］按钮，观察工件上的 16 个 ϕ6 孔看到每个孔的上方都标明了数字号码，表示出先后的加工顺序，如图 8-55 所示。单击［接受］按钮，回到“孔系加工几何体”对话框，再按［确定］按钮，返回到主对话框。

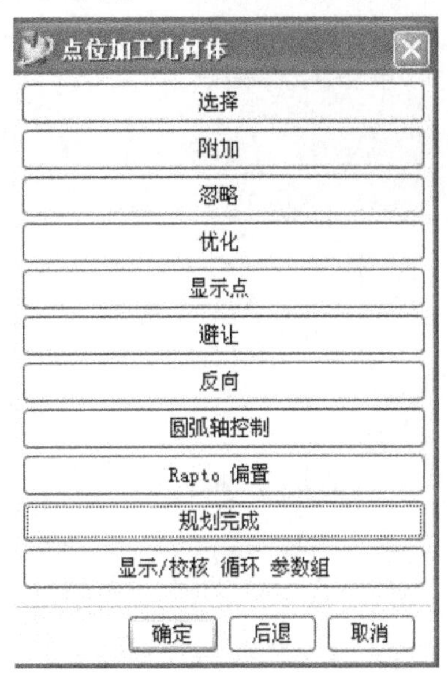

图 8-52　“点位加工几何体”对话框

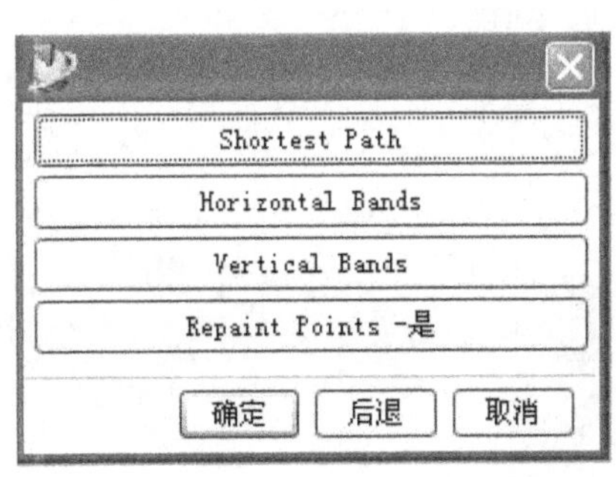

图 8-53　无名对话框

图 8-54　选择优化原则

完成上面的加工优化操作后，需要重新生成刀具轨迹。最后生成的刀具轨迹和仿真加工后的效果如图 8-56 所示。至此，完成全部加工任务。

操作 06：生成 CNC 程序（数控加工程序）

通过操作导航器，用鼠标将 6 个工步即 gb-1 ~ gb-6 的刀具轨迹全部选中，然后，单击“加工操作”工具条上［后处理］命令图标，在出现的“后处理”对话框上，选择上面“可用机床”栏中的“MILL-3-AXIS”选项，即 3 轴立式铣床；给文件起个名字，单击［应用］按钮，即可生成全部刀具轨迹的数控加工程序，如图 8-57 所示。

要点归纳：

通过“定位台板”的加工操作设计，可以概括出以下几项知识和操作要点：

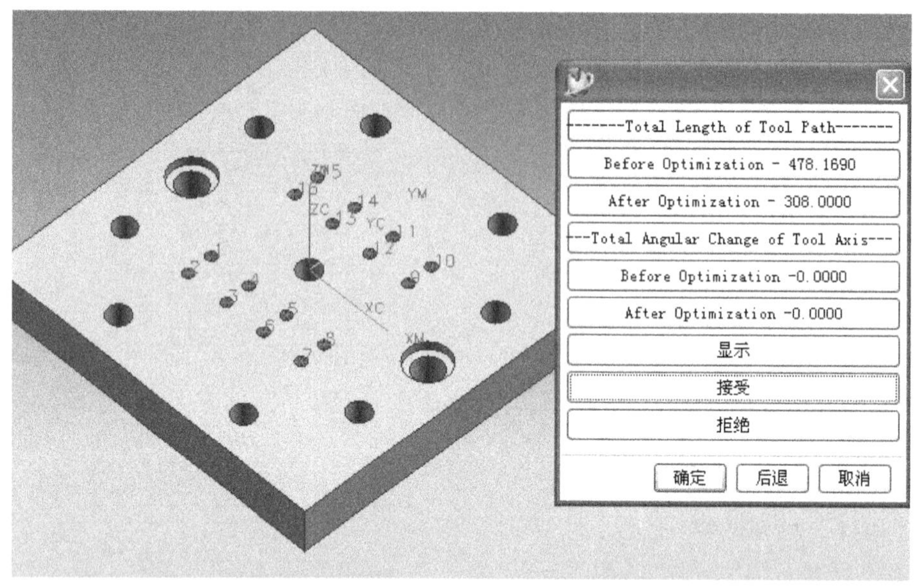

图 8-55　显示优化后的结果，选择接受或拒绝

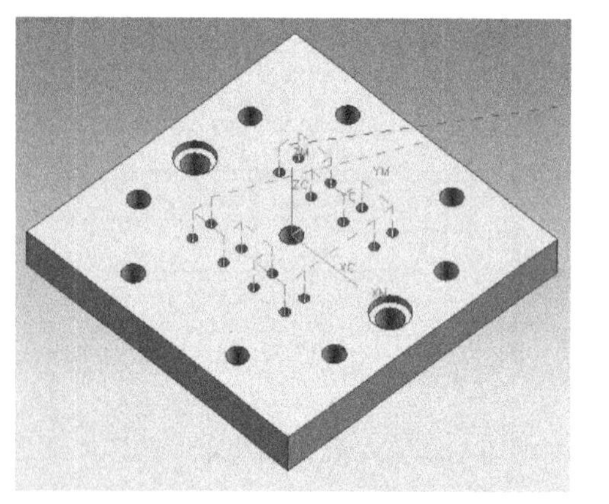

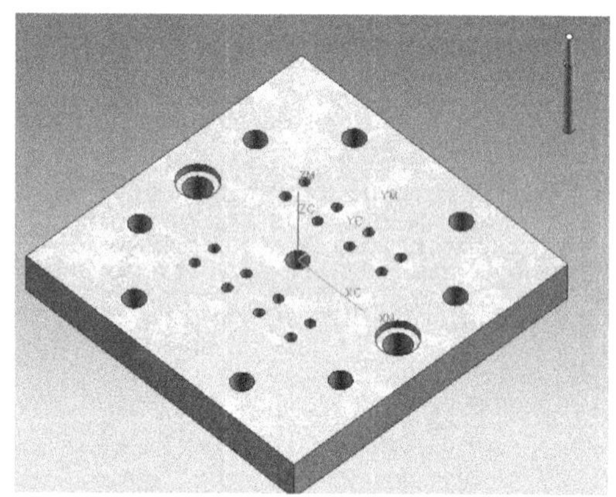

图 8-56　最后生成的刀具轨迹和加工后的效果

1）“孔系加工”模块所提供的加工模板，适用于孔的数量多、类型复杂工件的数控加工编程。孔系加工操作提供了标准钻、断屑钻、啄钻、铰孔、镗孔、打中心孔等多种加工模式，可根据实际加工件的需要进行选择和加工创建。

2）在孔系加工中，虽然创建了工件几何体，但在进入任何方式的钻削对话框后，仍要对孔、部件表面和底面进行一一设定，不可缺少。孔的设定是要确定加工孔的水平位置；表面的设定是要确定加工孔所在的平面；底面的设定是指孔深所在平面。

3）在钻削加工中刀具的选择比较复杂，应根据加工孔的类型、尺寸、精度、深度而定。在选择刀具类型时一般应遵循这样一些原则：对精度高的孔，在精加工时应选择铰刀、镗刀；精度低的孔或孔的粗加工可以直接选择钻头，但孔径较大时可选择端铣刀或镗刀；加工孔螺纹时需要选择丝锥或螺纹铣刀；加工定位中心（工艺）孔时要选择中心钻。对钻削刀具参数的设置要谨慎，要考虑刀具的直径、刀具长度、刃口长度、刀具刃数、刀具尖端顶角等。

4）钻孔方式的选择主要取决于加工孔的长径比，一般来说，当长度与直径的比值小于 2 时，选择标准钻方式即可；大于 2 时，就要考虑选择断屑钻或啄钻方式，其目的就是为了使排屑更顺畅，此外，当工件的材料粘度大时也要考虑这一点。断屑钻与啄钻都是每钻进一定的深度后，钻头要退回一段距离再继续钻。两者所不同的是，回退的距离不同，断屑钻的回退距离是从钻进深度位置算起；而啄钻的回退距离是从加工孔的工件平面算起的。标准钻没有回退的动作。

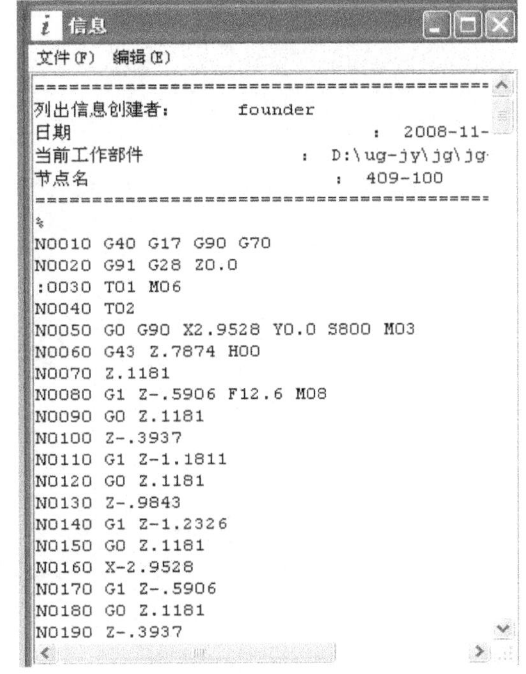

图 8-57　生成的数控程序组

5）当完成创建孔加工操作生成刀具轨迹后，如果发现运行刀轨不理想，可通过主对话框上［孔］命令下面的［编辑］命令进行刀具轨迹的优化处理。当进入优化对话框后，有距离最短、成行排序、成列排序等几种优化原则，根据需要选择一种即可。

实操演练 13：定位座的孔系加工

【十字定位座】孔的加工编程设计

十字定位座如图 8-58 所示，此件是第 4 单元（曲面轮廓铣）中的一个实操演练项目。工件的中心通孔和十字槽已经在前面完成加工。本次任务是加工 6 个 ϕ12 孔和 4 个 ϕ10 孔，其中 ϕ10 孔的精度较高，需要进行铰孔加工。试创建孔加工操作并生成刀具轨迹。

工艺分析：

工件除 10 个孔外，其它部分都已加工完成。因此，要求以底平面为基准，用百分表找正，将其固定在机床工作台上，并从周边夹紧，注意工件的底平面需要垫起一定高度，以留出一个钻孔的空间，不能让钻头碰到工作台面。

设计如下各加工工步：

［工步 1］：钻 ϕ12 孔

选用 D12 钻头，设定为 1 号刀具，用断屑钻方式进行钻孔加工，将孔加工至尺寸要求。

［工步 2］：钻 ϕ10 孔

选用 D9.6 钻头，设定为 2 号刀具，用啄钻方式将孔钻透。

［工步 3］：铰 ϕ10 孔

选用 J10 铰刀，设定为 3 号刀具，用标准钻方式将孔加工至尺寸要求。

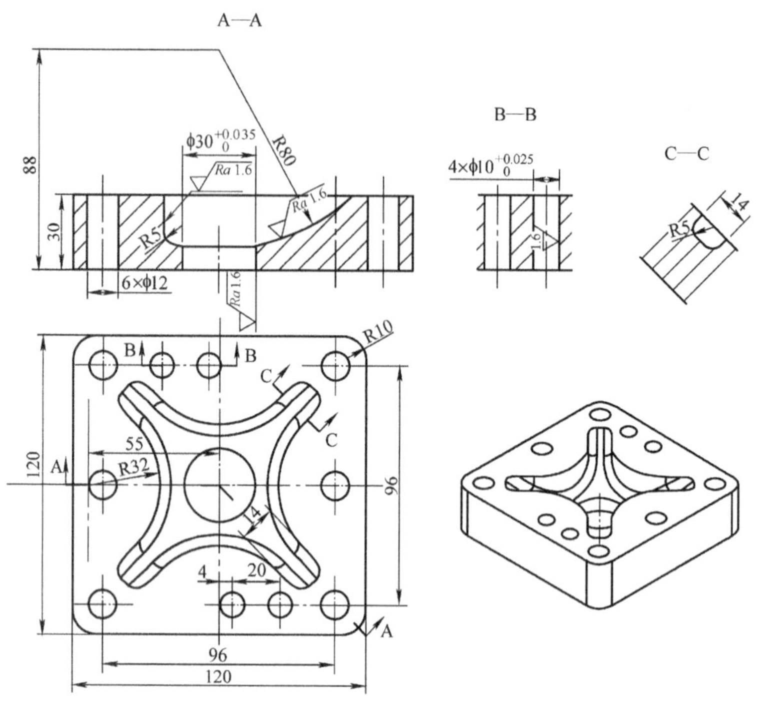

图 8-58　十字定位座（材料：45 钢）

用户可按提示的操作步骤和各阶段生成的刀具轨迹、仿真加工效果图，自行完成整个加工设计任务。建议事先将全部刀具设置好再进行创建操作，完成全部工步并生成刀具轨迹。

操作 01：设计工件的实体模型

此工件在前面的曲面轮廓铣加工中已经完成部分加工工序，本次任务只是对孔的加工，因此，可直接将该工件（文档 4-02）调入即可。

操作 02：设置加工环境

由于本次加工任务是继续完成前面的未加工部分，不需要再对工件加工环境设置。

操作 03：创建几何体

与上述原因相同，工件几何体也是延用前面的设置，不需要再进行创建。

操作 04：创建刀具组

创建 3 把刀具，参数如下：

提醒注意：由于是接续前面的加工，本次设置刀具时不能与前面设置的刀具号相混淆，应另行对刀具进行编号，如可设置成双位数号码：11、12、13。在实际加工中也需要将刀具安装到机床对应的刀库位置上，否则会发生错误。

1 号刀具：即 11 号刀具，φ12 钻头、长度 70、刃口长度 50、刀具号 11；

2 号刀具：即 12 号刀具，φ9. 6 钻头、长度 70、刃口长度 50、刀具号 12；

3 号刀具：即 13 号刀具，φ10 铰刀、刀夹直径 6mm、刀具直径 10mm、长度 70mm、刃口长度 50、刃数 6、刀具号 13；

操作 05：创建各工步加工操作

[工步 1]：钻 φ12 孔

调用创建操作命令，选择 11 号刀具，在对话框上各选项设置如图 8-59 所示。注意在名称栏中输入的工步 1 名称改写为 gb-11，目的就是避免与前面的工步名称混淆。具体的创建操作可参考前面的进行，完成后生成的刀具轨迹及仿真加工后的效果如图 8-60 所示。

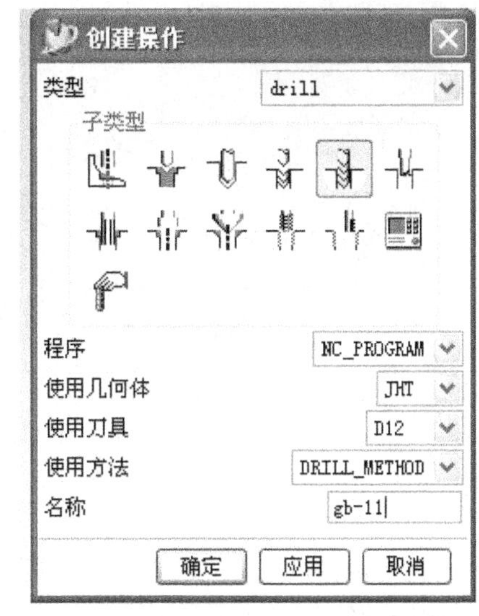

图 8-59　创建断屑钻操作

[工步 2]：钻 φ10 孔

选择 12 号刀具，用啄钻方式进行粗加工，完成后生成的刀具轨迹及仿真加工后的效果如图 8-61 所示。

[工步 3]：铰 φ10mm 孔

选择 13 号刀具（铰刀），用标准钻方式进行精加工，最后完成全部加工，生成的刀具轨迹和仿真加工的效果如图 8-62 所示。

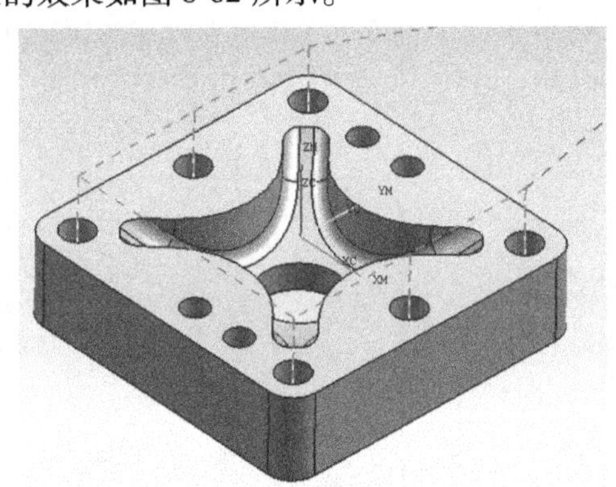

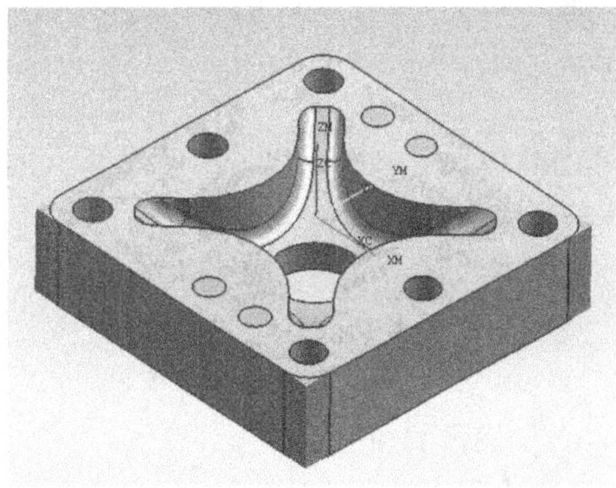

图 8-60　生成的钻 φ12 孔刀具轨迹和完成加工的效果

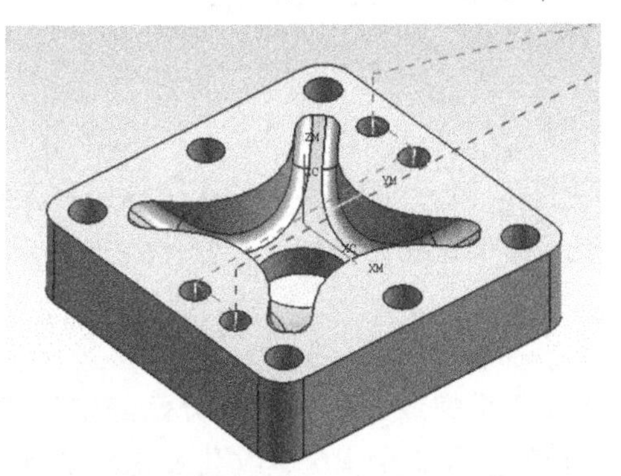

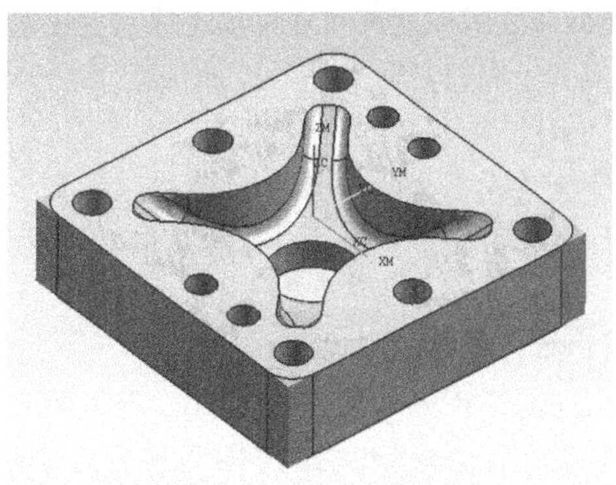

图 8-61　生成的钻 φ10 孔刀具轨迹和完成加工的效果

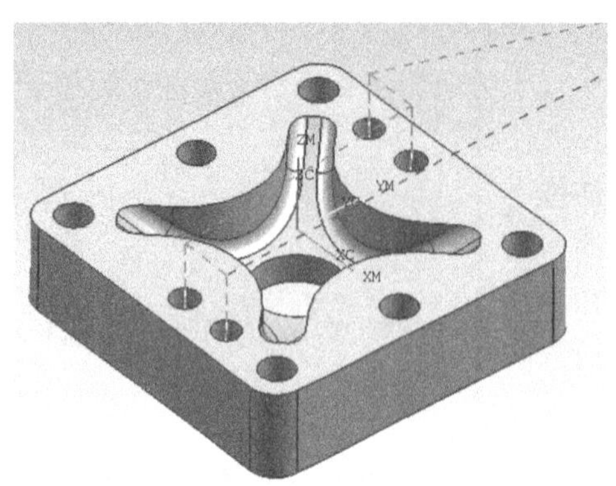
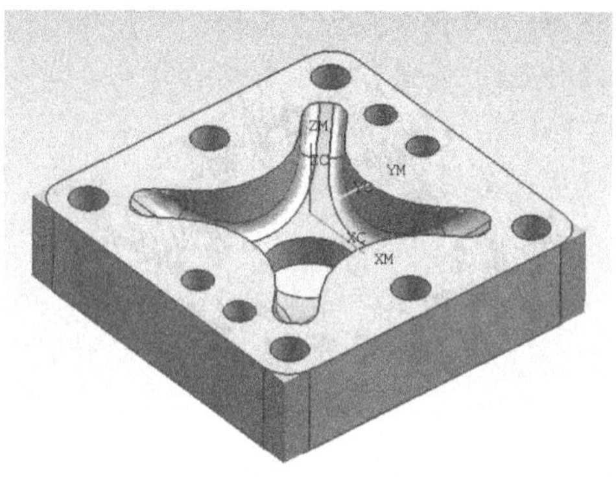

图 8-62　最后完成的铰 ϕ10 孔刀具轨迹和完成加工的效果

训 练 作 业

用所学的创建加工知识和操作命令，完成下面的训练作业项目的编程设计。

【8-01】盖板的孔加工

盖板工件如图 8-63 所示，除 5 个孔外已经加工成形。需要加工 1 个中心通孔和 4 个沉头孔，试用孔系加工方法创建所有孔的加工操作，并生成刀具轨迹。

【8-02】支承板的孔加工

支承板工件如图 8-64 所示，除 5 个沉头孔和 4 个螺纹孔外已经加工成形。试用孔系加工方法创建全部孔及 M12 ×1.5 螺纹的加工操作，并生成刀具轨迹。

【8-03】架盘的加工

架盘的工程图如图 8-65 所示，此件的底面、顶面和四个周边已经加工到位，其毛坯尺寸为 150 × 100 ×25，试用平面铣和孔系加工方法完成工件的全部加工，生成刀具轨迹和数控加工程序。

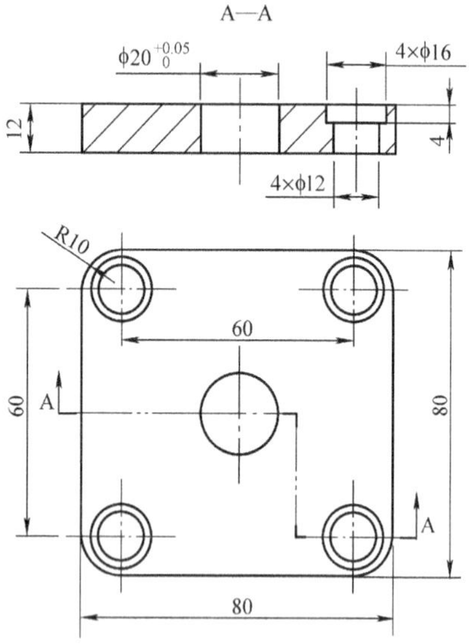

图 8-63　盖板

【8-04】端法兰的孔加工

端法兰的工程图如图 8-66 所示，除 8 个 ϕ8.4 通孔、1 个 ϕ15 通孔和 4 个螺纹孔及螺纹之外已经加工成形。试用孔系加工方法创建全部孔及 M6 螺纹孔的加工操作，并生成刀具轨迹。

【8-05】卡座的孔加工

卡座的工程图如图 8-67 所示，除 6 个沉头孔和 2 个螺纹孔外其它部分已经加工成形。试用孔系加工方法创建 2 个 ϕ9 沉头孔、4 个 ϕ7 沉头孔和 2 个 M6 螺纹孔及螺纹的加工操作，并生成刀具轨迹。

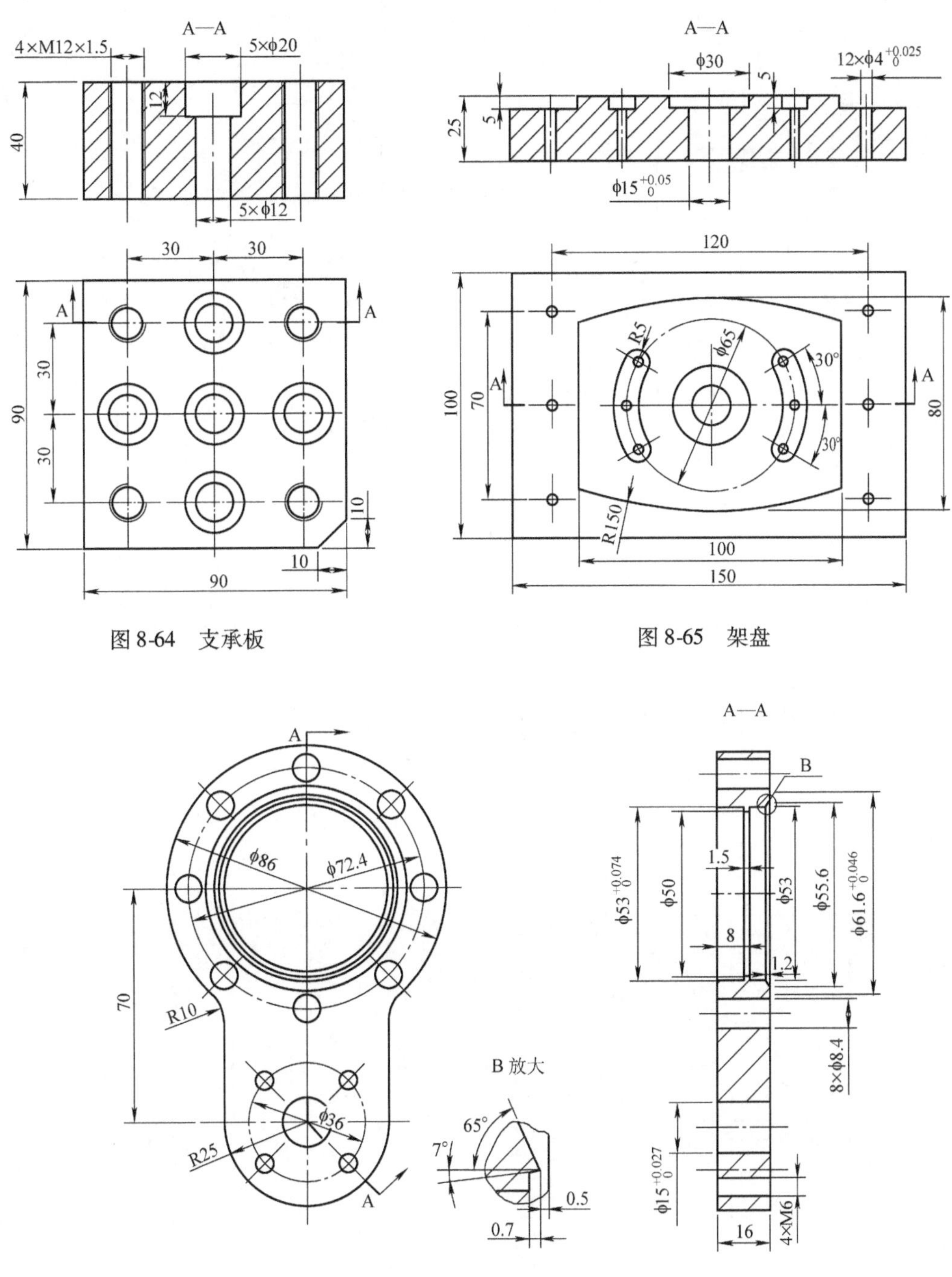

图 8-64　支承板

图 8-65　架盘

图 8-66　端法兰

【8-06】组合夹具花盘的孔加工

组合夹具花盘的工程图如图 8-68 所示，除 4 个沉头孔和 20 个螺纹孔及螺纹外其它部分已经完成加工。试用孔系加工方法创建除 4 个沉头孔和 20 个螺纹孔及螺纹的加工操作，生成刀具轨迹和加工程序。

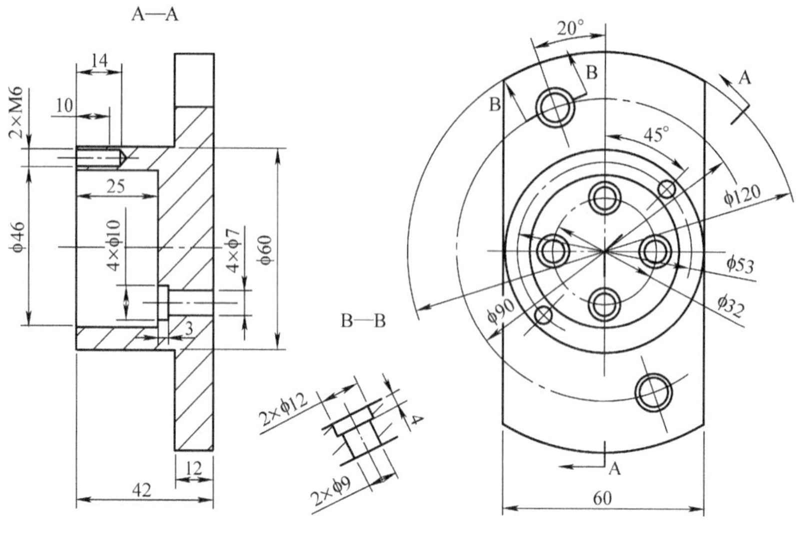

图 8-67　卡座

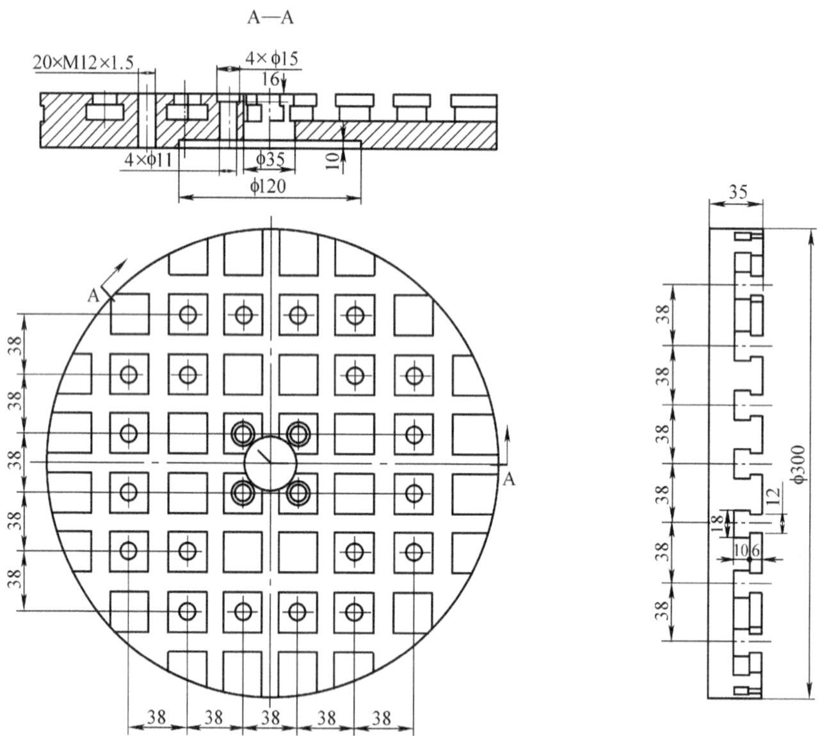

图 8-68　组合夹具花盘

参 考 文 献

[1] 李超. 数控加工实例［M］. 沈阳：辽宁科学技术出版社，2005.

[2] 张方瑞. UG NX 入门精解与实战技巧［M］. 北京：电子工业出版社，2004.

[3] 沈建峰. 数控车床编程与操作实训［M］. 北京：国防工业出版社，2005.

[4] 袁锋. 全国数控大赛试题精选［M］. 北京：机械工业出版社，2005.

[5] 康鹏工作室. UG NX4 产品建模实例教程［M］. 北京：清华大学出版社，2006.

[6] 傅杰. UG NX 数控加工案例精选［M］. 北京：人民邮电出版社，2005.

[7] 卫兵工作室. UG NX 数控加工实例教程［M］. 北京：清华大学出版社，2006.

[8] 李澄，等. 机械制图习题集［M］. 2 版. 北京：高等教育出版社，2003.

[9] 钱可强，等. 机械制图习题集（非机械类各专业用）［M］. 4 版 北京：高等教育出版社，1998.

[10] 崔凤奎，等. UG 机械设计［M］. 北京：机械工业出版社，2004.